可压缩性和
高速多相流动

Compressible and
High-Speed
Multiphase Flows

施红辉 罗喜胜 著

中国科学技术大学出版社

内 容 简 介

　　本书系统地归纳总结了作者二十多年来从事可压缩性和高速多相流动研究的成果,涉及实验技术、实验方法、数值计算和理论分析。内容包括:超声速液体射流、水下超声速气体射流、高速物体出入水及超空泡流动、超声速凝结气体流动、激波与固体颗粒的相互作用、激波对气/液界面的冲击以及高速液体对固体表面的冲击等。研究范围从基本概念到工程应用。书中介绍的许多力学机理和现象,都是作者的首次发现,这些对于理解可压缩性及瞬态多相流物理过程十分重要。

　　本书可供流体力学、空气动力学、航空航天、船舶与海洋工程、动力工程与工程热物理、兵器设计、应用物理等专业的研究生、科研人员及工程技术人员参考。

图书在版编目(CIP)数据

可压缩性和高速多相流动/施红辉,罗喜胜著. —合肥:中国科学技术大学出版社,2014.2

　　ISBN 978-7-312-03374-2

　　Ⅰ.可… Ⅱ.① 施… ② 罗… Ⅲ.流体力学 Ⅳ.O35

中国版本图书馆 CIP 数据核字(2014)第 001081 号

出版	中国科学技术大学出版社
	安徽省合肥市金寨路 96 号,230026
	http://press.ustc.edu.cn
印刷	合肥市宏基印刷有限公司
发行	中国科学技术大学出版社
经销	全国新华书店
开本	710 mm×1000 mm　1/16
印张	28.75
字数	486 千
版次	2014 年 2 月第 1 版
印次	2014 年 2 月第 1 次印刷
定价	68.00 元

前　言

　　作者在中国科学技术大学、浙江大学和浙江理工大学的研究生教学实践中，发现相关专业的研究生教材比较匮乏，而研究生又对当前国际上本专业前沿研究领域的发展了解得不够全面，这种状况显然不符合国家对培养大批高素质人才的要求。这也促使我们写成此专著。作者2009年开始构思本书的框架，从2012年起开始正式写作并在年内完成了第1章到第4章和第6章的文稿；在2013年，除了完成第5章的写作外，对其他各章的内容及参考文献进行了少量的拾遗补缺。

　　本书概括总结了作者自1987年以来到现在，在海内外进行过的、在可压缩性和高速多相流动方面的研究活动以及所取得的成果，内容包括：超声速液体射流、水下超声速气体射流、水中高速运动物体诱导的超空泡流动、超声速凝结气体流动、激波与固体颗粒的相互作用、激波对气/液界面的冲击以及高速液体对固体表面的冲击等。由施红辉撰写第1章到第3章，第5章和第6章，由罗喜胜撰写第4章。

　　在本书出版之际，作者感谢对完成本书研究工作有帮助的中外导师、同事和学生，特别感谢英国剑桥大学卡文迪什实验室John Field教授（英国皇家学会会士，FRS）、日本东北大学流体科学研究所高山和喜教授、日本名古屋工业大学机械工程系伊藤基之教授、中国科学院力学研究所非线性力学国家重点实验室王柏懿研究员、中国科学院力学研究所高温气体动力学国家重点实验室俞鸿儒院士、西安交通大学能源与动力工程学院俞茂铮教授、荷兰埃因霍芬理工大学Marinus E. H. van Dongen教授。在完成本书研究工作的过程中，施红辉得到了西安交通大学唐照千留学奖学金、日本政府国费留学生奖学金、日本文部科技省科学研究辅助金奖励研究 A (09750188)及一般研究 C(12650162)、中国科学院"百人计划"基金、国家自然科学基金(10672144)、浙江省自然科学基金重点项目(Z1110123)及面上项目(Y1090869)、浙江省提升地方高校办学水平专项资金项目(XK1203-001-S)、浙江理工大学科研启动基金等课题经费的资助;罗喜胜得到了中国科学院"百人计划"基金和国家自然科学基金等课题经费的资助。在此一并感谢。

　　全书 6 章中的内容,每一章都是一个独立的专题,但每章之间也存在有机的联系。这种写法也是一种新尝试。在个别小节里,为了保证章节的系统性和完整性,也引述了其他研究者的结果。作者希望抛砖引玉,听取广大读者的批评意见。

作　者

2013 年中秋节于杭州

目　　录

第1章　超声速液体射流

1.1　引　　言

　　高速液体射流在工业界有着广泛的应用,最直观的例子就是水射流切割技术[1-5]。从 20 世纪 90 年代开始,人们开始关注控制汽车尾气中的 NO_x 和碳颗粒的排放量。在柴油发动机中采用高压喷射燃料,可以达到使燃料充分燃烧的目的,然而在高压的驱动下,燃料射流达到了超声速($\sim$345 m/s)[6-7]。高速液体射流还有一个传统的应用,就是用于模拟航空飞行器的雨滴冲击[8-10]。当液体射流速度达到高超声速时,它不但可用来进行宇宙碎片(space debris)对航天器的冲击损伤实验[11-13],对比聚能装药射流(shaped charged)[14],而且可用于模拟超燃发动机中燃料与高超声速气流的相互作用[15-17]。

　　对高速液体射流的研究,不仅涉及空气动力学领域,而且涵盖液体雾化的基本原理。Rayleigh 勋爵[18]和 G. I. Taylor[19]建立了液体雾化的理论基础。脉冲高速液体射流的发生技术,源于 Bowden 和 Brunton[20,21]的先驱性的工作。随后,Ryhming[22]对该技术进行了理论分析,Edney[23]则进行了该技术工程设计。本章主要介绍的是,我们在前人的基础上,对高速液体射流发生技术比较系统的研究与开发,以及通过各种测量手段观察到的各种有趣的现象。

1.2 高速液体射流的发生技术

图 1.1 示出了高速液体射流的产生方法。图 1.1(a)中,液体被隔膜密封在一喷嘴中,首先被加速了的抛射体冲击和加速活塞,接着活塞继续通过隔膜压缩液体,并在液体中产生高压。然后,高压驱动液体流出喷嘴前端的小孔,从而形成高速液体射流。这种方法常被称为动量交换方法[24]。喷嘴材料可以是不锈钢或钛合金,隔膜通常使用橡皮;活塞材料应该比喷嘴的软,以保证喷嘴有足够的使用寿命。抛射体通常由轻气炮加速,材料一般用聚乙烯,当然根据需要也可使用金属。图 1.1(b)所示的方法被称为直接冲击方法,即抛射体直接冲击被密封在喷嘴中的液体。在相同条件下,用这样的方法可以获得更高速度的射流,但是产生的射流的连接性不一定好,因为这与抛射体冲击喷嘴时的接触状况有关[25]。

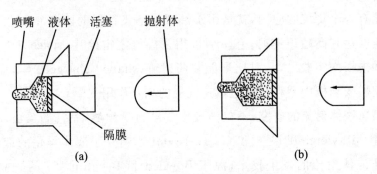

图 1.1 高速液体射流的产生方法

图 1.2(a)示出了高速液体射流发生装置,它主要由一个喷嘴装置和一个用于加速抛射体的轻气炮装置组成,其中轻气炮由高压气室、隔膜连接部和发射管(加速管)组成。图 1.2(b)给出了装置的照片。隔膜通常使用聚乙烯膜片或铝膜片,抛射体置于发射管中靠近隔膜连接部的那一端。当高压气体的压力超过破膜压力之后,隔膜破裂,高压气体进入加速管加速抛射体。加速管的管径和长度根据抛射体的质量和所要求的膛口速度用内弹道学理论可进行计算与预估[26]。抛射体在喷嘴装置里的运动过程已经由图 1.1 解释清楚了,而由

此产生的高速液体射流可以轻易地达到超声速。

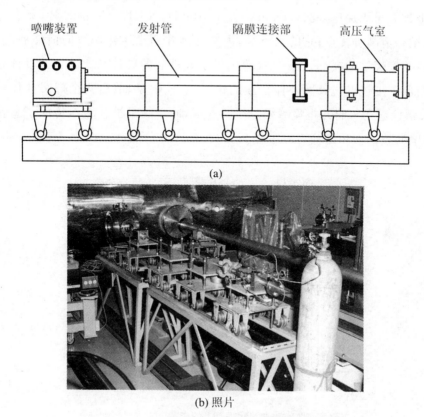

(a)

(b) 照片

图 1.2　高速液体射流发生装置示意图及照片

要获得高超声速液体射流,就要增加抛射体的速度,而火药炮能轻易地将抛射体加速到 1 km/s 以上[27]。图 1.3(a)示出了产生高超声速液体的火药炮装置,它主要由火药室、发射管、检测线圈、飞行管、实验段和停止装置组成。实验段中可以抽真空或者填充其他气体。真空泵被置于炮架导轨的下面,从真空表读出真空度。喷嘴被悬挂设置在实验段和飞行管之间一特制的隔板上。图1.3(b)示出了装置的照片。

为了保证高超声速液体射流的获得和射流品质,不但需要提高抛射体速度,而且要精心设计喷嘴装置。如图 1.4(a)所示,液体被前后两片薄的聚乙烯膜片密封在内圆柱体内,内圆柱体被套在外圆柱体里面;外圆柱体通过螺纹结构,前端与渐缩喷嘴相连接,后端与支撑体相连接。支撑体被固定在法兰上。来自火药炮的抛射体冲击液体,强冲击波使得聚乙烯膜片瞬间粉碎,因此它们不会对液体射流产生影响。在压力驱动下,液体先在具有渐缩通道的内圆柱体里被加速,当液体进入喷嘴后又再次被加速[28]。因为有多次加速,因此这种方法常被称为累积加速方法(cumulation method)。图 1.4(a)的设计,具有操作方便、结构清晰等优点;它的缺点是,内圆柱体在超高压作用下向前伸展时,容易造成喷嘴螺纹的损坏。图 1.4(b)示出了改进后的设计[27,29]。它的设计原理仍然吸收了上述的内外圆柱体套接的优点,不同的是,前后两个外圆柱体通过8 个长螺栓连在一起并将喷嘴固定牢。这样,冲击能量被较多地传回了悬挂隔板,喷嘴装置的使用寿命得到了提高。

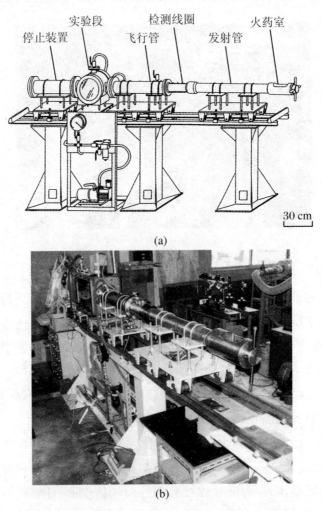

(a)

(b)

图 1.3 产生高超声速液体射流的火药炮装置及照片

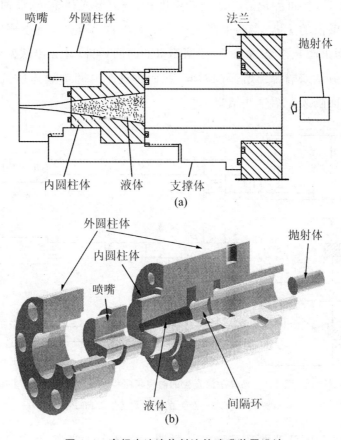

图 1.4　高超声速液体射流的喷嘴装置设计

1.3　测量技术和方法

图 1.5 示出了产生射流前后轻气炮动作的时间顺序,由此可知需要进行测量的各物理量。在 $t=0$ 时刻,轻气炮还未动作,此时向高压室注入 1.3～1.5 MPa 压力的氦气,加速管内的气体为空气。在 $t=t_1$ 时刻,隔膜破裂,高压气体驱动抛射体在发射管内运动;抛射体压缩前面的空气,形成腔内激波。在 $t=t_2$ 时刻,抛射体离开发射管,冲击喷嘴后产生射流(图 1.1 中已有详细解释)。因此,在装置的 B、C、D、E 处,分别钻开直径为 1.5 mm 的小孔。当两束激光分

别通过 D 和 E 时,可测出腔内激波的速度;当两束激光移至 B、C 时,可测出抛射体冲击喷嘴前的速度;当两束激光移至喷嘴外的 A 处时,可以测出射流的速度;如果将两束激光移至 A 和 B,根据测得的时间,可以计算出从抛射体冲击喷嘴后部到射流从前端流出所需的时间,我们称这个时间为液体射流产生时间。我们将在后面陆续介绍这些结果。

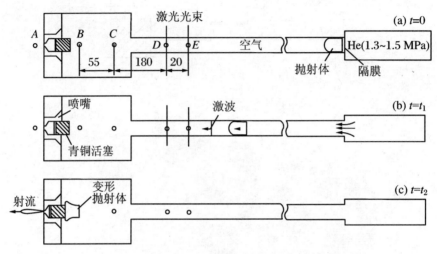

图 1.5 液体射流产生的时间顺序和各测量要素

(测点 B、C、D、E 处的孔径均为 1.5 mm)

图 1.6 给出了激光测速装置的示意图。由一台激光器,例如 12 mW 功率的氦氖激光器,发出一束激光,经过一个半透明反光镜和几个全反射镜 M 之后,形成一定间距的两束平行激光(光束 1 和 2)。当射流经过这两束激光时,光束分别被瞬时遮断。此时接收激光的光电二极管给出光电压下降的信号,由示波器和计数器记录下电压信号。根据测出的时间间隔以及已知的激光束之间的距离,就可计算出速度。图 1.7 给出了一个腔内激波速度的测量实例。两束激光的位置分别位于图 1.5 中所示装置的 D 和 E 点,因此两束激光之间的距离为 20 mm。由图可知激波经过两束激光的时间为 27 μs,所以算出激波速度为 741 m/s;而根据激波管理论[30],预测出的激波速度为 749 m/s。

为了保证瞬态流场的光学可视化的成功,例如全息摄影、高速连续摄影、单张拍摄(single shot)等,必须涉及可靠的触发方法。图 1.8 和 1.9 分别给出了激光束触发装置和导线触发装置,即激光布置在离喷嘴不远处,自上而下与射流运动轴线相垂直。当射流产生后,遮断激光,随之产生光电信号。光电信号经由延时装置,通往光源或相关光学仪器。而导线触发装置是在发射管的适当位置,穿过管的中心线,布置一根绷紧的细导线(例如直径为 0.3 mm 的铜线[31])。当抛射体通过这个位置时,导线被切断,导线的回路就会发出一触发信号。用这种方法可以得到稳定可靠的触发信号,但是给导线绝缘具有一定难度,特别是对薄壁的发射管。

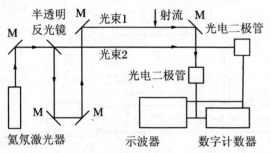

图 1.6　激光测速装置

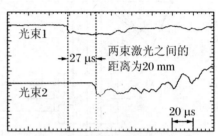

图 1.7　膛内激波速度的测量实例

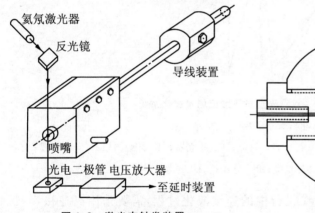

图 1.8　激光束触发装置

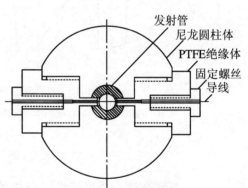

图 1.9　导线触发装置

图 1.10 示出了双曝光激光全息流场可视化系统,以及高超声速液体射流的实验装置。一台每脉冲能量为 10 J 的红宝石激光器 1 发出一定时间间隔的两个脉冲,每个脉冲的持续时间为 25 ns,激光经过反光镜 M、分光镜 BS、透镜 L 和抛物镜 2 后,形成平行主光路。主光路穿过流场后,经过对面的抛物镜 2、反光镜 M 和透镜 L 后,将影像投在全息干板 3 上。同时,经过分光镜 BS 的另一束激光成为参考光,经过别的路径也投射在全息干板 3 上,与主光相干后形成干涉条纹。然后,全息干板要被放置到再现(reconstruction)光路中进行影像的重建[32]。图 1.10 中所示的火药炮装置已在图 1.3 中作了介绍。需要指出的

是,抛射体 5 中预埋有一个小磁铁,当抛射体及磁铁经过两个检测线圈 7 时,在线圈中诱导出电流;电流信号经放大器 10 后,送入计数器 11,再经过延时装置 12,触发激光器 1。从计数器中可以读出抛射体经过线圈的时间,由此可算出抛射体的速度。

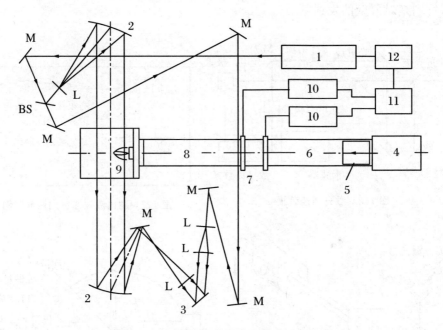

图 1.10 双曝光全息干涉流场可视化系统

1. 红宝石激光器(10 J/脉冲);2. 抛物镜;3. 全息干板;4. 火药室;5. 抛射体;
6. 发射管;7. 检测线圈;8. 飞行管;9. 射流;10. 放大器;11. 计数器;12. 延时装置;
M. 反光镜;BS. 分光镜;L. 透镜

为了观察高速液体射流在飞行中的连续演化过程,需要采用高速摄影机。图 1.11 给出的高速摄影系统中,摄影机的触发方法和图 1.8 中介绍的相同,即当射流遮断激光束后,光电二极管给出触发信号,再经延时装置送到高速摄影机。Imacon 468 型高速相机的最大拍摄速率超过 10^6 张/秒,足以满足高超声速液体射流的应用。图 1.12 示出了进行单张拍照的实验装置。氙气闪光灯或频闪仪和一台打开了快门的相机被一起布置在一个喷嘴出口段的暗室中,闪光灯与相机成 90°。在暗室中不适合采用激光束触发方法,因此将直径为 0.5 mm 的铅笔芯安装在喷嘴出口,将铅笔芯接入触发回路。射流生成后,立即切断脆性的导电铅笔芯,从而触发闪光灯发光,将射流记录在相机的胶片上。Sugahara NP-1A 型氙灯的发光时间仅为 180 ns,基本上可以实现将影像"冻结"在胶片上的目的。

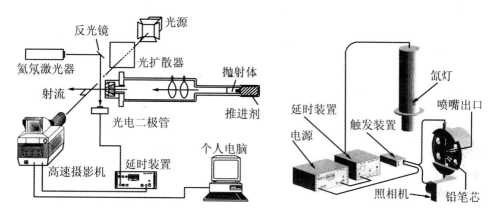

图 1.11　高速摄影及触发装置　　　　图 1.12　氙气闪光灯照明方法

　　获得喷嘴压力的实验数据,对于了解射流的生成机理十分重要。如图1.13
所示,液体被装入一个特制的测压室,压力传感器与被测液体直接接触,液体的
左侧被一橡皮隔膜密封。图中所示的加压方式是前面已介绍过的动量交换方
法,如果去掉青铜活塞,就可以测量用直接冲击方法得到的压力(图 1.1)。图
1.13 中画的是瑞士 Kistler 6227 型压力传感器。测压室经过改造,也可以与其
他型号的压力传感器相匹配,例如灵敏度更高的聚乙二烯二氟化物(PVDF)压
电薄膜压力传感器[26,33]。

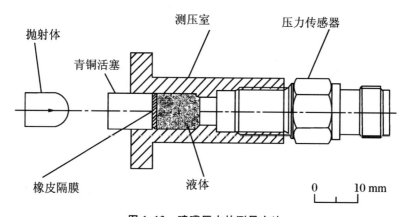

图 1.13　喷嘴压力的测量方法

1.4　射流速度与喷嘴压力

以图 1.1(b)的情况为例,图 1.14 说明了激波在水/橡皮/聚乙烯介质中的传播与反射。图中Ⅰ、Ⅱ、Ⅲ区域分别为水、橡皮、聚乙烯。聚乙烯抛射体的冲击速度为 V,C_1,C_2,C_3 分别是这三种物质里的激波速度。在图 1.14(a)中,激波在橡皮/聚乙烯界面上反射;在图 1.14(b)中,激波在水/橡皮界面上反射。

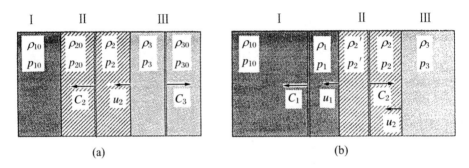

(a)　　　　　　　　　　　(b)

图 1.14　在水/橡皮/聚乙烯介质中的激波传播与反射

激波 Hugoniot 关系式为

$$C = C_0 + \kappa u_s \tag{1.1}$$

这里 C_0 是声速,u_s 是在激波后的颗粒速度,κ 是系数。表 1.1 给出了这三种物质的数据[34]。

表 1.1　三种物质的物理参数

分组	Ⅰ	Ⅱ	Ⅲ
材料	水	橡皮(Silastic,RTV-521)	聚乙烯(Marlex EMN 6065)
声速 C_0(m/s)	1 500	1 840	2 130
密度 ρ(kg/m³)	1 000	1 372	954
κ	2	1.44	1.813

根据动量方程、连续方程、激波 Hugoniot 方程以及边界条件[34,35],得到橡皮/聚乙烯界面上的变形速度 u_2 为

$$u_2 = \{[A^2 + 4\rho_{30} V(C_{30} - \kappa_3 V)(\rho_{30} \kappa_3)]^{1/2} - A\} \times [2(\rho_{20} \kappa_2 - \rho_{30} \kappa_3)]^{-1}$$

$$(1.2)$$

这里

$$A = \rho_{20} C_{20} + \rho_{30} C_{30} + 2\kappa_3 \rho_{30} V$$

然后，可以得出橡皮内的压力 p_2 为

$$p_2 = \rho_{20} C_2 u_2 = \rho_{20}(C_{20} + \kappa_2 u_2) u_2 \qquad (1.3)$$

在水/橡皮界面，变形速度 u_1 为

$$u_1 = \{[B^2 + 8\rho_{10} \rho_{20} C_2^2 u_2 /(C_2 - u_2)]^{1/2} - B\} \times (2\rho_{10} \kappa_1)^{-1} \quad (1.4)$$

这里

$$B = \rho_{10} C_{10} + \rho_{20} C_2(C_2 + u_2)/(C_2 - u_2)$$

水中的压力为

$$p_1 = \rho_{10} C_1 u_1 = \rho_{10}(C_{10} + \kappa_1 u_1) u_1 \qquad (1.5)$$

图 1.15 和 1.16 给出了不同冲击速度下在水中和橡皮中的冲击压力、激波速度和质点速度。当 $V = 1\,500$ m/s 时，$p_1 = 2.31$ GPa(10^9 Pa)，$C_1 = 3\,028$ m/s，

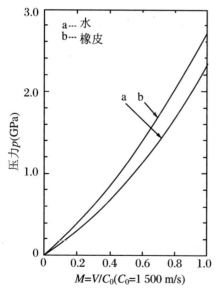

图 1.15　水和橡皮内的压力

（冲击速度 V 被用水的声速 $C_0 = 1\,500$ m/s

无量纲化）

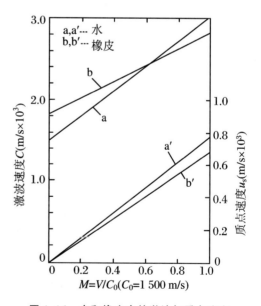

图 1.16　水和橡皮内的激波与质点速度

（冲击速度 V 被用水的声速 $C_0 = 1\,500$ m/s

无量纲化）

$u_1 = 764$ m/s。当 $V = 414$ m/s 时，$p_1 = 400$ MPa，$C_1 = 1\,915$ m/s，$u_1 = 208$ m/s。正如图 1.14 中所示，当激波通过喷嘴后，它在喷嘴出口的水/空气界面上将被反射回来成为膨胀波。结果是：水柱的前表面被近似地加速到 $2u_1$ 的速度，即当 $V = 414$ m/s 时，这个速度为 416 m/s。考虑到水通过减缩喷嘴时的加速以及激波聚焦，有理由期望实际的射流速度会大于这个理论值。

在图 1.1(a)的场合，如果青铜活塞和抛射体在初次撞击后，两者在一起以 V' 的速度运动，在这个撞击过程中动量守恒，Ryhming[22]已推导出

$$V' = V/(1 + m_b/m_p) \tag{1.6}$$

这里 m_b 和 m_p 分别是青铜活塞和抛射体的质量。如果 $m_b = 3.741$ g，$m_p = 0.324$ g，$V = 414$ m/s，那么 $V' = 33$ m/s。如果橡皮不影响青铜活塞的冲击在水中产生的压力[35]，那么喷嘴内的压力是 49 MPa。

图 1.17(a)和 1.17(b)给出了用 Kistler 6227 型压力传感器测得的压力脉冲。采用动量交换法时，压力脉冲的幅度和持续时间分别为 124 MPa，73.5 μs；而采用直接冲击法时，压力脉冲的持续时间缩短到 14.7 μs。图 1.18(a)和 1.18(b)是用 PVDF 压力传感器测得的压力信号，证实了用 Kistler 6227 型压力传感器测得的结果。图 1.18(b)示出，采用直接冲击法时，测压室的水中的峰值压力达到了 409 MPa。

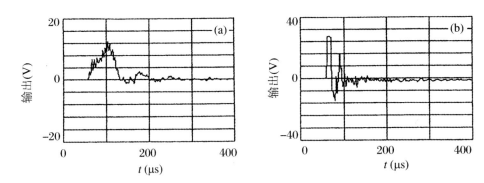

图 1.17　测压室内水中的压力波

（抛射体冲击速度为 414 m/s，电压输出的尺度为 10 MPa/V）

(a) Ø7.5×10 青铜活塞；(b) 没有用青铜活塞

注意抛射体直接冲击测压室的场合，图(b)中的压力峰值被截断了，这是因为在这个情况下，最大压力超过了所用 Kistler 传感器的量程（200 MPa）

图 1.19 给出了不同抛射体冲击速度下，当柴油作为液体介质时的喷射压

力的测量结果。由图可知,当冲击速度为 414 m/s 时,柴油的喷射压力超过
120 MPa,这足以保证获得超声速柴油射流。

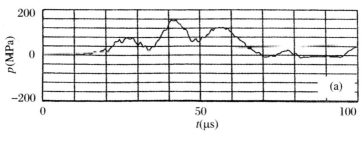

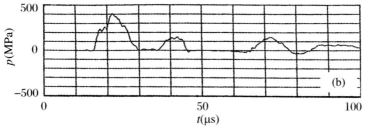

图 1.18　用 PVDF 压力传感器测得的测压室中水的压力波

(抛射体冲击速度为 414 m/s)

(a) Ø7.5×10 青铜活塞,峰值压力达到 154 MPa;

(b) 没有用青铜活塞,峰值压力达到 409 MPa

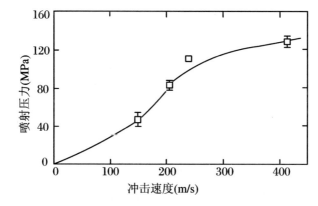

图 1.19　抛射体冲击速度对柴油喷射压力的影响

(Ø7.5×10 青铜活塞,0.324 g 聚乙烯抛射体)

1.5 射流速度的测量结果

1.5.1 喷嘴结构

图 1.20 示出了实验喷嘴的结构和几何参数。喷嘴出口直径 D 选为 0.5 mm、1.0 mm、2.0 mm 和 3.0 mm。如果直径 D 过小，射流很容易在出口附近被雾化而达不到足够的射程（飞行距离）；相反，如果直径 D 过大，射流速度将会降低而有可能达不到超声速。喷嘴出口直线段的长度 L 以及比值 L/D，在汽车发动机燃油喷嘴的设计中是重要的参数。图 1.20 示出 L 为 1.0 mm、2.0 mm 和 3.0 mm 三个长度。

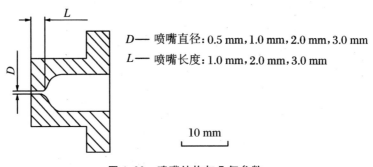

图 1.20 喷嘴结构与几何参数

图 1.21 示出了二喷口喷嘴，喷口直径均为 0.5 mm。从喷嘴 b 能产生两股平行射流；从喷嘴 c 能产生两股对向射流，这两股射流被设计在离喷嘴出口 7.5 mm 处相交，而且夹角为 30°；从喷嘴 d 能产生两股扩散射流。图 1.22 示出了喷口直径为 0.3 mm 的柴油喷油嘴以及动量交换法的实验装置。射流速度用图 1.6 所示的激光遮断方法来测量。当使用柴油作为液体介质时，测得的来自喷嘴 a（图 1.21）的射流平均速度约为 500 m/s，而来自二喷口的射流的平均速度约为 550 m/s。

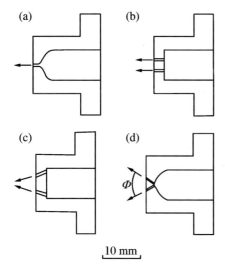

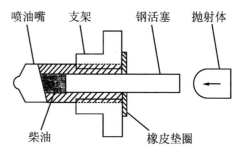

图 1.21　各种二喷口喷嘴结构的比较

（箭头指向为射流方向）

（a）单喷口喷嘴，0.5 mm 直径，$L = 2.0$ mm；

（b）两平行喷口喷嘴，0.5 mm 直径，两个喷口中

心线之间的距离为 2.5 mm；（c）两对向喷口喷嘴，

0.5 mm 直径，在喷嘴出口处两喷口距离为 4 mm；

（d）两扩散喷口喷嘴，扩散角 $\Phi = 30°,60°,90°$

图 1.22　从商用五喷口柴油喷油嘴产生超声
速柴油射流的方法

（每个喷口直径为 0.3 mm，Ø5.0×30

不锈钢活塞）

1.5.2　抛射体速度

在介绍射流速度测量结果之前，我们先给出抛射体的速度测量结果。因为无论是动量交换法还是直接冲击法，都是冲击方法。因此，彻底掌握抛射体的加速特性及其终极速度，对于获得理想的液体射流是至关重要的。图 1.23 和图 1.24 分别给出了不同破膜压力（氢气驱动）和不同发射管长度下的抛射体速度的测量结果。可以看出，用 1.5 m 长的发射管，在 1.5 MPa 破膜压力下，可以得到 362 m/s 的速度；用 1.8 m 长的发射管，可以得到 414 m/s 的速度。图 1.24 指出，尽管测量结果与 Siegel 的理论值[36]有着相同的发展趋势，但数值上差距较大。

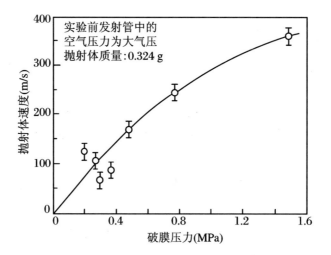

图 1.23　不同破膜压力下的抛射体速度

（发射管长度为 1.5 m，聚乙烯抛射体质量为 0.324 g）

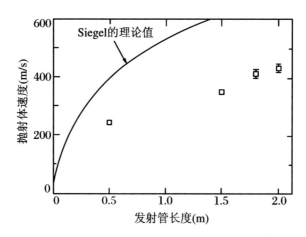

图 1.24　抛射体速度与发射管长度的关系

（破膜压力为 1.4~1.5 MPa，聚乙烯抛射体质量为 0.324 g）

1.5.3　射流速度

图 1.25(a)和图 1.25(b)分别给出了从不同出口直径喷嘴产生的水射流和煤油射流的测量结果。可以看出，随着喷嘴出口直径的增加，射流的速度在降低。用 0.5 mm 和 1.0 mm 直径的喷嘴，可以得到超声速水射流和煤油射流。

　　喷嘴直径对射流速度的影响与喷嘴内的激波反射和压力有关。对于一个大出口直径的喷嘴,当高速冲击产生的激波在喷嘴空腔内的液体里传播时,液体被往出口处加速,并且膨胀波被从喷嘴出口反射回来。在这种情况下,喷嘴压力主要是由初始撞击引起的。然而,对于小出口直径的喷嘴,在液体流出喷口之前,高压力已经被建立,因为在喷嘴壁面和运动青铜活塞前面之间激波多次反射,而被松弛的液体量很小。结果之一就是高速液体产生了。青铜活塞在短短的 5 mm 距离内,经历了突然加速和加速运动。实验发现[26,37],抛射体与青铜活塞冲击后,活塞仍留在 2 mm 和 3 mm 直径的喷嘴内;而对于 0.5 mm 和 1 mm 直径的喷嘴,在大多数情况下,活塞被反弹出来。这些发现表明小直径的喷嘴里具有较高的压力。

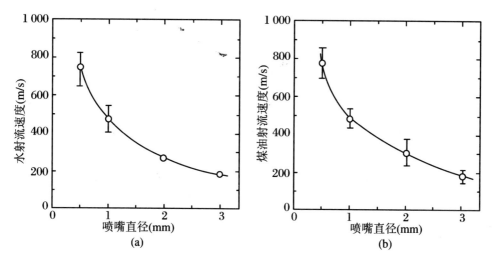

图 1.25　水射流与煤油射流速度和喷嘴出口直径的关系

(抛射体速度约为 362 m/s,喷射体积为 225 mm³)

　　在图 1.5 中介绍的实验装置和方法,使得我们可以测量射流发生的时间,即在冲击之后液体在喷嘴里的停留时间。先测量抛射体经过 C 点和射流到达 A 点的时间间隔。因为抛射体的速度和活塞到 C 点的距离已知,所以就可以计算出射流发生时间。结果如图 1.26 所示。测得的 30~50 μs 的发生时间大于激波通过喷嘴的时间,这是因为激波在喷嘴内多次反射的缘故。关于激波在喷嘴内的反射与射流生成的详细过程,还需要将来的深入研究。最近,Matthujak 等人[38]用光导纤维测压方法以及对喷嘴内部的流场可视化,在这方面取得了一些进展。

柴油射流速度的测量结果示于图 1.27(a)中,随着喷嘴出口直径从 0.5 mm 增加到 3.0 mm,射流速度从 643 m/s 降到 204 m/s。柴油射流速度随喷嘴直径的变化趋势,与图 1.25 中所示的结果相一致,还有,实验指出用 0.5 mm 和 1.0 mm 直径的喷嘴可以获得超声速柴油射流,用 2.0 mm 直径的喷嘴可以获得跨声速的柴油射流。上述激光测速结果,在下面介绍的全息照相流场可视化中得到了验证。图 1.28 示出了增加青铜活塞的长度(质量)之后喷射压力和射流速度的变化。可以看出,速度下降的幅度比压力下降的幅度要大。

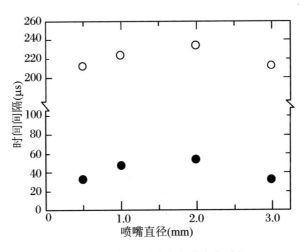

图 1.26　四个喷嘴的水射流发生时间

(发生时间被计算为从抛射体撞击青铜活塞到射流出现在离喷嘴出口
3.5 mm 处的时间(图 1.5)。空心圆代表从抛射体在 C 点(图 1.5)通过
激光束到射流出现的时间间隔,实心圆代表射流的发生时间)

图 1.27(b)给出了从具有不同长径比 L/D 的喷嘴产生的柴油射流速度的测量结果。在 $L/D = 2 \sim 4$ 的范围内,柴油射流的平均速度为 500 m/s。Ryhming[22] 和 Glenn[39] 的理论预测出射流速度随着喷嘴长度 L 的增加而减少。然而,这个趋势在我们所研究的长径比范围内并没有出现。

影响射流速度的因素较多,其中之一是液体的喷射体积。图 1.29 比较了两个喷射体积下柴油射流的速度,在其他参数相同的条件下,当喷射体积为 370 mm³ 时,柴油射流速度为 359 m/s;当喷射体积为 145 mm³ 时,柴油射流速度为 604 m/s。

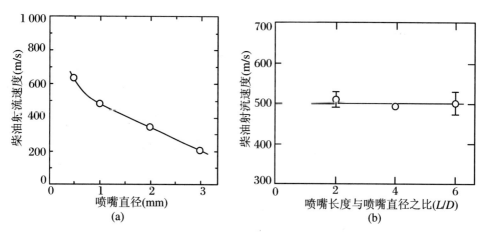

图 1.27 柴油射流速度与喷嘴直径及长径比的关系（抛射体速度为 414 m/s）

（a）喷射体积为 225 mm³,第 1 束激光和第 2 束激光分别离喷嘴出口 7.5 mm 和 18.5 mm,喷
嘴出口直线段长度 $L = 3.0$ mm；（b）喷射体积为 370 mm³,第 1 束激光和第 2 束激光分别离喷
嘴出口 3.5 mm 和 14.5 mm,喷嘴直径 $D = 0.5$ mm

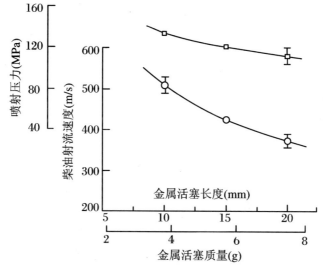

图 1.28 喷射压力及射流速度与青铜活塞质量的关系

（抛射体速度为 414 m/s,喷射体积为 370 mm³,喷嘴出口直径为

0.5 mm。矩形方框代表压力,圆圈代表速度）

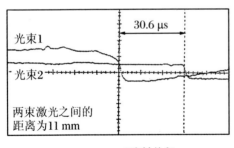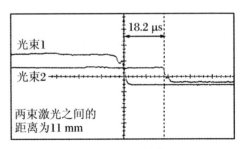

(a) 370 mm³喷射体积　　　　　　　　　　(b) 145 mm³喷射体积

图 1.29　喷射体积对柴油射流速度的影响

(Ø0.5×1.0 喷嘴,Ø7.5×20 青铜活塞,第 1 束激光离喷嘴出口 3.5 mm,冲击速度为 414 m/s)

(a) 射流速度为 359 m/s;(b) 射流速度为 604 m/s

1.6　超声速液体射流的气动特性:
单喷口及多喷口喷射

我们从这一节开始,介绍用全息干涉及其他方法对超声速液体射流的可视化结果。

1.6.1　单喷口喷嘴射流

图 1.30 给出了从 0.5 mm 直径喷嘴产生的超声速水射流。射流在空气中诱导产生了一个典型的弓形激波。在激波后面,紧跟着膨胀了的液体柱,然后是不可压缩的尾部液体射流。尾部液体射流的直径基本上等于喷嘴的出口直径,这可以通过用示于图 1.30(a)中的 20 mm 的尺度来判断。在图 1.30(a)中,液体柱的表面比较光滑;头部在空气阻力的作用下变得比较光滑,呈伞状。在图 1.30(b)中,液体柱表面变得比较粗糙,出现了较大的波浪形状,这应该与气/液界面上的湍流以及 Kelvin-Helmholtz(KH)不稳定性有关;其头部形状与图 1.30(a)中的相比,明显尖锐。尽管从全息照片上可以精确测量弓形激波的倾角,再用斜激波理论关系式[40]可以计算液体射流的速度[41],但是这样的计算

不一定准确。首先,根据图 1.25 的结果可知,水射流在喷嘴出口处的速度可以达到 700 m/s 左右,但是在空气阻力作用下,液体射流的速度随着飞行距离的增加在下降。其次,液体射流头部与弓形激波之间,存在着一个离开距离(stand-off distance),而且射流头部的形状是随时在变化的。

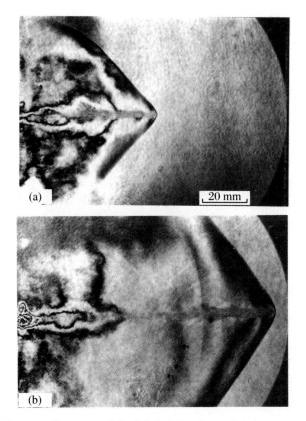

图 1.30　从 0.5 mm 直径喷嘴产生的、在不同投射(stand-off)
距离的超声速水射流的全息干涉照片

(照片的左边是喷嘴的出口边缘,照片尺度被示于(a)中,
射流自左向右)

为了测量液体射流的速度随投射距离的变化情况,将两束平行激光沿着喷嘴下游移动到不同位置,测量该位置的射流速度。表 1.2 示出了一组从 2.0 mm 喷嘴产生的水射流的实验结果,证实了射流往下游运动时速度的衰减。

表1.2　从2.0 mm直径喷嘴产生的水射流的速度随投射距离的变化

液体射流的投射距离（mm）	液体射流的平均速度（m/s）
13.0	329.3
66.4	295.0
147.3	272.0

　　图1.31给出了从1.0 mm喷嘴产生的470 m/s水射流的全息干涉照片。激波、水射流和尾部液体已在图中作了标记。水射流的直径虽然大,但实际的液体核心直径并不大。Warken[42]用X射线照相方法,拍摄了高速液体射流的

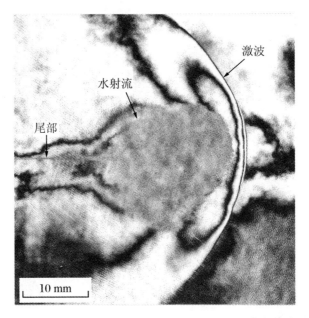

图1.31　从1.0 mm喷嘴产生的470 m/s水射流的全息干涉照片
（照片的左边是喷嘴的出口边缘,照片尺度被示于图中,射流扩张
的和粗糙的前表面说明已发生了Rayleigh-Taylor不稳定性）

X射线照片,发现射流中存在着较小直径的液体核心,液体核心被雾化了的喷雾包围。这说明高速液体射流在飞行过程中被雾化的水量相当可观,液体射流经历着质量不断减少的过程,这正是对高速液体射流进行理论分析和数值计算的困难之一。另一个显著特征是,射流头部并不光滑,而是不规则的形状。Field和Lesser[43]已经解释,这种不规则的液体头部形状,是由于Rayleigh-Taylor(RT)不稳定性引起的。

　　对于从2.0 mm直径喷嘴产生的液体射流,我们要先关注一下速度测量结

果。如图1.32所示,测得的水射流速度为329.3 m/s,该数值已被记录在表1.2中。如果考虑常温常压空气中的声速为345 m/s,那么虽然图1.32给出的测量速度是在亚声速区域,但它实际是在跨声速区域。图1.33(a)~(c)给出了在喷嘴出口不同距离处的水射流的全息干涉照片。每张全息干涉照片下面,给出了对应的没有重建(unconstructed)的全息照片,它相当于阴影照片,从中可以更清楚地显示射流的轮廓。当水射流刚离开喷嘴出口不远时(图1.33(a)),水射流诱导了一个弱激波。这证明了从2.0 mm直径喷嘴产生的水射流的确是在跨声速区域。有趣的是,随着射流向下游推进,弱激波与射流前端的离开距离在增大(图1.33(b))。在更远的下游处(图1.33(c)),弱激波已被耗散,无法观察到了。

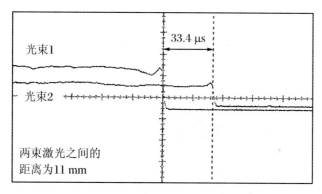

图1.32 从2.0 mm喷嘴产生的水射流速度测量的

双通道示波器波形图

(第1束激光离喷嘴出口7.5 mm,抛射体速度为414 m/s,

Ø7.5×10青铜活塞)

以上我们介绍的都是用动量交换法产生的液体射流。下面我们介绍用直接冲击法产生的液体射流。由图1.1可知,高速聚乙烯抛射体的直接冲击,将在喷嘴内产生强冲击波,激波通过喷嘴后将从出口的气/液界面上透射出去。图1.34给出了从2.0 mm直径喷嘴产生的水射流的全息干涉照片。可以看出,透射激波将液体迅速加速并雾化,形成了一个大直径的喷雾"气泡"(图1.34(a)),并在空气中产生一个强激波,我们称为爆炸性雾化。激波与喷雾之间有着较大的离开距离,随着射流向下游推进(图1.34(b)),射流头部会更接近激波,但是射流整体已经断裂。

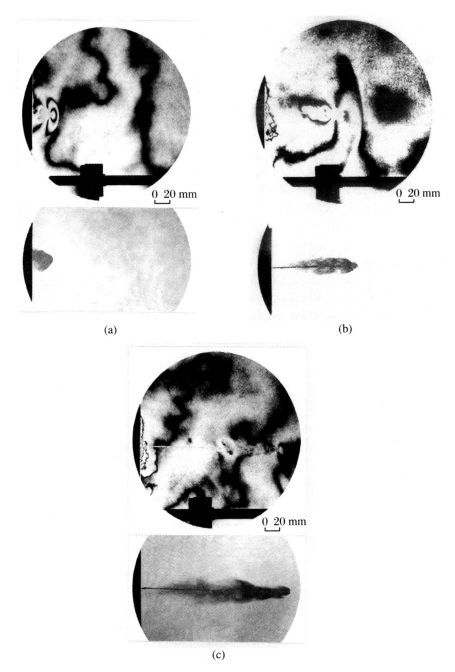

(a)
(b)
(c)

图 1.33 从 2.0 mm 喷嘴产生的水射流的全息干涉照片

((a),(b),(c)为不同的投射距离,图中下面的照片是没有重建的全息照

片,它相当于阴影照片,射流自左向右)

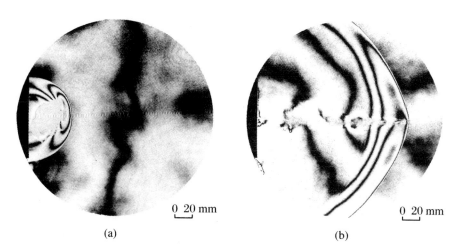

(a)　　　　　　　　　　　　　　　　(b)

图 1.34　用直接冲击方法从 2.0 mm 直径喷嘴产生的超声速水射流的全息干涉照片

（抛射体速度为 414 m/s）

（a）在喷嘴出口附近出现了大的喷雾"气泡"，我们称这种雾化为爆炸性雾化（explosively atomization）；（b）随着射流向下游运动，激波与射流前端靠得更近了（射流自左向右）

图 1.35 给出了射流速度测量的波形图。显然，在射流前面的透射激波先触发激光测速系统的光电信号，即图中的点 1 和 3；随后，射流再触发激光测速系统的光电信号。这样，激波和射流速度能被同时测出，结果示于图 1.36 中。

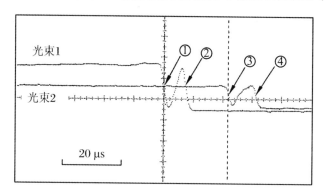

图 1.35　用直接冲击方法从 2.0 mm 喷嘴产生的水射流速度

测量的双通道示波器波形图

（第 1 束激光离喷嘴出口 7.5 mm，两束激光之间的距离为 11 mm，抛射体速度为 414 m/s。图中点 1 和 3 是当透射激波分别经过两束激光时的触发点；点 2 和 4 是当射流分别经过两束激光的触发点。点 1 和 3 之间的时间间隔是 21.8 μs，点 2 和 4 之间的时间间隔是 23.9 μs）

由图 1.36 可知,随着喷嘴出口直径的增大,透射激波速度与射流速度之间的差距在增大。对于小直径喷嘴,如 0.5 mm 直径的喷嘴,透射激波速度与射流速度差不多相同。当喷嘴直径大于 1.0 mm 之后,透射激波速度基本不受直径变化的影响,说明这种情况下在喷嘴液体内的激波已可以通畅地通过喷嘴通道。

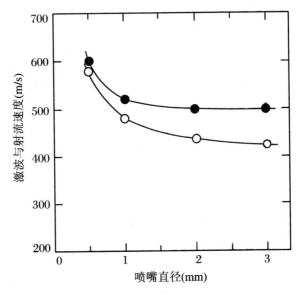

图 1.36   用直接冲击方法从 2.0 mm 喷嘴产生的水射流
速度和透射激波速度的测量结果

(第 1 束激光离喷嘴出口 7.5 mm,两束激光之间的距离为 11 mm,

抛射体速度为 414 m/s。实心圆为激波速度,空心圆为射流速度)

1.6.2   多喷口喷嘴射流

我们之所以设计了图 1.21 所示的各种二喷口喷嘴,是因为想了解在进行多孔喷射时,相邻两股射流之间的相互作用,而这正是在柴油发动机和航空发动机燃料喷射研究中所重视的[44,45]。

如果假定喷嘴出口直径为 d,喷口数为 n,喷嘴后部直径为 D,活塞或抛射体的冲击速度为 V_i,液体射流速度为 V_j,将动量通量守恒定律应用于活塞冲击喷嘴中的液体的过程[46],我们有

$$\frac{\pi}{4}D^2 V_i = n\,\frac{\pi}{4}d^2 V_j \tag{1.7}$$

这样

$$V_{\mathrm{j}} = \frac{4 V_{\mathrm{i}}}{1 + n \, (d/D)^2} \qquad (1.8)$$

由此可知喷口数 n 对射流速度 V_{j} 的影响，但其影响程度取决于出口直径和后部直径的比值 d/D 的大小。对于图 1.21 中的喷嘴，$d/D \approx 6.7 \times 10^{-2}$，因此喷嘴数对射流速度不会产生显著影响，而实验结果也证实了这个结论[47]。

在进行流场可视化时，用频闪仪（strobe light）对从二喷口喷嘴产生的水射流进行了拍照[47]。频闪仪与照相机位于同一侧，照片机采集从射流反射回来的光线记录射流的形状。还用了全息干涉法对从二喷口产生的超声速柴油射流进行了拍摄[48]。图 1.37(a)和 1.37(b)给出了从 0.5 mm 直径的单喷口喷嘴产生的高速水射流的频闪仪照片。可以看出，当液体射流充分发展之后，围绕中心的液体核心喷雾出现了螺旋不稳定性（helical instability）。为了对比，图 1.37(c)和 1.37(d)给出了从 2.0 mm 直径的单喷口喷嘴产生的高速水射流的频闪仪照片。因为大直径的射流需要更长的时间来雾化液体，图 1.37(d)清晰地显示出中心液体核心，然而在核心周围的喷雾结构与 0.5 mm 直径射流的不完全相同。这可能说明，螺旋不稳定性是在雾化基本完成时才出现的。

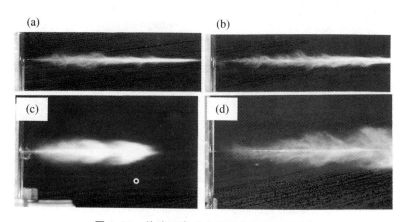

图 1.37　单喷口高速水射流的频闪仪照片

(a)和(b) 0.5 mm 喷嘴，487 m/s；(c)和(d) 2.0 mm 喷嘴，244 m/s 和 229 m/s(射流自左向右)

图 1.40 给出了不同扩张角的两股扩张水射流的频闪仪照片。因为同样体积的液体现在同时从两个喷口流出，每个喷口流出的水量只有原来的一半，这使得每个液体射流更容易被雾化。这种雾化的结果，是由于大规模漩涡结构的出现所引起的，如图 1.40(b)、1.40(d)、1.40(f)所示。对于两股平行的液体射

流,图1.38(a)和1.38(b)示出,两股射流的头部和尾部仍然是分开的,中部合并在一起。从图1.38(b)和1.38(c)可以看出,上下两个螺旋喷雾交织在一起,强化了螺旋运动,因此在喷射后期(图1.38(d))也没有出现图1.40所示的大规模漩涡结构。图1.39给出了两股对向水射流的频闪仪照片。图1.39(b)~(d)的左侧,清楚地显示出不可压缩的尾部射流的相交。正是因为两股高速液体的相互撞击,造成了液体的粉碎性雾化(fragmentation),液体失去了足够的向前的动量,因此没有机会形成螺旋结构或大规模漩涡结构。相交液体射流的喷雾中,虽然也应该有漩涡,但尺度较小而且不规则。实验发现,相交液体射流的喷雾投射距离较短。

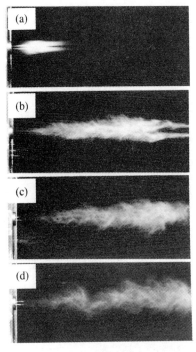

图1.38　两平行水射流的频闪仪照片
(385 m/s)

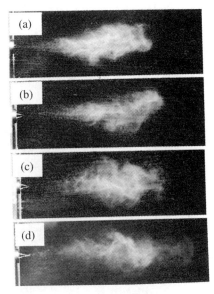

图1.39　两对向水射流的频闪仪照片
(335 m/s)

图1.41给出了从0.5 mm直径单喷口喷嘴产生的超声速柴油射流的全息干涉照片。由于空气阻力和液体的雾化,射流在向下游运动时速度在下降,所以弓形激波的倾角以及激波与射流的离开距离都在增加。在图1.41(a)中,激波与射流的离开距离几乎为0,而在图1.41(b)中,离开距离已经到了约1.5 mm。施红辉等人[49]归纳了各种情况下的超声速液体射流的激波-射流离

开距离。值得注意的是,在第一个激波后面,出现了多个波。这些波是马赫(Mach)波,它们与气/液界面上的 Kelvin-Helmholtz 不稳定性有关。马赫波是从超声速剪切层中发出的,剪切层携带着 Kelvin-Helmholtz 不稳定性波[50,51]。

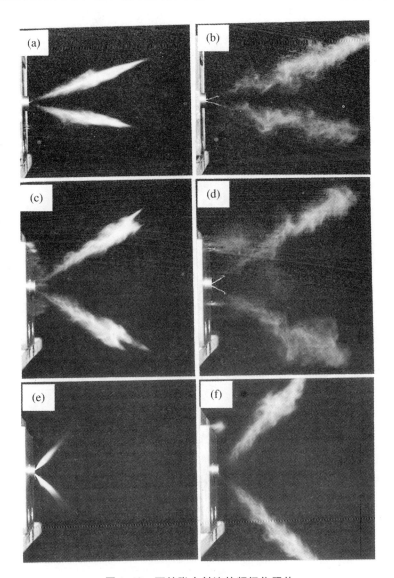

图 1.40　两扩张水射流的频闪仪照片

(a)和(b) 30°,373 m/s;(c)和(d) 60°,375 m/s;(e)和(f) 90°,320 m/s

(射流自左向右)

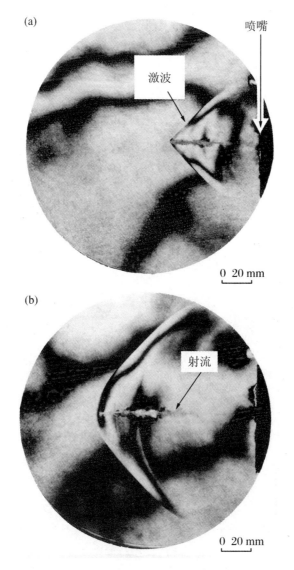

图 1.41　从单喷口产生的超声速柴油射流的全息干涉照片

(a) 80.6 mm 投射距离；(b) 142.8 mm 投射距离

（喷口直径为 0.5 mm，射流自右向左，在(a)中示出了喷嘴出口的位置）

　　图 1.42 给出了两股平行超声速柴油射流的全息干涉照片。全息干涉照片和频闪仪照片都揭示了两股射流的合并。这个合并导致了射流的减速，即在图 1.42(b)中所示的，射流顶端刚伸出第二个激波但已离开第一个激波 15.5 mm。此时射流还是超声速的，但其速度已低于图 1.41 中的射流速度。在图 1.42(a)中，射流还相对地靠近喷嘴出口，每个射流诱导的激波可以被分辨出来。这些

激波会强化上下两个射流之间的动量交换。两个射流各自的激波相互交织在一起形成一个激波口袋,包围着两个射流。图中示出的接触点,是上下两个激波交汇的地方。图1.42(a)中接近轴对称的等密度线,说明上下两个射流的速度相近,尽管上面的射流更快一些。

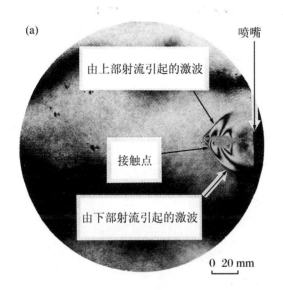

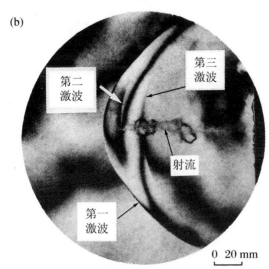

图 1.42　两股平行超声速柴油射流的全息干涉照片

(a) 76.6 mm 投射距离;(b) 128.5 mm 投射距离

(喷口直径为 0.5 mm,射流自右向左,在(a)中示出了喷嘴出口的位置)

图 1.43 给出了两股对向超声速柴油射流的全息干涉照片。两股射流的相互碰撞造成了在图 1.43(a)中所示的一个膨胀了的、头部直径大约为 20 mm 的喷雾和两个二次激波。当射流的投射距离达到 112.3 mm 时(图 1.43(b)),射流顶端已落在了二次激波后面,注意在射流顶端前方的二次激波是一个正激

(a)

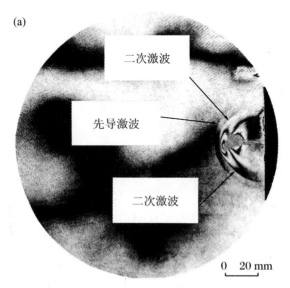

(b)

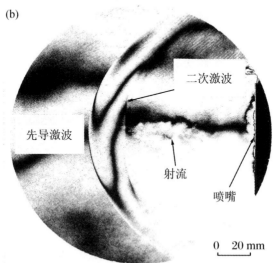

图 1.43　两股对向超声速柴油射流的全息照片

(a) 37.9 mm 投射距离；(b) 112.3 mm 投射距离

(喷口直径为 0.5 mm,射流自右向左,在(b)中示出了喷嘴位置)

波。因此,图 1.43(b)中的射流应该是亚声速的。图 1.43(a)中的先导激波,是在上下射流碰撞时产生的更高速的液体所导致的,先导激波超越了两个二次激波。图中还显示了不可压缩的尾部液体射流及其轨迹和相交点。图 1.44 给出

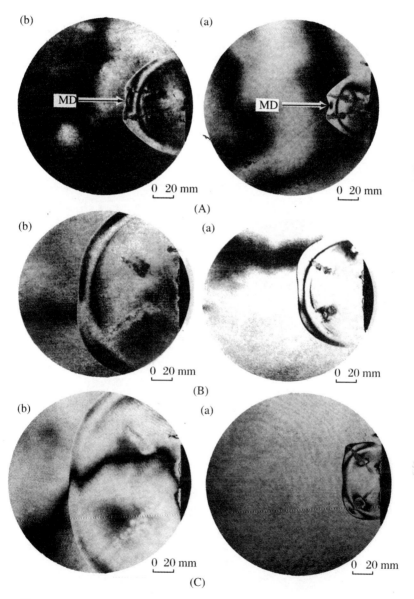

图 1.44　两股分离的超声速柴油射流的全息照片(喷口直径为 0.5 mm)

(A) 30°扩张角;(B) 60°扩张角;(C) 90°扩张角

((A)中的 MD 是指马赫圆盘)

了具有不同扩张角的两股分离的超声速柴油射流的全息干涉照片。在扩张角为 30° 的情况下(图 1.44(A)),两股射流前的弓形激波发生相互干涉,激波出现了马赫反射[52,53],即在两个射流之间形成了一个马赫圆盘(Mach disc)。已知激波的马赫反射,将在三重点产生漩涡[53,54],而这些漩涡会强化液体射流的雾化。图 1.44(B)和 1.44(C)示出了扩张角为 60° 和 90° 时的喷射情况,在这些场合里,都没有马赫圆盘出现。

我们在图 1.22 中介绍了进行五喷口柴油喷嘴喷射实验的方法。图 1.45 给出了实验结果。图 1.45(A)是阴影照片,我们可以看到所产生的五股柴油射流,这已在(b)图中作了标记;在(a)图中,还能看到射流头部前的激波。图 1.45(B)是阴影照片对应的全息照片。我们发现,每个射流都是超声速的,因为它们都诱导出激波。五股超声速柴油射流的同时喷射,造成了一个复杂的激波波系。

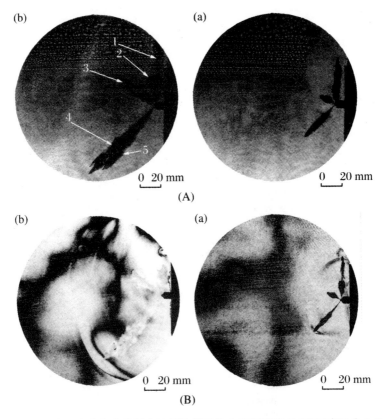

图 1.45 从五喷口喷嘴产生的超声速柴油射流的全息干涉照片(喷口直径为 0.3 mm)

(A)阴影照片;(B)全息干涉照片

1.7　高超声速液体射流

1.7.1　实验装置及其性能

在图 1.3 和图 1.4 中,我们已经介绍了用于产生高超声速液体射流的实验装置。在这里,我们介绍前面没有给出的喷嘴设计、测速装置以及装置性能(包括射流速度和抛射体速度)的测量结果。

图 1.46 给出了与图 1.4(b)装置配套的内圆柱体和各种喷嘴,它们可以方便地在图 1.4(b)所示的装置中进行更换。喷嘴 a、b、c、d 的主要区别在于出口直线段的长度不同,分别为 0 mm、5 mm、10 mm、15 mm。由于直线段长度的变

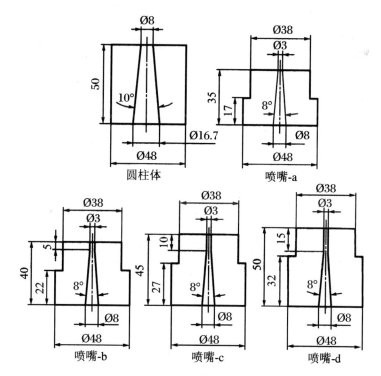

图 1.46　与图 1.4(b)装置配套的内圆柱体和各种喷嘴

化,喷嘴外形尺寸也要相应地调整,这些都在图中给出了标记。

图 1.47 示出了 Munroe 射流的发生方法。Munroe 射流的名称是 Birk-hoff 等人[52]在研究聚能装药射流时首次定义的。它由如下顺序来产生:① 用一个薄的塑料套筒在喷嘴内形成一个 60°的成型空腔(图 1.47(a));② 将水注入喷嘴,并用聚乙烯抛射体冲击紧靠着水的金属活塞(图 1.47(b));③ 活塞在水中诱导激波,激波运动到成型空腔位置时发生崩溃,并使其角度从 α 变为 β (图 1.47(c))。这样,速度高于主射流的 Munroe 射流就在喷嘴出口产生了。

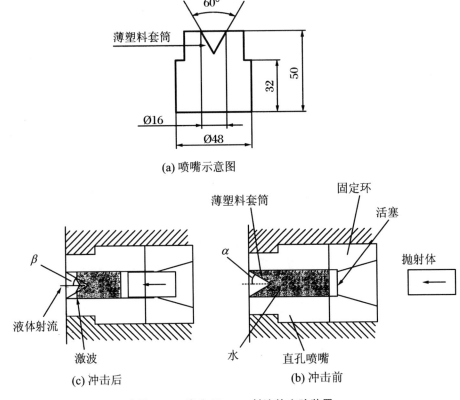

(a) 喷嘴示意图

(c) 冲击后　　　　　　　(b) 冲击前

图 1.47　发生 Munroe 射流的实验装置

图 1.48 示出了一种新的射流速度的测量方法,即用两个间隔一定距离的压力传感器测量围绕射流的弓形激波的压力,因为液体射流处于高超声速,而激波将有足够的强度来触发压力信号。两个德国 Müller 公司的 PVDF 压力传感器被安装在一个平板上,平板表面距离射流中心 50 mm。第一个传感器 CH1 离喷嘴出口 5 mm,第二个传感器离第一个 50 mm。测量 CH1 和 CH2 之间的时间间隔,就能计算出射流速度。在研究枪发射的空气动力学时,为了测

量超声速子弹的反射激波和膛口冲击波的压力,Merlen 和 Dyment[53] 曾经使用了与图 1.48 类似的方法。

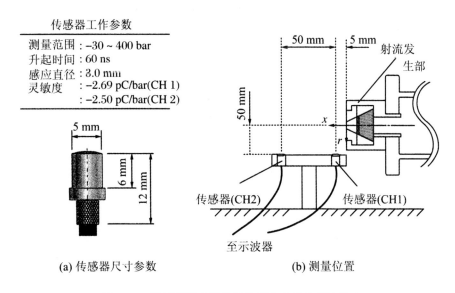

图 1.48　通过测量弓形激波的压力来确定射流速度

火药炮内聚乙烯抛射体的速度是用检测线圈来测量的(图 1.49)。先在抛射体内预埋一颗小磁铁,火药室点火之后,高温高压气体冲破隔板,推动抛射体在发射管中加速。当内藏磁铁的抛射体经过检测线圈时,在线圈中诱导出电流。从图 1.49 可以看出,沿程布置有三个线圈,使用其中的两个就可以测出抛射体的速度。图 1.50 给出了 3.6 g 质量的抛射体的速度测量结果,其中,当使

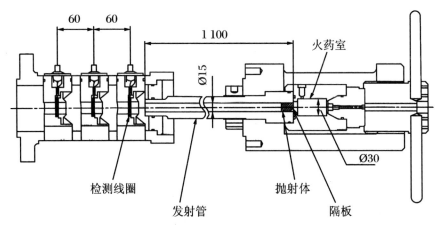

图 1.49　测量火药炮内抛射体速度的线圈装置及火药室结构图

用 2 g 无烟火药时,可以得到 1 km/s 速度的抛射体;当使用 4 g 无烟火药时,可以得到 2 km/s 速度的抛射体。经这个质量的抛射体冲击图 1.4(a)所示的喷嘴装置得到的水射流速度如图 1.51 和图 1.52(a)所示。图 1.51 是一个典型的示波器波形曲线,喷嘴出口直径为 2.5 mm,使用的火药量为 10 g,获得的水射流速度已达到 3.75 km/s。把所有的数据整理在一张图中,由图 1.52(a)可知,所产生的水射流速度最高达到了 4.5 km/s。图 1.52(b)还给出了射流发生时间。射流发生时间的定义是从抛射体撞击喷嘴中的液柱开始,到射流出现在离喷嘴出口 5 mm 位置时的时间间隔。测量得到的 200~400 μs 的发生时间,几乎是用一级轻气炮产生高速水射流时的射流发生时间的 10 倍(图 1.26),这是因为前者的水量和喷嘴长度都高出后者许多的缘故。文献[27,54]介绍了质量为 4.1~4.7 g 抛射体的弹道特性以及所产生的水射流的实验结果,以及用 TVD 格式对抛射体和水射流速度的数值计算结果。

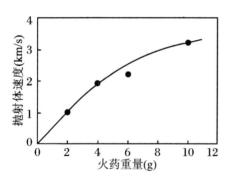

图 1.50　聚乙烯抛射体在火炮内的
弹道特性(3.6 g 抛射体)

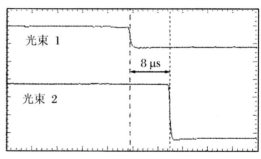

图 1.51　典型激光测速结果
(第 1 束激光离喷嘴出口 5 mm,两束激光间距
为 30 mm,10 g 火药)

　　图 1.53 给出了用压力传感器测量水射流速度的结果。图 1.53(a)是一个典型的示波器波形图。该射流来自 3 mm 直径的喷嘴,抛射体速度为 1.1 km/s,计算出的水射流速度为 1 943 m/s,这个数值接近下一小节要介绍的用高速摄影测量的结果。把所有数据整理在图 1.53(b)中,可以看出喷嘴直线段的长度对射流速度有明显的影响。当喷嘴直线段长度从 0 增加到 15 mm 时,射流速度从大约 2 km/s 增加到了 3 km/s。这个实验结果,证实了 Glenn 等人的理论[55],即对于较长的喷嘴,更多的压力能转换为速度。

　　关于超声速和高超声速非牛顿流体射流,也是十分有趣的研究课题。图

1.54 给出了超高声速聚丙烯酰胺（polyarylamide，简称 PAA）高分子水溶液射流和甘油射流的速度测量结果。尽管 PAA 水溶液和甘油的黏度比水高出许多，但也能达到高超声速。由图可知，当 PAA 添加剂的重量浓度为 0.01% 时，此时高分子水溶液的黏度比水的黏度高三倍还多，但速度却只有约 25% 的增加。当然，随着 PAA 添加剂的重量浓度进一步增加，即黏度进一步增加，射流速度总体上呈下降趋势。这方面的详细研究可见文献[56~58]，这里不再赘述。

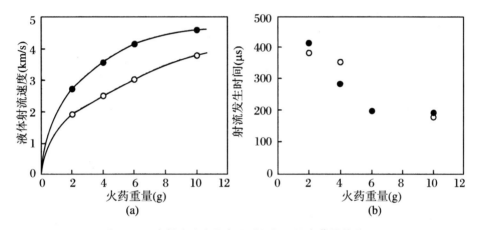

图 1.52　水射流速度及发生时间与无烟火药量的关系

（a）射流速度；（b）射流发生时间

（实心圆表示出口直径为 1.5 mm 的喷嘴，空心圆表示出口直径为 2.5 mm 的喷嘴。射流发生时间为从抛射体撞击喷嘴中的液柱开始，到射流出现在离喷嘴出口 5 mm 位置时的时间间隔）

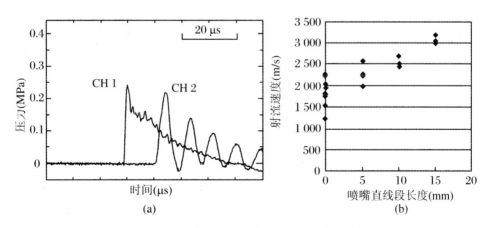

图 1.53　用压力传感器测得的高超声速水射流的速度

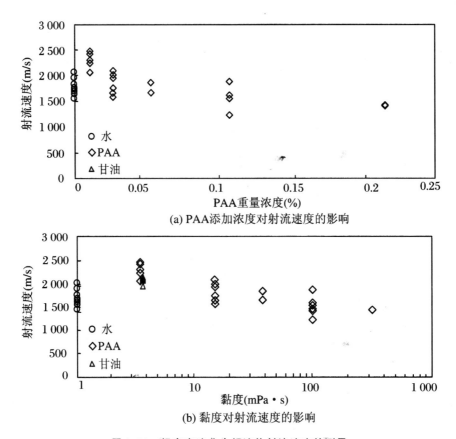

(a) PAA添加浓度对射流速度的影响

(b) 黏度对射流速度的影响

图 1.54 超高声速非牛顿流体射流速度的测量

1.7.2 气动特性

图 1.55 给出了基于图 1.4(a)装置产生的高超声速水射流的全息干涉照片。射流自右向左。射流喷往常温常压的空气中。在图 1.55(a)中,射流离开喷嘴出口还不远,在空气中已经引导了一个强的弓形激波,该激波的尾部在喷嘴出口平面上反射并向外扩张。射流在离开喷嘴后,经历着过压流体迅速减压的过程,因此射流在被雾化的同时,迅速膨胀其直径。在弓形激波和射流边界之间的复杂的等密度线(干涉条纹),揭示着高超声速液体射流的不同寻常的空气动力学特性。

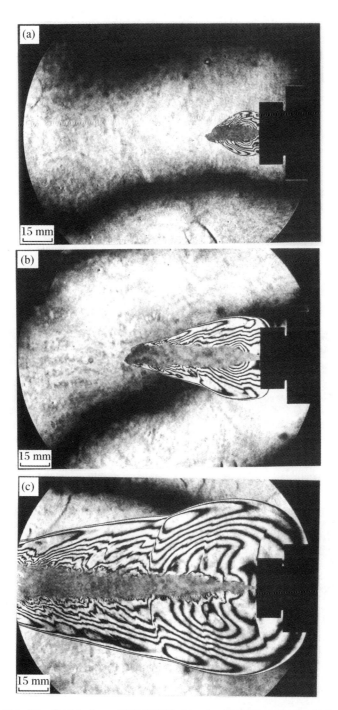

图 1.55　来自 2.5 mm 直径喷嘴的 2 km/s 水射流的全息干涉照片

（环境气体与压力:0.1 MPa 空气）

随着射流往下游运动,如图 1.55(b)和 1.55(c)所示,弓形激波的后部已包围了喷嘴的外缘,射流的气/液界面充分发展起来。与此同时,射流也被进一步雾化。在 1.6 节中已经提到的 Klevin-Helmholtz 不稳定性在液体的雾化中发挥着作用。从射流侧面发出了许多马赫波(实际上也是强激波),有的与弓形激波相交。应该指出,射流速度已高于水的声速(1 500 m/s),因此激波在射流内的传播也会强化液体的雾化。图 1.55(c)指出,在气/液边界上,出现了气液两相的高超声速剪切层,该剪切层对于促进燃料物化及自发点火燃烧十分有益。

为研究高超声速液体射流的外形,采用了氙气闪光灯进行了单张(single-shot)拍照。图 1.56 示出了基于图 1.4(b)装置产生的 2 km/s 水射流的氙气闪光灯照片。图(a)和(c)是从 a 喷嘴产生的射流;图(b)和(d)是从 c 喷嘴产生的射流。这些射流的共同特征是都具有迅速膨胀了的外形尺寸,它们的外径达到了喷嘴出口直径的几十甚至上百倍。液体在喷嘴内的压力是 GPa 数量级的[27],当过压液体突然进入大气环境时,必然在很短的时间里剧烈地解压并伴

(a) 时间间隔: 25 μs
喷嘴a

(c) 时间间隔: 50 μs
喷嘴a

(b) 时间间隔: 25 μs
喷嘴c

(d) 时间间隔: 50 μs
喷嘴c

图 1.56　基于图 1.4(b)装置产生的 2 km/s 水射流的氙气闪光灯单张照片

(a)和(c):喷嘴 a;(b)和(d):喷嘴 c

(射流自左向右,喷嘴出口直径为 3 mm,抛射体速度为 1.1 km/s)

随着雾化，射流尺寸瞬时增大。这个过程类似于图 1.34(a)中示出的爆炸性雾化。以图 1.56(c)为例，此时射流的投射距离 L' 约为 110 mm，已知射流速度 V_j 为 2 km/s，可以算出水射流直径扩张 100 倍所需要的时间仅为 $\tau = L'/V_j \approx$ 55 μs。图 1.56(c)中给出的 50 μs 的时间，是水射流在喷嘴出口切断铅笔芯开始给闪光灯的延迟发光时间。这个时间与我们估算的时间相一致。在这么短的时间里，湍流混合的机理是不可能发挥作用的。关于这种可压缩性的、气液两相的瞬态流动机理解释，还需要将来深入的研究。

图 1.56 还给出另一个结果，即喷嘴直线段长度对射流形状的影响。喷嘴 a 的直线长度为零，所以射流喷雾扩张角开始于喷嘴出口边缘；换句话说就是，射流从喷嘴出口开始就被雾化了(见图 1.56(a)和 1.56(c))。喷嘴 c 具有 10 mm 直线段长度，由它产生的射流要离开喷嘴出口一定距离后才被雾化，而且喷雾直径较小。这说明喷嘴直线段可以起到稳定射流的作用[59]。给定同样的氙气闪光灯的延迟时间，如 25 μs 或 50 μs，喷嘴 c 射流的投射距离都长于喷嘴 a 射流的投射距离。这证实了图 1.53(b)给出的结论，即喷嘴出口直线段长度能使射流速度增加。图 1.57(a)给出了重量浓度为 40% 的 2 km/s 的甘油射流的氙气闪光灯照片。与水射流相比，甘油射流的直径和被雾化的液体量都有所减少。对金属板的穿甲实验，证明了甘油射流较好地保持了其液柱核心[56]。而且，围绕着液核中心出现了大涡结构。这些现象，应该归因于甘油的高黏度[56,60]。

图 1.57(b)示出了来自 3.0 mm 直径喷嘴的高超声速水射流的 Imacon 高速摄影照片。喷嘴出口的位置被示于图片(1)中，照片的尺寸被示于图片(6)的下方。从图片(1)到(2)的射流速度为 2 533 m/s，从图片(2)到(3)的射流速度为 2 615 m/s，然后射流速度平稳下降。Pianthong 等人[41]也观察到了在离开喷嘴之后，射流速度先增后降的过程。射流受空气阻力作用，使得速度减少是可以理解的。但是，射流为什么会在喷嘴出口附近被加速，现在还不知道。这应该与上面谈到的过压液体的迅速解压过程有关。解压是全方位的，它不仅使流体在径向方向上加速，而且使流体在轴向方向上加速。在图片(3)中，射流的前端开始失稳，表面粗糙不平并逐渐放大。这是因为 Rayleigh-Taylor 不稳定性产生了作用。在图片(6)中，不但射流前端失去稳定性，而且 Kelvin-Helmholtz 不稳定性使得射流测面失稳，正如在图 1.55(b)和 1.55(c)中看到的那样。

图 1.58 示出了高超声速 Munroe 射流的 Imacon 高速摄影照片。在图片

（1）中，Munroe 射流被标记为先导射流（precursor jet），它出现在主射流（main jet）之前。Munroe 射流比主射流薄得多，其尺寸只有主射流的十五分之一到十分之一，但其速度（1 923～2 143 m/s）是主射流速度（1 043～1 083 m/s）的 1.5～2 倍。因为 Munroe 射流具有较高的速度，随着整体射流向下游运动，它伸展得更快并最终断裂（图片（5）和（6））。文献［37］报道了用激光测速法测量超声速酒精射流时，发现 Munroe 射流的速度是主射流的 1.55 倍。因此，高速摄影研究的结果提供了关于 Munroe 射流速度与主射流速度比值的直接证据。

(a) 从3mm直径喷嘴产生的2 km/s甘油射流的氙气闪光灯照片
(40%重量浓度甘油)

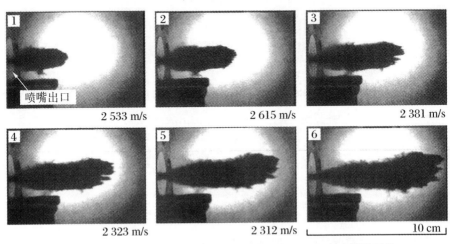

(b) 从3 mm直径喷嘴产生的高超声速水射流的Imacon高速摄影照片
(射流自左向右，相邻两张照片之间的时间间隔为5 μs，抛射体速度为1.1 km/s)

图 1.57　从 3 mm 直径喷嘴产生的两种射流的照片

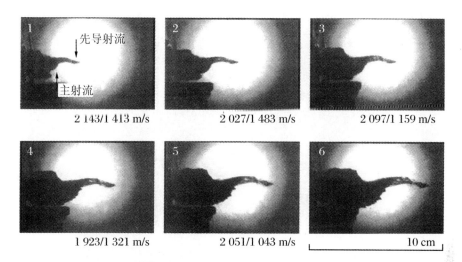

图 1.58 高超声速 Munroe 射流的 Imacon 高速摄影照片

(射流自左向右。相邻两张照片之间的时间间隔为 5 μs,抛射体速度为 1.1 km/s)

1.7.3 燃料自发点火特性

Sato 等人[61]在研究将亚声速燃料喷雾喷射进高温高压环境时,发现燃料的点火从射流的头部开始。Field 和 Lesser[43]发现,当燃油射流达到约 2 km/s时,出现自发点火和燃烧。在 20 世纪 90 年代前后,对飞行速度在 2～5 km/s的超燃发动机(scramjet engines)里的燃料喷射问题的系统研究[15,16,62,63],为理解在高超声速气流中燃料混合与燃烧的机理提供了重要的线索。

在超燃发动机中,液体燃料被打碎成液滴后经历着被加速的过程。这种加速会抑制超声速剪切层的发展[16,64]。相比之下,在喷射高超声速燃料射流时,液滴和射流一起总体上是减速的,这是空气阻力作用的结果。因此,大尺度漩涡的相干结构就能在射流周围形成[65]。燃料的雾化又被在射流表面滚动的漩涡所加强,并且燃料蒸气浓度在漩涡的高湍流强度作用下增加。一旦燃料蒸气暴露在强激波中时,它就在射流头部被点燃,火焰覆盖整个射流区域。

图 1.59(a)示出了来自 2.5 mm 直径喷嘴的柴油射流以 2 km/s 的速度在常温常压的空气中的喷射。射流自右向左运动。照片的左下角给出了照片的尺寸。射流的头部被燃烧区域的发光遮挡住了,但是它的轮廓可以从阴影照片中清楚地确定[66]。随着射流向下游运动,燃烧变得更加完整。在图 1.59(b)

中,较强的光辐射出现在照片的左侧。照片的右侧虽然有些暗,但已可以清楚地看出一个火焰层覆盖了射流。倾斜的干涉条纹说明从剪切层流动的不规则处产生了马赫波,Papamoschou[67]将这些不规则处称为超声速涡(eddy)。

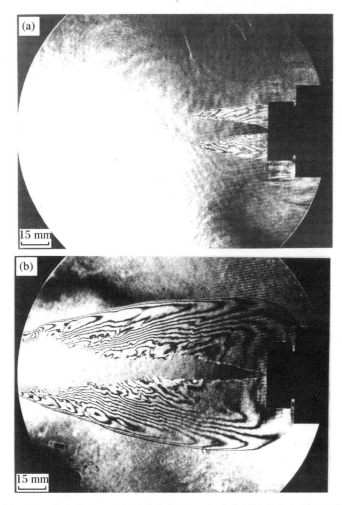

图 1.59 来自 2.5 mm 直径喷嘴的 2 km/s 柴油射流的全息干涉照片

(喷射环境:0.1 MPa 空气)

在平均温度 300 K 下,2 km/s 的射流速度等同于 5.8 的马赫数。因此,假定射流头部前的激波是一个正激波,可计算出射流头部滞止点处的总温度为 2 318 K[68]。这个温度比柴油的自发点火温度 523 K 要高得多。点火延迟时间 τ_i,可以根据 Fieweger 等人[69]和 Vermeer 等人[70]建议的公式算出,即

$$\tau_i = 7.626 \times 10^{-9} \exp(18\,100K/T) \text{ (ms)} \tag{1.9}$$

这里 τ_i 的单位是 ms,温度 T 的单位是 K,以及

$$\tau_i (p/RT)^\alpha = \exp(A + B/T)(\mu s) \qquad (1.10)$$

这里 τ_i 的单位是 μs,T、p、R 分别是温度(K)、压力(Pa)和气体常数。式 (1.10)中的常数分别为,$\alpha = 0.86$,$A = -15.46$,$B = 23\,340$ K。当 $T = 2\,318$ K 时,根据式(1.9)和式(1.10),τ_i 分别只有 18.773 ns 和 23.257 ns。所以,有理 由相信射流一离开喷嘴就被点燃。不应忘记的是,燃料在喷嘴内高速运动,会 导致腔口冲击波[66],因此存在着燃料在喷嘴内被部分点燃的可能性。

已知喷嘴出口直径的减少可以加强雾化,产生更小尺寸的液滴[71]。这里 要强调的是,具有更小直径液滴的喷雾,更容易在射流周围形成相干的大涡结 构,而后者将进一步扰动液体并促进液体的粉碎。同时,激波诱导的斜压效应 混合 $\nabla\rho \times \nabla p$,提供了使液体断裂的附加效果[72]。这里 ρ 和 p 分别是流体的密 度和压力。图 1.60 中所示的来自 1.0 mm 直径喷嘴的 3 km/s 柴油射流,是这 种流动的典型例子。射流轴线中心附近的白色区域,是燃烧射流核心区域,它 是经过与空气混合后形成的。在射流核心与干涉条纹之间,有一个漩涡层,它 像一个罩子包围着射流核心。这类似于在超声速天体物理射流中发现的蚕状 结构(cocoon)[73,74]。

图 1.61 示出了 2 km/s 柴油射流在 3.24 kPa 绝对压力的空气中的喷 射。明显地,弓形激波的强度和燃烧程度都减少了。在喷射之后,在实验 段燃烧室里检查燃烧后的烟雾,发现它比在 0.1 MPa 空气中燃烧后生成的 烟雾更加稀薄。换言之,由于较低的氧气浓度,在这样的低压下,只发生了 燃料的部分燃烧。在图 1.61(b)中,尽管可以看出有一层火焰围绕着射流, 但火焰和射流之间的反差并不大,这是因为弱激波和在稀释了浓度的氧气 中的弱燃烧的缘故。

图 1.62 和图 1.63 示出了 2 km/s 柴油射流分别在 0.1 MPa 和 0.4 MPa 的 氦气/空气混合气体中的喷射。先将燃烧室抽真空至 20 kPa,然后将氦气注入, 使燃烧室压力达到 0.1 MPa 或 0.4 MPa。在标准条件下,氦气的声速为 1.0 km/s,约为空气中声速的 3 倍;那么在氦气/空气混合气体中,射流的马赫 数约为 1.8。通过这种提高环境气体声速的办法,不仅可以检查惰性气体对燃 烧的影响,而且可以验证温度的影响。正如在图 1.62 中看到的围绕着射流的

火焰,可知的确能如预期那样控制燃烧。当然,燃烧只发生在混合层的边界。在喷射之后,在燃烧室里出现了淡蓝色的烟雾。当混合气体压力从 0.1 MPa 升至 0.4 MPa 时,混合气体里主要是惰性缓冲气体。图 1.63 中,射流形状和围绕射流的火焰层与图 1.62 中所示的没有多大差别。然而,气体密度的增加使得弓形激波后的条纹数增加,并且引起照片左侧的燃烧发光,喷射后燃烧物的烟雾浓度也明显高于图 1.62 所示的情况。这说明对于高压喷射实验,喷射环境压力有必要高于 1.5 MPa[75,76]。

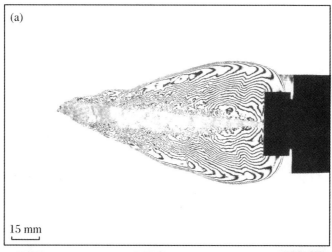

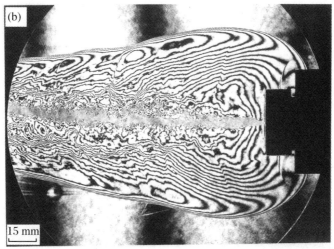

图 1.60 来自 1.0 mm 直径喷嘴的 3 km/s 柴油射流的全息干涉照片

(喷射环境:0.1 MPa 空气)

图 1.64 和图 1.65 给出了高超声速煤油射流喷入大气时的高速摄影照片。在图 1.64 中,最大射流速度出现在图片(2)和(3)之间,达到了 3 005 m/s。在平均温度为 300 K 的空气中,射流马赫数为 8.71,在射流头部滞止点的总温度达

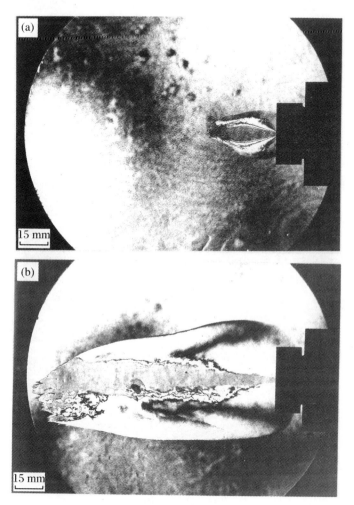

图 1.61　来自 2.5 mm 直径喷嘴的 2 km/s 柴油射流的全息十涉照片

(喷射环境:3.24 kPa 空气)

到 4 635K[68]。图片(1)~(3)中的箭头,指出燃料的点火亮点,它们在原始照片中很清楚,这里经过复制后变得模糊了。事实上,从图片(3)~(5)中,可以看出燃烧层已出现在射流外缘。图 1.65 示出了一个较细长的煤油射流。从图片(1)到(2),射流速度为 2 691 m/s,从图片(2)到(3),射流速度为 2 835 m/s。射流的中心区域由喷雾组成且呈深色,中心区域被颜色较淡的燃烧层包围。燃烧

层厚度在图片(3)中达到最大,然后随着射流向下游运动,逐渐附着在喷雾上(图片(4)~(6))。

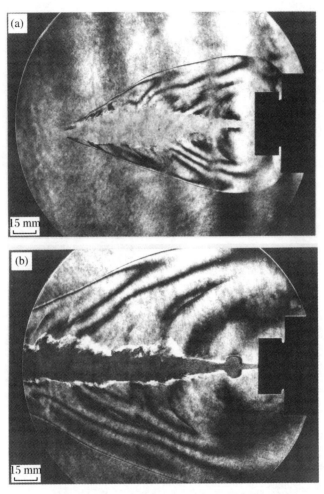

图1.62　来自2.5 mm直径喷嘴的2 km/s柴油射流的全息干涉照片

(喷射环境:0.1 MPa 空气/氦气)

为了深入研究高超声速燃料射流的自发点火及燃烧现象,在实验段燃烧室周围设置暗室和打开快门的照相机,并在燃烧室窗口上安装光电二极管。图1.66、图1.67和图1.68分别给出了从1.0 mm、2.0 mm和3.0 mm直径产生的高超声速煤油射流的自发燃烧照片和对应光辐射信号。在图1.66(a)中,火焰的发光已照亮了喷嘴装置的出口。在图1.66(b)中,光电二极管检测到的信号(波形2)说明光电压的最大值为0.4 V,并且燃烧持续的时间约为100 μs。波形

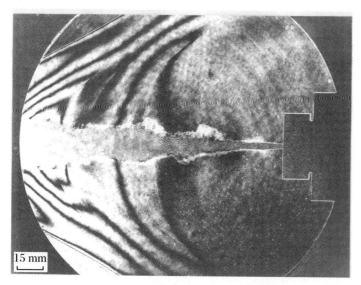

图 1.63　来自 2.5 mm 直径喷嘴的 2 km/s 柴油射流的全息干涉照片

（喷射环境:0.4 MPa 空气/氩气）

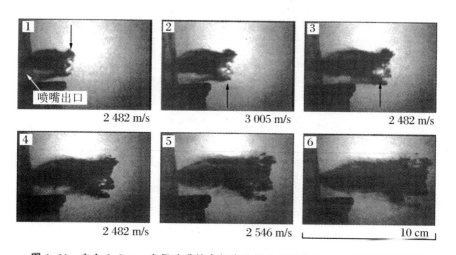

图 1.64　来自 3.0 mm 直径喷嘴的高超声速煤油射流的 Imacon 高速摄影照片

（射流自左向右。相邻两张照片之间的时间间隔为 5 μs,抛射体速度为 1.1 km/s。

图片 1～3 中的箭头示出点火点）

1 是作为参照的用检测线圈测出的抛射体速度的信号,测得的抛射体速度为
1 035 m/s;可以发现在图 1.66～图 1.68 的 3 个实验中,抛射体的速度是相同
的。图 1.67 给出了 2.0 mm 喷嘴的结果。彩色照片记录下火焰的颜色是呈淡
蓝色的,而不是红色的。我们认为这种蓝色火焰是由后期燃烧产物造成的。图

1.67(b) 中的光电压信号指出,燃烧更加强烈,因为光电压已超过了 2 V。而且,燃烧过程更加复杂,即燃烧经过了初期的 150 μs 之后,似乎又被加强,所以总的燃烧时间可能超过 500 μs。当喷嘴出口直径增加到 3 mm 时,再次看到了红色火焰(黑白照片见图 1.68(a))。因为 3 mm 直径的射流不是那么容易被雾化的,所以火焰围绕着中心射流。图 1.68(b)示出,最大光电压和燃烧时间又分别回到了 1.7 V 和 250 μs。因此,实验得出的结论之一是,从不同直径产生的高超声速燃料射流,会导致不同的火焰形状、辐射量和燃烧时间。

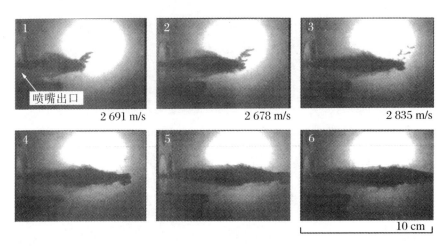

图 1.65　来自 3.0 mm 直径喷嘴的高超声速煤油射流的 Imacon 高速摄影照片

(射流自左向右。相邻两张照片之间的时间间隔为 5 μs,抛射体速度为 1.1 km/s。
射流周围形成了一个燃烧层)

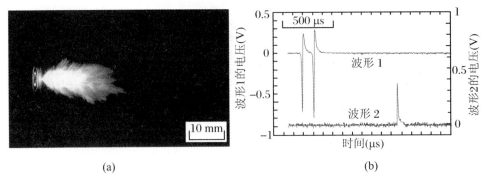

图 1.66　从 1.0 mm 直径喷嘴产生的高超声速煤油射流的燃烧与辐射

(a) 在暗室中拍到的自发光现象;(b) 用光电二极管记录的射流光辐射信号(波形 2)
(波形 1 是检测线圈测得的抛射体的速度信号)

对超声速/高超声速燃料射流的研究到现在为止还没有结束,关于激波在燃料雾化和燃烧中确切的、定量的作用,还有待回答。超声速燃料射流喷入环境气体中之后,周围气体经过弓形激波和马赫波压缩后再与燃料混合,这等同于参与混合的气体量增加了。同时,气体经过压缩后温度上升,气体又对燃料进行预热。这些都有助于燃烧。最近,美国阿贡国家实验室的 MacPhee[77] 和 Im[78],用时间分辨的同步加速器 X 射线(synchrotron x-radiography)和快速像素矩阵检测器(pixel array detector)定量地测量了超声速燃料喷雾中的燃料质量和激波形状,给出了一些有意义的结果。

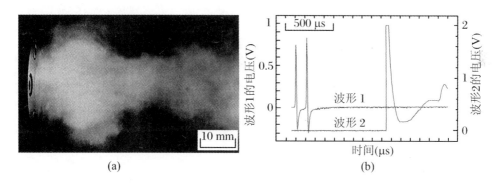

图 1.67 从 2.0 mm 直径喷嘴产生的高超声速煤油射流的燃烧与辐射

(a) 在暗室中拍到的自发光现象;(b) 用光电二极管记录的射流光辐射信号(波形 2)

(波形 1 是检测线圈测得的抛射体的速度信号)

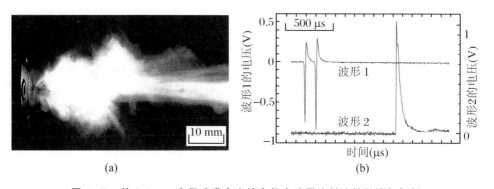

图 1.68 从 3.0 mm 直径喷嘴产生的高超声速煤油射流的燃烧与辐射

(a) 在暗室中拍到的自发光现象;(b) 用光电二极管记录的射流光辐射信号(波形 2)

(波形 1 是检测线圈测得的抛射体的速度信号)

1.8 累积加速方法与其他方法的比较

在这一节里,我们讨论文献[37]提出的射流分叉(bifurcation)问题。早在 1967 年,O'Keefe 等人[79]在用二级轻气炮产生 1.1 km/s 水射流的实验中,就发现了射流的分叉。金志明[80]在用脉冲 X 射线成像系统观察液体射流的射流核时,也发现环形射流在扩展中出现分叉,从而导致破碎。那么,分叉是在什么情况下出现的,是因为流动不稳定性还是其他的流体力学机理所致,以及分叉会不会影响到射流的速度,等等。本节介绍为了回答这些问题而专门设计的实验。

1.8.1 实验装置

图 1.69(a)和图 1.69(b)分别示出了喷射同样水量的直接冲击法和累积加速法的实验设计。用直接冲击法时,大约 150 mm³ 的水被 1 mm 厚度的橡皮隔膜密封在一个不锈钢喷嘴中。喷嘴具有 0.5 mm、1.0 mm 和 2.0 mm 直径的出口直径,所有喷嘴的后端直径都是 5.5 mm。抛射体采用从气枪发射出的铅弹,它具有 5 mm 直径、7.5 mm 长度和 0.75 g 质量。铅弹直接冲击隔膜并将液体推出喷嘴出口。采用铅弹的原因有两个,第一,从气枪发射的铅弹具有稳定的弹道特性[25],这样可以排除弹道误差对射流发生过程的影响,从而液体的行为只与发生方法有关;第二,铅是较软的物质,铅弹在冲击喷嘴发生大变形后会挤进喷嘴通道,而不像聚乙烯或尼龙抛射体在冲击喷嘴后变形反弹[37,81],这样可以保证喷嘴内高压的持续时间和防止流体外泄。

喷嘴被安装在喷嘴固定座里。喷嘴紧靠着间隔环,间隔环被压紧螺丝压紧。用间隔环可以调整喷嘴与压紧螺丝之间的距离。在图 1.69(b)中示出的累积加速法中,间隔环被替换成一空心不锈钢圆柱体,圆柱体的空心部位装有 150 mm³ 的水。喷嘴紧靠着圆柱体,在喷嘴和圆柱体之间夹有一层 9 μm 厚度的聚酯薄膜,用于密封水柱的前端。圆柱体的后端被 1 mm 厚度的橡皮隔膜密封住。用压紧螺丝将圆柱体和喷嘴固定在喷嘴固定座里。铅弹冲击橡皮隔膜，并推动水柱进入喷嘴。经过喷嘴通道之后，液体流出喷嘴出口形成射流。因此，所设计的直接冲击法和累积加速法的区别在于：① 对于直接冲击法，实验前喷嘴内充满了水；② 对于累积加速法，实验前水位于圆柱体内，而喷嘴内是空的。

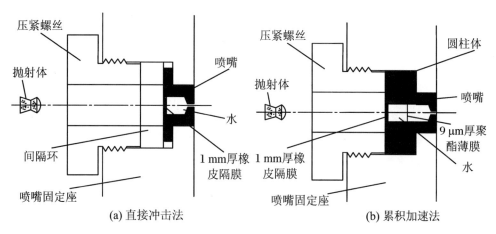

图 1.69　直接冲击法和累积加速法产生高速液体射流的喷嘴装置

　　图 1.70 给出了进行上述实验的小型液体射流发生装置的示意图。装置全长只有 1.2 m。一台日本夏普公司的、枪腔直径为 5 mm 的 UD-Ⅱ型二氧化碳气枪，用沉重的钢块枪托固定，以防止发射时后坐力引起的振动。气枪腔口与飞行室相接，并正对着喷嘴装置。图 1.71 是装置的实物照片。该气枪使用高压二氧化碳气体驱动铅弹，测试结果表明，气枪具有很稳定的弹道特性[25]。

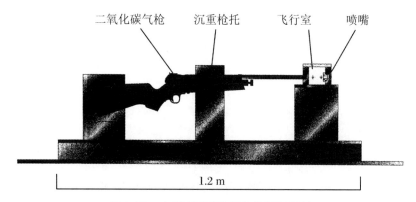

图 1.70　小型高速液体射流装置示意图

图 1.72 示出了测量子弹和水射流速度的激光测量系统。其测量原理与 1.3 节中介绍的相同。不同的是,使用了四台可随意移动的半导体激光器(波长 670 nm,输出功率 5 mW,光束直径 3.0 mm,光束扩散角 6.0×10^{-3} rad)作为光源。两束激光通过飞行室内部,用来测量子弹速度。两束激光间距 40 mm,第一束激光离膛口 20 mm。另外两束间距 15 mm 的激光被置于喷嘴出口,第一束激光距离喷嘴出口的距离 X 是可调的。在检查喷嘴直径对射流速度的影响时,距离 X 保持在 3.5 mm;而在检查射流速度沿下游变化时,距离 X 从 3.5 mm 变化到 163.5 mm,每次变化的间隔为 40 mm。来自光电二极管的信号,输入一台四通道的数字式示波器。光电管采用日本滨松公司的 PIN 型二极管,感光直径为 0.8 mm,光栅频率为 500 MHz 。

图 1.71 小型高速液体射流装置照片

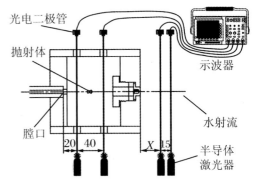

图 1.72 测量射流和子弹速度的光学系统

图 1.73 给出了用于观察水射流的纹影仪的光学系统。氙气闪光灯被用来作为纹影仪的光源。两个抛物镜的直径均为 150 mm。将一束激光设置在喷嘴出口或膛口,当激光束被遮断时,光电二极管将触发信号送往光源。在进行阴影照相时,采用了图 1.12 所示的光学系统,也是氙气闪光灯作光源;不同的是,0.5 mm 直径的导电碳棒被设置在飞行室内,而不是在喷嘴出口[82]。

1.8.2 射流速度测量

图 1.74(a) 和 1.74(b) 分别给出了用直接冲击法和累积加速法从 0.5 mm、1.0 mm、2.0 mm 直径的三个喷嘴产生的水射流的速度和铅弹速度的关系。总的趋势是随着子弹速度的增加,射流速度也增加。冲击压力可近似为 $p = \rho C V_{pro}$,这里 ρ、C 和 V_{pro} 分别是液体密度、激波速度和铅弹速度[24]。用直

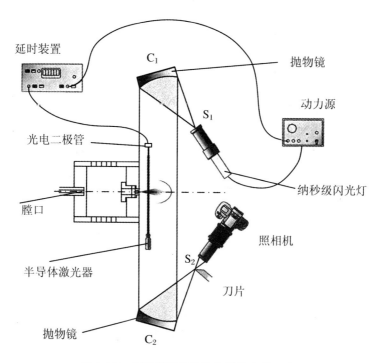

延时装置

光电二极管

膛口

半导体激光器

抛物镜

C_1

S_1

S_2

C_2

抛物镜

动力源

纳秒级闪光灯

照相机

刀片

图 1.73　用于观察射流的纹影仪光学系统

接冲击法得到的结果更接近线性关系,而用累积加速法得到的结果偏离线性关系。从图 1.74(a) 可知,从较小直径的喷嘴得到了较高速度的水射流,这是因为小直径喷嘴里的喷射压力较高的缘故[35,37]。图 1.74(b) 示出,用累积加速法产生的水射流速度出现一定程度的叠加,从 1.0 mm 直径喷嘴产生的水射流速度会高于从 0.5 mm 直径喷嘴产生的水射流速度。比较两种方法,发现用累积加速法产生的水射流的速度,一般小于用直接冲击法产生的水射流速度。一个例外是,对于 2.0 mm 直径喷嘴,子弹速度为 185 m/s 时,用累积加速法产生的水射流速度大于用直接冲击法产生的水射流速度。上述现象说明,衡量累积加速法的加速效果时,需要全面考虑施加给液体的动量、喷嘴直径和内通道型线、液体体积等因素。在经过抛射体的冲击而获得速度之后,液体柱向喷嘴前端冲,如果喷嘴直径过小,流体将会因为比较难流出喷嘴出口而有可能反弹回去。如果喷嘴有较长的渐缩型线,如 1.2 节和 1.7 节中所介绍的,流动会比较顺畅。图 1.74(b) 还给出了一个有意思的结果,即从 3 个喷嘴产生的水射流速度相差不大。这说明水柱中的压力主要是从子弹的初次冲击中获得的,当水柱进入喷嘴后并没有太大的变化。相比之下,在直接冲击法或动量交换法中,喷嘴压力是在经过激波在喷嘴前端与抛射体(活塞)头部进行数次反射后才建立起来的(见 1.5.3 小节),因此喷嘴出口直径就成为重要的影响喷嘴压力的参数。

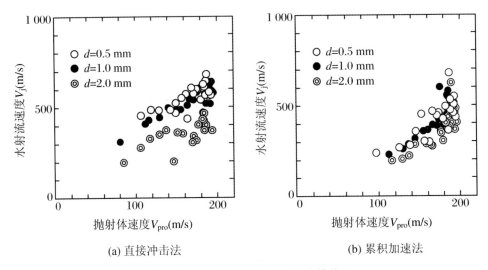

(a) 直接冲击法 (b) 累积加速法

图 1.74 水射流速度与铅弹速度的关系

($X = 3.5$ mm)

图 1.75(a) 和 1.75(b) 分别给出了用直接冲击法和累积加速法产生的水射流的速度与投射距离的关系。在这个实验和纹影照相时,子弹速度保持为 185 m/s。对于直接冲击法,来自 1.0 mm 和 2.0 mm 直径喷嘴的水射流速度沿

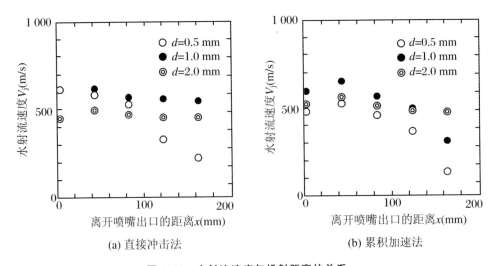

(a) 直接冲击法 (b) 累积加速法

图 1.75 水射流速度与投射距离的关系

着投射距离表现得相对稳定；从 0.5 mm 直径喷嘴产生的水射流速度沿着投射距离大幅度下降，在投射距离为 120 mm 处，射流速度变成了原来的一半，这是因为从 0.5 mm 直径喷嘴产生的水射流在离开喷嘴后被严重地雾化了。对于累积冲击法，只有来自 2.0 mm 直径喷嘴的水射流速度沿下游方向保持相对稳定。从 0.5 mm 和 1.0 mm 直径喷嘴产生的水射流速度，随着投射距离的增加都显著地减少。

1.8.3　流场可视化

图 1.76 和图 1.77 分别给出了用直接冲击法和累积加速法从 1.0 mm 直径喷嘴产生的、在不同下游位置处的超声速水射流的阴影照片。照片中的白色箭头示出了喷嘴出口的位置。图 1.78 和图 1.79 分别给出了用直接冲击法和累积加速法从 1.0 mm 直径喷嘴产生的、在不同下游位置处的超声速水射流的纹影照片。我们先分析图 1.76 和图 1.78 所示的直接冲击法的射流。根据射流形状及投射距离，图 1.76(a) 和 1.76(b) 中所示的射流具有大约 15 mm 的投射距离，它们对应于图 1.78(e)～(g) 的场合。图 1.76(c) 和 1.76(d) 中的射流对应于图 1.78(i) 和图 1.78(j) 的场合。当射流充分发展后(图 1.76(c)、图 1.76(d) 以及 1.78(i)、图 1.78(j))，射流具有一个尖的超声速头部和伸展很长

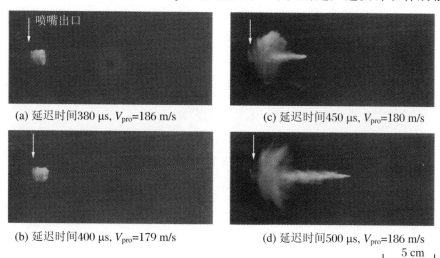

(a) 延迟时间380 μs, V_{pro}=186 m/s　　　(c) 延迟时间450 μs, V_{pro}=180 m/s

(b) 延迟时间400 μs, V_{pro}=179 m/s　　　(d) 延迟时间500 μs, V_{pro}=186 m/s

$\vdash$ 5 cm $\dashv$

图 1.76　来自 1.0 mm 直径喷嘴的超声速水射流的阴影照片

(直接冲击法)

的瘦形的身体,并且在喷嘴出口附近射流被分叉射流包围。

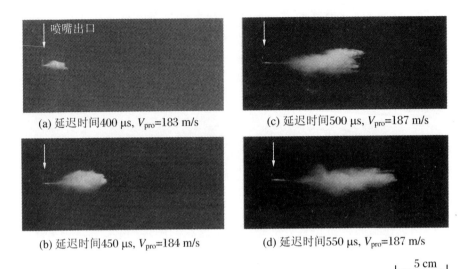

(a) 延迟时间400 μs, V_{pro}=183 m/s   (c) 延迟时间500 μs, V_{pro}=187 m/s

(b) 延迟时间450 μs, V_{pro}=184 m/s   (d) 延迟时间550 μs, V_{pro}=187 m/s

$\vdash$ 5 cm $\dashv$

图 1.77　来自 1.0 mm 直径喷嘴的超声速水射流的阴影照片

（累积加速法）

　　阴影和纹影照相可视化工作已经揭示了分叉射流的形成机理。图 1.76
(a)、图 1.76(b) 及 1.78(a)～(h) 示出在开始的时候,直径大约为1 mm 的细射
流出现在喷嘴出口(图 1.78(a))。因为喷嘴内部激波的多次反射,后续的液体
也必须流出喷嘴(图 1.78(b)、图 1.78(c))。后续射流的头部撞击前面射流的
尾部,引起了流体在径向上膨胀。如图 1.76(a)、图 1.76(b)所示,喷雾头部直
径达到了 13.3 mm。这就是 Dunne 和 Cassen[83] 所谓的液体射流的不连续性
(discontinuity)。径向膨胀导致了分叉射流的迅速雾化及其速度的下降,所以
中心射流从喷雾中冒出(图 1.78(h))并向前运动(图 1.78(i)～(j))。示于图
1.76(d) 的螺旋内部漩涡和示于图 1.78(j) 的射流边界的波纹形状与螺旋不稳
定性和 Kelvin-Helmholtz 不稳定性有关[84,85]。

　　当采用累积加速法时,射流分叉消失了(图 1.77 和图 1.79)。因为液
体在喷嘴出口露出之前已经获得了初速度,所有的流体颗粒都向前运动。
这种射流容易被分裂和雾化。显然,图 1.77(a)～(d)中膨胀了的喷雾的直
径,比喷嘴外径还要大,只是在喷雾后面细的尾部液体直径等于喷嘴出口
直径。与直接冲击法相比,用累积加速法产生的喷雾直径更大。这表明后
者在液体分裂和雾化中的作用。每个射流前端破裂的形状都与 Rayleigh-

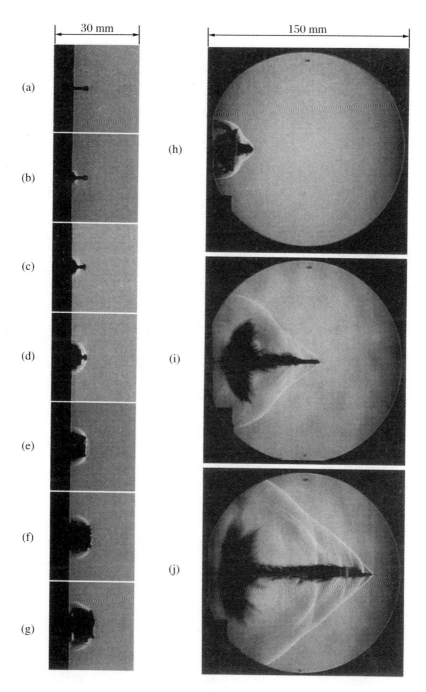

图 1.78　来自 1.0 mm 直径喷嘴的超声速水射流的纹影照片

（直接冲击法）

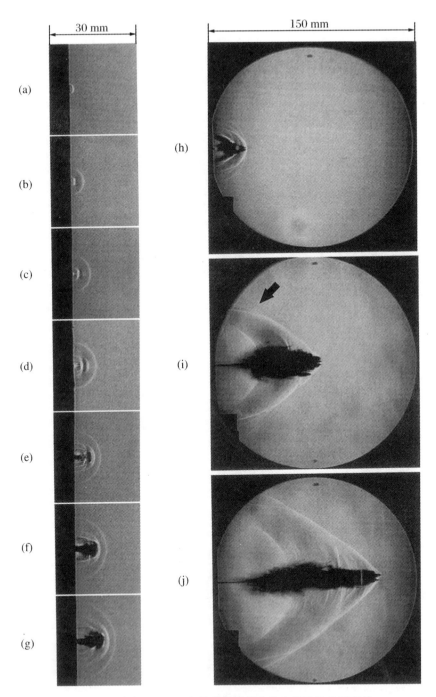

图 1.79 来自 1.0 mm 直径喷嘴的超声速水射流的纹影照片

（累积加速法）

Taylor 不稳定性有关[43,86]。

在图 1.79(a)中出现的第一个激波是透射激波,它是由子弹撞击水柱引起的。跟随着第一个激波,第二个激波出现在图 1.79(b)和图 1.79(c)中,这是由在喷嘴内的液体突然运动引起的腔口冲击波。然后第三个激波出现在图 1.79(d)~(f)中,它是围绕超声速液体射流的弓形激波。在图 1.79(g)~(j)中,因为射流超越了第一个和第二个激波,弓形激波与这些波发生了相互作用。在图 1.79(i)中,箭头标出了透射激波在图中的位置。从纹影照片中可以看出,不仅射流头部的破裂造成了复杂的波系结果(图 1.79(i)),而且波纹形状的射流边界也诱导了许多马赫波(图 1.79(j))。文献[66]首次报道了高超声速液体射流超越激波的过程,图 1.79 的纹影照片证实了以前的阐述。关于超声速抛射体超越腔口冲击波的空气动力学,可参考姜宗林等人的工作[87]。

1.8.4　改变喷射体积的累积加速法实验

在前面各节中介绍的用一级轻气炮(图 1.2)产生高速液体射流时,喷射水量只有 225~370 mm³。在 1.8.1 小节~1.8.3 小节中介绍的累积加速法实验中,喷射的液体体积更小,只有 150 mm³。因此,有必要考虑在更大的喷射水量下进行实验,这不但有助于检验一级轻气炮在产生高速液体射流时的效能,而且能对累积加速法本身做进一步的考察。图 1.80 示出了按照这样的思路设计的实验装置示意图,图 1.81 给出了装置的实物照片。在直径为 120 mm 的钢制圆柱体中心,掏出一个直径为 8 mm、长度为 70 mm 的空心柱。圆柱体被前后两个法兰通过螺栓压住,喷嘴被套在前面的法兰里,在喷嘴和圆柱体之间夹有一个厚度为 9 μm 的聚酯薄膜。后面的法兰通过螺纹结构与连接一级轻气炮发射管出口的接头相连,接头与圆柱体相连。在空心柱里加入水,再用 2 mm 厚的橡皮隔膜(直径与空心柱直径相同)密封住水柱的后端。这个装置有一个优点,即只要改变水柱长度,就可以改变喷射水量。如果水柱长度为 70 mm,喷射水量为 1 758.4 mm³;当水柱长度为 30 mm 时,喷水水量为 753.6 mm³。

图 1.82 示出了抛射体速度和水射流速度的测量系统示意图。图中 1 为 12 mW 氦氖激光器,9、10、11、12 分别为分光镜和反射镜,2、3 为日本夏普公司的 BS500B 型光电二极管(感光尺寸为 2 mm×2.5 mm),4、5 分别为放大器和数字示波器,7、8 为导线回路电流检测装置,6 为计数器。在发射管下游处用两

根细铜线相距 20 mm 穿过管的中心(具体结构见图 1.9),当抛射体通过铜线时,铜线被瞬时切断,计数器记录下通过的时间,抛射体的速度就被算出。在用激光测量水射流速度时,第一束激光离喷嘴出口 25 mm,两束激光之间的距离为 40 mm。在进行流场可视化时,使用氙气闪光灯作光源,采用切断导线的触发方式。

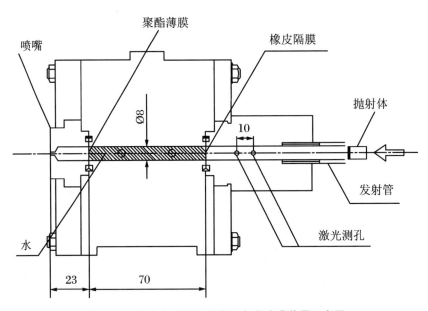

图 1.80 可改变喷射体积的组合式喷嘴装置示意图

图 1.81 喷嘴装置实物照片

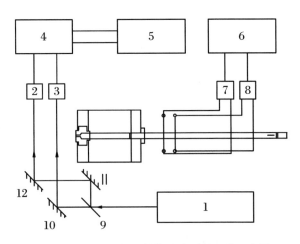

图 1.82 水射流与抛射体速度测量系统示意图

图 1.83(a)和 1.83(b)分别给出了实验喷嘴和抛射体的结构及几何尺寸。喷嘴长度为 23 mm,上游部分的内径为 8 mm,喷嘴出口处的圆锥角为 120°。实验中使用了三个喷嘴,即出口直径分别为 1.0 mm、2.0 mm、3.0 mm。为了使抛射体能够有效地推动长的水柱,重新设计了抛射体。图 1.83(b)所示的是组合式抛射体,一个直径为 6.2 mm 的青铜帽子被镶嵌在直径为 7.2 mm 的尼龙圆柱体中。抛射体总长为 12 mm,质量为 1.16 g。这样的设计,既是为了防止抛射体在冲击水柱后因变形被卡在通道口或通道中,又是为了使抛射体具有足够的速度。这曾经是超高压研究中常用的实验技术[88]。对抛射体速度的测量结果表明[89],用 1.8 m 长的加速管,抛射体可以被加速到约 320 m/s。

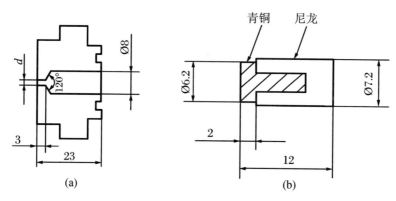

图 1.83 喷嘴和抛射体的几何结构及尺寸

图 1.84 给出了水柱长度分别为 30 mm、50 mm 和 70 mm 时的从 2.0 mm 直径喷嘴产生的水射流速度的测量结果。可以看出,获得的水射流速度在 500~800 m/s 之间,这说明只要设计得当,尽管喷射水量较大,也能获得较高速度的射流。当然,实验结果表明,射流速度与喷射水量并不是单调的增加或下降关系,最大射流速度不是出现在 30 mm 水柱的场合,而是出现在 50 mm 水柱的场合。从理论模型(见 1.9.1 小节)计算的结果也表明,随着水柱长度的增加,射流速度先增后减[81]。关于喷嘴出口直径对射流速度的影响,发现出现了类似在 1.8.2 小节中讨论过的结果,即如果比较 Ø1.0 mm 和 Ø2.0 mm 喷嘴,并未发现喷嘴直径的减小会带来明显的速度增加[89,90]。

射流可视化的结果被示于图 1.85 中。将图 1.85、图 1.77 和图 1.56 综合考虑液体分裂的空气动力学因素和非空气动力学因素[91],我们发现:用累积加速法产生的高速液体射流的形貌及其气动与雾化特性基本相同,不管喷射水量的大幅度变化,也不管射流速度从超声速变化到高超声速。图 1.86 示出了有时会出现的水射流的爆炸性破碎。与 Hopfinger 和 Lasheras[92] 发现的同心螺旋气体射流中液体射流的爆炸性破碎相比,图 1.86 所示的要剧烈得多。其原因应该是在给空心柱加水时,气泡被密封在水柱里。然后,气泡随水流出喷嘴出口时崩溃引起爆炸性破碎。

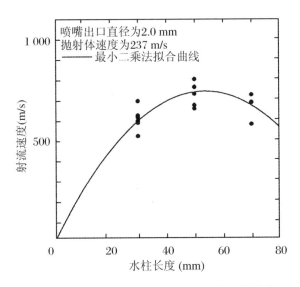

图 1.84　不同喷射体积下的大流量水射流的速度

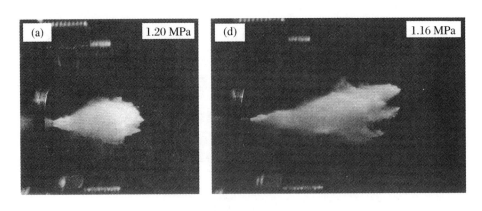

图 1.85　从图 1.80 所示装置产生的高速水射流阴影照片

(Ø2.0 mm 喷嘴,水柱长度 70 mm;破膜压力 1.15～1.20 MPa;Ø1.0 mm 与 Ø3.0 mm 喷嘴的射流与此基本相同)

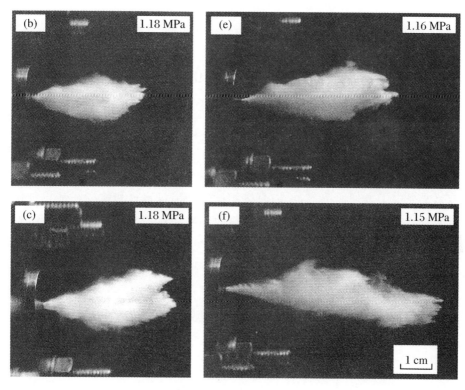

图 1.85(续)

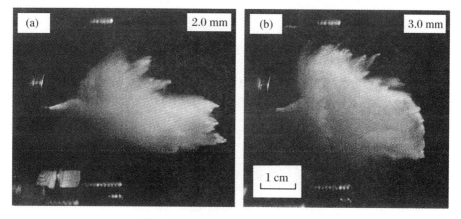

图 1.86　高速水射流的爆炸性破裂

(a) Ø2.0 mm 喷嘴;(b) Ø3.0 mm 喷嘴

水柱长度 70 mm,破膜压力 1.15 MPa

1.9 从矩形喷嘴中产生的高速液体射流

用矩形喷嘴进行液体喷流的目的有 4 个。第一,可以进行喷嘴压力和射流速度的同时测量,或同时进行流场可视化。因为矩形喷嘴的垂直侧壁给安装压力传感器提供了方便。第二,可以直接测量喷嘴出口直径和前端圆锥角对喷嘴压力的影响。在水射流切割技术中,喷嘴内部型线对切割效果和喷嘴使用寿命的影响是始终被关心的问题[93-96]。第三,如果把喷嘴侧壁换成透明的,例如有机玻璃板,就可以观察喷嘴内部的流动。第四,Tam 和 Thies[97] 对矩形气体射流的理论研究表明,高度局部的角落不稳定性模式会迅速导致显著的混合。因此,有必要观察矩形液体射流的气动和雾化特性。

1.9.1 不可压缩流体的理论分析

使用 Ryhming 的模型[22],图 1.87 示出了在喷嘴里流体的流动模型。液体初始时占据从 0 到 X_L 的长度 l。在液体进入喷嘴后的时刻 t,流体包(阴影线包围的部分)后表面的速度为 $\dot{X}_R = \mathrm{d}X_R/\mathrm{d}t$,流体包前表面的速度为 $\dot{X} = \mathrm{d}X_F/\mathrm{d}t$。喷嘴收缩段的长度为 L,可变化的面积为 $A(X)$。在拉格朗日坐标

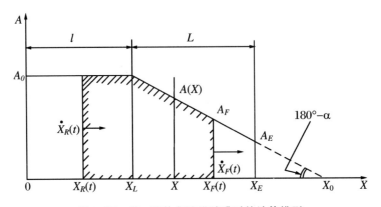

图 1.87 当一流体包流进喷嘴时的计算模型

系中的总质量和总能量方程以及在欧拉坐标系中的连续方程如下：

$$\rho A_0 X_L = \rho A_0 (X_L - X_R(t)) + \rho \int_{X_L}^{X_F(t)} A(X) \mathrm{d}X \tag{1.11}$$

$$\frac{1}{2} \rho A_0 X_L U_0^2 = \frac{1}{2} \rho A_0 (X_L - X_R(t)) \dot{X}_R^2(t) + \frac{1}{2} \rho \int_{X_L}^{X_F(t)} U^2(X, t) A(X) \mathrm{d}X \tag{1.12}$$

$$\dot{X}_R(t) A_0 = U(X, t) A(X) = U(X_F, t) A(X_F) \tag{1.13}$$

在上面的方程式里，ρ 是液体密度，U_0 是流体包在抛射体或活塞的冲击推动下得到的初速度。$U(X, t) = \mathrm{d}X(t)/\mathrm{d}t$。通过延长图 1.87 中的线段 $A(X)A_E$ 到 X 轴，我们有关于喷嘴几何的方程：

$$X_0 = L + l + A_E/\tan(180° - \alpha) \tag{1.14}$$

这里 α 是喷嘴收缩段的倾斜角，而通常意义上的圆锥角就是 2 倍的 $(180° - \alpha)$。
引入无因次参数：

$$\begin{cases} \xi = \dfrac{X}{l}, \quad R_{R.F} = \dfrac{X_{R.F}}{l}, \quad q(\xi) = \dfrac{A(\xi)}{A_E}, \quad R = \dfrac{A_0}{A_E}, \quad \beta = \dfrac{L}{l}, \quad \xi_0 = \dfrac{X_0}{l} \\[3mm] \dfrac{1}{U_0} \dfrac{\mathrm{d}X_{R.F}}{\mathrm{d}t} = \dfrac{\mathrm{d}\xi_{R.F}}{\mathrm{d}t} = \dot{\xi}_{R.F} = u_{R.F} \end{cases} \tag{1.15}$$

然后我们得到

$$u_F = \dot{\xi}_F = u_R q^{-1}(\xi_F) = q^{-1}(\xi_F) \left[1 + \int_1^{\xi_F} q^{-1}(\xi) \mathrm{d}\xi - \int_1^{\xi_F} q(\xi) \mathrm{d}\xi \right]^{-1/2} \tag{1.16}$$

因为图 1.87 中的喷嘴面积变化是

$$q(\xi_F) = \frac{\xi_0 - \xi_F}{\xi_0 - 1} \tag{1.17}$$

最后，我们得到在喷嘴出口的射流速度 U_j：

$$U_j = u_F U_0 = U_0 \frac{\xi_0 - 1}{\xi_0 - \xi_E}$$
$$\cdot \left[1 + (\xi_0 - 1)\ln\frac{\xi_0 - 1}{\xi_0 - \xi_E} - \frac{1}{2} \frac{(\xi_E - 1)(2\xi_0 - \xi_E - 1)}{\xi_0 - 1} \right]^{-1/2} \tag{1.18}$$

这里

$$\xi_E = \beta + 1 \tag{1.19}$$

$$\xi_0 = \beta + 1 + \beta/(R - 1) \tag{1.20}$$

$$U_0 = \lfloor M_p / (M_w + M_p) \rfloor U_p \tag{1.21}$$

为了方便起见,仍然像 Ryhming[22]那样,假定在冲击后活塞与流体包一起运动[85]。在 1.9.3 小节中所示的实验中,活塞质量 M_p 和水的质量 M_w 分别为 3.4 g 和 0.4 g。U_p 是活塞速度。喷嘴收缩段倾斜角 α 对射流速度的影响被包括在了式(1.18)和式(1.20)中。

1.9.2 可压缩性流体的数值计算

假定喷嘴内的流动是一维不稳定的可压缩性流动。那么考虑喷嘴截面积变化的连续方程,动量方程和特征线方程以及水的 Tait 状态方程如下:

$$\frac{\partial \rho}{\partial t} + u \frac{\partial \rho}{\partial x} + \rho \frac{\partial u}{\partial x} + \frac{\rho u}{A} \frac{\partial A}{\partial x} = 0 \tag{1.22}$$

$$\frac{\partial u}{\partial t} + u \frac{\partial u}{\partial x} + \frac{\partial p}{\rho \partial x} = 0 \tag{1.23}$$

$$\frac{\mathrm{d}p}{\mathrm{d}t} - c^2 \frac{\mathrm{d}\rho}{\mathrm{d}t} = 0 \tag{1.24}$$

$$\frac{p + B}{p_0 + B} = \left(\frac{\rho}{\rho_0}\right)^n \tag{1.25}$$

这里 x、t、ρ、p、u、A、c 分别是位置、时间、密度、压力、速度、截面积、流体的声速。$p_0 = 101\,325$ Pa,$\rho_0 = 1\,000$ kg/m³,$n = 7$。给定 $c_0 = 1\,500$ m/s,系数 B 可从下面的方程式中得出:

$$c = \sqrt{\frac{\mathrm{d}p}{\mathrm{d}\rho}} = \sqrt{\frac{n(p_0 + B)}{\rho_0} \left(\frac{\rho}{\rho_0}\right)^{n-1}} \tag{1.26}$$

在活塞-水界面和自由面上的边界条件由式(1.27)和式(1.28)给出:

$$\frac{\mathrm{d}x}{\mathrm{d}t} = u, \quad p = p_b - \frac{M_p}{A} \frac{\mathrm{d}u}{\mathrm{d}t} \tag{1.27}$$

$$\frac{\mathrm{d}x}{\mathrm{d}t} = u, \quad p_f = p_0 \tag{1.28}$$

这里 M_p 是活塞质量,p_b 是活塞后面的压力,p_f 是自由面上的压力。活塞的初始速度给定为 40 m/s(见 1.9.3 小节)。

喷嘴里的流动条件包括:① 在 $t = 0$ 时刻,在液体中的压力、密度和速度是均匀的;② 自由面是指液体与 1 个大气压的空气之间的界面;③ 正如 1.9.3 小节里所示的,在 $t = 0$ 时刻,流体充满着喷嘴腔室,即 10 mm 长、8 mm 高的矩形段,加上收缩段以及高度为 l_e、长度 3 mm 的出口直线段。所以自由面的位置位于收缩段之后,这不像 O'Keefe 等人[79]讨论的情况,即自由面位于收缩段的起始位置。上面的方程式,用带有预测步长和修正步长的特征线方法[98]求解,计算网格为 40 个,计算精度为 10^{-2},在一台 NEC PC-9801 电脑上经过几分钟就可以达到。

1.9.3　实验技术与装置

图 1.88 示出了矩形喷嘴装置示意图。由上下两块 5 mm 厚的青铜板组成一个具有收缩段的 5 mm 宽的流动通道,上下两块青铜板又被两块 30 mm 厚的青铜侧壁压紧。在中心板和侧壁之间放入密封胶带,以防止给液体施加高压时液体的泄漏。如果侧壁被透明板替换,就可以对喷嘴内部的流动进行可视化。喷嘴后端的截面积为 8 mm×5 mm,一个 1 mm 厚的、截面积和喷嘴后端相同的橡皮隔膜被用来从喷嘴后端密封住液体。一个 8 mm×5 mm×10 mm 的青铜活塞(质量为 3.4 g)塞入喷嘴后端与橡皮隔膜紧靠。使用图 1.2 所示的一级轻气炮,高压氦气加速聚乙烯抛射体冲击矩形青铜活塞,活塞再给液体加压,液体介质为水。

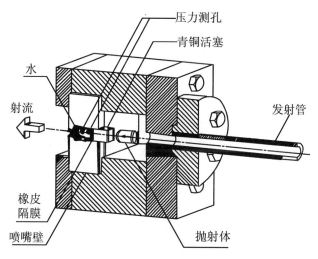

图 1.88　矩形喷嘴装置剖面透视图

图 1.89 给出了喷嘴装置的详细的设计尺寸。5 mm 宽的喷嘴通道以及 8 mm 高的喷嘴后端是固定的,收缩段倾斜角 α 和喷嘴出口高度 l_e 是可变的。表 1.3 给出了 α 和 l_e 的实验参数,选择了 90°、120°、150° 等三个 α 角。用商用

钻头加工喷嘴时,通常给出 120°的圆锥角,我们对 α 的选择覆盖了常规的喷嘴圆锥角的范围。喷嘴出口高度 l_e 选为 1～4 mm。我们没有采用更大出口尺寸的喷嘴是为了防止液体在重力作用下外漏。图 1.90 给出了测得的青铜活塞速度与轻气炮高压室破膜压力之间的关系。由图可知,活塞速度在 25～40 m/s 之间,在研究射流速度时使用不同速度的活塞;在进行压力测量时,活塞速度固定在 40 m/s。

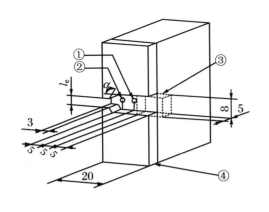

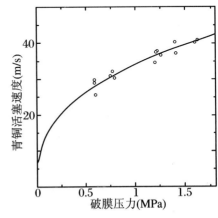

图 1.89　矩形喷嘴的设计尺寸　　　**图 1.90　塞入喷嘴内的矩形青铜活塞的速度**

①和② 压力测孔(Ø2);③ 活塞与橡皮;④ 喷嘴壁　　（1.8 m 长发射管,实线为最小二乘法拟合曲线）

表 1.3　喷嘴设计参数

喷嘴编号	喷嘴出口高度 l_e(mm)	收缩段倾斜角 α(°)
1	1.0	120
2	2.0	90
3	2.0	120
4	2.0	150
5	4.0	120

在图 1.88 和图 1.89 中,已经标出了测压孔的位置。如图 1.91 所示,一个 Kistler 6205A 型压力传感器(测量范围 0～600 MPa,自然频率 300 kHz,测量精度 ±0.5 MPa)通过螺纹安装在 30 mm 厚的青铜侧壁上,并与流动方向垂直。传感器头部离开喷嘴内表面 4 mm,以避免运动着的活塞造成损伤。这种安装方法是按照 Kistler 公司商业说明书中介绍的方法[99]。喷嘴中的压力波,通过一个 2.0 mm 直径的小孔传递给传感器,并且经由电荷放大器被记录在示波器

中。与喷嘴侧壁的 15 mm×8 mm 的面积相比,2.0 mm 直径的测压孔不会干扰流场。沿着流动方向,设置有两个测压孔,两个孔相距 5 mm,测孔 1 靠近活塞,测孔 2 靠近喷嘴出口。这样就能够测量压力沿着流动方向上的变化,以及可能的来自喷嘴出口的膨胀波的影响。

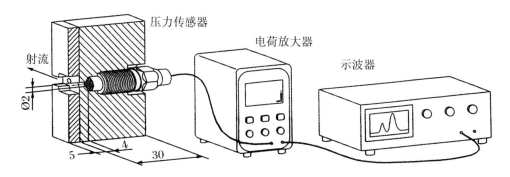

图 1.91　压力传感器(Kistler 6205A)安装示意图

1.9.4　射流速度和喷嘴压力

图 1.92(a)示出了从 2、3、4 号喷嘴测量的水射流速度,这几个喷嘴具有相同的喷嘴出口高度 l_e(= 2.0 mm),但具有不同的收缩段倾斜角 α(见表 1.3)。在 $\alpha = 90°\sim150°$ 的实验范围内,没有发现 α 的变化会对射流速度产生显著影响。从式(1.18)计算出的理论线 A 和 B 也画在了图中,A 对应于 $\alpha = 120°$,B 对应于 $\alpha = 95°$。总体来看,理论值与实验值还是基本吻合的。然而,对于 $\alpha = 120°$ 的场合,理论值多预估了射流速度。图 1.92(b)给出了喷嘴出口高度 l_e 对射流速度影响的测量结果。随着喷嘴出口尺寸的减少,射流速度在增加,这是因为小出口尺寸喷嘴里压力更高的缘故。由图可知,最大射流速度约达到了 200 m/s。

图 1.93 比较了 3 号喷嘴($l_e = 2.0$ mm,$\alpha = 120°$)的压力测量结果和特征线方法计算结果。图中实线为实验曲线,它有 3 个压力峰值。虚线是数值计算结果,它指出,活塞冲击诱导的激波在喷嘴里反射了 2 次,因为实验的第 3 个峰对应着数值计算的第 4 个峰。流体在第 2 和第 3 峰后被滞缓了,这应该是由于活塞的加速或液体从喷嘴后部泄漏的缘故。

一个简单的代数计算可以验证数值结果。图 1.93 的原点代表活塞刚撞上水的时候,活塞/水界面离开传感器的距离为 5 mm,因为压缩波的速度 $c_0 = 1\,500$ m/s,可知压力波信号将在 3.333 μs 之后到达传感器。从那时开始,考虑传感器所在位置与喷嘴收缩段反射壁之间的距离为 6 mm(5 mm 加上收缩段长度的一半),我们知道压缩波两次往返的距离,即 $L' = 3 \times 11 + 6 = 39$ mm。因此,时间 $\tau' = L'/c_0 = 0.026$ ms 非常接近数值第 4 峰所在的时间。

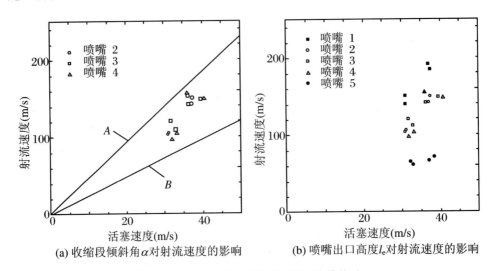

(a) 收缩段倾斜角α对射流速度的影响   (b) 喷嘴出口高度l_e对射流速度的影响

图 1.92　水射流速度与青铜活塞速度的关系

符号■、○、□、△、●分别表示 1、2、3、4、5 号喷嘴

(a) 中的实线是式(1.18)的理论值,$A : \alpha = 120°$;$B : \alpha = 95°$

　　实际的实验压力峰值比数值出现得要晚,因为从传感器头部到喷嘴壁面还有 4 mm 的凹进距离,而且信号的起始不是数值的原点,而是当压缩波到达传感器时。因此在图 1.93 中,测量曲线应该被延迟 $\Delta\tau = 5$ μs + 3.333 μs = 8.333 μs。我们知道在首次到达后,必须 3 次经过凹进距离,所以延迟时间 $\Delta\tau = 3 \times 4$ mm$/c_0 = 8$ μs,这正是从图 1.93 中估计出的结果。

　　对于 5 个喷嘴测得的压力峰值被搜集在表 1.4 中,类似于射流速度的结果,随着喷嘴出口尺寸的减少,喷嘴压力在增加。在 1.0 mm 喷嘴中,峰值压力达到了 100 MPa,这说明在 1.0 mm 喷嘴中流体的可压缩性起着重要作用。2.0 mm 喷嘴的实验结果表明,喷嘴内部结构的改变,即 α 的改变,并没有引起压力的显著变化。然而,当测压位置往下游移动,即靠近喷嘴出口和自由面时,结果就不一样了。

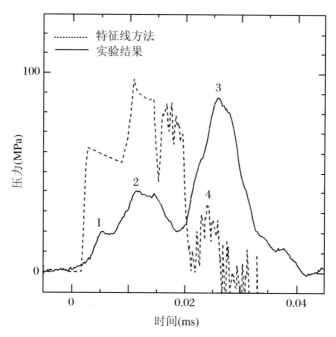

图 1.93　压力测量结果与特征线方法计算结果的比较

（3 号喷嘴，测压孔①）

表 1.4　从测压孔①测得的各喷嘴的峰值压力（破膜压力为 1.40～1.50 MPa）

喷嘴出口高度 l_c（mm）	收缩段倾斜角 α（°）	峰值压力（MPa）	实验数据数
4.0	120	39 ± 4	3
2.0	90	84 ± 4	4
2.0	120	85 ± 8	5
2.0	150	80 ± 4	4
1.0	120	100 ± 4	7

　　图 1.94 的压力测量结果表明，在 1 mm 喷嘴里，测压点从位置 1 移到位置 2 后，峰值压力从 100 MPa 降到 60 MPa；在 4 mm 喷嘴中，测压点从位置 1 移到位置 2 后，峰值压力从 40 MPa 降到 25 MPa，两个喷嘴的压力下降率分别为 40.0% 和 37.5%。通过这些实验，就可以理解压力是沿着流线下降的事实了。

　　测压点 2 正好位于喷嘴的收缩段，因此测得的压力信号肯定能给出收缩段形状对流动影响的信息。图 1.95 示出了当测量位置靠近喷嘴出口时，压力波形的确受到了喷嘴内部结构形状的影响。图 1.95(b) 中，在 $\alpha = 90°$ 的喷嘴里，压力波形有 2 个主要的峰值,而且出现了负压力;而在 $\alpha = 150°$ 的喷嘴里,出现 3 个主要的峰值。在测压点 1 时,两个喷嘴的压力波形基本重合(图 1.95(a));但在测压点 2 时,两个喷嘴的压力波形就移开了(图 1.95(b))。图 1.94(b)示出了同样的结果,1 mm 喷嘴里的第 2 个大的压力峰值(用一个垂直箭头标出),不再出现在 4 mm 的喷嘴中。

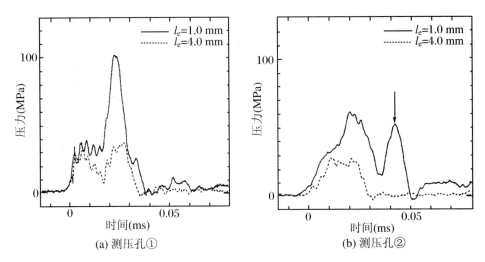

图 1.94 矩形喷嘴内的压力波形($\alpha = 120°$)

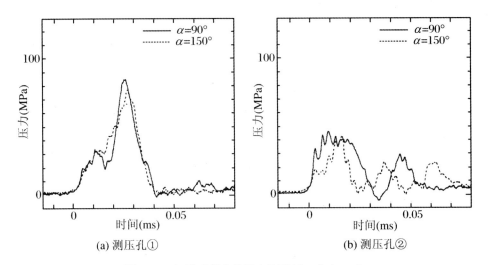

图 1.95 矩形喷嘴内的压力波形($l_e = 2.0$ mm)

1.9.5　流场可视化

图 1.96(a)～(c)示出了从矩形喷嘴产生的高速水射流的照片。在图 1.96 (a)中,射流表面的波纹清晰可见。随着射流向下游推进,波纹发展成附着在中

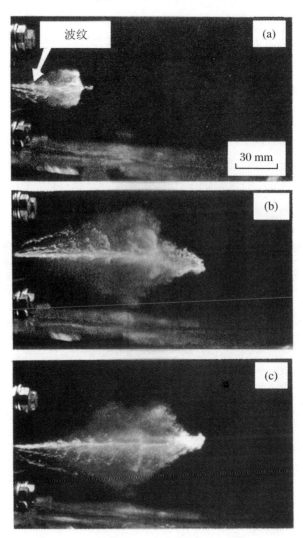

图 1.96　液体射流表面波纹的形成与发展

(a) 图片上标出了波纹,喷射伴随着射流头部的突然膨胀;(b) 波纹在上
半空间里发展并被雾化;(c) 波纹在下半空间里发展并被雾化

((a)～(c)为同一尺度;射流速度约为 180 m/s;$l_e = 2.0$ mm,$\alpha = 120°$)

心射流表面上的"翼形"翅,并逐渐被雾化(图1.96(b)和图1.96(c))。图1.96
(b)与图1.96(c)的差别就是,在(b)中射流的上半部分发展得较好;在(c)中,射
流的下半部分发展得较好。这是矩形液体射流流动不稳定性的典型流动模式
之一。

图1.97~图1.100示出了矩形液体射流破碎和雾化的其他模式。图1.97
示出了在射流头部出现的 Rayleigh-Taylor 不稳定性。图1.98示出了射流在
飞行过程中出现的射流分叉。在这里,分叉应该是由于气动阻力作用在波纹上
或者射流表面上的不连续处,使得流体最终产生分叉。当射流移向更远的下游
时,其他不稳定性行为也被观察到了。在图1.99(a)和图1.99(b)中,水滴从液
体射流表面剥落。这种剥落是 Kelvin-Helmholtz 不稳定性在液面发展的结
果。在图1.99(c)~(d)中,可以看到射流核心的相关结构。相关结构的运动
产生了螺旋不稳定性,螺旋不稳定性又引起液体核心的破裂并最终雾化。在射
流完全变成喷雾之前,出现如图1.100(a)和图1.100(b)所示的环形破碎模式。
环形破碎标志着射流已经从矩形返回到了准轴对称形。

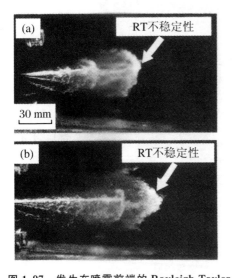

图1.97 发生在喷雾前端的 Rayleigh-Taylor
不稳定性

((a)和(b)为同一尺度;射流速度约为 180 m/s;
$l_e = 2.0$ mm, $\alpha = 120°$)

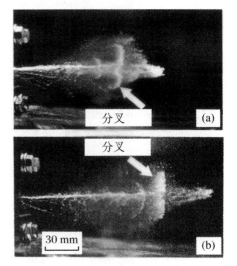

图1.98 射流在飞行中出现分叉

((a)和(b)为一尺度;射流速度约为 180 m/s;
$l_e = 2.0$ mm, $\alpha = 120°$)

　　分析流动可视化照片,我们知道在圆形液体射流中出现的 RT、KH 和螺旋不稳定性等,都出现在了矩形液体射流中。然而,矩形液体射流也有一些圆形液体射流所没有的特殊行为。第一,矩形液体射流会出现上下发展不对称的情况,这使得射流的轨迹不稳定。例如在图 1.99 中,上面两个射流的方向朝下,下面两个射流的方向朝上。第二,在离开喷嘴出口不远处,矩形射流前端就形

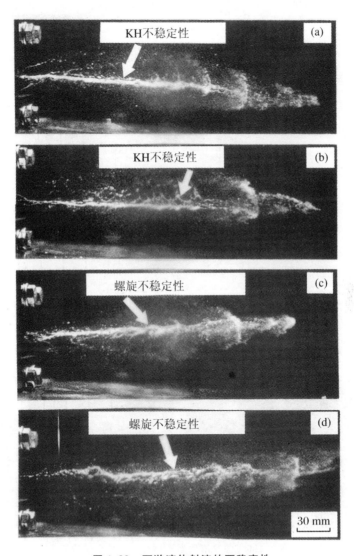

图 1.99　下游液体射流的不稳定性

(a)和(b):Kelvin-Helmholtz 不稳定性引起的表面剥落;(c)和(d):螺旋不稳定性引起的
内部破裂((a)～(d)为同一尺度;射流速度约为 180 m/s;$l_e = 2.0$ mm,$\alpha = 120°$)

成了较大直径的喷雾。在图 1.96(a)中,喷雾最大尺寸 D^* 是 27.5 mm;在图 1.96(b)和图 1.96(c)中,D^* 约为 62.5 mm。那么喷雾尺寸与喷嘴出口高度之比 D^*/l_e 分别达到了 13.75 和 31.75,而圆形液体射流一般不会在短距离内形成这么大尺寸的喷雾。第三,也是最重要的,就是矩形射流表面上出现了整齐规则的波纹。这种波纹的形成,与激波在喷嘴内的反射有一定的关系,但也不完全是激波发射的结果。根据压力测量结果,我们知道激波在喷嘴内反射了 3 次。然而,在图 1.96(a)中,波纹数是 5 个;在图 1.96(b)和图 1.96(c)中,"翼形"翅的数目也基本上是 5 个。因此,有理由相信,矩形喷嘴的 4 个直角,在波纹的形成以及射流的不稳定上发挥了作用。

根据热力学原理,液/气界面的吉布斯自由能必须最小[100]。对于宽度为 h、高度为 l_e 的矩形射流,其等效圆形射流的直径为 $D_e = 2(l_e h/\pi)^{1/2}$。如果表面张力为 σ_{LG},沿着 X 方向单位长度的表面自由能分别为

$$E_1 = 2(l_e + h)\sigma_{LG} \quad (\text{对矩形射流}) \tag{1.29}$$

$$E_2 = 2(\pi l_e h)^{1/2}\sigma_{LG} \quad (\text{对圆形射流}) \tag{1.30}$$

很容易证明

$$\frac{E_1}{E_2} = \frac{l_e + h}{\sqrt{\pi l_e h}} > 1 \tag{1.31}$$

所以,矩形液体射流倾向于变成圆形的,换句话说,射流必须经历几何形状的转换。这个转换实际上将强化液体的破碎和雾化。

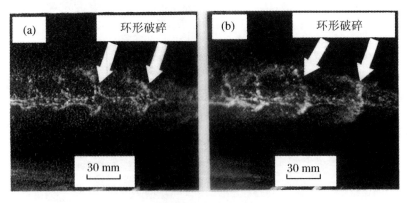

图 1.100 在喷射后期液体射流的环形破碎

(照片的左边离开喷嘴出口 132.5 mm;(a)和(b)为同一尺度;射流速度约为 180 m/s;

$l_e = 2.0$ mm,$\alpha = 120°$)

Krothapalli 等人[101]实验发现了轴转换现象,即一个矩形亚声速气体射流在次轴平面里比在主轴平面里覆盖得更多,导致一个交叉点,在那里射流变得局部准轴对称。在这点的下游,主轴变成次轴,反之亦然。Grinstein[102]解释了在矩形射流里产生的漩涡的非均匀曲率、三维变形和强化射流混合的相互作用。Gutmark 等人[103]指出,对于欠膨胀矩形气体射流,近场声波的反馈及激波/剪切层相互作用与在次轴平面内较大的覆盖率和射流横截面的增加有关。图 1.96 中的液体射流的斯特鲁哈数被定义为

$$St_g = \frac{\rho_g}{\rho} St_1 = \frac{\rho_g}{\rho} \frac{f_0 D_e}{U_j} \tag{1.32}$$

这里 ρ_g 和 ρ 分别是空气和水的密度,St_1 是喷嘴内的斯特鲁哈数,$D_e = 3.57$ mm 是面积 $l_e \times h$ 的等效直径,$U_j = 180$ m/s 是喷嘴出口的射流速度,f_0 是喷嘴内压力波的频率。根据图 1.93,得出 $f_0 = 4/(0.04 \text{ ms}) = 10^5 \text{ s}^{-1}$,由式(1.32)算出 $St_g = 1.98 \times 10^{-3}$。射流的雷诺数为 $Re = U_j D_e/\nu$,这里 ν 是液体的动黏度,$Re = 6.43 \times 10^5$。算出的斯特鲁哈数比气体射流的要小两个数量级[104],因此矩形液体射流的失稳和混合过程有其特殊性。例如,如果将波纹认为是加在射流上的扰动的话,但是它们并不相互作用,而是相隔一定间距各自运动。

参 考 文 献

[1] Chen W L,Geskin E S. Measurement of the velocity of abrasive waterjet by the use of laser transient anemometer[M]//Saunders D. Jet Cutting Technology. London and New York:Elsevier Science Publishing Ltd. ,1991:23-26.

[2] Vijay M M,Zou C,Tavoularis S. A study of the characteristics of cavitating waterjets by photography and erosion[M]//Saunders D. Jet Cutting Technology. London and New York:Elsevier Science Publishing Ltd. ,1991:37-67.

[3] Yamauchi Y,Soyama H,Sato K,et al. Impinging erosion induced by ultra-high-speed submerged water-jets[C]//Maekawa I. Proceedings of International Symposium on Impact Engineering,Sendai:Committee of ISIE,1992:389-394.

[4] Kobayashi R. Prospect of water jet technology[J].Journal of JSME,1988,92(843):

112-117.

[5] Kobayashi R. Proceedings of International Symposium on New Applications of Water Jet Technology[C]. Ishinomaki, Japan: Japan Society of Water Jet Technology, 1999.

[6] Nakahira T, Komori M, Nishida N, et al. A study on the shock wave generated around high pressure fuel spray in diesel engine[M]//Takayama K. Shock Waves, Vol. Ⅱ. Berlin: Springer-Verlag, 1992: 1271.

[7] Minami T, Yamaguchi I, Shintani M, et al. Analysis of fuel spray characteristics and combustion phenomena under high pressure fuel injection[D]. Warrendale: Society of Automotive Engineers, 1990.

[8] Kennedy C K, Field J E. High speed liquid impact on crossed lamellar material from the shell Strombus gigas[J]. J. Mater. Sci. Lett. , 2002, 21: 1457-1460.

[9] Field J E. Liquid impact and cavitation process[M]//Briscoe B J, Adams M J. Tribology in Particulate Technology. Bristol: Adam Hilger, 1987: 416-438.

[10] Lesser M B, Field J E. The impact of compressible liquid[J]. Ann. Rev. Fluid Mech. , 1983, 15: 97-112.

[11] Ang J A, Konrad C H. Holographic techniques for dynamic impact visualization[C]. 43rd Aeroballistic range association meeting. Columbus, 1992: 27.

[12] Chhabildas L C. Hypervelocity impact research[C]. 43rd Aeroballistic range association meeting. Columbus, 1992: 39.

[13] Ang J A. Impact flash jet initiation phenomelogy[J]. Int. J. Impact Eng. , 1991, 10: 22-23.

[14] Singh M, Madan A K, Suneja H R, et al. Collapse of conical cavities in aluminium metal under shock wave impact[J]. Int. J. Impact Eng. , 1991, 11(4): 527-537.

[15] Waitz I A, Marble F E, Zukoski E E. Investigation of a countered wall injector for hypervelocity mixing augmentation[J]. AIAA J. , 1993, 31: 1014-1021.

[16] Gruber M R, Nejad A S, Chen T H, et al. Compressibility effects in supersonic transverse injection flow-field[J]. Phys. Fluids, 1997, 9(5): 1448-1461.

[17] Maumann K W, Ende H, George A, et al. Shock-tunnel studies on lateral jets/hypervelocity cross flow[C]//Houwing A F P. Proceedings of 21st International Symposium on Shock Waves, Vol. I, Paper 4270. Canberra, Australia: Panther Publishing & Printing, 1997: 577-582.

[18] Rayleigh L. On the instability of jets[J]. Proc. London Mathematical Society, 1897, 10: 361-371.

[19] Taylor G I. The instability of liquid surfaces when accelerated in a direction perpen-

dicular to their planes. I[J]. Proc. Roy. Soc. London Ser. A,1950,CCI:192-196.

[20] Bowden F P,Brunton J H. Damage to solids by liquid impact at supersonic speeds[J]. Nature,1958,181:873-875.

[21] Bowden F P,Brunton J H. The deformation of solids by liquid impact at supersonic speeds[J]. Proc. Roy. Soc. London Ser. A,1961,236:433-450.

[22] Ryhming I L. Analysis of unsteady incompressible jet nozzle flow[J]. Z. Angew. Math.& Phys. ,1973,24:149-164.

[23] Edney B E. Experimental studies of pulsed water jets[M]//Proc. 3rd Int. Symp. on Jet Cutting Technology. Cranfield,England:BHRA Engineering,1979:B2.

[24] Shi H H,Koshiyama K,Itoh M. Further study of the generation technique of high-speed liquid jets and related shock wave phenomena using a helium gas gun[J].Jpn.J. Appl. Phys. ,1996,35:4147-4156.

[25] Shi H H,Itoh M. Design and experiment of a small high-speed liquid jet apparatus[J]. Jpn.J. Appl. Phys. ,1996,35:4157-4165.

[26] Shi H H. Study of hypersonic liquid jet[D]. Sendai:Tohoku University,1995.

[27] Shi H H,Higashiura K,Itoh M. Generation of hypervelocity liquid jet using a powder gun and impact experiment[J]. Trans. Japan Aeronau. Space Sci. ,1999,42(135): 9-18.

[28] 施红辉.极超音速液体射流发生装置:中国,02111722.5[P],2004.

[29] Sakakura T. Application and generation of hypersonic liquid jet using a single-stage powder gun[D]. Nagoya:Nagoya Institute of Technology,1999.

[30] Gaydon A G,Hurle I R. The shock tube in high-temperature chemical physics[M]. London:Chapman and Hall,1963.

[31] Shi H H,Itoh M. Generation of high-speed liquid jet from a rectangular nozzle[J]. Trans. Japan Soc. Aeronau. Space Sci. ,1999,41(134):195-202.

[32] Ostrovsky Y I,Shchepinov V P,Yakovlev V V. Holographic interferometry in experimental mechanics[M]. Berlin:Springer-Verlag,1991.

[33] Shi H H,Takayama K. Generation of high speed liquid jets by high speed impact of a projectile[J].JSME Int.J. Ser. B,1995,38:181-190.

[34] Marsh S P. LASL shock Hugoniot data[M]. Berkeley:University of California Press, 1989.

[35] Shi H H,Takayama K,Onodera O. Supersonic diesel fuel injection through a single-hole nozzle in a compact gas gun（part Ⅱ）[J].JSME Int.J. Ser. B,1994,37:509-516.

[36] Siegel A E. Theory of high-muzzle-velocity guns[M]//Krier H, Summerfield M.

Progress in Astronautics and Aeronautics, Vol. 66. Washington DC: AIAA Inc. ,1979: 135-175.

[37] Shi H H, Takayama K, Onodera O. Experimental study of pulsed liquid jet[J]. ISME Int. J. Ser. B,1993,36:620-627.

[38] Matthujak A, Hosseini S H R, Takayama K, Sun M, Vinovish P. High speed jet formation by impact acceleration method[J]. Shock Waves,2007,16:405-419.

[39] Glenn L A. The mechanics of the impulsive water cannon[J]. Computers and Fluids, 1975,3:197-215.

[40] 潘文全. 流体力学[M]. 北京:机械工业出版社,1983.

[41] Pianthong K, Mattujuk A, Takayama K, et al. Dynamic characteristics of pulsed supersonic fuel spray[J]. Shock Waves,2008,18:1-10.

[42] Warken D. Untersuchungen zur einspritzung flussiger rohrwaffentreibmittel [R]. Freiburg, Germany: Ernst-Mach-Institute,1988.

[43] Field J E, Lesser M B. On the mechanics of high speed liquid jets[J]. Proc. Roy. Soc. London Ser. A,1977,357:143-162.

[44] Arai T, Schetz J A. Injection of bubbling liquid jets from multiple injectors into a supersonic stream[J]. Journal of Propulsion and Power,1994,10(3):382-386.

[45] Wierzba A, Takayama K. Experimental investigation of the aerodynamic breakup of liquid drops[J]. AIAA J. ,1994,32(8):1640-1646.

[46] Lesser M B. Thirty years of liquid impact research:a tutorial review[J]. Wear,1995, 186:28-23.

[47] Shi H H, Itoh M. A study of the injection of twin pulsed high-speed liquid jets across transonic region[C]//Lee C S. Proceedings of the 7th Int. Conf. on Liquid Atomization and Spray System. Seoul: ILASS-Korea,1997:440-447.

[48] Shi H H, Takayama K, Aoyagi Y, et al. Holographic interferometric visualization of the high pressure injection of multiple supersonic diesel fuel jets [C]//Yule A J, Dumouchel C. Proceedings of the 6th Int. Conf. on Liquid Atomization and Spray System. New York: Begell House,1994:252-261.

[49] 施红辉,王天军,布莱恩·密尔顿. 超音速液体射流的气动特性[J]. 实验流体力学, 2005,19(3):34-38.

[50] Tam C K W, Hu F Q. On the three families of instability waves of high-speed jets[J]. J. Fluid Mech. ,1989,201:447-483.

[51] Tam C K W, Chen P, Seiner J M. Relationship between instability waves and noise of high-speed jets[J]. AIAA J. ,1992,30(7):1747-1752.

[52] Birkhoff G，MacDougall D P，Pugh E，et al. Explosives with lined cavities[J].J. Appl. Phys.，1948，19(6)：563-582.

[53] Merlen A，Dyment A. Similarity and asympototic analysis for gun-firing aerodynamics [J].J. Fluid Mech.，1991，225：497-528.

[54] Higashiura K. Study of the generation of hypersonic liquid jet using a single stage powder gun[D].Nagoya：Nagoya Institute of Technology，Japan，1998.

[55] Glenn L A，Lemcke B，Ryhming I. Düse zum erzeugen eines flüssigkeitsstrahles hoher geschwindigkeit：Sweden，561571[P]，1975.

[56] 施红辉.高速高黏度液体射流的穿甲效果[J].爆炸与冲击，2003，23(3)：193-199.

[57] 施红辉，高木功司.高分子水溶液射流对铝板的高速撞击侵蚀[C]//中国力学学会爆炸力学专业委员会.第七届全国爆炸力学学术会议论文集.爆炸与冲击，2003，23(增刊)：273-274.

[58] 施红辉，Sato H，Itoh M.超音速非牛顿液体射流[C]//符松.2005年全国流体力学青年研讨会论文集.绵阳：中国空气动力学会，2005：97-103.

[59] Shi H H，Sakakura T. Study of fluid mechanics of hypervelocity liquid jets[J].J. Hydrodynamics Ser. B，2003，15(6)：25-31.

[60] 施红辉，岸本薰实.瞬态加速液柱时的流体力学问题的研究[J].爆炸与冲击，2003，23(5)：391-397.

[61] Sato J，Konishi K，Okada H，et al. Ignition process of fuel spray injected into high pressure high temperature atomosphere[C]//The Combustion Institute. Proceedings of the 21st International Symposium on Combustion，1986：695-702.

[62] Yang J，Kubota T，Zukoski E E. A model for characterization of a vortex pair formed by shock passage over a light-gas inhomogeneity[J]. J. Fluid Mech.，1994，258：217-244.

[63] Naumann K W，Ende H，George A，et al. Shock-tunnel studies on lateral jets/hyper-velovity cross flow[C]//Proceedings of the 21st International Symposium on Shock Waves，Vol. I，Paper 4270. Canberra：Panther Publishing & Printing，1997：577-582.

[64] Papamoschou D，Roshko A. The compressible turbulent shear layer：an experimental study[J].J. Fluid Mech.，1988，197：453-477.

[65] Brown G L，Roshko A. On density effects and large structure in turbulent mixing layers[J].J. Fluid Mech.，1974，64：775-816.

[66] Shi H H，Takayama K. Generation of hypersonic liquid fuel jets accompanying self-combustion[J].Shock Waves，1999，9：327-332.

[67] Papamoschou D. Mach wave elimination in supersonic jets[J]. AIAA J.，1997，35

(10):1604-1611.

[68] Anderson Jr J D. Modern compressible flow[M]. 2nd ed. New York:McGraw-Hill,1990.

[69] Fieweger K,Blumenthal R,Adomeit G. Self-ignition of s. i. engine model fuels:s shock tube investigation at high pressure[J]. Combustion and Flame,1997,109:599-619.

[70] Vermeer D J,Meyer J W,Oppenheim A K. Auto-ignition of hydrocarbons behind reflected shock waves[J].Combustion and Flame,1972,18:327-336.

[71] Bayvel L,Orzechowski Z. Liquid automation [M]. Washington DC:Taylor & Francis,1993.

[72] Kuhl A L,Bell J,Ferguson R E,et al.Evolution of reactants volume in turbulent jets [C]//The Combustion Institute.Proceedings of the 24th International Symposium on Combustion,1992:77-82.

[73] Norman M L,Smarr L L,Winkler K-H A,et al.Structure and dynamics of supersonic jets[J].Astronomy and Astrophysics,1982,113:285-302.

[74] Smarr L L,Norman M L,Winkler K-H A. Shocks,interfaces,and patterns in super-sonic jets[J].Physica,1984,12D:83-106.

[75] Mayer W O H.Coaxial atomization of a round liquid jet in a high speed gas stream:a phenomenological study[J].Experiments in Fluids,1994,16:401-410.

[76] Reitz R D,Bracco F V. Mechanism of automation of a liquid jet[J]. Phys. Fluids,1982,25:1730-1742.

[77] MacPhee A G,Tate M W,Powell C F. X-ray imaging of shock waves generated by high-pressure fuel sprays[J].Science,2002,295:1261-1263.

[78] Im K S,Cheong S K,Liu X,et al. Interaction between disintegrating liquid jets and their shock waves[J].Phys. Rev. Lett. ,2009,102(7):074501.

[79] O'Keefe J D,Wrinkle W W,Scully C N[J]. Supersonic liquid jets. Nature,1967,7:23-25.

[80] 金志明.高速推进内弹道学[M].北京:国防工业出版社,2001.

[81] Koshiyama K.Study of the generation mechanism of high-speed liquid jets[D]. Nago-ya:Nagoya Institute of Technology,1997.

[82] Shi H H,Sato H. Comparison-speed liquid jets[J]. Experiments in Fluids,2003,35:486-492.

[83] Dunne B,Cassen B. Velocity discontinuity of a liquid jet[J].J. Appl. Phys. ,1956,27:578-582.

[84] Andrew M J. The large scale fragmentation of the intact liquid core of a spray jet[J]. Atomization and Sprays,1993,3:29-54.

[85] Shi H H,Wang X L,Itoh M,et al. Unsteady liquid jet flowing through a rectangular nozzle[J].流体力学实验与测量,2001,15(2):59-70.

[86] Joseph D D,Belanger J,Beavers G S. Breakup of a liquid drop suddenly exposed to a high-speed airstream[J]. In.J. Multiphase Flow,1999,25:1263-1303.

[87] Jiang Z L,Takayama K,Skews B W. Numerical study on blast flowfield induced by supersonic projectiles discharging from shock tube[J]. Phys. Fluids,1998,10:277-288.

[88] 经福谦.实验物态方程导引[M].2版.北京:科学出版社,1999.

[89] Shi H H,Hashiura T,Milton B E. Evaluation of the cumulative formation of high-speed liquid jets[J].J. Hydrodynamics Ser. B,2003,15(3):57-62.

[90] Hashiura T. Velocity measurements of high-speed liquid jets[D]. Nagoya: Nagoya Institute of Technology,1998.

[91] Fuller R P,Wu P K,Kirkendall K A,et al. Effect of injection angle on atomization of liquid jets in transverse airflow[J]. AIAA J.,2000,38(1):64-72.

[92] Hopfinger E J,Lasheras J C. Explosive breakup of a liquid jet by a swirling coaxial gas jet[J]. Phys Fluids,1996,8(7):1696-1698.

[93] Adachi Y,Soyama H,Yamaguchi Y,et al. Cavitation noise characteristics around high-speed submerged water jets[J]. Trans.JSME,1994,60(571):730-735.(in Japanese)

[94] Soyama H,Yamaguchi Y,Adachi Y,et al. High-speed observations of the cavitation cloud around a high-speed submerged water-jet[J]. Trans. JSME,1993,59(562):1919-1924.(in Japanese)

[95] Noumi M,Yamamoto K,Outa E,et al. A study of high-speed pulsed water jets (1st report,numerical analysis of one-dimensional unsteady flow in convergent nozzles) [J]. Trans.JSME,1988,54(503):1628-1632.(in Japanese)

[96] Noumi M,Yamamoto K,Outa E,et al. A study of high-speed pulsed water jets (2nd report,numerical analysis of unsteady flow in straight nozzles) [J]. Trans. JSME,1991,57(535):914-921.(in Japanese)

[97] Tam C K W,Thies A T. Instability of rectangular jets[J].J. Fluid Mech.,1993,248:425-448.

[98] Takayama K. Handbook of shock waves[M]. Tokyo:Springer-Verlag,1995.

[99] Kistler Instrumente AG. Measuring ballistic pressures with quartz transducers[S]. Commercial Catalog,Nov.1989.

[100] Zemansky M W, Dittman R H. Heat and thermodynamics[M]. 7th ed. New York: McGraw-Hill, 1997.

[101] Krothapalli A, Bagnoff D, Karamcheti K. On the mixing of a rectangular jet[J]. J Fluid Mech. , 1981, 107: 201-220.

[102] Grinstein F F. Vortex dynamics and entrainment in rectangular free jets[J]. J. Fluid Mech. , 2001, 437: 69-101.

[103] Gutmark E, Schadow K C, Bicker C J. Near acoustic field and shock structure of rectangular supersonic jets[J]. AIAA J. , 1990, 28: 1163-1170.

[104] Raman G, Hailye M, Rice E J. Flip-flop jet nozzle extended to supersonic flows[J]. AIAA J. , 1993, 31: 1028-1035.

第2章 水下超声速气体射流

2.1 引 言

在许多不同的工程技术领域里,经常可以看到水中气体射流的现象,例如,废水的曝气处理[1-3],水下切割技术[4]以及水下运载器的喷气推进[5]等。当喷射速度较低时,浸没气体射流通常变成气泡流,这一过程已能较好地被理论模型描述[6]。贺小燕等人[7]用 Level Set 方法,对水下超声速气体射流进行了数值计算。然而,正如施红辉等人[8]已指出的那样,水下超声速气体射流现象包含了许多复杂的力学机制,因此必须进行详细的研究以解明该流场。

该问题曾于 20 世纪 70 年代在冶金领域被广泛地研究过,因为在给炼钢炉添加氧气和惰性气体时,发现了冶金炉风嘴耐火材料的严重侵蚀。Hoefele 和 Brimacombe[9]用高速摄影和压力测量的方法,研究了气体分别通过直线型和收缩-扩张型风嘴喷入液体时的流场。他们发现,随着气体喷射压力的增加,压力脉动的频率在减少;而频率减少的过程,实际上伴随着液体中的气体经历着从泡状流向射流的流型转变。于是他们提出了一个设想:可以通过增加喷射速度的办法把气流吹离固体壁面,从而减少风嘴侵蚀。基于 Hoefele 和 Brimacombe[9]的工作,Mori 等人[10]以及 Ozawa 和 Mori[11]继续研究了优化风嘴运行的工作条件。他们发现,当喷嘴出口的射流速度达到声速时,气体射流在水中和在水银中都实现了泡状流-射流的转变。他们也报道了随着射流速度的增加,气泡敲击频率减少的实验结果。

在 1982 年,Aoki 等人[12]发表了一篇重要的论文,阐述了造成风嘴耐火材料侵蚀的主要原因是气体射流沿主流方向反吹并且冲击风嘴的前表面。他们把这种射流反吹现象定义为"回击",他们发现它是在射流发生颈缩后出现的。根据 Aoki 等人[12]的思路,Taylor 等人[13]开展了一项实验研究,证明了 Ozawa 和 Mori[11]的结论,即回击频率随着气体流量的增加而减小是不正确的。随后,Yang 等人[14]以及 Yang 和 Gustavsson[15]也研究了回击频率、气泡长大和相关的风嘴侵蚀问题。他们提出风嘴侵蚀机理的新解释:当较小直径的气泡在固体表面上崩溃后,空蚀出现了并造成了材料破坏。Wei 等人[16]在一个模拟水箱中,比较了旋转和非旋转气体射流的回击行为。

尽管过去的研究者们对水下气体射流已经进行了大量的研究[9-16],但是许多流体力学问题还没有被搞清楚。例如,Aoki 等人[12]只实验了直通道的喷嘴,这意味着最大射流速度只能达到声速。根据我们近来对水下超声速气体射流的研究,已经发现无论射流处于欠膨胀、完全膨胀还是过膨胀,"回击"都会出现[17,18]。我们认为,"回击"仅仅是一个对事件表象的描述,它并没有涉及流场的物理实质,因此有必要从空气动力学和流体力学的观点来研究这个问题。空气动力学的知识告诉我们,在超声速气流中扰动是不会向上游传播的。另一方面,当超声速气体射流喷入空气中时,所谓的"声学反馈"现象[19,20]也是人们所熟知的。"声学反馈"是由于声波沿着射流剪切层(亚声速)逆流传播回喷嘴造成的,这个反馈是尖锐刺耳声调的来源。而声波的产生,来自激波与射流边界层、漩涡、温度或密度不均匀处的相互作用[21]。Loth 和 Faeth[22]以及戚隆溪等人[23]对浸没欠膨胀气体射流静压分布的测量结果表明,射流内部存在一个影响着射流膨胀的激波胞室结构。同时,水下超声速气体射流是高度湍流和不稳定的[24,25]。当射流内的激波遇到不稳定的气/液界面时,激波将重新聚集其能量,然后反射回去并冲击喷嘴表面。这个反射和冲击接着引起了喷嘴表面上气泡的迅速膨胀。因此,"回击"实际上是一种激波(或气体可压缩性)诱导的射流膨胀反馈现象。

2.2 问题的描述

在经典的空气动力学中[26,27],已知经过拉伐尔(Laval)喷嘴产生的超声速气体射流在气体环境中喷射时,其状态根据环境背压的不同可分为过膨胀(over expansion)、适配(等熵流动)和欠膨胀(under expansion)。但是,当空气环境换成水环境时,情况变得更加复杂。一般而言,水的巨大惯性使得流场分为两个部分,即高速的气体喷射核心和环绕气体射流的低速水流动;而气/液界面的耦合,会延缓气体区域里的波传播速度。图 2.1 示出了水下超声速气体射流的概念图[28]。从图中可以看出,激波胞室结构和气/液界面共存于流场中。显然,这种流场不可能是稳定的。

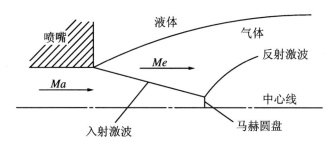

图 2.1　水下超声速气体射流概念图

2.3　实验装置与实验方法

2.3.1　气体喷射及压力测量系统

图 2.2 示出了实验系统图。它主要包括:空气压缩机、储气罐、压力调节阀、电磁阀、透明水箱以及喷嘴组件。空气压缩机可以提供 3 MPa 压力的压缩空气。储气罐的容积为 0.8 m³,它能在维持压缩空气压力恒定的情况下,保证 5 s 的工作时间。压力调节阀用于调节喷嘴组件的气体驻室内的滞止压力。电磁阀用于启动或关闭气体喷射。水箱由透明有机玻璃板制成,长 280 cm,宽 50 cm,高 55 cm。在实验中,喷嘴组件被浸没在水面下 15 cm 处,水温为室温。在进行流场可视化时,一台 CCD 摄像机(BASLER A602f type)被用于观察水下超声速气体射流的流动行为,光源是一台频闪灯。为了详细测量流场的压力,设计了 3 种压力测量装置,第 1 种是用压力探针排测量在喷嘴出口下游处

的水下超声速气体射流内的压力;第 2 种是喷嘴组件装置侧壁上的压力测量;第
3 种是在组合喷嘴装置的前端面的压力测量。这 3 种装置的结构将在下面介绍。

图 2.3 示出了静压测量探针排的结构。3 个探针等间距地垂直排成一排,
相邻探针间的距离为 1 cm,探针由 1.5 mm 直径的不锈钢管制成。探针被安装
在一个铝合金支架的前端,每一个探针都与被安装在铝合金支架后端对应的压
电电阻压力传感器(NS-2 型)相连接。探针具有尖锐的头部,静压测孔被钻在
离探针头部 12 mm 距离的地方。探针排被安装在一个三维移动平台上,可实
现在沿下游方向不同位置处的压力测量。用该探针排可以同时测量射流中心、
气/水混合区以及水中的压力。

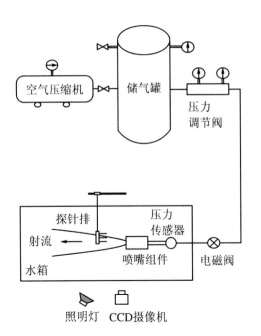

图 2.2　水下超声速气体射流实验装置系统图

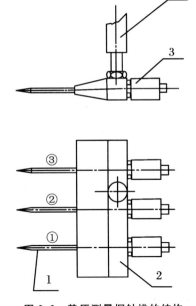

图 2.3　静压测量探针排的结构
1. 静压探针;2. 探针排支架;
3. 压力传感器;4. 支撑体

图 2.4 是喷嘴组件的设计结构图。喷嘴组件主要由 Laval 喷嘴(3)、外壳
(2)和气体驻室(6)组成。喷嘴组件被固定在支撑板(7)上面,在尾部的连接部
(8)与压缩空气的管线连接。气体驻室的滞止压力,由压电电容压力传感器(1)
(Setra 280E 型)监控,传感器连接到一台电压表上。实验中,所需的滞止压力
通过操作压力调节阀来实现(图 2.2)。在喷嘴侧壁上,有两个测压孔(4),其中

第 1 个测孔离喷嘴出口距离为 10 mm,第 2 个测孔离喷嘴出口距离为 50 mm,
测压孔与压电电阻传感器(5)相连。用这个装置,可以测出当激波反馈发生后,
在喷嘴出口上游处的流体中诱导的压力脉动。本书中,只给出从第 1 个测孔测
量出的结果。

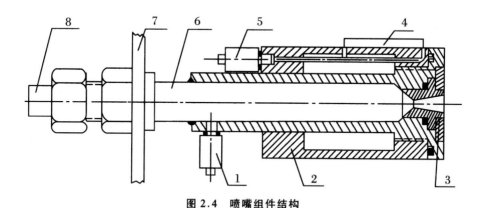

图 2.4　喷嘴组件结构

1. 压电电容压力传感器;2. 喷嘴外壳;3. Laval 喷嘴;4. 侧壁上的测压孔;

5. 压电电阻压力传感器;6. 气体驻室;7. 支撑板;8. 高压气体接头

　　图 2.5 是组合喷嘴装置的设计图。实验喷嘴被塞入一个法兰中,在法兰上
开有 6 个测压孔。测孔 1 和 2 距离喷嘴中心 7 mm,测孔 3 和 4 距离喷嘴中心
17 mm,测孔 5 和 6 距离喷嘴中心 12 mm。这 6 个测孔分别与 6 个压电电阻压

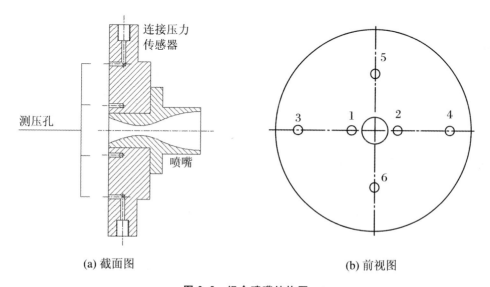

(a) 截面图　　　　　　　　　　　　　　(b) 前视图

图 2.5　组合喷嘴结构图

力传感器相连接(NS-2型)。这个装置被用来测量当激波反馈驱动射流反吹回来的时候流体冲击喷嘴前壁面时的压力。Taylor等人[13]曾经用过这个设计。图2.4所示的设计,具有能随意更换喷嘴的优点,因为这样可以满足对不同喷射马赫数的要求。实验使用了两套Laval喷嘴,它们的喉部直径分别为4.3 mm和5.4 mm。表2.1给出了喷嘴的几何尺寸,表2.2给出了过膨胀、完全膨胀和欠膨胀的运行条件。其他实验的细节,可见文献[29]。

表2.1　两套超声速喷嘴的几何尺寸

测孔	喷嘴出口马赫数 Ma	喷嘴出口直径(mm)	
		喉部直径 4.3 mm	喉部直径 5.4 mm
1	1.50	4.7	5.9
2	1.75	5.1	6.4
3	2.00	5.6	7.0

表2.2　三种运行工况的滞止压力

马赫数 Ma	滞止压力（$\times 10^5$ Pa）		
	过膨胀	完全膨胀	欠膨胀
1.50	3.012 1	3.765 2	4.518 2
1.75	4.395 3	5.494 1	6.593 0
2.00	6.548 1	8.185 2	9.822 2

2.3.2　二维水下超声速气体射流实验系统

图2.6给出了二维水下超声速气体射流实验系统[30,31],它与图2.2所示的三维水下超声速气体射流实验系统基本相同,都包括配气系统、射流系统、测量系统三部分,即实验设备主要有空气压缩机(CZ-20/30FZK)、储气罐、空气减压器(YQK-16)、电磁阀(ZCT-15)、喷嘴组件和二维水槽。设计二维水槽,是为了更好地观察射流的边界[32]。空气压缩机可以提供最高压力为3.0 MPa的工作气体(空气)。储气罐容积为0.5 m³,可以确保实验期间(不超过10 s)的气体压力保持恒定。空气减压器可以调节喷嘴的驻室压力,使实验在设定的压力工况下进行。电磁阀控制气体射流的开启和终止。二维水槽由透明的有机玻璃制成,内部尺寸为长150 cm、宽5 cm、高110 cm。实验开始前水槽中的水是静

止的,处于室温室压状态。喷嘴组件水平置于水槽中部,可以自由控制注水高度 H(液面到喷嘴中心的距离)。图 2.7 给出了装置照片。

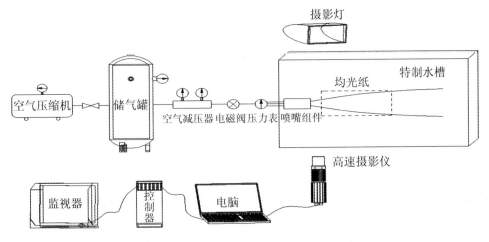

图 2.6　二维水下超声速气体射流实验系统

图 2.7　二维水槽实验装置照片

高速摄影系统主要由高速摄影仪、三脚架、摄影灯、图像采集系统构成。高速摄影仪为日本 PHOTRON 公司制造,型号 FASTCAM-super10KC,最高拍摄速度为 10 000 帧/秒,配有专门的图像处理软件。由于拍摄对象为高速射流,所以需要很高的拍摄速度。实验结果表明使用 1 000 帧/秒的拍摄速度既可满足速度要求也可保证射流形貌的高清晰度。拍摄中,由于实验条件下对应的曝光时间非常短暂,在自然光线下摄影仪采集不到足够的感光点,需要增加光源,一盏功率为 1 000 W 的摄影灯作为补充光源,从而保证了每张照片获得的曝光量近似相同。光源布置在主射流的位置,在有机玻璃壁面上贴有一张均光纸,使得打在射流上的光强度均匀,达到光影成像的合格要求。图像采集系统可以控制拍摄的开始和结束、调整拍摄的速度,本研究中单次实验的实际拍摄时间为 2 184 ms,拍摄速度为 1 000 帧/秒。每次拍摄所得 2 184 张图片数据以及视频信息将存于计算机中,用于后期的处理和分析。

由于二维水槽的侧壁尺寸狭小,需要对喷嘴装置进行特殊设计。图 2.8 示出了悬挂在水槽侧壁上的喷嘴组件。喷嘴组件通过螺纹安装在水槽侧板上,喷嘴在组件的外端(位于水槽里面),可以方便拆卸以便更换不同的喷嘴。喷嘴被安装在驻室端部,采用螺纹连接以方便满足实验更换的需求。图 2.9 给出了两种喷嘴的结构图,相应的喉部直径和出口直径为 2 mm 和 4 mm(A 喷嘴);4 mm和 6.5 mm(B 喷嘴)。图中两个喷嘴出口端(图中右侧端面)几何外径均为 31 mm,喷嘴长度均为 28 mm。表 2.3 给出了 A、B 两个喷嘴的设计参数及设计马赫数。

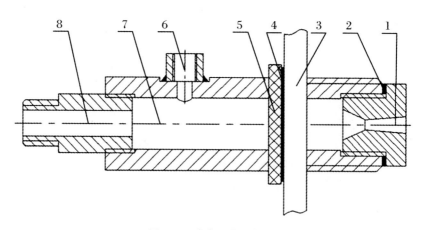

图 2.8 喷嘴组件结构图

1. 喷嘴;2. 密封圈;3. 水槽侧板;4. 密封圈;5. 紧固挡圈;

6. 驻室压力表安装件;7. 喷嘴驻室;8. 电磁阀连接头

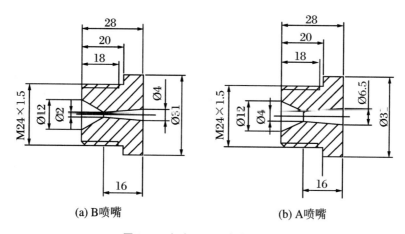

(a) B 喷嘴　　　　　　　　　　(b) A 喷嘴

图 2.9　实验 Laval 喷嘴结构图

表 2.3　实验 Laval 喷嘴各基本参数

名称	喉部截面直径 D_*（mm）	出口截面直径 D_e（mm）	出口设计马赫数 Ma
A 喷嘴	4	6.5	2.50
B 喷嘴	2	4	2.94

图 2.7 所示的二维水槽的底部设有接口,只要将喷嘴组件(图 2.8)安装在水槽底部就可进行从下向上喷射的水中超声速气体射流实验[33,34]。进行这个实验可以检查在没有浮力的干扰下,水下超声速气体射流的形态;因为水平气体射流总是不能排除浮力的影响。然而,由于水槽的有机玻璃板在水平方向上尺寸较大,为了减少射流在释放气体高压时引起的水槽变形,在射流中心线的两侧,设置了水槽紧固装置(图 2.10)。具体技术内容可见文献[35]。

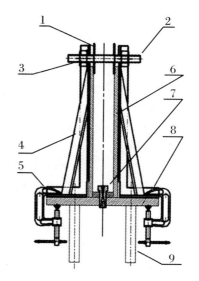

图 2.10　水槽紧固保护装置的结构示意图

1. 金属挡板;2. 双头螺杆;3. 螺母;4. 支架竖条;

5. C 字头夹;6. 水箱侧板;7. 实验 Laval 喷嘴;

8. 水箱底板;9. 底座支柱

2.3.3　三维水槽装置

图 2.11 示出了可进行水下超声速气体射流实验的三维水槽装置[36,37]。三维水槽的尺寸为 3 m×1 m×1.5 m,其中在前后两侧分别开有大小为 0.8 m×1.1 m 的 6 个观察窗,观察窗上覆盖有机玻璃,具体的结构已在图 2.11 所示的照片中给出。三维水槽足够大,完全保证了气体是在液相环境下的自由射流,射流能够充分发展而不会受到环境(如水槽壁板)的影响,同时,对于射流流场的测量,如压力场的测量都不会受到限制,使测量较为精确。喷嘴组件如图 2.12 所示,该组件主要由驻室 4,喷嘴 8,喷嘴紧固板 7 和螺钉 6 组成,组装后的喷嘴组件通过法兰式挂板 3 与三维水槽上的喷嘴筒法兰连接,以此固定。该喷嘴组件的设计,是参考了图 2.4 和图 2.8 的设计之后的一个折中,同样具有可以任意更换喷嘴的优点。

图 2.11　三维水槽及高速摄影系统照片

实验中采用了两个设计马赫数不同的 Laval 喷嘴。图 2.13 示出了大、小两个 Laval 喷嘴的尺寸,其中大喷嘴的喉部直径为 4.5 mm,出口直径为 8.7 mm,小喷嘴的喉部直径为 4.3 mm,出口直径为 5.0 mm,大、小喷嘴的设计马赫数分别为 2.87 和 1.75[36]。大、小喷嘴的外形尺寸完全一致,这样设计的好处在于在使用上述喷嘴组件时可以随时更换不同的喷嘴,以得到不同喷嘴在不同实验工况下的射流情况。

在进行三维水槽实验时,采用的高速摄影仪是由日本 Keyence 公司生产的 VW-6000/5000 型动态分析三维显微系统。实验选择的拍摄速度为 500 帧/秒,该速度拍摄的影像足够清晰地解析水下超声速气体射流流场。该动态分析三维显微系统自带专门动画处理软件,能够将拍摄到的动画直接转换成图片。在实验过程中,由于摄影仪自带光源不足以拍摄到明亮清晰的图片,所以在实验时补充了两盏各 1 300 W 的光源。实验拍摄时后侧有机玻璃板上遮盖了一块白色布以作背景,这样拍摄的动画及图片的背景不会受外界影响。

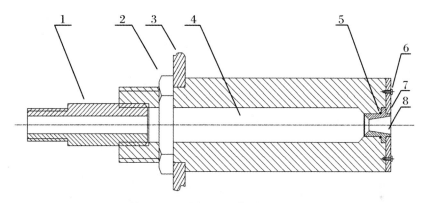

图 2.12　用于三维水槽的喷嘴组件

1. 连接管;2. 螺帽;3. 法兰式挂板;4. 驻室;5. 密封圈;6. 螺钉;7. 喷嘴紧固板;8. 喷嘴

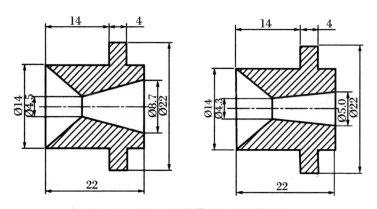

图 2.13　用于三维水槽实验的喷嘴结构

2.4 水下超声速气体射流的流动特性

首先介绍用图 2.2 所示的实验系统得出的结果。图 2.14 和图 2.15 分别给出了从 $Ma = 2.0$ 的喷嘴喷出的水下完全膨胀和欠膨胀空气射流的影像,影像由 CCD 摄像机获得。该喷嘴的喉部和出口直径分别为 4.3 mm 和 5.6 mm。在图 2.14(1)中,射流处于正常状态,即射流核心被湍流边界层包围;此时射流

图 2.14 水下完全膨胀空气射流的振荡

($Ma = 2.0$ 喷嘴,相邻两幅照片间的时间间隔为 10 ms,射流方向自左向右,

喷嘴装置外径为 55 mm)

形状基本服从相似率,即射流直径沿下游方向基本上呈线性增长。但是,在图 2.14(2)中可以看出射流已开始膨胀,然后射流逆流反吹,在冲击喷嘴之后造成了一个直径大于喷嘴装置外径(55 mm)的大气泡环(图 2.14(3)和图 2.14(4))。

在图 2.15 所示的 4 个连续影像中,射流的突然膨胀和反向冲击喷嘴表面的过程可见于图 2.15(3) 和图 2.15(4)。实验表明,水下过膨胀空气射流的行为,与图 2.14 和图 2.15 所示的相类似[18,29]。

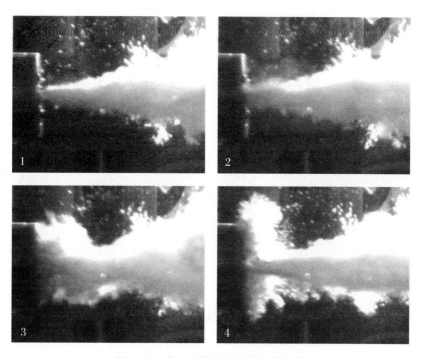

图 2.15　水下欠膨胀空气射流的振荡

($Ma = 2.0$ 喷嘴,相邻两幅照片间的时间间隔为 10 ms,射流方向自左向右,

喷嘴装置外径为 55 mm)

尽管 Aoki 等人[12] 以及 Yang 和 Gustavsson[15] 的高速摄影结果已表明,对于最大速度可以达到气体声速的水下高速气体射流,总是伴随着射流膨胀和所谓的"回击"现象,图 2.14 和图 2.15 的实验结果揭示了,对于水下超声速气体射流,射流振荡和反向冲击表现得更加明显,而且有时在流场中起着主导作用。这意味着水下超声速气体射流不会比水下亚声速气体射流更稳定,这与 Chen 和 Richter[24] 以及 Weiland 等人[25] 的理论分析结果相反。这个分歧说明需要对水下气体射流的不稳定性机理给出新的解释。事实上,超声速气体中有激波存在,并且激波被封闭在气/水边界里面,因为水/气边界的密度比达到了 $\sim 10^3$。射流边界在诸多因素的影响下,例如湍流、气/液混合、Kelvin-Helmholtz(KH)不稳定性和 Richtmyer-Meshkov(RM)不稳定性的影响是不稳定的,因此会发

生如 Aoki 等人[12]已观察到的射流颈缩。当激波遇到缩小的边界时,会发生激波反射(可理解为反馈)。接着,激波反馈携带着气/液两相流向上游运动并冲击喷嘴表面。

2.5　水下超声速气体射流诱导的水下声场测量

2.5.1　射流内的压力测量

根据高速摄影的实验结果,可以获得激波反馈的频率为 $f = 5$ Hz[18,29]。在不同的实验条件下,这个频率可以达到 $f \approx 10$ Hz[30]。现在,我们分析图 2.16 示出的在射流下游处的、用图 2.3 所示的测量装置测得的静压实验结果。测量位置位于喷嘴出口下游 2 cm 处,射流是从 $Ma = 1.5$ 的喷嘴中喷出的欠膨胀空气射流。图 2.16(a)～(c)分别给出了在射流中心的压力、在气/液混合区的压力、在水中的压力。很明显,静压力沿着射流径向方向逐渐减小(图中的零压力代表大气压力),这个趋势与 Loth 和 Faeth[22]的测量结果相一致。

图 2.16(a)的压力信号包含了 3 个流体力学过程。压力范围在 0～18 kPa 的低幅高频压力是由射流湍流引起的。压力范围高于 30 kPa 的高幅低频压力大约有 17 个峰值信号,可以算出其频率为 $f = 4.25$ Hz。因此可以认为这个高压力是由激波反馈引起的。压力范围在 18～30 kPa 的中等幅度压力大约有 60 个峰值信号,可以算出其频率为 $f = 15$ Hz,这个频率是激波反馈频率的 3.52 倍。根据最近的研究[30,31,38],已发现激波反馈在喷嘴表面造成一个大直径的气泡环之前出现了较小膨胀幅度的射流胀鼓现象。胀鼓的气泡有时会接触喷嘴表面,但它不会崩溃;一般情况下,胀鼓气泡被迅速吹向下游。一个激波反馈的出现通常事先伴随着多次(个)射流胀鼓的出现。胀鼓频率可以达到反馈频率的 3 倍甚至更多。所以,图 2.16(a)中的中等幅度压力是由射流胀鼓引起的。

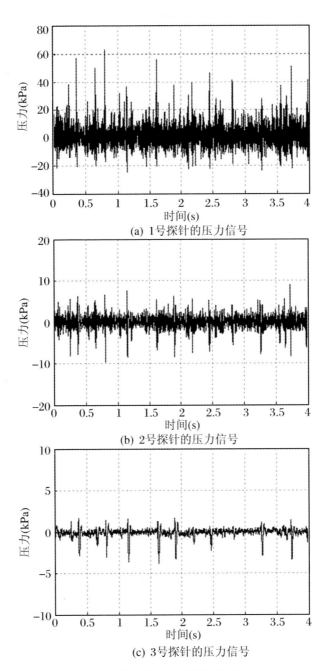

(a) 1号探针的压力信号

(b) 2号探针的压力信号

(c) 3号探针的压力信号

图 2.16　在下游 2 cm 处的射流静压力

（水下欠膨胀空气射流，$Ma = 1.5$ 喷嘴）

2.5.2 喷嘴侧壁上的压力测量

图 2.17 给出了用图 2.4 所示的测量装置测得的，在不同运行条件下的，从 $Ma = 1.5$ 的喷嘴喷出的超声速空气射流在喷嘴上游位置诱导的压力。当射流喷入开放空气中时，图 2.17(a) 示出没有明显的压力脉动能被测出。图 2.17(b)～(d) 是当射流喷入水中时的测量结果。通过比较图 2.17(b)～(d) 和图 2.16(a) 中的压力幅值，可知喷嘴侧壁上的压力远小于射流中心的压力。很

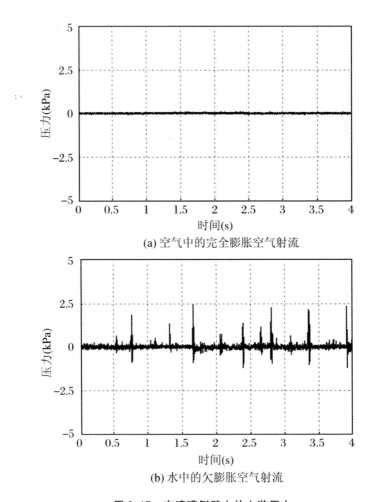

(a) 空气中的完全膨胀空气射流

(b) 水中的欠膨胀空气射流

图 2.17　在喷嘴侧壁上的上游压力

（在不同运行条件下的超声速空气射流，$Ma = 1.5$ 喷嘴）

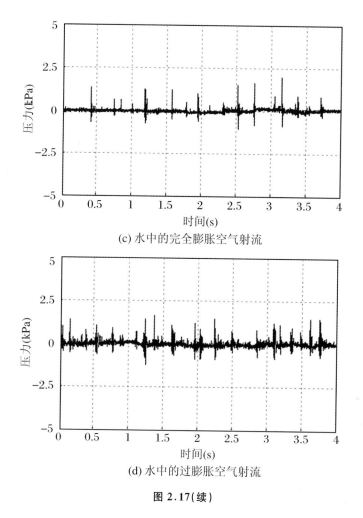

(c) 水中的完全膨胀空气射流

(d) 水中的过膨胀空气射流

图 2.17(续)

明显,在欠膨胀、完全膨胀和过膨胀这 3 种情况下,都发现了射流的周期性脉动(振荡)。

　　图 2.18 比较了在喷嘴出口下游处的射流中心的压力(1 cm 离开距离)和在喷嘴出口上游处的喷嘴侧壁上的压力。图 2.18(a)中压力值大于 30 kPa 的 22 个压力峰值,其频率为 $f = 5.5$,完全对应着相同时刻在图 2.18(b)中出现的压力峰值。这充分证明了上游的流体脉动是由于来自下游的激波反馈通过流体冲击喷嘴前端面而造成的。

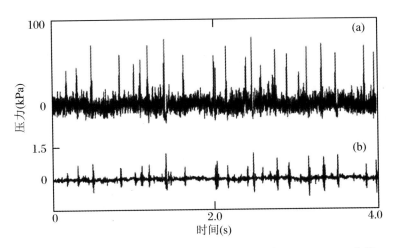

图 2.18 上游和下游压力的比较(水下欠膨胀空气射流, $Ma = 1.5$ 喷嘴)

(a) 在下游 1 cm 处的射流压力;(b) 在喷嘴侧壁处的上游压力

2.5.3 在喷嘴前壁面上的压力测量

用图 2.5 所示的装置测量了不同喷嘴和不同射流膨胀条件下的,在组合喷嘴前端面的压力。图 2.19 给出了从 $Ma = 2.0$ 的喷嘴喷出的水下过膨胀空气射流的两个例子,其中图 2.19(a)是从测孔 1 测出的压力,图 2.19(b)是从测孔 3 测出的压力。在图 2.19(a)中,压力值高于 25 kPa 的峰值数目有 16 个;而在图 2.19(b)中,压力值高于 25 kPa 的峰值数目有 17 个。这些测量提供了清楚的实验证据,证明了激波反馈的确驱动了流体逆流运动并冲击在喷嘴表面上;而且,正是因为这种周期性的冲击,才造成了在喷嘴表面上以及喷嘴上游处的周期性压力脉动。

应该注意到,在喷嘴前端壁上的压力,既高于射流内部的压力,也高于喷嘴侧壁上的压力。其原因是因为喷嘴前端壁上的测孔面对着冲击来流,因此测出的是流体全压而不是静压。另一方面,如果反馈携带的冲击流体是液体,那么冲击压力就是"水锤压力"$P = \rho CV$[39],这里 ρ 代表液体密度,C 代表液体声速,V 代表冲击速度。这个压力值大大超过了单纯气体射流造成的冲击压力。

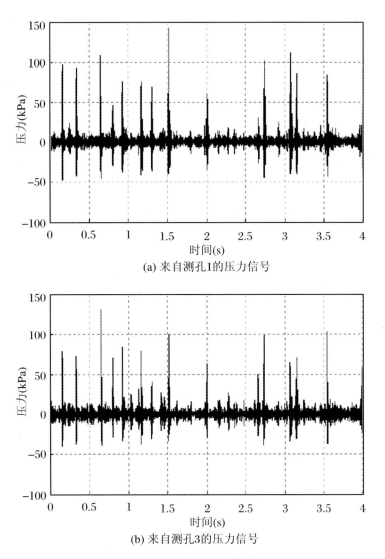

(a) 来自测孔1的压力信号

(b) 来自测孔3的压力信号

图 2.19   喷嘴前壁面上的压力

(水下过膨胀空气射流，$Ma = 2.0$ 喷嘴)

2.6 关于流场的讨论

通过频谱分析,得知本文研究的水下超声速气体射流的机械能量主要分布在 0～500 Hz 的频率带宽中[17,29]。图 2.20 给出了一个典型的频谱。我们发现,无论射流是处于欠膨胀、完全膨胀还是过膨胀状态,射流脉动(振荡)都出现了。这个实验结果与最近公开的美国海军秘密研究报告的结果相一致[40]。图 2.14 和图 2.15 中所示的,用 CCD 摄像机进行流场可视化时获得的基本流型,已经在二维水箱中进行的,水下水平和垂直超声速气体射流的实验中得到了重现[28]。这些结果将在本章的后续小节中介绍。

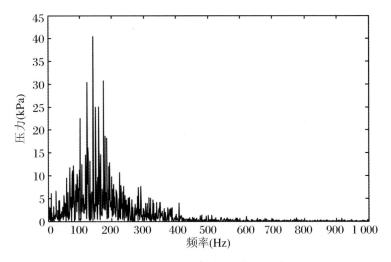

图 2.20 在下游 1 cm 处的射流静压力的频谱

(水下完全膨胀空气射流,$Ma = 1.5$ 喷嘴)

水下超声速气体射流的流型基本上可以分为两种,第一种是相对稳定的湍流射流,射流直径沿下游方向呈线性增长;第二种是带有间歇性突然膨胀和反向冲击喷嘴的不稳定的射流。Chen 和 Richter[24] 以及 Weiland 等人[25] 的射流不稳定性分析,实际上描述的是第一种流型。他们的模型较好地描述了当射流经历了泡状流向射流转变之后,水下超声速气体射流比亚声速气体射流更加稳定。Aoki 等人[12]的对水下声速气体射流的实验研究,证实了第二种流型的存在,尽管与第二种流型相比第一种流型所经历的时间要短许多。这种流动现象曾经被称为"回击"。虽然对于是否应该将它描述为"激波反馈"还可能存在争议,但是这已经比忽略激波作用的做法更加真实了[41,42]。

尤因次参数斯特鲁哈数 St 是描述流场不稳定性的参数,它的定义是

$$St = \frac{fD}{V_j} \tag{2.1}$$

这里 V_j 是射流速度,D 通常是射流直径或喷嘴出口直径,f 是频率。Chen 等人[43]发现,对于在开放空气中喷射的完全膨胀的空气射流,尖锐刺耳声调的斯特鲁哈数大小在 10^{-1} 量级。在他们的实验中,最大声强度大约是 120 dB,等于 20 Pa。由于本章实验的目的不是为了测量尖锐刺耳声调,图 2.17(a)中的 2.5 kPa 的压力刻度设置得偏大,因此测不出空气中的声学反馈。

马里兰大学的研究小组实施了水下推进发动机的模型实验[44,45]。将亚声速空气和氦气喷入水中,他们发现斯特鲁哈数在大小在 $10^{-3}\sim10^{-4}$ 量级。对于本章研究的水下超声速气体射流,可以算出 St 在 10^{-4} 量级。在气/水系统中获得的斯特鲁哈数,比在气/气系统中的斯特鲁哈数要小 $2\sim3$ 个数量级。这意味着水下气体射流振荡的机理不同于在气/气系统中的尖锐刺耳声调的机理。事实上,因为水/气界面上的巨大的密度差($\sim10^3$ 倍),声波信号将无法从气相介质通过水/气边界传入水中,而这个边界也不可能发展成为速度超过水的声速的超声速剪切层。液体较大的惯性衰减了气体射流的速度。水下超声速气体射流更像一个被水包围的"气袋"。于是,引入 Rayleigh-Plesset 方程[46]:

$$R\ddot{R} + \frac{3}{2}(\dot{R})^2 = \frac{1}{\rho}\left(p_i - p_\infty - \frac{2\sigma}{R} - \frac{4\mu}{R}\dot{R}\right) \tag{2.2}$$

这里 $R(t)$ 是气泡的边界。p_i 和 p_∞ 分别是气泡内和无限远处的压力,它们可以是时间 t 的函数。σ,μ 和 ρ 分别是表面张力,液体黏性和液体密度。已知周期性的环境压力 p_∞ 的扰动,能够造成气泡振荡[46]。根据图 2.16 所示的压力测量结果,得知气泡内的压力 p_i 是非线性振荡的,这将肯定导致气泡的振荡,而这正是引起射流膨胀及其反向冲击的根源。压力 p_i 的振荡又来源于激波的作用。向气泡中连续供应可压缩性气体,最终将使得气泡爆裂。

对于水下超声速气体射流,由于湍流、气/液混合、Kelvin-Helmholtz 不稳定性、Richtmyer-Meshkov 不稳定性的影响[47],射流的气/液边界是不稳定的。

不稳定的结果之一是出现了射流的颈缩,但是气体的可压缩性又使得射流颈缩的部位发生小幅度的胀鼓。伴随着多次胀鼓,被封闭在射流内的激波重新聚集它们的能量;然后,这个能量的释放导致激波反射和射流的整体膨胀。激波的反馈又携带流体逆流冲击喷嘴表面,并在喷嘴表面上形成一个大的气泡环。源自于喷嘴出口下游位置的射流的脉动压力,随着射流反向冲击喷嘴表面,被传播到了喷嘴出口上游的位置。上述过程将周期性地重复着。

用"气袋"模型,即被不可压缩流体包围的一个可压缩的"气袋",能够较好地解释射流振荡的现象。激波和气体的可压缩性导致了气泡内的非线性振荡压力,所以,气泡开始振荡。因为可压缩性气体被连续地输入气泡中,气泡内压力的增加最终导致气泡爆裂,然后下一个循环接着开始。

2.7　水平喷射二维水下超声速气体射流

在2.5.1小节中,压力测量不但证实了水下超声速气体射流的"回击"现象,而且指出了可能存在的胀鼓现象。用二维水槽实验装置(图2.6),可以清楚地观察到胀鼓现象。根据2.1节及文献[28,48],我们将"回击"称为射流膨胀反馈。

2.7.1　实验条件与亚声速泡状流

表2.4给出了A喷嘴(表2.3)的各实验工况,其中工况1为亚声速射流,其他3个工况为超声速过膨胀射流。图2.21是工况1时的亚声速气体射流的演化过程[49],左侧为喷嘴出口(下同),每张照片的时间间隔为0.1 s。从图2.21中可以清晰地看到这是典型的泡流形态:初期的气泡形成喉状颈缩,逐渐破裂、上浮;射流在水中穿过较短距离即开始上浮;由于表面张力、浮力起主导作用,射流会出现断裂,之后新的射流会连续生成后与之合并。同时细碎气泡总是由喷嘴边缘处开始逐渐向四周膨胀而出。在该工况下,射流总是依气泡的形式产生、膨胀、破裂、上浮,同时新的射流继续这一典型泡流过程。

表 2.4　在不同工况条件下的实验参数表(A 喷嘴)

实验序号	驻室压力 P_0(MPa)	注水高度 H(cm)	喷嘴扩张段波系	喷嘴出口波系	喷嘴射流速度	理论出口射流马赫数 Ma
工况 1	0.2	30	正激波	无	亚声速	0.413
工况 2	0.4	30	无	斜激波	超声速	1.304
工况 3	0.6	30	无	斜激波	超声速	1.718
工况 4	0.8	30	无	斜激波	超声速	1.954

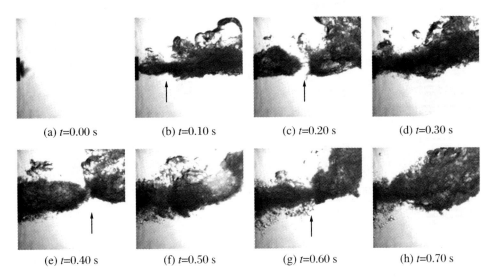

(a) t=0.00 s　　(b) t=0.10 s　　(c) t=0.20 s　　(d) t=0.30 s

(e) t=0.40 s　　(f) t=0.50 s　　(g) t=0.60 s　　(h) t=0.70 s

图 2.21　亚声速工况时水下气体射流的泡流演化过程

(工况 1, $P_0 = 0.2$ MPa)

2.7.2　胀鼓与膨胀反馈现象

图 2.22 和图 2.23 分别示出了水下超声速空气射流($Ma = 1.304$)的胀鼓 (bulge)和膨胀反馈现象。正如在图 2.22(b)中指出的,沿着下游距离,射流流动可以基本分成 3 个流动区域:① 在喷嘴出口区域的动量射流;② 在射流中段的浮力射流;③ 在射流端部的羽流。在第 1 个流域里,由于射流的高速度,射流形状维持平直或轻微扩散,但是射流的扩散角没有 Ozawa 和 Mori[11]建议的那么显著。在射流穿透进入液体之后,浮力使得射流向自由面弯曲,并且浮力射流最终变成了羽流。

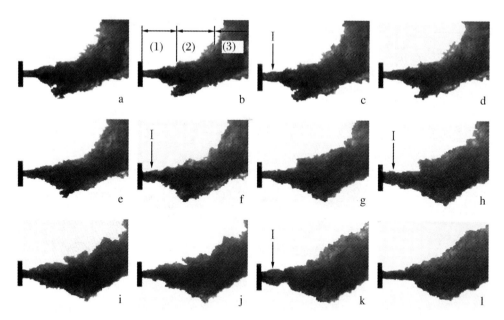

图 2.22 水下过膨胀空气射流胀鼓的高速摄影照片

(相邻两幅照片之间的时间间隔为 1 ms；$P_0 = 0.4$ MPa；喷嘴出口射流马赫数为 $Ma = 1.304$；

水深 $H = 30$ cm；喷嘴喉部和出口直径分别为 4.0 mm 和 6.5 mm（A 喷嘴），喷嘴外径为

31 mm。照片中用 I 标记胀鼓）流域(1)：动量射流；流域(2)：浮力射流；流域(3)：羽流

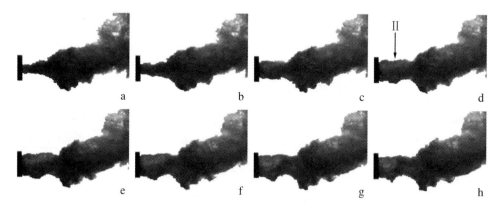

图 2.23 水下过膨胀空气射流膨胀反馈的高速摄影照片

(相邻两幅照片之间的时间间隔为 1 ms；$P_0 = 0.4$ MPa；喷嘴出口射流马赫数为 $Ma = 1.304$；

水深 $H = 30$ cm；喷嘴喉部和出口直径分别为 4.0 mm 和 6.5 mm（A 喷嘴），喷嘴外径为

31 mm。照片中用 II 标记膨胀反馈）

在图 2.22 中最重要的特点是在动量射流中在图 2.22(c)、图 2.22(f)、图 2.22(h)和图 2.22(k)中用 I 作标记的射流胀鼓的发生。尽管胀鼓存在的时间

很短(~1 ms)并且被射流吹向下游,但它们的出现意味着射流内的激波波系被重组,而且波的能量以一种新的方式聚集。这直接导致射流膨胀反馈的结果(见图 2.23(d)中的记号Ⅱ)。当膨胀反馈出现时,射流向喷嘴表面反吹(图 2.23(b)和图 2.23(c))。同时,射流突然径向膨胀,它们在图 2.23(e)~(h)中的直径已经接近喷嘴的外径。王柏懿等人[18]已指出,除了径向膨胀,射流也向下游膨胀。

在图 2.24 中可以看出,随着射流速度的增加,动量射流区域的长度也在增加(图 2.24(d)、图 2.24(g)、图 2.24(k)),而且也发现了射流膨胀反馈(见图 2.25(d)中的标记Ⅱ)。有趣的是,注意在反馈发生之前,射流颈缩(图 2.25(a))和拍打(图 2.25(b))出现了。在反馈过程中射流的膨胀已经使得它的直径大于喷嘴的外径(图 2.25(f)~(h))。

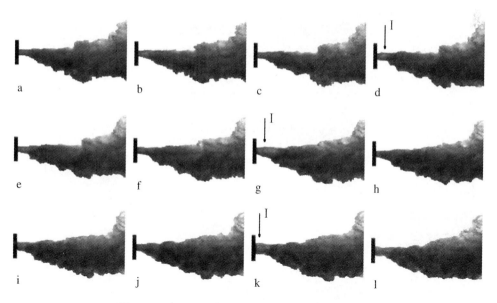

图 2.24　水下过膨胀空气射流胀鼓的高速摄影照片

(相邻两幅照片之间的时间间隔为 1 ms;$P_0 = 0.8$ MPa;喷嘴出口射流马赫数为
$Ma = 1.954$;水深 $H = 30$ cm;喷嘴喉部和出口直径分别为 4.0 mm 和 6.5 mm(A 喷嘴),
喷嘴外径为 31 mm。照片中用Ⅰ标记胀鼓)

为了更好地理解射流振荡过程,将射流直径随时间的变化画在了图 2.26 中。图 2.22、图 2.23、图 2.24、图 2.25 与图 2.26 同时对应。在 $p_0 = 0.4$ MPa 的情况下(图中的圆圈符号,工况 2),射流直径在不到 10 ms 的时间里从 10 mm 增加到了最大值 37 mm。在 $p_0 = 0.8$ MPa 的情况下(图中的三角符号,工况 4),40 mm 的最大射流直径出现在 50 ms 时刻。最大直径是由射流膨胀反馈

（即回击）引起的。在射流直径最大值的前后，有许多次小幅值的射流直径振荡，它们是由射流胀鼓引起的。图 2.27 给出了在另一个时间段里出现的、以射流半径表示的振荡过程。

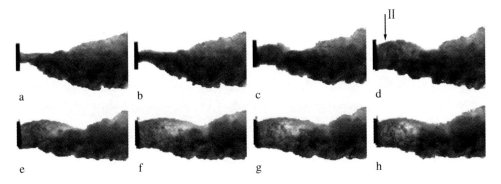

图 2.25　水下过膨胀空气射流膨胀反馈的高速摄影照片

（相邻两幅照片之间的时间间隔为 1 ms；$P_0 = 0.8$ MPa；喷嘴出口射流马赫数为

$Ma = 1.954$；水深 $H = 30$ cm；喷嘴喉部和出口直径分别为 4.0 mm 和 6.5 mm（A 喷嘴），

喷嘴外径为 31 mm。照片中用 II 标记膨胀反馈）

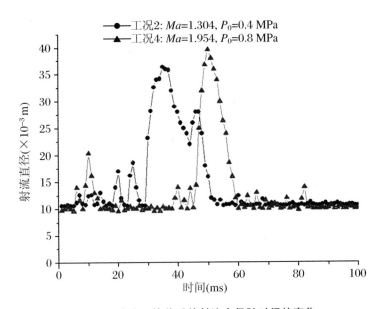

图 2.26　膨胀反馈前后的射流直径随时间的变化

（测量位置位于喷嘴出口下游 10 mm 处；圆圈代表工况 2 的一个事件，$P_0 = 0.4$ MPa，

$Ma = 1.304$；三角形代表工况 4 的一个事件，$P_0 = 0.8$ MPa，$Ma = 1.954$）

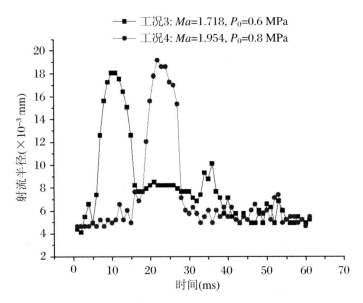

图 2.27　膨胀反馈前后射流半径随时间的变化

（测量位置位于喷嘴出口下游 10 mm 处；方形代表工况 3 的一个事件，$P_0 = 0.6$ MPa，

$Ma = 1.718$；圆圈代表工况 4 的一个事件，$P_0 = 0.8$ MPa，$Ma = 1.954$）

2.7.3　鼓和膨胀反馈频率的统计

为了计算出膨胀反馈频率 f_w 和胀鼓频率 f_b，需要对它们进行定义（图 2.28）。前者容易界定，但后者因为在实验中发生的幅度各有不同、形貌上大小不一，因此没有统一的标准。郭强等人[49]提出一个定量统计胀鼓事件的方法：根据胀鼓为射流沿着径向方向上膨胀，定义胀鼓的径向胀鼓平均速度 $\bar{V}$ 如式 (2.3)所示，各参数采样如图 2.28 所示。图中 D_1 为胀鼓发生前的射流直径，D_2 为胀鼓发生后的射流直径。

$$\bar{V} = \left(\frac{D_2 - D_1}{2}\right) \Big/ \Delta T \tag{2.3}$$

对距离喷嘴端 10 mm 进行胀鼓采样，D_2、D_1 均通过专业图片处理工具 Photoshop 进行测量，用公式(2.3)进行计算，式中 ΔT 为相邻所摄照片之间的时间间隔，其值为 1 ms。实验中发现，处于回击发生前后的胀鼓幅度和频率都相对其他射流时刻较大，经筛选发现此类胀鼓径向膨胀速度 $\bar{V}$ 均大于 0.2 m/s，故将此类胀鼓定义成特征胀鼓。因此取此速度指标界定特征胀鼓的舍取并进行频率统计。从每个工况的 2 000 张高速摄影照片中,统计出 f_w 和 f_b 的结果并列在表 2.5 中,表中也包括了王晓刚[30]统计出的结果。表中 C 为空气的声速。

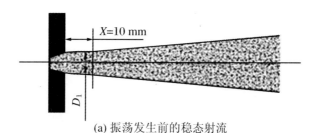

(a) 振荡发生前的稳态射流

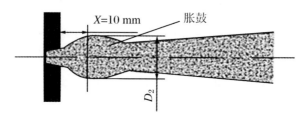

(b) 一个胀鼓事件的瞬态流型

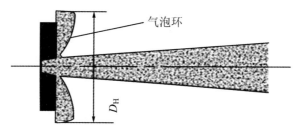

(c) 一个膨胀反馈事件的瞬态流型

图 2.28 胀鼓和膨胀反馈的定义

表 2.5 胀鼓和反馈统计平均频率表(A 喷嘴)

工况	驻室压力值 P_0(MPa)	压比 P_0/P_b	射流速度 $V = Ma \cdot C$	胀鼓频率 f_b(Hz)	反馈频率 f_w(Hz)
1	0.2	1.92	141.14	34.23	7.90
2	0.4	3.84	391.09	55.57	8.17~8.55
3	0.6	5.75	472.91	84.73~111.94	5.94~8.49
4	0.8	7.67	510.84	97.35~127.45	5.00~9.22

根据表 2.5 可知,以工况 2 为例,$f_b = 55.57$,$f_w = 8.17 \sim 8.55$。我们现在

明白了在图 2.16(a)中中等幅度的压力是由射流胀鼓引起的。射流胀鼓是射流反吹,即射流膨胀反馈的前奏。

2.7.4　水位深度的影响

水下气体射流是在一定的水位下进行的,水位高度对射流特性的影响到现在为止还是未知的,即使是不可压缩的低速水下气体射流[50,51]。王晓刚[30]首次研究了水位深度对水下超声速空气射流的影响。表 2.6 和表 2.7 列出了在 5 个过膨胀工况下,用 B 喷嘴(表 2.3)得到的射流膨胀反馈频率和胀鼓频率。从表中可以看出,当水深 H 从 35 cm 变化到 15 cm 时,反馈频率明显减少,而胀鼓频率变化不明显。这其中的流体力学机理还有待进一步研究。另外,还发现射流扩张角 α 的变化也不明显,射流扩张角的定义及其测量结果见图 2.29 和表 2.8。

表 2.6　用 B 喷嘴得到的各工况下的射流膨胀反馈频率(Hz)

驻室压力 P_0(MPa) ＼ 水深 H(cm)	35	25	15
2.6	2.52	2.21	1.81
2.1	6.23	4.51	3.57
1.6	7.85	5.18	3.71
1.1	9.80	6.22	5.82
0.6	13.6	9.27	8.63

表 2.7　用 B 喷嘴得到的各工况下的射流胀鼓频率(Hz)

驻室压力 P_0(MPa) ＼ 水深 H(cm)	15	25	35
0.6	75.58	77.62	81.52
1.1	96.46	91.41	94.47
1.6	79.83	74.74	73.66
2.1	91.49	91.22	91.53
2.6	75.51	78.67	84.63

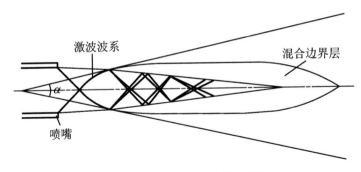

图 2.29 过膨胀气体射流的扩张角 α

表 2.8 用 B 喷嘴得到的不同工况下的射流膨胀角 α

水深 H(cm) 驻室压力 P_0(MPa)	15	25	35
0.6	14.5°	15°	14°
1.1	17.5°	18°	20°
1.6	15°	16°	14°
2.1	18°	18°	18°
2.6	16°	16°	18°

水下超声速气体射流研究，涉及两相流动物理学和空气动力学，因此具有较大的难度。现有的对射流力学的理解还是不充分的。在以往的研究中，最有理解力的应该是 Aoki 等人[12] 和 Aoki[52] 的工作，发现了"回击"现象，并解释了回击是由射流颈缩引起的。当然，实际的流场要复杂得多。除了在 2.4 节和 2.6 节中提到的 RM 和 KH 不稳定性，浮力和湍流等因素也对射流发生影响。因此，射流中的激波不得不重组和聚集它们的能量。我们的实验证实了对于水下超声速气体射流、胀鼓和射流都出现了，胀鼓频率是膨胀回击频率的数倍；射流直径在膨胀反馈过程中迅速长大，并且可以达到初始直径的 5 倍。射流胀鼓是一个短时间过程（～1 ms），射流反向冲击喷嘴表面也是一个短时间过程，尽管射流膨胀会持续 10 ms 以上的时间。这些都证明射流胀鼓和射流膨胀反馈是一种激波现象；使用不同的喷嘴、在不同的实验条件下，给出相同的结果。事实上，在 2.4 节所示的三维水槽实验中，也发现了射流膨胀反馈和胀鼓同时出现的现象，只是为了保持本章叙述的条理性，没有给出这些结果。

2.8　垂直向上喷射二维水下超声速气体射流

讨论水中气体射流时,不可避免地要遇到浮力影响的问题[50,51]。如果用无因次量来描述,就是要考虑弗鲁德(Froude)数 Fr 或修正弗鲁德数 Fr' 的影响,它们的定义分别为[33,53]

$$Fr = \frac{V_j}{\sqrt{\dfrac{\rho_1 - \rho_g}{\rho_1} g D_j}} \qquad (2.4)$$

$$Fr' = \frac{\rho_g V_j^2}{\rho_1 g D_0} \qquad (2.5)$$

这里 ρ_g 和 ρ_1 分别是气体和液体的密度,g 和 V_j 分别是重力加速度和射流速度,D_j 和 D_0 分别是射流直径和喷嘴出口直径。

在图 2.22 中可以看出,浮力使得射流向自由面弯曲。这个弯曲的浮力射流,是否会对动量射流或者说水中气体的可压缩性行为产生影响是未知的。将气体射流从下向上喷射,就可以避免浮力射流对动量射流可能的干扰,因为浮力使得气体不断离开喷嘴表面而靠近自由面。在应用上,近年来美国开发的破水发射导弹技术中[54-56],就涉及垂直向上喷射的高速气体射流。

2.8.1　实验条件和射流整体状况

表 2.9 给出了垂直向上喷射的超声速空气射流的实验参数,其中 A 喷嘴和 B 喷嘴的参数已在表 2.3 中给出。图 2.30 和图 2.31 给出了用数码相机拍摄的、分别从 A 喷嘴和 B 喷嘴喷出的、各工况下的空气射流的整体形貌照片。

表 2.9　不同工况下的实验参数表(室温室压:293 K,0.101 MPa)

实验工况序号		驻室压力 P_0(MPa)	压比 P_0/P_b	注水高度 H(cm)	射流气体膨胀状态	喷嘴出口波系	出口射流马赫数(理论计算值)
A 喷嘴	工况 1	0.7	6.44	75	过膨胀	斜激波	1.68
	工况 2	1.0	9.20	75	过膨胀	斜激波	2.09
	工况 3	1.3	11.96	75	过膨胀	斜激波	2.27
	工况 4	1.6	14.72	75	过膨胀	斜激波	2.41
	工况 5	1.8	16.56	75	过膨胀	斜激波	2.48
B 喷嘴	工况 1	0.7	6.44	75	过膨胀	斜激波	1.57
	工况 2	1.1	10.12	75	过膨胀	斜激波	2.02
	工况 3	1.3	11.96	75	过膨胀	斜激波	2.16
	工况 4	1.6	14.72	75	过膨胀	斜激波	2.33
	工况 5	1.9	17.48	75	过膨胀	斜激波	2.46
	工况 6	2.1	19.32	75	过膨胀	斜激波	2.53

(a) 初始状态　　　　(b) P_0=0.7 MPa　　　　(c) P_0=1.1 MPa　　　　(d) P_0=1.6 MPa

图 2.30　A 喷嘴各工况下的典型射流形貌

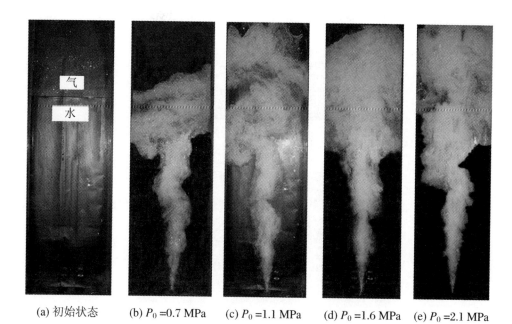

(a) 初始状态　　(b) P_0 =0.7 MPa　　(c) P_0 =1.1 MPa　　(d) P_0 =1.6 MPa　　(e) P_0 =2.1 MPa

图 2.31　B 喷嘴各工况下的典型射流形貌

如图 2.32(a)所示,射流被分为初始段和主体段[57]。由湍流射流力学可知[50,53],射流速度间断面是不稳定的,必定会产生波动,并发展成漩涡,从而引起紊动。由此射流就会把原来周围处于静止状态的流体卷吸到射流中,这就是射流的卷吸(entrainment)现象。随着紊动的发展,被卷吸并与射流一起运动的流体不断增多,射流边界逐渐向两侧发展,流量沿程增大。由于周围静止流体与射流的掺混,相应产生了对射流的阻力,使射流边缘部分流速降低,难以保持一定距离发展到射流中心,如图 2.32(a)所示的射流全貌,自此以后射流的全段面上都发展成湍流。由孔口边界开始向内外扩展的掺混区称为剪切层(shear layer)或混合区(mixing layer)。其中心部分未受掺混的影响,仍保持原出口流速的区域称为射流的势流核(potential core)。从孔口至势流核末端之间的这一段称为射流的初始段(zone of flow establishment),湍流充分发展以后的这一段称为射流的主体段(zone of established flow)。

事实上,初始段射流对应着动量射流。图 2.30 和图 2.31 的实验结果指出,随着喷射压力的增加,即喷射速度的增加,动量射流的长度在增加。而且,如图 2.32(b)和图 2.33 所示,动量射流的直径 D 随长度 x 的增加呈线性变化[58],图中 d 和 L 分别是喷嘴出口直径和动量射流线性段的最大长度。这些体现了当射流处于稳态时的特征。

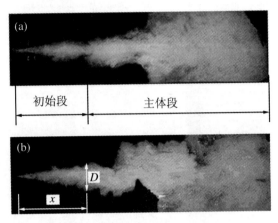

图 2.32　射流初始段和主体段的划分

（照片被沿顺时针方向旋转了 90°）

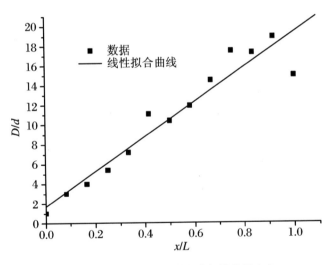

图 2.33　在初始段动量射流直径的线性变化

2.8.2　初始段的不稳定流动

图 2.34 是 B 喷嘴在工况 1 时的超声速气体射流的演化过程，位于照片中底部的是喷嘴出口（下同）。图示选用的是连续的一组照片，每张照片的时间间隔为 2 ms。可以清晰地看到，这是典型的间歇性胀鼓形态，其发生机制是由于在距离端面附近射流发生间歇性颈缩，射流通道便会出现梗阻而导致气体的迅

速聚集。气体聚集过程中射流内部压力突增,当达到一定程度后发生射流局部的膨胀从而引发鼓胀。胀鼓现象基本发生在距离喷嘴端面距离 $x = 0 \sim 140$ mm 范围内。胀鼓发生处用黑色箭头 I 特别标示(图 2.34(d),(h),(k))。

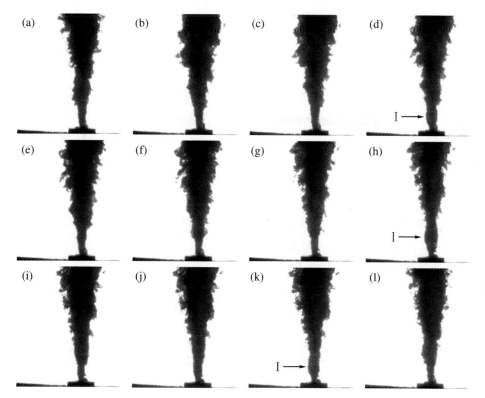

图 2.34　垂直向上喷射水下过膨胀空气射流胀鼓的高速摄影照片

(相邻两幅照片之间的时间间隔为 2 ms;B 喷嘴的外径为 31 mm,$Ma = 1.57$;

照片中用 I 标记胀鼓)

图 2.35 是 B 喷嘴在工况 4 中一次典型的膨胀反馈演化过程,每张照片的时间间隔为 2 ms。可以看到,稳态的超声速射流先由稳态发展为间歇性胀鼓状态(如图 2.35(b)中箭头 I 所示)。经过若干次胀鼓之后,射流内部聚集的气体能量达到最大,膨胀反馈现象随即发生(如图 2.35(f)中的箭头 II 所示)。一般而言,膨胀反馈总是伴随着射流的整体膨胀而出现,这种整体膨胀持续的时间较长(图 2.35(f)~(i))。射流膨胀至最大时,一部分气体向上游回流,并撞击到端面,受到阻碍而被挤压破碎成大量气泡,如图 2.35(j)~(l)所示,它们是射流回击撞击喷嘴端面形成的沿径向方向运动的泡沫流。

由以上实验结果可以总结出,膨胀反馈形成需要经历胀鼓振荡、膨胀,分离、撞击和破碎 5 个阶段。膨胀反馈的具体演化过程是:由于水下超声速气体射流中剪切不稳定性,使得射流在距离端面 2 倍喷口直径附近发生间歇性颈缩,这样气流通道出现梗阻而导致气体迅速聚集,当气体聚集到一定程度,射流发生快速膨胀,膨胀到一定程度,气体分离成两个部分,一部分流向下游,一部分流向上游。后者撞击到端面后受到阻碍而被挤压,接着破碎成大量气泡。

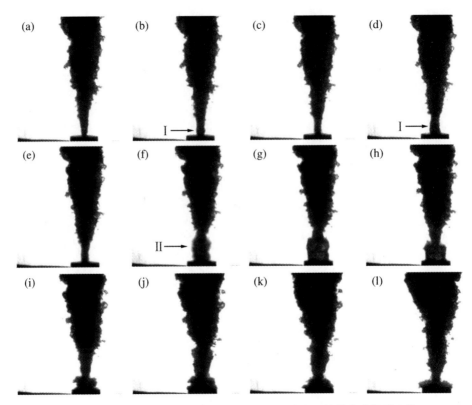

图 2.35 垂直向上喷射水下过膨胀空气射流膨胀反馈的高速摄影照片

(相邻两幅照片之间的时间间隔为 2 ms;B 喷嘴的外径为 31 mm,$Ma = 2.33$;

照片中用 II 标记膨胀反馈)

图 2.36 给出了 B 喷嘴在 4 个工况下的射流膨胀反馈发生前后,射流半径随时间的变化关系。图中当半径处于高的峰值时,对应于膨胀反馈;当半径处于低的峰值时,对应于胀鼓。这个图揭示了胀鼓是膨胀反馈前奏的事实。表 2.10 和表 2.11 分别给出了从 A 喷嘴和 B 喷嘴测出的膨胀反馈频率和胀鼓频率,表中还给出了射流回击喷嘴表面后形成的气泡环的直径,表中的数据都是

统计平均值[33]。这里胀鼓的定义与式(2.3)略有不同,定义为在离喷嘴出口
12 mm 处

$$\chi = \frac{D_2 - D_1}{D_1} \tag{2.6}$$

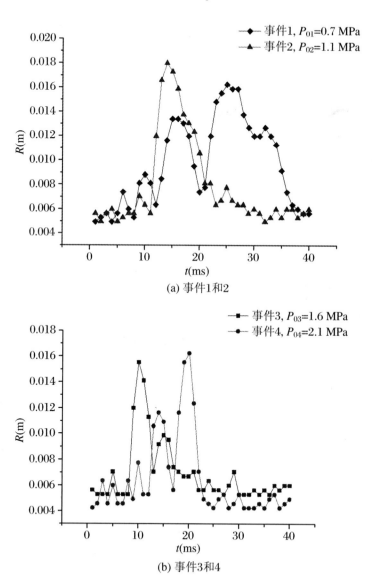

(a) 事件1和2

(b) 事件3和4

图 2.36　膨胀反馈前后的射流半径随时间的变化

(测量位置位于喷嘴出口下游 12 mm 处,B 喷嘴)

表 2.10 A 喷嘴过膨胀工况下膨胀反馈和胀鼓事件数据统计表

实验工况编号	驻室压力 P_0(MPa)	射流马赫数 Ma	平均反馈频率 f_w(Hz)	反馈气泡环直径 D_H(mm)	平均胀鼓频率 f_b(Hz)
工况 1	0.7	1.68	8.65	36.8	40.8
工况 2	1.0	2.09	6.71	29.7	
工况 3	1.3	2.27	5.89	29.0	
工况 4	1.6	2.41	0.63	13.3	41.2
工况 5	1.8	2.48	0.15	19.9	

表 2.11 B 喷嘴过膨胀工况下膨胀反馈和胀鼓事件数据统计表

实验工况编号	驻室压力 P_0(MPa)	射流马赫数 Ma	平均反馈频率 f_w(Hz)	反馈气泡环直径 D_H(mm)	平均胀鼓频率 f_b(Hz)
工况 1	0.7	1.57	10.35	27.6	34.8
工况 2	1.1	2.02	8.26	24.8	
工况 3	1.3	2.16	6.72	24.3	
工况 4	1.6	2.33	5.80	25.9	
工况 5	1.9	2.46	4.39	23.4	
工况 6	2.1	2.53	3.87	22.5	50.1

当该值大于 0.2 时,就认定事件为胀鼓。如果考虑到式(2.3)是基于 1 ms 时间单位来计算的,那么式(2.6)和式(2.3)的含义应该是一样的。

将表 2.10 和表 2.11 与表 2.5~表 2.7 进行比较,发现测得的反馈频率和胀鼓频率的数量级是一致的。而且,随着喷射压力 P_0 的提高,即喷射速度的提高,反馈频率在下降。我们定义的膨胀反馈,是当射流反吹向喷嘴表面并在撞击后产生气泡环的事件。当射流压力和速度足够高时,射流动量足以克服水的阻力和其他不稳定性因素,射流发生颈缩的位置会向下游推移。因此,出现了尽管射流发生了突然的膨胀,但无力反馈到喷嘴表面的情况。这就是反馈频率下降的原因。郭强将此现象称为"准回击现象"[33,34]。然而,胀鼓频率并没有随着 P_0 的提高而有明显的变化,这说明胀鼓更多地依存于射流内部的压力脉动以及气/水界面的行为。

2.8.3　自由面波动的影响

2.8.3.1　三维水平射流的压力测量

实验水槽正上方敞口,存在一个自由水面。当高速气体射入水体后,会导致水表面剧烈波动,因此需要考虑自由面的波动是否会对压力测量造成影响。在现实中使用高速气体射流时,也需要考虑自由面波动的影响。换言之,为了确定水下气体射流上游壁面的压力脉冲是何种力学机制产生的,需要鉴别该压力来自于射流本身的某些力学特性还是外界影响。为此,戴振卿[29]首次研究了该问题。利用图 2.37 中所示的一块有机玻璃盖板,将它固定于水槽框架上。盖板浸入水体表面少许,可以限制水面的波动,这样就可以测得无自由面影响时流场中的压力。在流场的压力测量结果中,已知上游壁面的压力要远小于射流近场区压力和喷嘴出口端面的压力,所以如果自由面会影响压力测量,那么上游所受影响效果应该最为显著。通过比较有盖板和无盖板(自由面)情况时上游壁面压力的测量结果,发现自由面的剧烈波动对于压力没有明显影响,具体实验数据见图 2.38 和表 2.12。

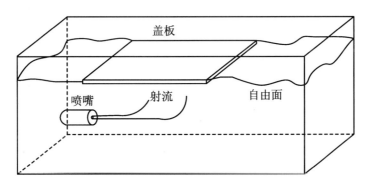

图 2.37　自由面上盖板放置示意图

图 2.38 给出了加盖板时 $Ma = 1.5$ 喷嘴在 3 个工况下上游喷嘴壁面压力的测量结果。与图 2.17 给出的无盖板时的结果比较表明:幅值没有本质差别,性态上也基本相同,即欠膨胀时压力脉冲最强而过膨胀时压力脉冲出现频率最高。进一步,以脉动压力作为统计量处理实验数据来判断自由面对上游壁面的压力测量是否会产生影响。表 2.12 给出 $Ma = 1.5$ 喷嘴在 3 个工况下,对应于

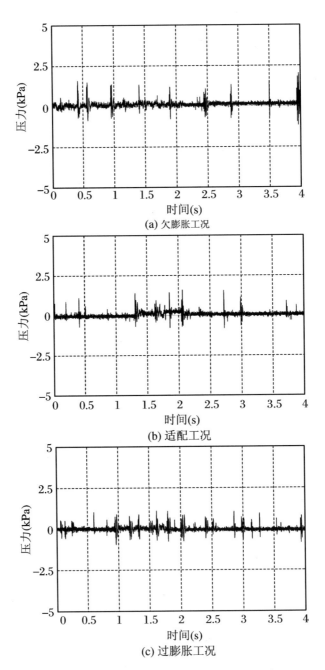

图 2.38　加盖板时上游喷嘴壁面的压力实测结果

（$Ma = 1.5$ 喷嘴）

有盖板和无盖板时上游壁面处诱导的脉动压力值。从表中可以看到盖板的加入对于上游喷嘴壁面压力没有实质影响。

表 2.12　自由面对压力测量的影响($Ma = 1.5$ 喷嘴)

工况		脉动压力(kPa)			
		第一次	第二次	第三次	平均值
有盖板	欠膨胀	0.201 4	0.198 5	0.202 8	0.200 9
	适配	0.160 0	0.177 1	0.194 2	0.177 1
	过膨胀	0.234 2	0.202 8	0.251 4	0.229 5
自由面	欠膨胀	0.231 4	0.194 2	0.181 4	0.202 3
	适配	0.148 5	0.167 0	0.217 1	0.177 5
	过膨胀	0.211 4	0.248 5	0.168 5	0.209 5

2.8.3.2　二维垂直射流的高速摄影观察

这一小节介绍通过高速摄影观察,研究二维垂直向上喷射过膨胀空气射流时自由面的波动是否会影响射流的膨胀反馈[33,57,59]。膨胀反馈事件发生后均会产生回击气泡环,气泡环最大外径为 D_H(图 2.28(c)),D_H 同时受回击时的气量和回击速率影响,气量大小和回击速率综合表征了反馈强度,故现将回击气泡环最大外径 D_H 作为表征膨胀反馈强度的参量。

如图 2.39 所示,特别制作了由固定引伸支架支撑的盖板,将盖板置于自由界面下一定距离,用于抑制自由界面的波动,分别实验在自由界面与非自由界面下的高速射流。根据高速摄影照片,统计膨胀反馈频率 f_w 和回击气泡环直径 D_H 的平均值。图 2.40 和图 2.41 分别给出了自由界面和非自由面(加盖板)工况下,f_w 和 D_H 与射流马赫数 Ma 之间的关系。

从图 2.40 中可以看到,在自由界面工况下,随着射流马赫数的增加,过膨胀程度的减小,激波反馈频率呈现明显的衰减趋势。图 2.41 也显示了在自由界面工况下,在马赫数逐渐增大、过膨胀状态降低的情况下,回击气泡环 D_H 呈整体下降趋势,这与激波反馈频率随着射流马赫数的增加,过膨胀程度的减小而明显衰减的趋势基本一致。但可以看到,数据点 4 处有一个突跃。其突跃原因分析为,由于湍流自由射流的紊乱脉动特性,而其参数脉动本身具有随机性,另外,单次实验具有多量数据,激波反馈事件的发生在时刻和强度上是存在很强的随机性的,出现 4 点这样的数值突跃是可能存在的。

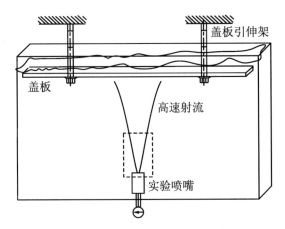

图 2.39　非自由界面实验装置示意图

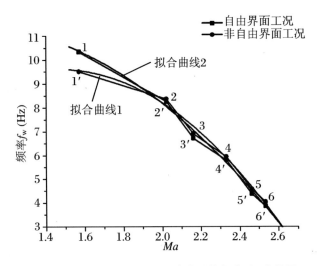

图 2.40　自由界面、非自由界面工况下膨胀反馈频率 f_w 曲线图（B 喷嘴）

从图 2.40、图 2.41 曲线所说明的,在自由界面工况下,低度过膨胀状态与中高度过膨胀状态相比,膨胀反馈事件的发生频率和膨胀反馈回击强度都明显减弱。因此可以说,激波反馈事件与射流本身的不稳定性振荡是密切相关的,而射流的不稳定性是与过膨胀状态诱导产生的波系复杂程度相关,这也为射流不稳定性的原因主要是射流内部激波、膨胀波的反射和聚集引起的压力振荡和气/液界面不稳定性的高度耦合提供了有力证据。

当液体表面是自由界面,实验时自由界面剧烈波动。为比较这两种工况下实验结果的不同,喷嘴分别在自由界面、非自由界面下进行射流实验,统计各自的激波反馈频率与回击气泡环大小。自由界面与非自由界面下的实验结果数据表已在文献[59]中给出。根据数据表绘制的图 2.40 与图 2.41 也显示了在非自由界面工况下膨胀反馈频率 f_w 和回击气泡环 D_H 与射流马赫数 Ma 之间的关系。

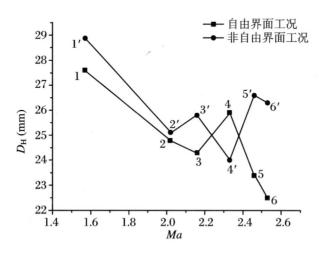

图 2.41　自由界面、非自由界面工况下膨胀反馈回击气泡环直径 D_H 曲线图

（B 喷嘴）

　　在图 2.40 中可以明显看出,非自由界面工况下,随着射流马赫数的增加,过膨胀程度的减小,激波反馈频率呈现明显的衰减趋势,这与在自由界面工况实验提示的激波反馈随马赫数与过膨胀状态的变化形态基本一致。同时,与自由界面工况下实验结果比较,非自由界面下的激波反馈频率幅值没有本质变化,激波反馈的回击强度变化、大小与是否为自由界面或非自由界面工况条件无关。图 2.41 中,在自由界面或者非自由界面工况下,回击强度随马赫数的增大和过膨胀程度的降低总体呈降低趋势。但同时,不管是在自由界面或非自由界面工况下,都出现了数据点的跳跃(数据点 4,3′,5′),可见回击强度变化特性受强随机性的支配,单一激波反馈事件的强度存在无法调和的随机性。虽然回击强度都有随机突变性,但在各自工况下,与高过膨胀状态相比,回击强度仍呈削弱趋势。

　　我们研究了垂直向上喷射射流的形貌及射流初始段不稳定特性,统计了过膨胀工况下的激波反馈频率及强度,发现激波反馈事件的发生平均频率和平均强度随射流过膨胀程度的减小和射流马赫数的增大而发生明显衰减,同时也指出单一激波反馈事件的强度存在无法调和的随机性。通过对比分析自由界面和非自由界面工况下的激波反馈特性,发现射流主体段非自由界面的限制发展对核心区的不稳定性无明显影响,射流核心段的不稳定性的力学原因来自射流核心段的复杂波系的诱导。

2.8.4 射流的摆动

根据 2.8.3 小节可知,自由面的波动不会对水下超声速气体射流初始段

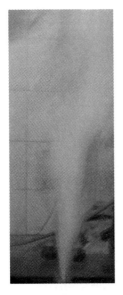

图 2.42 B 喷嘴射流发生大幅偏摆情形

(图 2.32(a))的行为产生影响。然而,射流主体段的确会受到自由面波动的影响。

在对主体段的实验观测中,发现射流整体会出现摆动特性,这在前人的研究中少有提及,更没有详细研究,如图 2.42 所示。在前人的研究中唯一提到的,是戴振卿[29]在三维水槽中已发现了明显的射流三维摆动,但是他没有给出定量结果。射流气流经过激波后先减速,射流基本由初始核心段进入主体段,与周围液体搅拌混合和形成大涡后进一步减速。射流摆动是两相流混合减速的结果之一,这一论点需要进一步论证,现对射流摆动特性及其原因进行详细探讨。

实验中发现一个基本规律:射流主体段下游总是在射流正常发生后一段才发生摆动。为了研究其摆动的力学原因,即自身力学机制及外力诱导因素,同时防止实验中主观因素的导入,现对射流整体尤其是主体段的摆动频率和自由液面的波面频率分别进行统计分析。由于自由液面的波动频率为秒量级,则通过单摆周期类似的方法进行统计,选用 A 喷嘴 3 个工况:$P_0 = 0.7$ MPa、1.0 MPa、1.3 MPa,每个工况进行 3 次重复实验,统计结果如表 2.13 所示。

根据表 2.13,发现液面的摆动频率 $\bar{f}_{level} = 1.38$,$\bar{f}_{jet} = 1.34$;$\bar{f}_{level} \approx \bar{f}_{jet}$,则由自由液面下的射流摆动特性分析可得出结论:水下高速射流主体段下游会由于卷吸作用与周围液体进行能量传递,从而形成完全发展的湍流和明显的大涡流动;在射流尾流的强紊流态的作用下,二维水箱中的液面诱导形成波动,在液体

水平方向的侧向力矩作用下,射流发生大幅偏摆,偏摆频率与波动频率大小基本一致。非自由液面下的射流实验,将验证这一结论的正确性。

表 2.13　A 喷嘴 3 个工况下自由液面波动和射流摆动频率统计表

频率统计 测试对象	$\bar{f}_1$	$\bar{f}_2$	$\bar{f}_3$	平均频率 $\bar{f}$
自由液面波动	1.36	1.39	1.38	1.38
射流主体段摆动	1.42	1.31	1.30	1.34

如图 2.43 所示,在低马赫数的工况下,A 喷嘴的射流在自由液面波动受限的实验环境中,从射流发展时间段 $T = 1.2$ s 至 $T = 5.7$ s 全程并未出现如图 2.42 所示的明显大幅偏摆效应,取而代之是小幅高频摆动。

 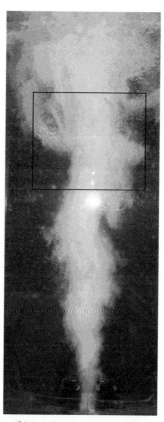

(a) A喷嘴, P_0=0.8 MPa, T=1.2 s　　　　(b) A喷嘴, P_0=0.8 MPa, T=5.7 s

图 2.43　射流在非自由液面工况下发生偏摆与未偏摆形貌对照图

射流初始段过后,随着紊动的发展,被卷吸并与射流一起运动的流体不断增多,射流边界逐渐向两侧发展,流量沿程增大。射流的初始动量被分散削弱,由于周围静止流体与射流的掺混,相应产生了对射流的阻力,使射流边缘部分流速降低,难以保持一定距离发展到射流中心;自此以后射流的全段面上都发展成紊动浮射流。至此可以证明,浮射流部分离自由液面距离小,容易受自由液面波动的影响;在自由液面表面波动程度较小甚至无时,射流将不会发生外力作用下的偏摆,只表现为射流本身的大涡流动和自身摆动效应。

非自由液面工况下的射流观测结果表明,高速射流本身存在摆动,高频低幅;相比之下,自由液面波动的侧向力矩远远大于自身的摆动力矩,故在自由液面工况下,波动影响掩盖了射流本体的摆动效应。非自由液面的控制最大程度削弱了自由液面的波动影响,通过此法可着重研究射流本身的摆动特性。

现将研究区域定在液面以下 15 cm,如图 2.43(b)中的黑色方框所示,定量地确定在自由面液面波动的影响被消除后射流偏摆的频率。通过初步调试后,高速摄影仪的拍摄速度选取为 250 帧/s,实测总时长为 2.184 s。实验观察了 A、B 喷嘴的各 4 个工况。图 2.44 示出的是 A 喷嘴在喷射压力为 $P_0 = 0.7$ MPa 下的实验结果,相邻两张照片的时间间隔为 28 ms,图中全部显示时间为 0.308 s,共 12 张照片,每张图片下括号里的数字对应着实际图片编号,该编号数字增加 1 就意味着时间间隔增加 4 ms(因为高速摄影仪速度为 250 帧/s)。从图中可以看出,射流主体段在 No.349 时刻基本处于居中位置,从 No.350～No.385 发生水平左向偏摆;从 No.391～No.426 发生水平右向偏摆。根据照片提供的数据,可以计算出偏摆频率。

表 2.14 给出了从 A、B 两喷嘴产生的过膨胀空气射流主体段偏摆(wobble)频率的数据,每个工况重复 3 次,最后取平均偏摆频率。

综上分析所得数据,可以得出如下结论:水下高速射流的主体段存在自主摆动效应。近自由液面段易受自由液面波动的干扰,在自身偏摆和液面波动干扰的耦合下,主体段的动力学行为更加复杂,但波动影响将占主导作用;在非自由液面的工况下(加盖板),射流主体段的偏摆效应突显,A 喷嘴射流的平均偏摆频率 $\bar{f}_{A\_w} = 10.54$ Hz,B 喷嘴射流的平均偏摆频率 $\bar{f}_{B\_w} = 9.34$ Hz。基于偏摆的基本动力,偏摆效应的力学原因可能包括的因素有射流流速、流量和卷吸强度等。今后的研究,应该能够给出各物理因素之间耦合作用的理论模型。

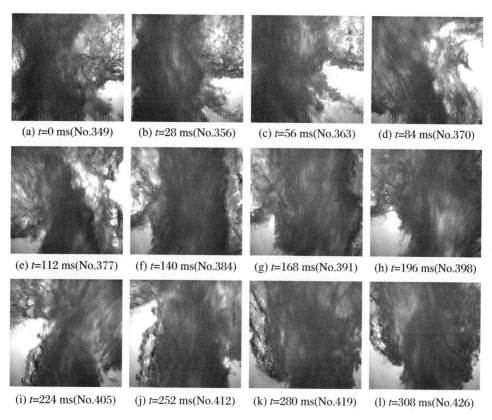

(a) t=0 ms(No.349)　　(b) t=28 ms(No.356)　　(c) t=56 ms(No.363)　　(d) t=84 ms(No.370)

(e) t=112 ms(No.377)　　(f) t=140 ms(No.384)　　(g) t=168 ms(No.391)　　(h) t=196 ms(No.398)

(i) t=224 ms(No.405)　　(j) t=252 ms(No.412)　　(k) t=280 ms(No.419)　　(l) t=308 ms(No.426)

图 2.44　A 喷嘴射流摆动形貌($P_{01} = 0.7$ MPa)

表 2.14　A 喷嘴射流主体段偏摆数据表

工况 \ 实验结果		$\bar{f}_1$(Hz)	$\bar{f}_2$(Hz)	$\bar{f}_3$(Hz)	平均频率 $\bar{f}$(Hz)
A 喷嘴	工况 1：$P_{01} = 0.7$ MPa	10.65	9.28	10.24	10.54
	工况 2：$P_{02} = 1.0$ MPa	11.09	10.46	10.82	
	工况 3：$P_{03} = 1.3$ MPa	10.40	10.69	10.99	
	工况 4：$P_{04} = 1.4$ MPa	10.38	10.73	10.77	
B 喷嘴	工况 1：$P_{01} = 0.9$ MPa	8.40	8.79	8.78	9.34
	工况 2：$P_{02} = 1.1$ MPa	9.12	9.68	9.35	
	工况 3：$P_{03} = 1.3$ MPa	9.19	9.06	9.93	
	工况 4：$P_{04} = 1.4$ MPa	10.10	9.15	10.49	

2.9 三维水下超声速气体射流喷射初期的流动特性

现今,水下气体射流的研究已包括了实验研究与数值模拟,而数值模拟的研究工作突出表现在模拟水下燃气泡的生长过程以及对初期气水流场的物理参数的分布计算,这其中主要成果由包括贺小艳等人[7],王诚等人[60],曹嘉怡等人[61]和魏海鹏等人[62]对水下气体射流初期情况的模拟结果。他们都在各自的研究中重点探讨了水下初期燃气泡的生长和演化过程,但是,能与数值模拟结果进行相互辅证的气体射流初期气泡生长的实验结果较少。本节将介绍使用图 2.11 所示的实验装置进行的三维水下气体射流的可视化工作,以及对气体射流初期气泡的运动演化过程的分析和气泡定量刻画,为数值模拟工作提供了参考[36,63]。

实验在室温室压、注水高度(自由液面到喷嘴中心的距离)$H = 21.5\ \text{cm}$ 下进行,采用图 2.13 给出的大小两个 Laval 喷嘴,其中大喷嘴的设计马赫数为 $Ma = 2.87$,小喷嘴的设计马赫数为 $Ma = 1.75$。从工况 1 到工况 6 的驻室压力 P_0 分别为 0.4 MPa、0.7 MPa、1.1 MPa、1.6 MPa、2.1 MPa 和 3.1 MPa。喷嘴出口的背压

$$P_b = P_a + \rho g H$$

$$= 1.01 \times 10^5 + 1\ 000 \times 9.8 \times 0.215\ (\text{Pa}) = 0.103\ (\text{MPa}) \qquad (2.7)$$

根据空气动力学[26,27],欠膨胀、适配和过膨胀工况的压比具有如下的不等式:

$$\left(\frac{P_b}{P_0}\right)_{\text{欠膨胀}} < \left(\frac{P_b}{P_0}\right)_{\text{适配}} < \left(\frac{P_b}{P_0}\right)_{\text{过膨胀}} \qquad (2.8)$$

即

$$\left(\frac{P_0}{P_b}\right)_{\text{欠膨胀}} > \left(\frac{P_0}{P_b}\right)_{\text{适配}} > \left(\frac{P_0}{P_b}\right)_{\text{过膨胀}} \qquad (2.9)$$

可以计算出,要在喷嘴出口达到适配工况(等熵流动),对于 $Ma = 1.75$ 的喷嘴,P_0 要达到 0.548 MPa;对于 $Ma = 2.87$ 的喷嘴,P_0 要达到 3.108 MPa。由此可知,对于大喷嘴,6 个工况都处于过膨胀,而小喷嘴可以实现从过膨胀到欠膨胀的转变。

2.9.1　气泡运动演化过程

图 2.45 示出了 $Ma = 2.87$ 的喷嘴在工况 3 下射流初期的演化过程,即从刚开始射流后气泡逐渐生长、继而长人的一个过程。

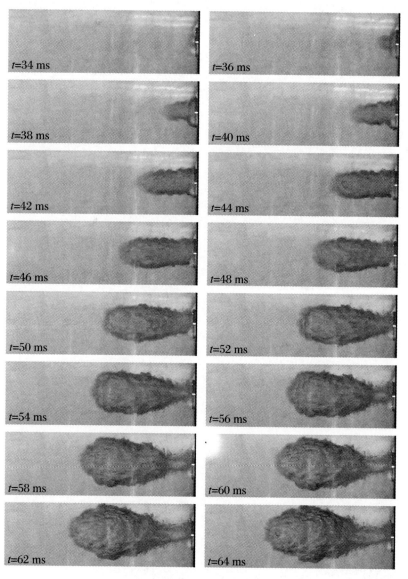

图 2.45　气泡生长过程演化

($Ma = 2.87$ 喷嘴,驻室压力 $P_0 = 1.1$ MPa)

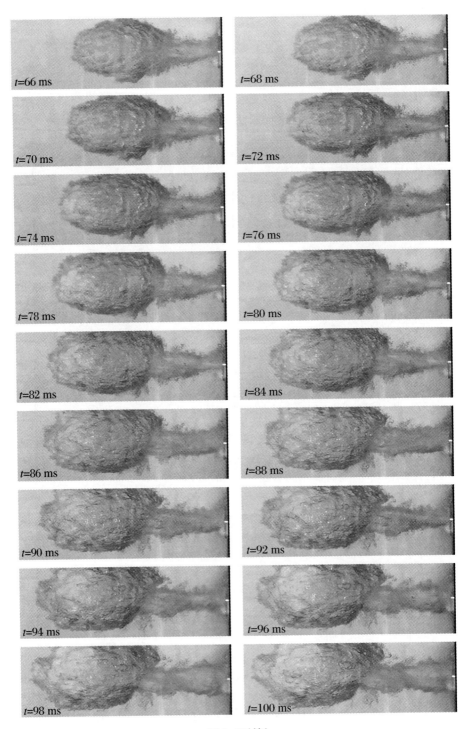

图 2.45(续)

这里简述气泡生成与生长的基本过程：当设定好驻室压力后，随着电磁阀的开启，驻室里的气体经过 Laval 喷嘴后以超声速入射，当超声速气体入射到水中后，会在水中慢慢形成一个由水包裹的气囊，称为"气泡"。随着连续不断喷射而出的气体，气泡在水中慢慢长大，并且其形状也随时间而变化；因为入射气体的初始动量都较大，使得气泡的生长沿着轴线方向拉伸为一个"椭球体"形状（$t = 34\sim52$ ms）。随后，因为液相环境的巨大惯性，使得气体在水的阻滞作用下开始向径向方向扩展（$t = 54\sim72$ ms），但同时因为有气体源源不断地输入射流，"椭球体"气体在不断膨胀，并促使"椭球体"同时向前流动，气体在轴向方向与径向方向同时拓展，气泡也就慢慢长大起来。这个过程就是气体射流初期气泡的形成过程，也称为射流初期发展阶段，随后，射流进入持续增长的过程。

图 2.46 是引自文献[61]的燃气射流初期数值模拟的结果，通过比对数值模拟结果与气泡生成实验可视化结果，可以看到实验气泡的生成与数值模拟气泡生成的过程基本一致。数值计算指出：喷射主要包含 3 个过程，即射流气泡拉伸向下游运动（图 2.46(a)），气泡径向扩张长大（图 2.46(b)），气泡轴向与径向的同时扩张长大（图 2.46(c)，(d)）。由此可知，从图 2.45 的实验结果中观察到的现象，可以被文献[61]的数值计算很好地解释。

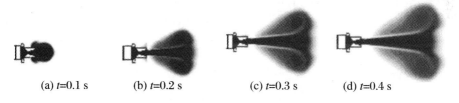

(a) t=0.1 s　　　(b) t=0.2 s　　　(c) t=0.3 s　　　(d) t=0.4 s

图 2.46　燃气射流初期数值模拟结果（射流自左向右）

2.9.2　气泡运动的定量刻画——参量定义

通过不同驻室压力下的气泡可视化结果，发现气泡初期生长拉伸长度的不同。这是因为初期生长的过程中是射流气体初始动量占主导，驻室压力的不同导致了初始射流量的不同，因此也使得气泡开始生长的拉伸向下游运动的不同。同时，气泡在水环境下会因剪切不稳定性、不断变化的气液边界影响下，气泡形态会随着时间的变化而不同。气泡形态的变化也正反映了超声速气体射流作为气液两相流流动,具有复杂湍流作用及边界运动,以及射流内部包含复杂波系结构发展的各种变化和趋势。下面介绍气泡运动过程中定量刻画的参量方法及相关含义。

根据图 2.47,定义参量非圆整度 ε:

$$\varepsilon = \frac{a/b}{x/d} \tag{2.10}$$

其中 ε 为非圆整度,a 为气泡轴向扩张尺寸,b 为气泡径向扩张尺寸,x 为气泡最前缘到喷嘴出口的距离,d 为喷嘴喉部截面直径。

关于非圆整度 ε 的含义作以下几点说明。第一,由以上可视化结果可知,气泡的形态是随着时间的推移而发生不断变化的。为消除时间参数,特别定义气泡前缘到喷嘴出口的距离为变量值 x,同时选取喷嘴喉部截面直径 d,经过 x/d 的转化处理后得到的结果将是不会有时间的显函数表达。第二,因为在最初的时间间隔上,气泡还未完全形成,为此,在定量刻画气泡形态的时候,选择气泡在向径向扩展之前(即气泡已经相对稳定)且即将向径向扩展的时刻作为开始点。第三,由可视化得到的图片,后续的气体是紧随着前面气泡的,因此气泡尾部的范围作如下处理:以上下边缘椭圆延伸的交点为虚拟尾部。第四,因为气体射流的不稳定性,气液掺混以及边界层的运动而导致气体向四周蔓延,有些气体在破碎后以小气泡的形式运动。第五,因为随着时间的推进,浮力的作用更加明显,气泡整体向上偏移,有的部分已经超出拍摄视野范围,于是对于上下边缘的界定也做相关处理。这里还分为两种情况:如果气泡还在扩展中,上边界在图片视野内,取上下边界的平均值;如果气泡还在扩展中而上边界已不在图片视野内,b 值就取为从平均下边界到射流中心线的距离。如果气泡的形态已经转变为羽流了,或者已经超出图片视野了,则不在测量范围内。有了以上的假设及近似处理,就可以对气泡形态的变化做相关测量。图 2.48 是实际测量中的情况。

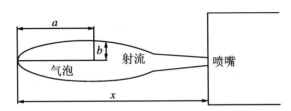

图 2.47 气泡参量非圆整度的定义

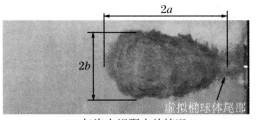

(a) 气泡在视野内的情况

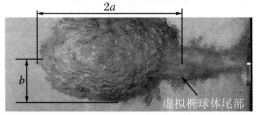

(b) 气泡上界不在视野内的情况

图 2.48　实际测量示意图

2.9.3　气泡运动的定量刻画——测量结果

按照前述的原则对图片进行测量,并将数据画在了图 2.49 和图 2.50 中。由两图可知,气泡椭圆度的原始数据呈现复杂的曲线变化,而且比较分散。为了方便,下面针对数据的一次线性拟合关系进行讨论(见文献[36,63])。

在图 2.49 和图 2.50 的 $a/b \sim x/d$ 关系的一次线性拟合曲线中,大多数工况的 $a/b \sim x/d$ 关系斜率都为负值。由斜率定义得到

$$k = \frac{a_2/b_2 - a_1/b_1}{x_2/d - x_1/d} \tag{2.11}$$

式中的 a,b,x,d 的定义见公式(2.10),下标 1 与 2 分别表示某时刻与下一个时刻。因为 $k<0$,于是 $\frac{a_2/b_2 - a_1/b_1}{x_2/d - x_1/d}<0$,而 $x_2>x_1$,所以得 $a_2/b_2 - a_1/b_1<0$,最后得到

$$a_2/b_2 < a_1/b_1 \tag{2.12}$$

因为随着时间的推移,气泡在轴向与径向都变大,即 $a_2>a_1$, $b_2>b_1$,但同时,如式(2.12)指出的那样,随着 b 的增加,a 没有相应地等量增加;换句话说,a 的变化趋势没有 b 的变化趋势快,这意味着气泡由"椭球体"慢慢向趋近于"球体"的方向发展。然而文献[62]指出,气水界面随着射流的发展继续沿纵

向和横向发展,更因为受燃气的冲击,其纵向推进速度要远大于横向推进速度。这个不一致是因为测量的 a 值选取标准不同造成的。文献[62]中的气泡指的是尚未完全发展为成形的气泡,甚至其气泡尾部还没有形成,只有气泡前缘,它的 a 值测量长度是气泡前缘到喷嘴出口的距离。本实验发现,因为气泡的虚拟尾部后面存在含高初始动量的射流[36,58],该段射流把气泡的虚拟尾部推向了下游,所以虚拟尾部不是位于喷嘴出口处。这样造成 a 的增加变化趋势没有 b 的增加变化趋势快,也契合了图 2.49、图 2.50 中各个工况下的趋势变化,即斜率都为负值。

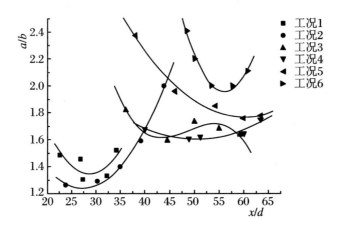

图 2.49　气泡椭圆度的测量($Ma = 2.87$ 喷嘴)

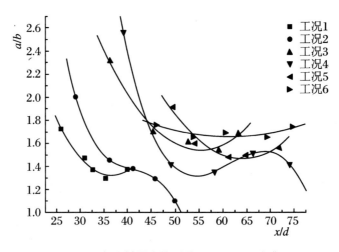

图 2.50　气泡椭圆度的测量($Ma = 1.75$ 喷嘴)

另外,比较图 2.49 中的工况 3、工况 5 和工况 6 可知,随着驻室压力增大,其斜率的绝对值是呈增大趋势的,因此说,气泡虚拟尾部后面的含高初始动量的射流段是随着驻室压力的变大而更加强烈与稳定;或者说,驻室压力的变大,能够得到更加稳定的动量射流。图 2.50 中的趋势也是如此。由于实验数据比较分散,很难比较从大喷嘴和小喷嘴产生的射流的差别。然而,图 2.49 和图 2.50 中所示数据的差距也不是很大,再根据实验得到的影像资料初步判断从这两个喷嘴产生的射流形态基本接近或相似。当然,有关射流马赫数以及喷嘴出口直径的影响,还有待进一步的分析和讨论。

2.9.4　射流膨胀反馈频率的测量

除了研究射流喷射初期的流动行为之外,我们还研究了当射流充分发展了之后出现的射流膨胀反馈的频率。图 2.51 给出了 $Ma = 2.87$ 和 $Ma = 1.75$ 两个喷嘴的膨胀反馈频率 f_w 随驻室压力 P_0 的变化关系。由图可知,用图 2.11 所示装置测量出来的频率大小及其变化趋势与用图 2.2 和图 2.6 所示装置测量的相一致。

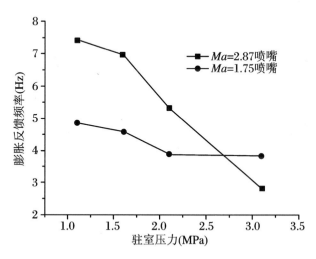

图 2.51　射流膨胀反馈频率的测量

2.10 垂直向下喷射的超声速气体射流

图 2.52 和图 2.53 示出了用于进行垂直向下喷射的水下超声速气体射流实验装置,它包括压缩空气供气系统、喷嘴系统和注水系统。喷嘴系统(图2.53)

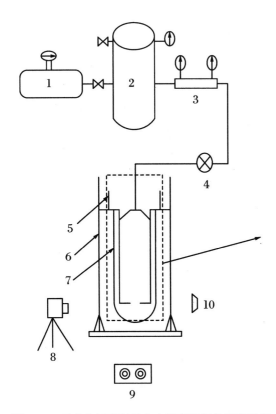

图 2.52 垂直向下喷射的水中超声速气体射流装置

1. 空气压缩机;2. 储气罐;3. 压力调节阀;4. 电磁

阀;5. 水箱;6. 支撑体;7. 实验段;8. CCD 摄像机;

9. 数据处理器;10. 光源

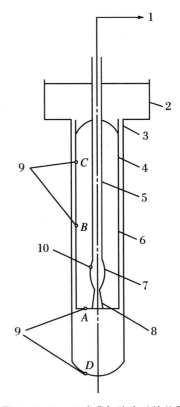

图 2.53 Laval 喷嘴与注水系统位置

1. 连接供气系统;2. 水箱;

3. 外管;4. 内管;5. 空气管;

6. 内壳;7. 气室;8. Laval 喷嘴;

9. 压电式压力传感器;

10. 电容式压力传感器

包括内壳、空气管、气室、Laval 喷嘴；注水系统包括外管、内管和水箱。喷嘴组件被内嵌在内管里面。该实验的主要目的是测量水中受限气体射流喷射时固壁上的压力[64,65]。

实验中使用了两个 Laval 喷嘴，它们的喉部直径 d^* 分别为 4.95 mm 和 7.07 mm，喷嘴设计马赫数均为 $Ma = 2.0$。外管直径 D_1 为 135 mm，内外管之间的间隙分别选为 15 mm 和 8 mm。注水高度 H 为 1.225 m，从喷嘴出口到注水空腔底部的距离 h 为 107 mm。喷嘴入口压比（P_0/P_a）为 8.76，这里 P_a 是大气压。

图 2.54 给出了当喷嘴喉部直径为 4.95 mm 和通道间隙为 15 mm 时，固壁上不同位置处的瞬态压力的变化，图中横轴是时间（s），纵轴是绝对压力（kPa）。在图 2.54(a) 中可以看出，超声速气体射流始于大约 1 s 的时刻，从那时起压力开始轻微脉动，然后脉动幅度突然增加。已观察到在整个喷射过程中，即从射流开始到出现稳定的射流，出现了两个明显的压力峰值。比较图 2.54(a)～(c) 可知，在 C 点的压力峰值最低。表 2.15 统计了 3 个位置处的最大瞬态压力，每个值都是多次重复实验结果的平均值，其中在 A 点的压力值最大，在 C 点的压力值最小。然而，在相同位置，使用大喷嘴（$d^* = 7.07$ mm）时的压力要大于使用小喷嘴（$d^* = 4.95$ mm）时的压力。图 2.55 的瞬态压力随时间变化的结果，证实了从表 2.15 得出的结论。

表 2.15　通道间隙为 15 mm 时不同位置处的最大瞬态压力（kPa）

传感器位置	A	B	C
$d^* = 4.95$ mm	168.92	155.42	138.05
$d^* = 7.07$ mm	207.99	196.48	161.82

图 2.56 给出了在 D 点测得的压力信号。开始时间点，即压力传感器对射流引起的压力变化有响应时刻，在图中用"开始"标记处。图 2.57 给出了流场可视化照片，CCD 摄像机的摄影速率为 100 fps，图中白色的是水体，黑色的是气体射流。可以清楚地看出，超声速气体射流迅速地从喷嘴喷射出来，并与周围的水强烈混合；当气体射流冲击到管底（水室腔体底部）之后，射流偏转并向上运动。在图 2.57(a) 中，射流还未喷出。从图 2.57(b)～(g)，是射流的起始过程，它对应着图 2.56 中压力曲线的具有小扰动的开始部分。在这个阶段，主要是射流与周围水相互掺混。从图 2.57(h)～(l)，是超声速气体射流的正常运

行过程,在这个阶段里,射流冲击底部表面,然后沿着底部表面偏转并向上运动。射流经过了开始阶段和正常运行阶段后,迅速衰减。在图 2.57(g)中,射流冲击到了管底;在图 2.57(l)中,射流在排空了注水腔体里的水分之后,已经反向沿着通道间隙向上运动。

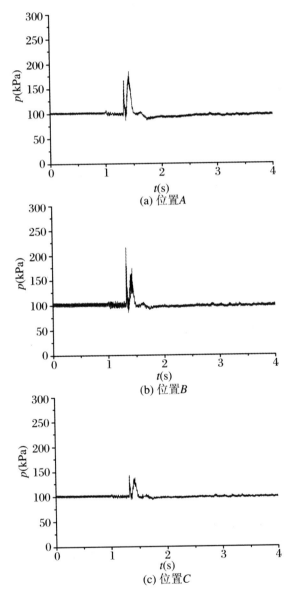

(a) 位置A

(b) 位置B

(c) 位置C

图 2.54　固体壁面上不同位置处的瞬态压力

(15 mm 间隙,$d^* = 4.95$ mm)

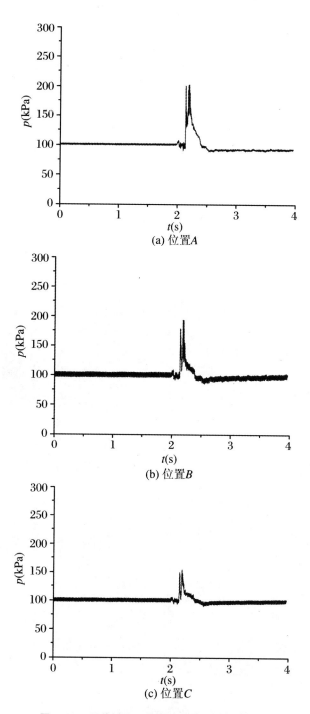

图 2.55　固体壁面上不同位置处的瞬态压力

（15 mm 间隙，$d^* = 7.07$ mm）

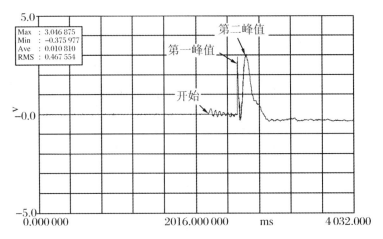

图 2.56 位置 D 处的压力信号（8 mm 通道间隙，$d^* = 4.95$ mm）

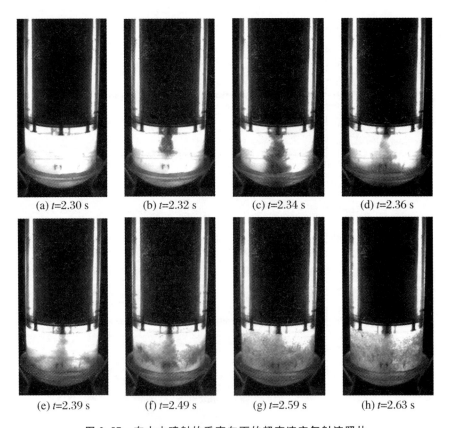

(a) $t=2.30$ s　　(b) $t=2.32$ s　　(c) $t=2.34$ s　　(d) $t=2.36$ s

(e) $t=2.39$ s　　(f) $t=2.49$ s　　(g) $t=2.59$ s　　(h) $t=2.63$ s

图 2.57 在水中喷射的垂直向下的超声速空气射流照片

（8 mm 通道间隙，$d^* = 4.95$ mm）

(i) t=2.64 s　　　(j) t=2.65 s　　　(k) t=2.75 s　　　(l) t=2.77 s

图 2.57(续)

相应地,表 2.16 和表 2.17 给出关键事件及其对应的时刻,包括绝对时间,以及参考测得的压力曲线和可视化照片中的同步时间,计算得到的相对时间。可以看出,第一个压力峰值出现的相对时间和射流冲击管底的相对时间几乎相等。进一步,第二个压力峰值出现的相对时间与气体射流沿着固壁偏转并充满管底空间的相对时间相同。射流冲击管底引起第一个压力峰值,这个事实容易理解。等射流排空了底部空间的水分开始向上偏转之后,由于上部水体的惯性作用,流动发生了梗阻,在这个时刻出现了第二个压力峰值。

表 2.16　压力信号中对应的时刻

No.	绝对时间(ms)	相对时间（ms）	事件
1	2 190	0	传感器开始对压力变化有响应
2	2 550	360	第一个压力峰值
3	2 660	470	第二个压力峰值

表 2.17　可视化照片中对应的时刻

No.	绝对时间(ms)	相对时间(ms)	事件
1	2 300	0	气体射流开始
2	2 650	350	冲击管底
3	2 760	470	气体沿着壁面偏转并充满管底

2.11　小　　结

通过本章的介绍,可以明白水下超声速气体射流既存在具有相似性的相对稳定的流动,又存在不稳定的振荡流,其中振荡流包括胀鼓和膨胀反馈。这些现象在水中喷射超声速高温蒸汽射流时也被观察到了[66,67]。在水中喷射高压气体,是一个能量耗散和压力寻求与周围环境平衡的过程。根据 Rayleigh-Plesset 方程(式(2.2)),只要射流压力足够高,在一定的条件下,亚声速气体射流也会发生间歇性的振荡流,表2.5的实验数据佐证了这一点。如果射流压力进一步降低,浮力和表面张力起主导作用时,射流直接转变为简单的气泡流。当然,即使同为振荡流,亚声速气体射流和超声速气体射流引起的胀鼓和膨胀反馈强度肯定是不同的,因而诱导的水中声场的特性也不会相同。要深入研究相关问题,本章的知识是不可或缺的。

气体通过 Laval 喷嘴进入水中,无论激波波系是在管内还是管外,流场都是不稳定的。最近,唐佳宁等人[68]通过计算 VOF 模式的纳维-斯托克斯方程,成功地模拟了水下超声速气体射流的胀鼓、颈缩和膨胀反馈,以及管内激波的间歇性移动对喷嘴推力的影响。这说明值得期待在水下超声速气体射流的研究中发挥数值计算的威力。作者的课题组使用 ANSYS 软件,也计算出了水下超声速气体射流的详细结构(特别是颈缩后发生膨胀反馈的瞬态过程)以及脉动压力,研究结果将在今后陆续发表。

参 考 文 献

[1] Chang I S,Judd S J. Air sparging of a submerged MBR for municipal wastewater treat-

ment[J]. Process Biochemistry,2002,37:915-920.

[2] Rensen J,Roig V. Experimental study of the unsteady structure of a confined bubble plume[J]. Int. J. Multiphase Folw,2001,27:1431-1449.

[3] Zhao K Y,Cheng W,Liao W L,et al. The void fraction distribution in two-dimensional gas-liquid two-phase flow using image process method[J]. J. Hydrodynamics Ser. B,2006,18(2):127-134.

[4] Matsumoto O,Sugihara M,Miya K. Underwater cutting of reactor core internals by CO laser using local-dry-zone creating nozzle[J]. J. Nuclear Sci. Tech. ,1992,29(11): 1074-1079.

[5] 宫健,何宝培. 气水两相流观察实验[C]//中国力学学会暨中国空气动力学会. 第六届全国实验流体力学学术会议论文集. 太原:中国力学学会,2004:118-122.

[6] Longuet-Higgins M S,Kerman B R,Lunde K. The release of air bubbles from an underwater nozzle[J]. J. Fluid Mech. ,1991,230:365-390.

[7] 贺小燕,马汉东,纪楚群. 水下气体射流初期数值研究[J]. 水动力学研究与进展(A 辑), 2004,19(2):207-212.

[8] 施红辉,王柏懿,戚隆溪,等. 水下超声速气体射流[C]//朱德祥,鲁传敬,周连第,等. 第七届全国水动力学学术会议暨第十九届全国水动力学研讨文集. 北京:海洋出版社, 2005:75-81.

[9] Hoefele E O,Brimacombe J K. Flow regime in submerged gas injection[J]. Metallurgical Trans. B,1979,10B:631-648.

[10] Mori K,Ozawa Y,Sano M. Characterization of gas jet behavior at a submerged orifice in liquid metal[J]. Trans. ISIJ,1982,22:377-384.

[11] Ozawa Y,Mori K. Characteristics of jetting observed in gas injection into liquid[J]. Trans. ISIJ,1983,23:764-768.

[12] Aoki T,Masuda S,Hatano A,et al. Characteristics of submerged gas jets and a new type bottom blowing tuyere[C]//Wraith A E. Injection Phenomena in Extraction and Refining. Newcastle,UK:University of Newcastle upon Tyne,1982:A1-36.

[13] Taylor I F,Wright J K,Philp D K. Transient pressure and vibration events resulting from high speed gas injection into liquid[J]. Canadian Metallurgical Quarterly,1988, 27(4):293-301.

[14] Yang Q X,Gustavsson H,Burström E. Erosion of refractory during gas injection – a cavitation based model[J]. Scadinavian J. Metallurgy,1990,19:127-136.

[15] Yang Q X,Gustavsson H. Effects of gas jet instability on refractory wear – a study by high-speed photography[J]. Scadinavian J. Metallurgy,1992,21:15-26.

[16] Wei J H,Ma J C,Fan Y Y,et al. Back-attack phenomena of gas jets with submerged horizontally blowing and effects on erosion and water of refractory[J]. ISIJ Int. , 1999,39(8):779-786.

[17] Dai Z Q,Wang B Y,Qi L X,et al. Experimental study on hydrodynamic behaviors of high-speed gas jets in still water[J]. Acta Mechanica Sinica,2006,22:443-448.

[18] 王柏懿,戴振卿,戚隆溪,等. 水下超音速气体射流回击现象的实验研究[J]. 力学学报, 2007,39(2):267-272.

[19] Kandula M. Shock-refracted acoustic wave model for screech amplitude in supersonic jets[J]. AIAA J. ,2008,46(3):682-689.

[20] Gutmark E,Schadow K C,Bicker C J. Near acoustic field and shock structure of rectangular supersonic jets[J]. AIAA J. ,1990,28(7):1163-1170.

[21] Chatterjee A,Vijayaraj S. Multiple sound generation in interaction of shock wave with strong vortex[J]. AIAA J. ,2008,46(10):2558-2567.

[22] Loth E,Faeth G M. Structure of underexpanded round air jets submerged in water [J]. Int. J. Multiphase Flow,1989,15(4):589-603.

[23] 戚隆溪,曹勇,王柏懿. 水下欠膨胀高速气体射流的实验研究[J]. 力学学报,2000,32 (6):667-675.

[24] Chen K,Richter H J. Instability analysis of the transition from bubbling to jetting in a gas injected into a liquid[J]. Int. J. Multiphase Flow,1997,23(4):699-712.

[25] Weiland C,Yagla J,Vlachos P. Submerged gas jet interface stability[C]//Denier J, Finn M,Mattner T. Proceedings of the XXII International Congress of Theoretical and Applied Mechanics,CD-ROM. Adelaide,Australia:IUTAM, 2008:11872.

[26] 童秉纲,孔祥言,邓国华. 气体动力学[M]. 北京:高等教育出版社,1990.

[27] 吴子牛,王兵,周睿,等. 空气动力学:上册[M]. 北京:清华大学出版社,2007.

[28] Shi H H,Guo Q,Wang C,et al. Oscillation flow induced by underwater supersonic gas jets[J]. Shock Waves,2010,20:347-352.

[29] 戴振卿. 水下超音速气体射流的实验研究[D]. 北京:中国科学院力学研究所,2006.

[30] 王晓刚. 二维水下超音速气体射流的动力学行为研究[D]. 杭州:浙江理工大学,2009.

[31] 王晓刚,王超,郭强,等. 二维水槽中高速气体射流的振荡流流型研究[J]. 浙江理工大学 学报,2009,26(4):613-618.

[32] 施红辉,王超,董若凌,等. 液体中浸没的二维超声速气体射流实验装置:中国, 200810162214.3[P],2010.

[33] 郭强. 水下超声速准二维垂直气体射流研究[D]. 杭州:浙江理工大学,2010.

[34] 郭强,施红辉,王超,等. 准二维水下超声速垂直过膨胀射流研究[J]. 实验流体力学,

2010,24(3):6-11,18.

[35] 施红辉,郭强,章利特,等.水下超声速气体射流实验水箱的紧固保护装置:中国,
200920124686.0[P],2010.

[36] 陈帅.三维水下超声速气体射流的实验研究[D].杭州:浙江理工大学,2012.

[37] 施红辉,陈帅,董若凌.用于水下气体射流以及超空泡研究的组合式设计水箱:中国,
201120391077.8[P],2012.

[38] 施红辉,郭强,王超,等.水下超音速气体射流胀鼓和回击的关联性研究[J].力学学报,
2010,42(6):1206-1210.

[39] Shi H H,Takayama K,Nagayasu N.The measurement of impact pressure and solid
surface response in liquid/solid impact up to hypersonic range[J].Wear,1995,187:
352-359.

[40] Patrick H V L.Small submerged supersonic gas jets:results of a series of exit-stability
and noise tests[R].China Lake Calif:Naval Ordnance Test Station,1966.

[41] Meidani A R N,Isac M,Richardson A,et al.Modelling shrouded supersonic jets in
metallurgical reactor vessels[J].ISIJ International,2004,44(10):1639-1645.

[42] Weiland C,Yagla J,Vlachos P.Experimental study of the stability of a high-speed gas
jet under the influence of liquid cross-flow[C]//Proceedings of ASME/JSME 5th
Joint Fluids Engineering Summer Meeting.San Diego:ASME,2007:599-610.

[43] Chen R H,Saadani S B,Chew L P.Effect of nozzle size on screech noise elimination
from swirling underexpanded jets[J].J.Sound and Vibration,2000,252(1):178-186.

[44] Linck M B,Gupta A K,Bourhis G,et al.Combuston characteristics of pressurized
swirling spray flame and unsteady two-phase exhaust jet[J].AIAA Paper,No.2006-
0377,2006.

[45] Arghode V K,Gupta A K,Yu K H.Effect of nozzle exit geometry on submerged jet
characteristics in underwater propulsion[C]//46th AIAA Aerospace Sciences Meet-
ing and Exhibit.Washington DC:AIAA Inc.,2008:2008-1158.

[46] Plesset M S,Prosperetti A.Bubble dynamics and cavitation[J].Ann.Rev.Fluid
Mech.,1977,9:145-185.

[47] Wang X L,Itoh M,Shi H H,et al.Experimental study of Rayleigh-Taylor instability
in a shock tube accompanying cavity formation[J].Jpn.J.Appl.Phys.,2001,40:6668-
6674.

[48] 施红辉,王柏懿,戴振卿.水下超声速气体射流的力学机制研究[J].中国科学:物理学
力学 天文学,2010,40(1):92-100.

[49] 郭强,王晓刚,施红辉,等.近二维水下高速气体射流的动态不稳定性的实验研究[C]//

朱德祥,鲁传敬,周连第,等.第九届全国水动力学学术会议暨第二十二届全国水动力学研讨文集.北京:海洋出版社,2009.372-381.

[50] 董志勇.射流力学[M].北京:科学出版社,2005.

[51] 赵承庆,姜毅.气体射流动力学[M].北京:北京理工大学出版社,1998.

[52] Aoki T. The mechanism of the back-attack phenomenon on a bottom blowing tuyere investigated in model experiments[J]. Tetsu-to-Hagane,1990,76(11):1996-2003.(in Japanese)

[53] 余常昭.环境流体力学导论[M].北京:清华大学出版社,1992.

[54] Weiland C J,Vlachos P P. Round gas jets submerged in water[J]. Int. J. Multiphase Flow,2013,48:46-57.

[55] Yagla J,Busic S,Koski B,et al. Launcher dynamics environment of a water piercing missile launcher[M]. National Defense Industrial Association. Proc.24th International Symposium on Ballistics. New Orleans:Academic Press,2008.1-19.

[56] Weiland C J,Vlachos P P,Yagla J J. Concept analysis and laboratory observations on a water piercing missile launcher[J]. Ocean Engineering,2010,37:959-965.

[57] 郭强,施红辉,王超,等.水下超声速气体射流气液两相复杂流动研究[J].工程热物理学报,2012,33(5):809-812.

[58] 施红辉,陈帅,董若凌,等.水下超声速气体向上喷射时的动量射流特性研究[J].浙江理工大学学报,2012,29(3):366-369.

[59] 施红辉,陈帅,郭强,等.自由界面对垂直向上喷射的水下超声速气体射流影响研究[C]//中国力学学会.中国力学大学暨钱学森诞辰100周年纪念大会论文集电子版.哈尔滨:哈尔滨工业大学,2011:S1114.

[60] 王诚,叶取源,何友声.导弹水下发射燃气泡计算.应用力学学报[J],1997,14(3):1-7.

[61] 曹嘉怡,鲁传敬,李杰,等.水下超声速燃气射流动力学特性研究[J].水动力学研究与进展,2009,24(5):575-582.

[62] 魏海鹏,郭凤美,权晓波.水下气体射流数值研究[J].导弹与航天运载技术,2009,300(2):37-39,47.

[63] 施红辉,陈帅,董若凌,等.水下超声速气体射流初期流场特性的实验研究[C]//中国力学学会激波与激波管专业委员会暨浙江理工大学机械与自动控制学院.第十五届全国激波与激波管学术会议论文集.杭州:浙江理工大学,2012:580-587.

[64] Jia H X,Shi H H,Wang B Y,et al. Downward injection and impact on solid wall of underwater supersonic gas jets[C]//Li J C,Fu S. New Trends in Fluid Mechanics Research,Proc.6th Int. Conf. on Fluid Mechanics. New York:American Institute of Physics,2011:155-158.

[65] 刘明,王柏懿,戚隆溪,等.充液腔体中气体射流冲击压力的实验测量[J].力学与实践,2007,29(4):29-32.

[66] 武心壮,邵树峰,严俊杰,等.超音速蒸汽浸没射流凝结换热的实验研究[J].工程热物理学报,2009,30(1):73-75.

[67] 武心壮,潘冬冬,严俊杰,等.过膨胀超音速蒸汽浸没射流凝结的实验研究[J].工程热物理学报,2009,30(12):2055-2058.

[68] Tang J N,Wang N F,Wei Shyy. Flow structure of gaseous jets injected into water for underwater propulsion[J]. Acta Mechanica Sinica,2011,27(4):461-472.

第 3 章　高速物体出入水及超空泡流动

3.1　引　　言

水中钝体超空泡现象的系统科学研究开始于第二次世界大战期间,主要应用对象是高速鱼雷和深水炸弹[1]。二战以后,随着航运事业以及电力工业、机械工业的恢复和迅速发展,解决螺旋桨叶片、水轮机叶片、水泵叶片的空蚀问题被提上日程。以美国加州理工学院为首的研究机构,建立了大型空蚀水洞设备,对空蚀的起因、防护以及超空泡状态下叶片的绕流问题等,进行了详细的研究,其研究成果被归纳在一本名为《Cavitation》的名著中[2]。在冷战期间,美国海军实验室继续了一些超空泡的研究[3],而苏联已经开始了真正地将超空泡理论应用于新型水下兵器设计的秘密研究[4]。这些事实,只是在 2000 年俄罗斯"库尔斯克号"战略潜艇因事故沉没后,才被媒体断断续续地披露出来。作者在 1990 年前后,曾经查阅到苏联的一些研究论文,但是当时没有想到,这些研究都是围绕着超空泡鱼雷而进行的(报道的速度可以达到 230 节,即约 120 m/s)。

衡量水中绕流物体上是否发生空蚀,一般用空蚀系数 σ 表示,σ 的定义为

$$\sigma = (p_0 - p_c)/(0.5\rho V_0^2) \tag{3.1}$$

这里 p_0 和 V_0 分别是外部压力和来流速度,p_c 是空泡内的压力,通常用水的饱和蒸汽压力 p_v 来替代。当 σ(或称空化系数)小于一定值时空化就发生。当绕流速度足够高时,那么流场中占主导地位的是由液相向气相的转变。当流体局部压力小于饱和压力时,相变开始发生。20 摄氏度时水的饱和压力大约是 20 mbar(1 bar = 10^5 Pa),所以当自由流线静压为 1 bar 时,发生空化所需的流

动速度是 10 m/s。在低流速情况下的相变,以低压区出现小气泡为特征。在较高的流速情况下,相变则表现为超空泡的出现,即物体的大部分面积已被气体环绕。在这种情况下,钝体的阻力大大降低,这就是超空泡鱼雷的原理。图 3.1 示出了超空泡的运行示意图,位于图中右侧的鱼雷(torpedo)被超空泡(supercavity)包围,图左下侧的义字是指鱼雷的制导线。

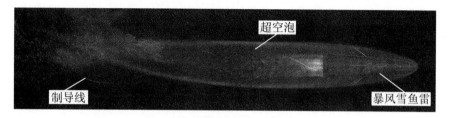

超空泡

制导线　　　　　　　　　　　　　　　　　　　　　　　暴风雪鱼雷

图 3.1　超空泡鱼雷运行示意图[5]

近来,西方先进国家又把超空泡减阻原理用于减少船舶运输阻力的设计中[6,7]。日本朝日新闻在 2009 年 12 月公布了三菱重工开发的、利用超空泡原理的新型船体减阻设计技术[8]。在已于 2010 年交付使用的 1.4 万吨级的货轮底部,用空压机以每分钟 120 m³ 的流量沿着船底部喷出几毫米直径的气泡,在船底形成一个空气薄层,能使船的阻力减少 10%(图 3.2)。

2001 年,美国海军实验室公布了超高速水下兵器(速度接近或超过水的声速 1 500 m/s)开发计划,并公布了用水下火炮装置(hudraulic gun)进行的实验结果[9],其中发现了超高速的空泡容易发生不稳定性从而可能影响钝体的轨迹。同年,美国海军水面战争中心(NUWC)的 Kirschner 发表了该中心开发跨声速水下超空泡兵器的计划,以及配套开发的实验装置和相关实验结果,其中包括用阴影照相法拍摄水中激波[10];NUWC 的 Kuklinski 等人[11]在拖曳水槽中对充气空泡进行了实验研究。伴随着对超空泡发射技术的研究,一些美国专利也相继出现[12]。同时,美国高等学校中也加强了相关专业学生在超空泡知识方面的教育,这一现象可以从麻省理工学院的学位论文[13]中反映出来,该学位论文引用了作者发表的论文。法国-德国联合研究所(ISL)的 Schaffar 和 Pfeifer[14]对水中速度为 3 000 m/s 物体绕流进行了数值计算,指出计算超空泡内的流场时,要使用气/液两相流模型。德国著名的马赫研究所,也在北大西洋公约组织(NATO)的框架内开展了水下超高速钝体的研究,他们的数值计算结果显示了水的可压缩性对超空泡的形状有很大的影响[15]。德国对超空泡的研究始于 20 世纪 70 年代,于 1988 年开始研究超空泡导弹,并很快证明了超空泡导弹具有稳定的流体弹道水下轨迹[16]。近年来德国又与美国宾夕法尼亚大学应用研究实验室(ARL)合作,将射弹实验数据与水洞实验数据比较,以期完全破解超空泡的流动机理[16]。2006 年,美国海军水面战争中心继续公布了对水下超高速物体的流场计算程序的开发[17]。2004 年,日本东北大学流体科学研究所发表了将超高速球体和细长体(速度为 1.5~2 km/s)水平地打入水中产生超空泡的实验结果[18];同年,日本 CRC 研究所发表了针对东北大学实验数据的数值计算结果[19]。另外,还有美国明尼苏达大学和密西根大学在超空泡弹体稳定性和边界层方面的最新研究结果,在这里就不归纳了。

图 3.2 日本三菱重工利用超空泡原理的新型造船技术[8]

我国在空蚀与超空泡方面的研究起步较晚。20 世纪 80 年代前后,大连理工大学(当时还是大连工学院)的倪汉根教授,针对水轮机叶片的空蚀机理进行了一些研究。从 2000 年发生的"库尔斯克号"潜艇事故中,国人才知道了还存在一种被称为高速超空泡鱼雷专门对付航空母舰的"杀手锏"兵器[20,21],在震撼之余(这是应该承认的事实),我国才开始了在这方面的实质的系统研究。例如,有上海交通大学船海建工学院进行的细长体空泡流的脉动流实验[22,23]和数值计算[24]，以及利用中国船舶科学研究中心的水洞进行的空化实验[25]；西北工业大学航海学院报道了在水洞中进行的超空泡实验[26]，研究了流速分别在 5 m/s、7 m/s 和 11 m/s 时超空泡对水中细长体（长径比为 5）的覆盖程度，试图用佛鲁德数 $Fr = V_\infty/(gD_n)^{1/2}$ 来描述重力对空泡轴对称性的影响[27,28]；哈尔滨工业大学航天学院报道了在封闭循环模式水洞中调查了空化数 σ、佛鲁德数 Fr 以及通气率 $\bar{Q} = Q/(V_\infty D_n^2)$ 对超空泡减阻特性影响实验结果[29]，并用 Fluent 商业软件对空化器进行了仿真模拟[30,31]。北京理工大学机械与车辆工程学院报道了在循环式空化水洞中，用 DPIV 粒子成像测速系统对绕过二维超空化水翼（Tulin 翼）的空化流场进行的测量（实验流速为 8～13 m/s），发现了邻近翼型尾部流场中会产生一对大小近似相等的正向涡和反向涡，空化区域内的非平衡态的气液混合物与涡带之间存在着对应关系[32,33]。位于无锡的七〇二研究所报道了超空泡航行体水下弹道的数值计算结果[34]，计算模型采用俄罗斯和乌克兰研究人员提出的公式，对长径比为 8.5～9.4、速度为 110 m/s 的水下钝体轨道的计算结果与在七〇二研究所完成的自由飞行水弹道实验结果相一致；文章还报道了对 800 m/s 超空泡航行体的水弹道计算结果，但没有实验数据佐证。七〇二研究所还进行了导弹出水的实验研究[35]，导弹长径比为 13.7，最大出水速度在 35 m/s 左右；观察到出水而接近自由面时，因为空化系数减少，弹体表面出现空化和空泡溃灭，从而加剧了弹体所受到的弹性振动载荷。

与国外尤其是与美国和俄罗斯在空化及超空泡方面的研究相比，我国的研究基础还比较薄弱，其中空化的研究结果还不是很多，超空泡的研究结果就更少，而对超高速空泡航行体流动特性和机理的研究基本上还是处在起步阶段。我国既缺乏美国的从 1940 年代到 1970 年代 40 年间对空化及气泡动力学持续研究的学术基础，也缺乏俄罗斯针对超空泡水下兵器从 1960 年代到 1980 年代所建立的实用的理论体系和完备的实验手段[35]。在理论上，我国学者还没有达到能够提出新的超空泡计算公式的程度；在实验上，我国也似乎还没发现有类似文献[9]和[35]中所介绍的美、俄的创新性实验手段。这种现状，是因为我国在这方面的基础研究薄弱的缘故。因此，开展水下高速钝体及超空泡运动规律的实验研究，有计划地获得不同速度范围内的水下运动物体的实验数据，不但是国防建设的迫切要求，而且在学术建设上也是必不可少的。最近，我国国防部发言人在接受《兵器知识》杂志社记者采访时指出，由于历史的原因，我国在国防兵器的各领域里，只有航天技术和导弹技术可以称为是世界领先的，而其他武器装备技术与世界先进水平相比有不少差距。在造船技术方面,我国在高科技船舶上与日本、韩国相比还有较大距离,对于如何将超空泡技术用在减阻上还是空白。

现在已知道的苏联在超空泡方面的研究文献很多,但归纳起来发现,有3篇文献反映出了奠定其超空泡兵器的流体力学知识的框架,即从理论的提出到实验验证的过程。

第一篇是超空泡理论的奠基人 Logvinovich 发表的专著[36],基于相似理论,他提出了描述空泡中段直径 D_c 和 L_c 的半经验公式:

$$D_c = D_n \sqrt{\frac{c_x}{\kappa \sigma}}, \quad L_c = D_n \frac{A \sqrt{c_x}}{\sigma} \tag{3.2}$$

这里 D_n 和 c_x 分别是空化器直径和阻力系数,κ 和 A 分别是经验常数。σ 是公式(3.1)定义的空化数。然后,根据他提出的超空泡独立膨胀原理,空泡形状由下式描述:

$$\frac{D}{D_c} = \sqrt{1 - \left(1 - \frac{D_1^2}{D_c^2}\right)\left(1 - \frac{2x}{L_c}\right)^2} \tag{3.3}$$

这里 D 为坐标 x 处的空泡直径,$D_1 = 1.93 D_n$。

第二篇是 Savchenko 的文章[37],文章综述了从苏联时代以来,在乌克兰科学院流体力学研究所进行的超空泡的研究工作。特别重要的是,他介绍了在相似理论的指导下,相应系列实验设备的设计建设,以及如何从实验结果反过来验证了理论。Savchenko 还修正了 Logvinovich 提出的半经验公式(3.2)。

第三篇是 Vlasenko 的关于超空泡实验研究的文章[38],文章披露了实现速度范围在 50~1 300 m/s 的超空泡的 3 套实验设备的一些技术细节。Vlasenko 的工作在中国很受推崇,这篇论文几乎被每位国内的研究者引用。

尽管我国在超空泡方面的研究与国外有较大差距,但近年我国的研究显现出了蓬勃发展的势头。上海交通大学的鲁传敬教授是我国较早开展超空泡研究的先驱之一,他的课题组发表的关于充气空泡航行体分析的论文[39],经常被其他研究者引用。最近,他们的研究已深入到超空泡湍流模型的数值模拟[40]。航天科技集团三院三部的罗金玲和毛鸿羽[41]研究了导弹出水过程中肩空泡溃灭问题,指出:"潜射导弹头型的设计准则是空中最佳,水中可行。由于出水问题的非定场非线性,给数值仿真带来很大困难。"罗金玲和何海波[42]还研究了潜射导弹的空化对导弹附加质量的影响。北京宇航系统工程研究所的研究人员[43]，在计算潜射导弹的空化流时，考虑了非凝结性气体含量的影响；他们还分别与上海交通大学的鲁传敬教授及七○二研究所合作，分析了出水超空泡溃灭压力分布[44]，在水洞中对大攻角轴对称航行体的超空泡进行了实验观察和压力分布测量[45]。哈尔滨工程大学的研究人员，基于 Logvinovich 的空泡截面独立扩张原理，计算了考虑细长体尾部与超空泡壁面沾湿受力情况下的水中弹道[46]。南京理工大学的王昌明教授是我国研究水下突击步枪的专家，他的研究覆盖了水下枪弹的减速特性测量[47]，水中枪膛出口冲击波威力的评估[48]以及带超空泡飞行的弹道特性分析[49]。南京理工大学的易文俊副教授，用 FLU-ENT 商业软件和乌克兰的 SCAV 软件计算了水下高速炮弹的超空泡流场[50,51]。哈尔滨工业大学的研究人员[52]在《力学进展》杂志上发表了关于超空泡的综述性论文，采用一级轻气炮将 70 m/s 速度的抛射体打入水中、产生超空泡[53]，最近报道了用二级轻气炮将速度为 400 m/s 左右的抛射体入水实验；他们还在水洞中对充气空泡进行了实验[54]。七○二研究所也开展了速度为 200～300 m/s 的射弹的水中超空泡形态及水动力学研究[55]。综上所述，虽然我国发表的关于超空泡机理研究的论文数量不少，但达到国际先进水平的还不多，而我国在超空泡兵器设计上还未形成自己独特的设计理论，正如南京理工大学王昌明教授指出的："水下武器的开发及研究目前在我国还是一个较新的课题，设备、实验条件的不足严重限制了我国水中兵器的开发。"[47]罗金玲和毛鸿羽[41]所指出的："就目前来讲，国内研究导弹出水过程的力学问题尚未形成成熟的理论，其难度主要表现在问题本身的非定常非线性……"

对超空泡现象的研究还远非完善。文献[46,56]的数值计算证实，物体尾部与空泡壁面的碰撞将使得弹道轨迹发生变化；文献[53]指出，碰撞点处产生新的空泡，增加了物体的阻力。到目前为止，这个碰撞力大小的定量结果还没有，其计算公式还有待探求。Savchenko[57]提出了空泡壁面对物体冲刷的垂直和水平方向的受力计算公式：

$$F_{sy} = \rho \pi R_s^2 V \left[V_1 \frac{\bar{h}(2+\bar{h})}{(1+\bar{h})^2} + V_2 \frac{2\bar{h}}{1+\bar{h}} \right] \tag{3.4}$$

$$F_{sx} = \frac{\rho V^2}{2} S_w C_f(Re) \tag{3.5}$$

式(3.4)中 h 表示浸没深度，式(3.5)表示黏性拖曳力。可以看出，这里的冲刷力来源于伯努利定律，即与 ρV^2 成正比，而没有考虑液固接触时的、数量级更大的"水锤压力"$P = \rho CV$，这里 C 为水的声速[44]。

在力学上，超空泡问题是一个非线性、非定常、带流体介质间断面（自由面）的复杂流动问题。对这一类问题的研究，在理论上要用复杂的数学构筑问题的框架和处理边界条件，在数值计算上要用先进的算法进行高精度计算，在实验上要用实验流体力学的方法对流场进行精细测量，因为只有这样，实验结果才能为理论研究及数值计算提供依据和参考。Logvinovich 的相似理论和空泡截面独立扩张原理已被许多科技人员全盘接受，然而，作者认为：Logvinovich 理论本身还是有发展空间的，它只是一个近似理论。所谓的空泡截面独立扩张，是指像在理想流体中那样，气泡膨胀不受黏性影响，因此各截面的圆柱形气泡扩张不相互影响。大量的研究已表明，流体黏性对气泡的膨胀与收缩有着显著影响，文献[58]是这些研究结果中的一例。现在我们分析一下 Vlasenko[38] 的工作。他用了3套实验装置：① 用燃气发动机推动速度为 80～120 m/s 的物体沿中心导索在水槽中运动；② 用蒸汽弹射器氢氧爆轰产生的约 1 000 大气压的压力产生速度为 400～1 300 m/s 的超空泡；③ 用蒸汽弹射器将速度为 90 m/s 的抛射体垂直向下入水。在后两个实验中，都明显出现了爆轰非凝结性气体进入超空泡，这原来是不希望出现的。第一个实验是最巧妙和最成功的实验，然而，因为他用的流体介质是温度可高达 300 ℃ 的过热水，其中产生空化的微小气体核活跃，空化就容易发生。此时的空化数 σ 已经不是常温水中的 σ。大量的研究已表明，流体温度对气泡的膨胀与收缩有着显著影响，文献[59]是这些研究结果中的一例。这些物理本质的差别，若用相似理论来表示，只能反映在公式(3.2)中的经验常数 κ 和 A 中，这显然是将问题简单化了。由此我们可以再次印证苏联在冷战时期的兵器设计思想：抓住主干，忽略细节，多快好省。德国和美国的超空泡兵器设计就没有采用 Logvinovich 的理论。在数值计算上，如果仅仅依赖 AUTODYN 或 FLUENT 商用软件，即使算出了空泡形状，但仍得不到对物理本质的理解。认识到了这一点，就不难理解我们为什么要深入研究超空泡问题了。

3.2　超空泡问题的研究范围

综上所述,超空泡研究的历史较长、内容广泛,而每个研究者的切入点也不尽相同。图 3.3 示出了研究超空泡问题大致要涉及的各方面[60]。这其中的每个问题都有相当的深度和广度,例如自由面对超空泡的影响,就是一个涉及面很广的基本问题。图 3.2 所示的就是典型事例之一,即超空泡船体在洋面(自由面)上运动,考虑超空泡与自由面的相互作用是不可避免的。与钝体入水相比,细长体入水时超空泡与自由面的相互作用有所不同[61,62]。对于出水时超空泡的行动,王一伟等[63,64]、权晓波等[44]进行了数值计算和深入分析。作者对这个问题的实验研究,也给出了新的结果[65,66]。关于在浅水区发射超空炮弹是一项新的战术应用,是必须考虑自由面作用的,MIT 的科学家们已开展了这方面的实验[67]。本章将只讨论自然空化超空泡及相关现象,而不涉及充气超空泡[68,69],而且主要介绍作者从事过的实验研究结果。

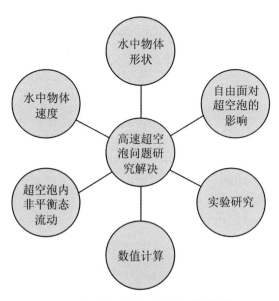

图 3.3　解决超空泡问题的大致覆盖范围

3.3　实验装置与方法

3.3.1　高速钝体入水实验装置

这一节将分别介绍用动量交换法产生高速入水钝体和用小孔径步枪发射高速入水弹丸的实验装置以及相关测量系统。这两套实验装置是作者分别在英国剑桥大学卡文迪许实验室[70,71]和日本名古屋工业大学[72,73]开发的。

图 3.4 和图 3.5 分别示出了用动量交换法产生高速入水钝体的方法和观察钝体入水初期的高速摄影系统[70,71]。

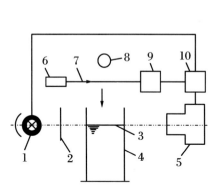

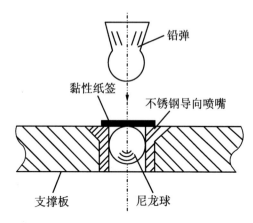

图 3.4　高速钝体入水实验系统

1. 闪光灯;2. 光扩散器;3. 水面;4. 透明
水箱;5. Imacon 高速摄影机;6. 灯泡;
7. 光束;8. 冲击抛射体;9. 光电转换器;
10. 延时装置

图 3.5　用动量交换法加速入水钝体

如图 3.5 所示,用黏性纸签将尼龙球或尼龙圆柱悬吊在一个不锈钢导向喷嘴中,来自气枪的铅弹垂直向下冲击尼龙球。如图 3.4 所示,被加速的尼龙球 8(直径为 5.5 mm)向下运动进入水箱 4;当尼龙球经过光束 7 时,光电转换器 9 和延时装置 10 保证了闪光灯 1、入水过程与 Imacon 高速摄影机 5 之间的同时性。水箱 4 由透明有机玻璃板制成,水箱内部尺寸为 140 cm 宽、115 mm 高,水在光轴方向上的厚度为 25 mm,这样的设计使得可以观察到入水时水中的激波。将图 3.5 中的尼龙球换成直径为 5.5 mm、长度为 6 mm 的尼龙圆柱体,就可实现圆柱体的入水。使用蒸馏水作为水介质。为了消除因水的表面张力在自由面上形成的弯月面,先往水箱中加入水使水位达到一定高度,然后再用医用注射器向水箱中慢慢加水,直到水位达到所需的高度。用这个办法,可得到非常平的自由面,它在 Imacon 高速摄影机的屏幕上是一条线。2011 年,中国科学院力学研究所黄晨光课题组报道了用动量交换法产生水平入水物体的实验[74]。

　　用动量交换法产生的入水抛射体的速度偏低,不利于研究水中弹道的穿透力和超空泡的发展。于是,设计了用小孔径步枪直接将每秒数百米速度的子弹打入水中的实验装置,如图 3.6 左图所示。一把德国 Anschutz 小孔径步枪被垂直地安装在一实验台面上,水箱位于台面的下方,步枪发射的子弹穿过台面上的圆孔进入下方的水箱。水箱尺寸为 60 cm × 60 cm × 80 cm,由 5 mm 厚不锈钢板制成,水箱两侧开有透明窗口,用于光学测量。为了防止腔口气流干扰水面,在步枪出口设置了消音器,其结构如图 3.7 所示。图 3.6 右图是对应左图实验装置的照片。

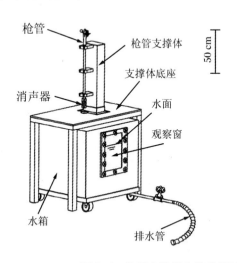

图 3.6　使用小孔径步枪的高速钝体入水实验装置

　　发射的子弹头部材料为铅,密度为 11.4 g/cm³,直径为 5.7 mm,长度为 12.3 mm(圆柱部分长度为 7.0 mm),质量为 2.67 g。使用了两种火药推进的子弹,其中"pistol match"子弹的出口速度约为 342 m/s,另一种"special match"的

出口速度约为 352 m/s。图 3.8 给出了子弹头部的照片,其头部轮廓型线为

$$z = 0.010r^6 + 0.010r^4 + 0.14r^2 \quad (0 \leqslant z \leqslant 5.2) \tag{3.6}$$

这里 $z(\text{mm})$ 是中心轴线, $r(\text{mm})$ 是半径[72,75]。

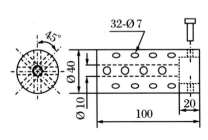

图 3.7 消音器结构

图 3.8 子弹照片

为了保证子弹(抛射体)速度测量的准确度,使用了激光测度方法(图 3.9 (a))和导线切割方法(图 3.9(b)),即当子弹通过两束一定间距的激光时,或切断两根一定间距的细铜线时,示波器记录下时间间隔,从而可以计算出子弹速度。将激光束向下移动,穿过水箱的透明玻璃窗,就可以测量水中弹头的速度。

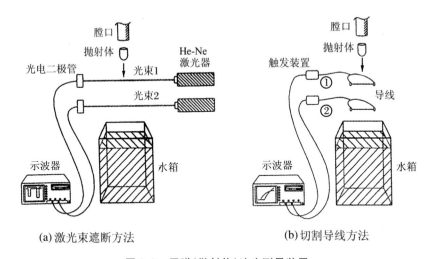

(a)激光束遮断方法　　　　　　　　　(b)切割导线方法

图 3.9 子弹(抛射体)速度测量装置

图 3.10 和图 3.11 分别给出了用于流场可视化的单张照片拍摄系统和高速摄影系统[75,76]。在进行单张照片拍照时,调整延时时间,可以得到不同时刻入水的场景,再与高速摄影拍摄照片进行对比,就可以较完整地研究流场。高速摄影机为日本 Nac 公司 Memrecam/ci-4 型高速磁带摄影机,它可以分别在 500 fps,1 000 fps 和 2 000 fps 摄影速率下运行。当子弹撞断位于水面上方的一

根细碳棒时,摄影机被触发,其记录的图像信号被送到一台个人电脑进行图像处理。图3.9~3.11所示的实验技术和方法,在研究液体射流和抛射体运动时也有应用(见1.3节)。

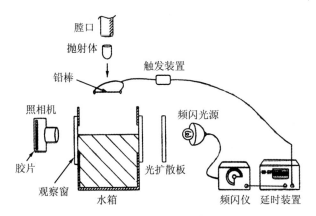

图 3.10 在暗室中用照相机记录钝体入水过程

(通常使用敏感度 400 的胶片)

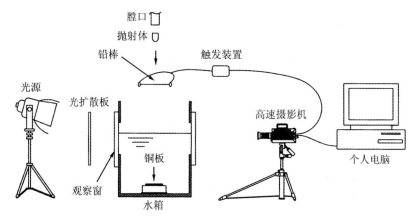

图 3.11 拍摄钝体入水的高速摄影系统

图3.12给出了测量入水时水声的实验系统[76-78]。用一根特制的支撑杆将压力传感器浸没在水中,并可以在径向和垂直方向上移动;传感器还可以旋转。如图3.12(b)所示,传感器所处的位置,离开冲击中心的径向距离为 R,离开水面的深度为 H。调整传感器自身的轴线对准冲击点,使得其倾斜角为 θ。图3.13给出了使用过的两种压力传感器照片,其中图3.13(a)是瑞士 Kistler6265A 型压力传感器,图3.13(b)是德国 Mueller100-100-1 型 PVDF(polyvinylidenefluoride)针形水听器(hydrophone)。该水听器的感应元件直径、测量范围、上升时间和敏感度分别为 0.5 mm、− 10～200 MPa、50 ns 和 3.35 pC/MPa。它具有如下优点:① 因为探头直径只有 1.5 mm,所以可以进行点对点测量;② 因为上升时间很短,所以可以精确记录水中激波;③ 它不像 Kistler 传感器那样需要电荷放大器。在图 3.12(a)中,在水面上一定距离处的一束激光,是为了确定入水的起始时间,既然子弹速度和距离是已知的。

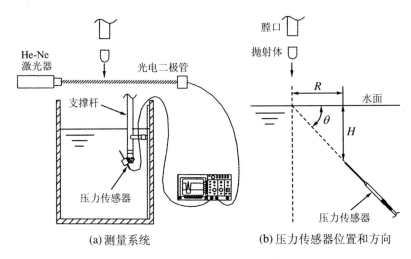

(a)测量系统 (b)压力传感器位置和方向

图 3.12 入水时水声测量系统

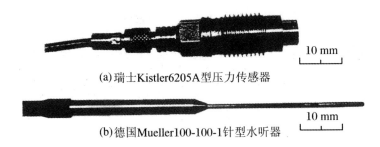

(a)瑞士Kistler6205A型压力传感器

(b)德国Mueller100-100-1针型水听器

图 3.13 用于测量水声的压力传感器(水听器)照片

3.3.2 物体出入水实验装置

图 3.14 示出了在浙江理工大学研制的、为研究物体出水现象的实验设备及可视化系统图[79,80]。实验设备包括实验用水箱 2 及支撑架 12。水箱材质为 5 mm 厚的不锈钢板,尺寸为 60 cm×60 cm×100 cm,四面均开有相同大小的观

察窗 4,材质为 5 mm 厚的有机玻璃板,尺寸为 80 cm×30 cm。在水箱顶部盖板中央,安装有一捕获从水中射出弹体的装置 3,此装置类似法兰,一端封闭,一端开口,空腔内填装黏土,弹体从水中射出打入其中,从而减弱弹体速度,便于回收。水箱下端的球阀 5,连接水箱底部与外界,既可为弹体入射口,又可用作水箱的排水口。支撑架的材质为 Q235 方形钢。整个支架的尺寸为 84 cm×84 cm×150 cm(不含脚轮)。由于之后的实验还需要进一步采用轻气炮作为弹体发射装置,所以支撑架下方要留下足够大的空间。

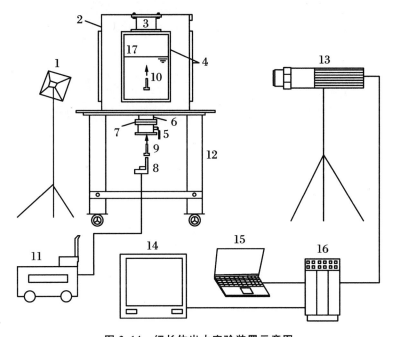

图 3.14　细长体出水实验装置示意图

1. 光源;2. 水箱;3. 捕获装置;4. 观察窗;5. 球阀;6. 箱底法兰;7. 锡箔纸;
8. 射钉枪;9. 刚出枪的钢钉;10. 射入水中的钢钉;11. 空气压缩机;12. 支撑架;
13. 高速摄影仪;14. 监视器;15. 电脑;16. 控制器;17. 水面

发射装置采用美特 T50SA 型号射钉枪 8(使用气压 0.5～0.8 MPa),弹体采用长 48 mm 的射钉枪专用钢钉 9 和 10,并由额定排出压力(表压)为 0.8 MPa 的直联便携式空气压缩机 11 为射钉枪提供动力。射钉的照片和几何尺寸分别如图 3.15 和图 3.16 所示,射钉具有 84° 的顶角。除此之外还有拍摄系统:日本 Photron 公司生产的 FASTCAM-super 10KC 高速摄影仪和美国 Cooke 公司生产的 Cookepco.1200 s 高速摄影仪,由摄像头 13、控制器 16 和监视器 14 等三大组件组成,同时配备的还有摄影灯 1 和一台电脑 15 用于数据收集和存储。实验开始前,水箱中的水面为静止,并处于常温常压状态。为了确保曝光的进光量从而获得清晰的拍摄效果,实验中在水箱观察窗适宜的位置上贴有均光纸以使得背景光均匀地照射在需观察的对象上。如果将射钉枪移至水箱上方,向水箱自上而下地发射射钉,就可进行细长体的入水实验[61,62,66]。

图 3.15　细长体照片

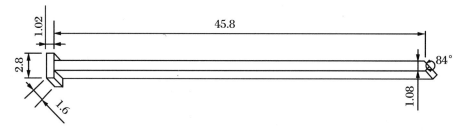

图 3.16　细长体几何尺寸

图 3.17 给出了模拟水下航行体出水的实验装置,航行体用轻气炮驱动[81,82]。水箱系统 1、2、3、4、5、6、8、16 与图 3.14 中介绍的相同。高速摄影系统为 18、19、20,使用的高速摄影仪是由日本 Keyence 公司生产制造的 VW-6000/5000 型动态分析三维显微系统。轻气炮系统包括 9、10、11、12、13、14、15、17;高压气体(例如氮气)从高压气瓶 17 经过阀门 14 向储气缸 12 供气,压力表 15 监视气缸的压力,当气缸压力达到设定值时,关闭阀门 14,开启电磁阀 10,高压气体将航行体模型 9 沿着发射管 11 加速,飞出管外后自下而上地打入水箱,形成水中超空泡航行体。整个轻气炮悬挂固定在发射台架 13 上。

图 3.18 给出了几种航行体实验模型的照片,表 3.1 给出了它们的几何参数和质量。

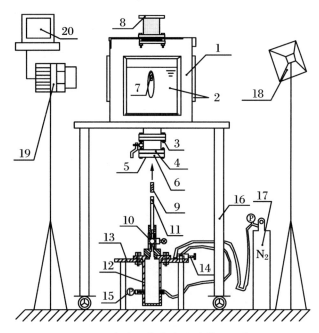

图 3.17　高速钝体出水实验装置示意图

1. 水箱;2. 观察窗;3. 法兰;4. 球阀;5. 隔膜;6. 法兰板;7. 水中航行体;

8. 捕获器;9. 刚出膛的抛射体;10. 电磁阀;11. 发射管;12. 储气缸;13. 发射架台;

14. 气体控制阀门;15. 压力表;16. 水箱支撑架;17. 高压气瓶;18. 照明灯;

19. 高速摄影仪;20. 工控计算机

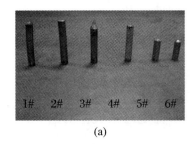

(a)

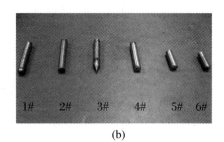

(b)

图 3.18　几种主要的实验模型(5005 铝镁合金)照片

表 3.1　航行体实验模型几何参数与质量

编号	头型	长度 L(mm)	直径 d(mm)	长径比	质量($\times 10^{-3}$ kg)	密度(kg/m³)
1	圆头	36	6	6	2.41	2.68×10^3
2	平头	36	6	6	2.56	2.68×10^3
3	45°尖角	36	6	6	2.35	2.68×10^3

编号	头型	长度 L(mm)	直径 d(mm)	长径比	质量($\times 10^{-3}$ kg)	密度(kg/m³)
4	平头	24	6	4	1.62	2.68×10^3
5	平头	18	6	3	1.21	2.68×10^3
6	圆头	18	6	3	1.13	2.68×10^3

3.3.3　水平超空泡实验装置

图 3.19 示出了水平超空泡发射装置及实验系统[83,84]。装置以及所采用的实验系统主要包括发射系统、观察系统、高速摄影系统 3 个部分。发射系统主要包括细长体 5、发射管 6、小车 7、管阀连接器 8、电磁阀 9、缸阀连接器 10、高压气缸 11、小车轨道 12、小车支撑架 13、高压气瓶 14 等,其中发射管、管阀连接器、电磁阀、缸阀连接器、高压气缸以及高压气瓶依次连接,细长体在实验前安装在发射管内,连接好的发射组件固定在小车上,小车安放在支撑架的轨道上,可以来回移动。发射管管长 1.6 m,其出口浸没在水中。高压气缸为内径

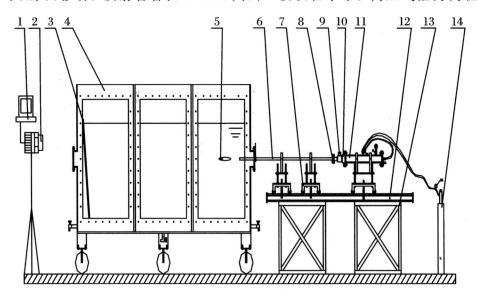

图 3.19　水平超空泡实验装置示意图

1. 工控计算机;2. 高速摄影仪;3. 橡胶挡板;4. 观测水箱;5. 细长体;6. 发射管;

7. 小车;8. 管阀连接器;9. 电磁阀;10. 缸阀连接器;11. 高压气缸;12. 小车轨道;

13. 小车支撑架;14. 高压气瓶

60 mm、壁厚 10 mm、长为 0.6 m 的圆柱体。观测系统主要包括观测水箱 4,其材质为 10 mm 厚的不锈钢板,其尺寸为 3 m×1 m×1.5 m,水箱的前后两侧分别开有大小为 0.8 m×1.1 m 的 6 个观察窗,观察窗上覆盖有机玻璃,便于拍摄(图 3.11)。高速摄影系统包括工控计算机 1 和高速摄影仪 2,高速摄影仪与工控计算机相连,其摄像头正对水箱观测窗口。此外,水箱的前后还配备有照明灯,增加光的强度,以便达到好的拍摄效果。

实验程序为:调节小车的高度至适当位置,安装好实验设备,调节高速摄影仪的观测位置到发射管的中心位置,调好焦距,打开管阀连接器,将细长体安放入发射管,连接好法兰,用锡纸和胶布将发射管出口端密封,移动小车,将发射管推入观测水箱内,打开气瓶的压力阀,往高压气缸内注气到所需压力,关闭压力阀,打开电磁阀,实验细长体在高压气体的驱动下,在发射管中加速。管内空气在细长体的压缩下先喷入水中,随后细长体穿过先导气体射入水中,同时打开高速摄影仪记录细长体水平射弹的过程,实验完毕,拉出发射管。

需要说明的是,在实验的过程中,通过减压器来调节高压气缸的驻室压力 P_0,进而获得细长体不同的出膛速度。实验所用的细长体采用铝镁合金,头型选取 3 种,分别为平头、圆头和 90° 锥角尖头,实验模型的直径分别为 6 mm 和 12 mm,模型长度根据需要自由选择。通过降低水箱的水位,可以研究自由面与水平超空泡相互作用的过程。

3.3.4　高速拖曳水槽实验装置

从帕森斯(Charles Parsons)在 1895 年制造了世界上第一个水洞来研究空化问题[85]开始,至今,世界各地已经建有很多现代化的水洞[86]。尽管如此,为了更加深入地研究空化现象,需要开发更新的实验方法和实验装置。

拖曳水槽是一种用来研究船舶以及其他水下交通工具水动力特性的非常有用的实验装置。传统拖曳水槽的缺点是拖曳速度较小,只有几米每秒[87,88]。因此,传统的拖曳水槽不适合空化现象的研究,尤其是自然空化现象。我们的目的就是寻找一种增加拖曳速度的方法,并使其能用于空化流实验。如果这个目的达到了,许多在水洞中非常困难或者无法进行的空化实验,将能够在拖曳水槽中进行。

图 3.20 示出了浙江理工大学研制的二维高速拖曳水槽实验装置的正视

图[89,90]。水箱 2 内部尺寸为 1.14 m×1 m×50 mm,置于由 4 根竖立钢柱 7 所组成框架的下底板 9 上,水箱上部由上盖板 1 盖住。上盖板和下底板上分别装有固定角钢 8 用来固定水箱。4 根立柱 7 下端由三脚架 14 固定,下面连接脚轮 11;水箱 2 上下分别装有法兰孔 6 作为进水口与出水口,出水口的开关由球阀 13 控制,水箱的正前方壁面上开有一个 1.14 m×390 mm 的有机玻璃窗 3,用来观察流动现象。流动现象的观察通过一个高速摄影仪系统 4 和 5 来完成。每个实验工况下,根据情况采用 2 到 4 个功率为 1 300 W 的摄影灯作为光源。

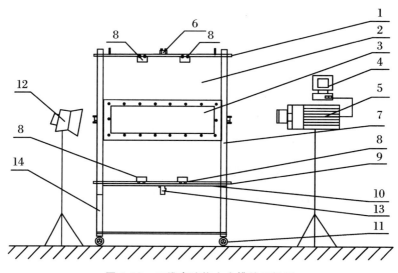

图 3.20　二维高速拖曳水槽的正视图

1. 上盖板;2. 水箱;3. 有机玻璃视窗板;4. 工控计算机;5. 高速摄影仪;

6. 法兰孔;7. 钢柱;8. 固定角钢;9. 下底板;10. 固定架包边;11. 脚轮;

12. 照明灯;13. 球阀;14. 三脚架

　　整个拖曳装置的动力系统设置在水槽的背面(图 3.21)。两根弹簧拉动装有 4 个轮子的小车沿着槽道两侧的导向槽运动。小车携带浸没在水中的实验模型在槽道(图 3.22)中运动。每个弹簧的张力为 120 kg。实验之前,槽道用胶带封住。

　　图 3.22 为小车的布置图。小车 6 安装有 4 个滚珠轴承 7 作为轮子。滚珠轴承在导向槽 3 和防护板 5 间运动。实验模型 1 通过一个连接棒 2 固定在小车面板 6 上。表 3.2 为各种钢制实验模型的几何尺寸。每个模型的尾部通过螺丝结构与连接棒固定。

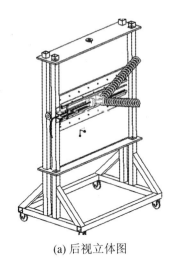
(a) 后视立体图

(b) 实物照片

图 3.21　高速拖曳水槽后视立体图和照片

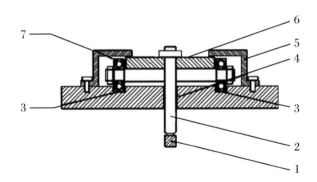

图 3.22　小车剖面图

1. 实验模型；2. 连接棒；3. 导向槽；4. 运动槽道；

5. 防护板；6. 小车面板；7. 滚珠轴承

表 3.2　实验模型的几何尺寸

截面形状 头部形状	10 mm 长度矩形	10 mm 直径圆形
平头		

续表

截面形状 头部形状	10 mm 长度矩形	10 mm 直径圆形
90°尖角	10 / 10 / 40 / 90°	10 / 90° / 40
60°尖角	10 / 10 / 40 / 60°	10 / 60° / 40
圆头	10 / 10 / 40 / R5	10 / R5 / 40

3.4 高速钝体入水初期的瞬态流动

高速物体进入水面的现象,除了在 3.1 节中提到的反潜火箭和深水炸弹的发射之外,还可见于在洋面上回收航天器以及水面上高速船体的滑行。为了确保物体的安全和强度,必须了解固/液冲击时的流体力学。该问题的研究始于20 世纪初,Korobkin 和 Pukhnachov[91] 和 Howison 等人[92]综述了以往在该专题上的工作。Bivin 等人[4]用高速摄影观察了物体入水后的运动位置,他们发现当物体完全浸没入水中之后,入水后期伴随着一个完整的空洞。Moghisi 和Squire[93]测量冲击力的实验实际没能给出固体球的穿透深度。Kubenko 和Gavrilenko[94]提出了计算有限质量钝体入水时减速的理论模型,但是他们只考虑了钝体连续压缩液体而没有考虑激波脱体。

当一个平头的固体进入水面时,气垫效果在初始阶段起到重要的作用,特别对于压力分布。自从 Verhagen[95] 提出关于这个问题的一个理论模型之后，其他研究者也进行了数值计算和冲击压力测量[96-98]，但是确切的入水过程及空化还是未知的。下面将给出作者进行的高速抛射体入水初期时的高速摄影结果。

　　图 3.23 给出了 95 m/s 尼龙球入水时的高速摄影照片。侧向射流出现在图 3.23(1) 中，从图 3.23(1) 到图 3.23(2)，射流速度达到了 570 m/s。射流刚生成后，它沿着自由面水平运动，后来它变成了向上运动的、包围着尼龙球的水花。高速侧向射流的形成，说明了在固体的冲击下液体的可压缩性流动特性，Korobkin[99] 在理论上已证明了这一点。

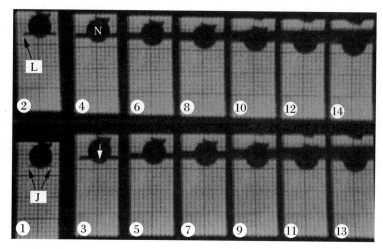

图 3.23　5.5 mm 直径尼龙球冲击水面时的高速摄影照片

(冲击速度 = 95 m/s；N，尼龙球；L，水面；J，侧向射流，速度为 570 m/s。相邻

两幅照片之间的时间间隔 = 2 μs，交叉线的一格 = 1 mm)

　　图 3.24 和图 3.25 分别给出了不同冲击速度 V_0 下尼龙球入水的 Imacon 高速扫描摄影照片(streak photography)。尼龙球、水花、水中激波的位移-时间关系，在图 3.26 和图 3.27 中给出，高速扫描摄影的优势之一是能够精确地知道入水时刻(点)。当 $V_0 = 95$ m/s 时，测得球体在接触水面之后的穿透速度(penetration velocity)为 85 m/s，此时在照片上还看不出水中激波；当 $V_0 = 150$ m/s 时，测得的穿透速度为 130 m/s，此时已可以看到水中激波。从图 3.24 和图 3.26 可知，尼龙球入水后生成的水花的速度，达到了约 110 m/s 且在 35 μs 时间段里基本恒定。测得的水中激波速度约为 1 538 m/s(图 3.25 和图 3.27)。

　　一般认为，由于高速物体具有高惯性动量，入水后物体速度不会有多少改变。然而，液体的可压缩性流动、水花和水中激波的生成，吸收了部分固体的动量,所以物体在入水后速度会有所减少,例如像图 3.24 和图 3.25 的实验给出的入水前后约 10% 的速度下降。当然,根据固体的密度和硬度,速度减少的百分比会有所不同。

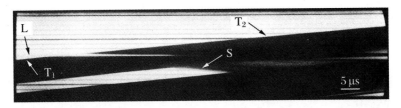

图 3.24　95 m/s 尼龙球(5.5 mm 直径)入水时的 Imacon 高速扫描摄影照片
(入水后球的穿透速度为 85 m/s。T_1,入水前尼龙球的轨迹;T_2,入水后尼龙球的轨迹;L,水面;S,水花。垂直方向上的一格 = 1 mm)

图 3.25　150 m/s 尼龙球(5.5 mm 直径)入水时的 Imacon 高速扫描摄影照片
(入水后球的穿透速度为 130 m/s。T_1,入水前尼龙球的轨迹;T_2,入水后尼龙球的轨迹;L,水面;C,水中激波。垂直方向上的一格 = 1 mm)

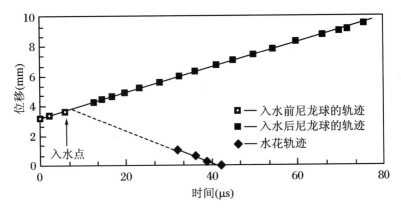

图 3.26　从图 3.24 测得的尼龙球和水花的位移线
(箭头示出了入水点,它可以从扫描摄影照片上辨别出;水花速度约为 110 m/s,注意它基本恒定)

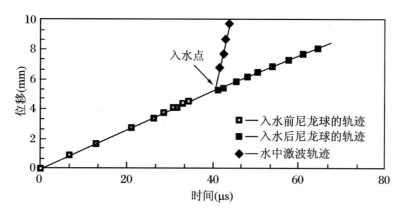

图 3.27 从图 3.25 测得的尼龙球和水中激波的位移线

（激波速度约为 1 538 m/s）

图 3.28 给出了 95 m/s 尼龙圆柱入水的高速摄影照片。在这个情况下，在冲击圆柱底部表面和水面之间的空气被捕获了（air entrapment），也就是出现了气垫效应（air cushioning）。气泡出现在图 3.28(4)中，又在图 3.28(4)中消失。气泡被压缩的持续时间超过了 15 μs。这是与球体入水过程的显著差异之一，那里没有出现空气捕获现象（图 3.23）。有理由认为，具有平面底部形状的冲击物体更容易捕获自由面附近的空气。空气捕获的过程可分析如下：首先，当物体快速趋近自由面时，空气来不及从侧向逃逸而被压缩。然后，自由面受压缩空气的作用向下弯曲变形。圆柱底部边缘穿入液体，圆柱底部表面和下方的弯曲自由面封闭空气，液体高速运动和水中激波进一步压缩被捕获的空气，造成气泡空化崩溃[70]。

在本节的小结里，我们知道了当一个高速物体冲击水面时，液体的可压缩性将引起高速侧向射流（side jetting）。在第 6 章里，我们还将深入讨论高速液/固冲击时的可压缩性流动。在冲击物体底面和水面之间的空气捕获，取决于物体底部的几何形状。对于 95 m/s 的尼龙圆柱，被捕获气泡的崩溃时间约为 15 μs。如果进一步增加冲击速度，会捕获到更多的空气，但也会产生更强的水中激波；空气量和激波强度这两个因素相互竞争，确定了气泡崩溃的时间。

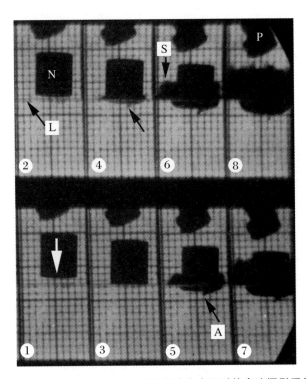

图 3.28   5.5 mm 直径尼龙圆柱体冲击水面时的高速摄影照片

（入水速度 = 95 m/s。N,尼龙圆柱;P,铅弹;S,水花;A,被捕获的空气,
它出现在第 4 张照片中;L,水面。气泡在第 8 张照片中消失。相邻两
幅照片之间的时间间隔 = 5 μs,交叉线的一格 = 1 mm）

3.5   高速钝体入水后诱导的超空泡流动

物体入水问题是一个经典的流体力学问题。以往的研究主要集中在刻画
不同入水阶段的 3 个专题上。

第一个专题是在入水初始阶段固体上的冲击压力。气垫效应和液体的可
压缩性流动是影响冲击压力的关键因素。相关文献已在 3.4 节中作了介绍,还
可见 Lin 和 Shieh[100] 和 Korobkin[101] 的工作。第二个专题是当物体入水一定
距离之后,在物体后面形成的超空泡的流体动力学。阻力系数、量纲关系、空泡

形状等特性是需要确定的。这方面已经有了一些结果，例如，May[1]、Glasheen
和 MacMahon[102]、Lee 等人[103]以及作者的工作[75,76]。第三个专题是当物体一
深入水中时的轨迹。在这个入水阶段，已发生空泡的深度闭合(deep closure 或
deep seal)，闭合引起的射流沿着物体的穿透方向运动。当射流追上并冲击物
体的后部时，有可能造成物体轨迹的偏转[2,38,104]。另一方面，绕物体的三维空
化及混沌湍流也可能引起水中物体的轨迹偏转[105-106]。

3.5.1　水中弹道特性

May[1]提供了入水速度在 9.75～27.52 m/s 范围内的水花、空泡的表面闭
合(surface seal)以及射流形成的照片，这些现象是研究入水问题时需要关注的
重点。空泡表面闭合发生的时间取决于入水速度，当入水速度足够高，表面闭
合会推迟发生，即当物体进入水中足够深时才发生。在图 3.29(a)中，子弹处
于就要冲击水面的时刻。在图 3.29(b)中，子弹刚刚入水，侧向射流沿着自由
面生成；然后，侧向射流向上运动，形成了如图 3.29(c)所示的水花。随着子弹
深入水中，水面上水花向上运动的速度有所放慢(见图 3.29(d)～(f))。图
3.29(g) 和 3.29(h)是将相机移近水箱时拍摄的近场照片，此时子弹已离开水

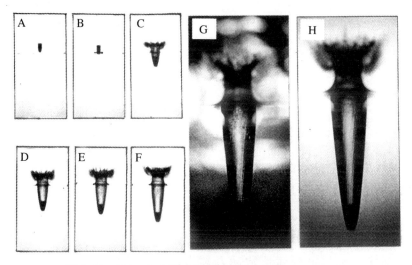

图 3.29　352 m/s 子弹在不同穿透阶段的瞬态入水照片

((a)～(f)为同一尺度；(g)和(h)是近距离照片，可以看出空泡壁面上的空化迹线，空化迹线有
可能是由在负压空泡中凝结出来的水珠组成的。使用 NP-1A 型氙气闪光灯，180 ns 曝光时间)

面约 60 mm。在空泡的壁面上出现了螺旋状的空化迹线。

　　图 3.30(a)和 3.30(b)是用激光测量水中子弹速度的两个例子。要注意子弹在接触水面瞬间产生水中激波,激波速度大大超过子弹速度,子弹是跟在激波后面进入水中的。当激波经过激光束时,造成光电压下降(图 3.30 中的触发点 A 和 B)。不过,由于激波的厚度很薄,在它通过激光束后,光电压完全恢复。当水中子弹经过激光束时,光束被完全遮断,光电压一降到底。在图 3.30 中触发点 C 和 D 位于下降电压的中部。根据测得的 A、B、C、D 之间的时间间隔,可得激波速度分别为 1 500 m/s 和 1 515 m/s,而水中子弹的速度分别为 256 m/s 和 290 m/s。由此可知入水时固/液冲击产生的激波传播速度接近水的声速 1 500 m/s,换言之,水中传播的激波可被认为是声波。

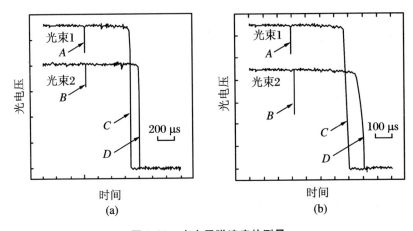

图 3.30　水中子弹速度的测量

(A 和 B 是水中激波的触发点,C 和 D 是水中子弹的触发点)

(a) 测得的水中激波和子弹的速度分别为 1 500 m/s 和 256 m/s;

(b) 测得的水中激波和子弹的速度分别为 1 515 m/s 和 290 m/s

　　将测得的数据画入速度-水深图里,得到水中子弹速度和水深的关系式,如图 3.31 所示。实验数据的拟合关系式为

$$V_p = 352\exp(-1.20z_p)\quad(m/s) \tag{3.7}$$

这里 z_p 是以 mm 为单位的水深。可见在入水后子弹明显在减速。3.4 节已指出,入水初期的水的可压缩性流动及冲击高压会使物体的速度下降 10% ～ 15%。然而,对于 2.67 g 质量、352 m/s 速度的铅弹而言,入水初期的高压对子弹速度的减少不会起太大的作用,而水中阻力起着主要作用。考虑式(3.2)的定义,阻力系数为[107]

$$c_x = c_{x0}(1 + \sigma) \tag{3.8}$$

这里 c_{x0} 是无空化时的阻力系数，σ 是空化数，它的定义已在式(3.1)中给出。

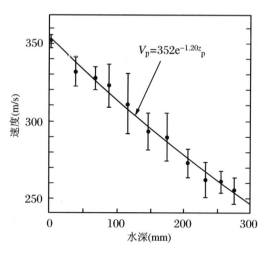

图 3.31　水中子弹速度与水深的关系

为了检查水中子弹的轨迹，将一张 0.5 mm 厚的铜板用作证示板，铺在黏土盒上并浸没在水中。图 3.32(b)是在 510 mm 水深处，10 发子弹落在铜板上的痕迹照片；照片中心是当水箱里没水时子弹打出的洞孔。图 3.32(a)给出了

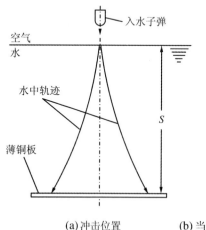

(a)冲击位置

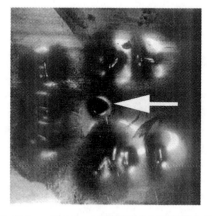

(b)当 S=510 mm 时 0.5 mm 厚的铜板上子弹撞击痕迹

图 3.32　发现水中子弹轨迹实验的说明

((b)中白色箭头示出了(a)所示的中心轴位置)

示意图，S 代表水深。铜板证示板实验表明，10 发子弹射入水中后，都偏离了中心线。将从不同水深下证示板得到的结果画在图 3.33 中，可知在水深 $S =$

200～300 mm 处,子弹开始发生偏转。在 1948 年 Gilbarg 和 Anderson[108]也拍摄到了 6.35 mm 直径、10.67 m/s 速度的钢球,以及 6.35 mm 直径、15.24 m/s 速度的镁铝合金圆柱在入水后的轨迹偏离。

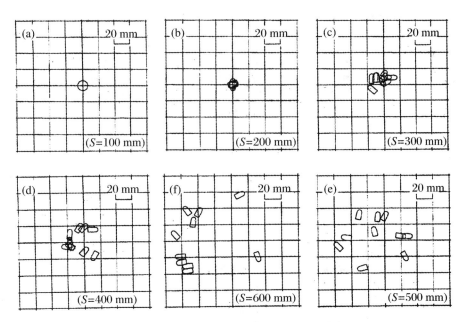

图 3.33　在不同水深处的子弹冲击位置分布

(各图来自重描受冲击的 0.5 mm 厚铜板上的痕迹。每张图的中心对应图 3.31(a)所示的中心轴,在那里子弹在水箱里没水时穿透铜板)

下面我们计算空泡发生深度闭合的位置[106]。取入水点为坐标原点,水平轴为 r,垂直向下方向为 z 轴。入水前物体的速度为 V_0。物体在水中的运动方程可写为

$$m \frac{\mathrm{d}V_\mathrm{p}}{\mathrm{d}t} = mg - \frac{1}{2}\rho_\mathrm{w}A_0 C_\mathrm{d} V_\mathrm{p}^2 \tag{3.9}$$

这里 t、g、ρ_w、A_0、m、V_p 和 C_d 分别是时间、重力加速度、水的密度、物体投影面积、物体质量、物体速度和阻力系数。如果忽略重力影响,水被认为是不可压缩的,C_d 为常数,式(3.9)可被求解为

$$\left.\begin{aligned} V_\mathrm{p} &= V_0 \exp(-\beta z_\mathrm{b}) \\ z_\mathrm{b} &= \frac{1}{\beta}\ln(\beta V_0 t + 1) \\ \beta &= \frac{\rho_\mathrm{w} A_0 C_\mathrm{d}}{2m} \end{aligned}\right\} \tag{3.10}$$

　　根据能量方程,考虑物体的动能,由于空泡膨胀储存在流体中的能量和势能,在任意深度 z 处的空泡半径能被表达为

$$
\left.
\begin{aligned}
a(z) &= \sqrt{A(z)^2 - [A(z) - B(z)(t - t_b)]^2} \\[2mm]
A(z) &= \sqrt{\frac{m\beta V_p^2}{\pi p_0}}, \quad B(z) = \sqrt{\frac{p_0}{\rho_w N}}
\end{aligned}
\right\}
\tag{3.11}
$$

这里 p_0 是水深 z 处的静压,N 是一个常数,它与流体中能量积分的上限有关。具体可见 Lee 等人[103]的研究,他们指出式(3.11)可用于任何形状的物体。比较式(3.7)和式(3.10),发现 β 等于 1.20 m^{-1},N 值取为 3。图 3.34 是从式(3.11)计算出的直径为 5.7 mm、速度为 352 m/s 的球体产生的超空泡的发展过程。由图可知,空泡发生深度闭合的水深在 650 mm。

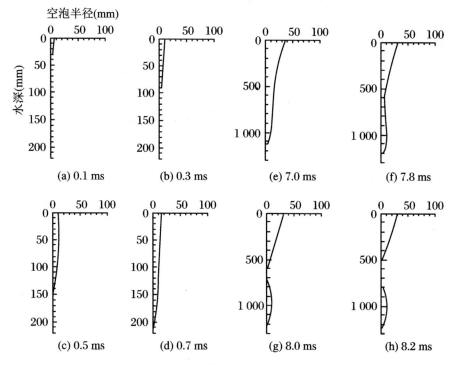

图 3.34　理论模型预测的空泡的演化

(深度闭合发生在水面下 650 mm。球体数据:$D = 5.7$ mm, $V_0 = 352$ m/s, $C_d = 0.251$, $m = 2.67$ g)

　　根据水中子弹轨迹实验和空泡深度闭合的计算,知道在深度闭合发生之前,子弹就已经偏转了,因此再进入射流(re-entrant jet)不是使子弹偏转的原因。在 3.5.2.2 小节中将会知道,在水深 $S = 200 \sim 300$ mm 处,子弹因为与空

泡壁面发生碰撞而出现了轨迹偏离中心线。当然,涉及水中物体运动的稳定性,要考虑 Young 和 Holl[109]发现的尾迹区的卡门涡街与空化的相互影响,以及 Watanabe 等人[110]指出的尾迹区的不稳定漩涡的作用。

3.5.2　超空泡流场的可视化

3.5.2.1　轴对称超空泡

图 3.35 示出了用图 3.10 所示的频闪光系统拍摄到的从子弹刚进入水面到子弹后面的空泡的形成,以及最后空泡崩溃变成气泡的整个过程。第一个重要的现象是,子弹冲击水面后的短时间里(图 3.35(b)),向上运动的射流和侧向扩展的水花在水面上形成,而且子弹突然被水花包围。第二个重要的现象是,当子弹穿入水中,一个超空泡在水面下生成(图 3.35(c)～(g))。在这段时间里,空气连续从大气进入空泡中。开始,空气的卷入是由于高速物体诱导的气流;随后,空气被空泡的负压吸入空泡[3]。负压产生的原因是,空泡体积迅速增加,空泡不可能再维持热力学平衡状态[2]。再后面,水花运动使得水面闭合,进入空泡的空气流就终止了(图 3.35(g)),并且封闭的空泡被向下运动的子弹拉离水面。

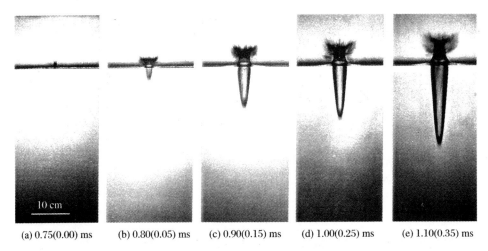

(a) 0.75(0.00) ms　　(b) 0.80(0.05) ms　　(c) 0.90(0.15) ms　　(d) 1.00(0.25) ms　　(e) 1.10(0.35) ms

图 3.35　伴随入水现象的时间历史

(照片表明水花、空泡、表面闭合的出现,以及空泡的消失;342 m/s 入水速度)

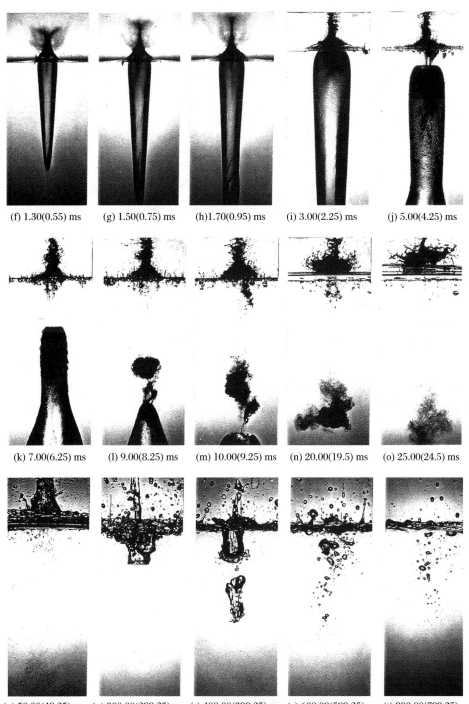

(f) 1.30(0.55) ms　　(g) 1.50(0.75) ms　　(h)1.70(0.95) ms　　(i) 3.00(2.25) ms　　(j) 5.00(4.25) ms

(k) 7.00(6.25) ms　　(l) 9.00(8.25) ms　　(m) 10.00(9.25) ms　　(n) 20.00(19.5) ms　　(o) 25.00(24.5) ms

(p) 50.00(49.25) ms　(q) 300.00(299.25) ms　(r) 400.00(399.25) ms　(s) 600.00(599.25) ms　(t) 800.00(799.25) ms

图 3.35(续)

在空泡壁面上的螺旋空化迹线(图 3.35(e)~(h)),说明子弹在入水后绕自身轴自转,然而这个自转不会对入水过程造成显著影响[106]。在这组实验里,没有发现空泡的深度闭合,因为闭合点位于观察窗口的下方。通过增加水箱的水深,就可以观察到深度闭合(见 3.5.2.3 小节)。在图 3.35(j)~(l)中,空泡的下部出现突然膨胀;在 3.5.2.2 小节中将会知道,这是因为子弹与空泡壁面发生了碰撞。当空泡从视窗消失时,水面上的水花在重力作用下开始下落(图 3.35(p))。下落的水花形成了由空气和水组成的再进入射流(见图 3.35(p)~(q)),空气又被再进入射流带入水中。当射流破裂后形成小气泡(见图 3.35(r)~(t)),气泡在浮力作用下升回水面,而有些气泡因尺寸太小就直接溶解在水中了。从图 3.35(p)~(t)可知,降落水花的再进入流动,是一个相当复杂的气-液两相流。

现在我们讨论用高速摄影拍到的轴对称超空泡[111],如图 3.36 所示。在图 3.36(1)中,子弹已进入水中,并已诱导了一个超空泡;在图 3.36(2)中,向上运动的水花形成了,根据图 3.35 可知,这个过程实际上是由空泡的表面闭合造成的。同时,一个较细的向下的射流(down jet)在空泡内形成。当空泡被拉离水面之后(图 3.36(7)~(11)),向下的射流变得粗起来。在图 3.36(14)~(16)中,空泡开始破裂并崩溃。崩溃的空泡具有螺旋形状,并且将反弹和再次崩溃(图 3.36(17)~(20))。

在图 3.36(2)中,水花高度几乎等于水面下向下的射流长度。从图 3.36(1)到图 3.36(2),测得水花速度为 $U_s \approx 84.21$ m/s,这个值与施红辉和 Kume[76] 给出的结果相一致。在这个时刻,向下的射流速度 U_j 应该接近 U_s。由高速摄影照片可知,超空泡一旦形成,其直径逐渐扩展并在图 3.36(7)中达到最大值,然后空泡被拉离水面。从图 3.36(5)到图 3.36(10),测得空泡的平均拖曳速度为 $U_p \approx 19.31$ m/s。从图 3.36(14)到图 3.36(16),超空泡的顶端发生破裂并形成离散的气泡。然而,随后在图 3.36(17)中,气泡与螺旋状的长尾迹又合并了。

为了更好地与理论模型或半经验公式进行比较,图 3.37 给出了增加了水深之后拍摄的轴对称超空泡的单次闪光照片(single-shot photographs)。比较图 3.36 和图 3.37,可以得到空泡的最大直径和总长度分别为 $D_c = 54.15$ mm 和 $L_c = 430.77$ mm。通过匹配图 3.37 中的空泡形状和图 3.36 中水深 70 mm 处的空泡形状,得到空泡的整个型线。

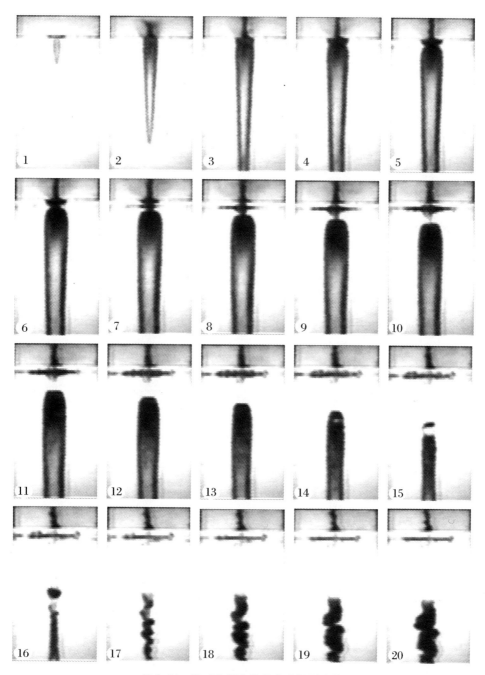

图 3.36 轴对称超空泡的高速摄影照片

（相邻两幅照片之间的时间间隔为 0.5 mm；每张照片的高度为 400 mm；352 m/s 入水速度）

图 3.37 不同入水深度的轴对称超空泡的单次闪光照片

（每张照片高度为 400 mm；照片顶部在 70 mm 水深处）

自然空化时，可用饱和蒸汽压力 p_v 替代空泡内的压力 p_c。20 ℃水温时的 p_v 为 2 350 Pa[37]。流体静水压力为

$$p = p_0 + \rho gz \tag{3.12}$$

这里 p_0 是大气压，g 是重力加速度，z 是水深。在图 3.37(4)中，水深已达到 $z = 450$ mm。根据式(3.1)，算出空化数 σ 为 1.63×10^{-3}。从图 3.8 可知，子弹具有抛物线前缘形状，根据 Knapp 等人的研究[2]，取阻力系数 $c_{x0} = 0.2$（见式(3.8)）。已知空化器直径 $D_n = 5.7$ mm，以及系数 $k = 0.9 \sim 1.0$。我们把 Logvinovich 的公式(3.3)重写为

$$\frac{D}{D_n} = \frac{D_c}{D_n} \sqrt{1 - \left(1 - \frac{D_1^2}{D_c^2}\right)\left[1 - 2\left(\frac{L_c}{D_n}\right)^{-1}\frac{x}{D_n}\right]^2} \tag{3.13}$$

图 3.38 对式(3.13)的计算值和图 3.36、图 3.37 的实验数据进行了比较。图中实线是计算值，三角形是实验数据。可以看出两者之间的明显分歧。

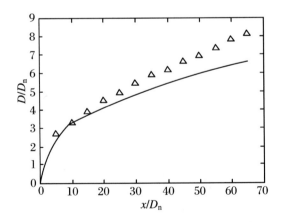

图 3.38 实验数据与 Logvinovich 模型的比较

（实线是式(3.13)的计算结果；三角形是实验数据）

3.5.2.2　三维超空泡

图 3.39 给出了三维超空泡的高速摄影照片。照片中的上下两部分是分别拍摄的,然后按照实际水深拼接起来。每张照片下面的时间,是从物体入水开始后的时间。在 0.68 ms 时刻(图 3.39(b)),子弹已穿入水中 210 mm,水花在水面上形成。在 1.68 ms 时刻(图 3.39(c)),子弹的穿透深度达到 420 mm,水花向上运动速度达到 60 m/s。注意在大约 250 mm 水深处,子弹在碰撞空泡壁面后开始偏离中心线。一旦子弹偏离中心线,空泡被扭曲并异常膨胀,然后形成如图 3.39(j)所示的"芒果"形状的气泡。从图 3.39(c)到图 3.39(e)的空泡径向膨胀速度为 37.5 m/s。这个膨胀最终导致空泡的崩溃。在空泡径向膨胀的同时,空泡在 3.68～4.68 ms 时刻里被拉离水面。从图 3.39(e)到图 3.39(h)的平均拖曳速度为 97.5 m/s,它大大超过了空泡的径向膨胀速度。高速摄影揭示了在表面闭合之后,在 7.68 ms 时刻空泡被拉离水面立即造成空泡崩溃。这是一个新发现的空化事件,但也是可以理解的,既然拖曳空泡的速度达到了97.5 m/s。

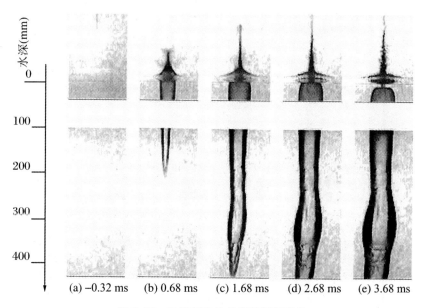

图 3.39　三维超空泡的高速摄影照片

(1 000 fps;垂直轴给出了水位深度,标尺 0 点为水面的位置;352 m/s 入水速度)

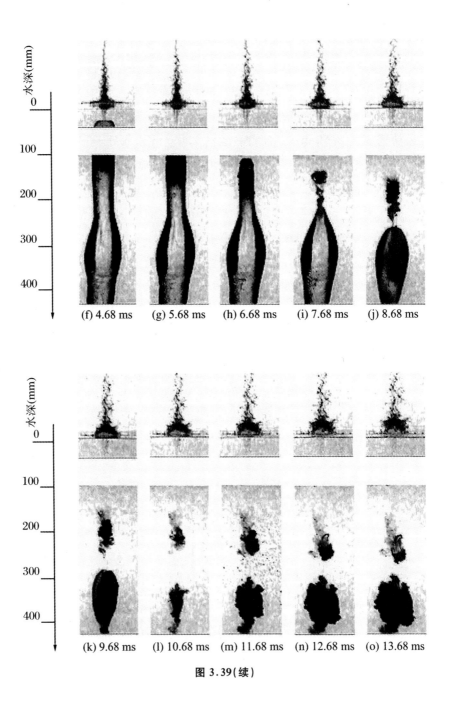

图 3.39(续)

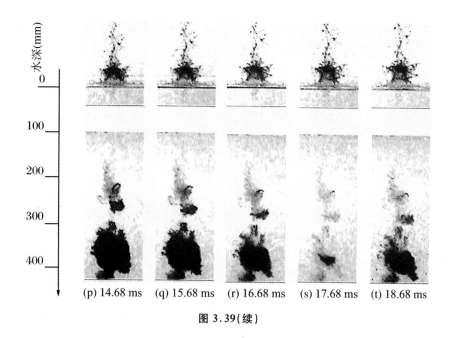

水深(mm)

(p) 14.68 ms　(q) 15.68 ms　(r) 16.68 ms　(s) 17.68 ms　(t) 18.68 ms

图 3.39(续)

在 8.68 ms 时刻,"芒果"气泡开始收缩,并且在 2 ms 之后在图 3.39(l)中崩溃,气泡崩溃时会发出水中激波[112]。然后气泡反弹(图 3.39(m)～(r))并且在 7 ms 之后再次崩溃(图 3.39(s))。即在 10.68 ms 和 17.68 ms 时刻又发生第三次和第四次空化。气泡直径的反弹速度,在图 3.39(l)和图 3.39(m)之间为 40 m/s,在图 3.39(s)和图 3.39(t)之间为 40 m/s。

图 3.40 和图 3.41 给出了增加水深之后用单次闪光摄影拍摄到的三维超空泡,显示了三维超空泡以及"芒果"气泡的形成机理。图 3.40(a)表明子弹在水深约为 210 mm 处在与空泡壁面碰撞后开始偏离中心线。在 Leslie[113] 的用 230 m/s、8.42 g 子弹的入水实验中,发现轨迹偏转发生在 240 mm 水深处。

在图 3.40(b)中,扭转后空泡具有较大的直径,其直径是常规空泡的 3 倍多。有理由相信,使空泡异常膨胀的能量来自子弹对空泡壁面的碰撞。在图 3.40(c)中,超空泡已经破裂,并且出现了单个"芒果"形状的气泡。气泡顶部的黑色区域是向下的射流,这意味着气泡已开始向内收缩。在图 3.40(d)中,气泡已经变小,向下的射流已经充满了整个空泡内部。此时空泡内部的流型是一个非平衡态的气液两相流。

图 3.41 是对图 3.40 的补充。根据图 3.41(1)和图 3.41(2),我们明白了空泡的弯曲是由于物体的轨迹偏离。用记号 I 标记偏转位置。然后,物体开始

翻转并将能量传递给空泡壁面。获得能量的空泡在异常膨胀之后，又随着物体的翻转被扭转。因此，超空泡的上下部分分别被拉断（pinch-off），形成了如图 3.41(3) 和图 3.41(4) 中用 G 标记的"芒果"气泡。翻滚的物体会穿破空泡壁，见图 3.41(1) 中的标记 K。然而，实验观察表明，空泡具有自动缝合孔洞的能力（图 3.41(1) 和图 3.41(2)）。所以，超空泡一定处于高度非平衡状态，因为只有很大的熵差才能驱动这样一个恢复过程。

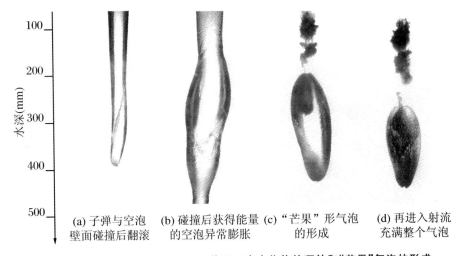

图 3.40　三维超空泡的单次闪光照片显示水中物体的翻转和"芒果"气泡的形成

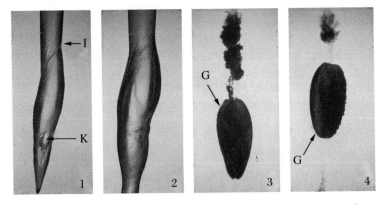

图 3.41　三维超空泡的单次闪光照片显示物体对空泡壁面的穿破
以及空泡的自恢复

（每张照片的高度为 400 mm；照片顶部位于 70 mm 水深）

3.5.2.3　空泡的深度闭合与拉断

为了研究"芒果"气泡的形成机理,对气泡上部和下部的深度闭合与拉断进行了高速摄影观察。深度闭合是指在一定水深处的空泡闭合,区别于在水面附近发生的表面闭合。深度闭合通常造成空泡的拉断或颈缩。

在图 3.42(a)中示出了三维超空泡与图 3.41(2)中的相似处。从物体到空泡的能量传递,造成了一个大直径的像气袋的空泡。此时的气袋仍然与超空泡的上部相连,也与下部被向下运动的物体拉出的新空泡相连。空泡拉断发生在这两个连接点。图 3.42(b)和图 3.42(c)示出了上部的拉断,深度闭合完成;此时下部拉断的场景超出了观察范围,但在图 3.43 示出的另一组照片中,观察到了下部拉断的过程。深度闭合完成之后,生成分离的螺旋气泡和"芒果"气泡,它们开始了从图 3.42(d)到图 3.42(h)的各自的空化过程。

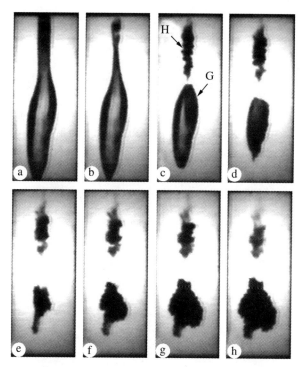

图 3.42　超空泡上部的深度闭合的高速摄影照片

(相邻两幅照片之间的时间间隔为 1 ms;H 和 G 分别表示螺旋气泡和"芒果"气泡;照片顶部位于 100 mm 水深处)

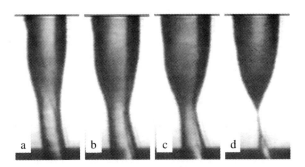

图 3.43　超空泡下部的深度闭合的高速摄影照片

（相邻两幅照片之间的时间间隔为 1.5 ms）

3.5.2.4　空泡的表面闭合与水面上的水花

因为正确描述入水时表面闭合过程的重要性，这里我们再对它进行专门讨论。图 3.44 示出了水花形状随时间的演化。水花形成之后，经历 3 个阶段。第一阶段是图 3.44(a)～(b)中的径向方向上迅速伸展，这是由高速液/固撞击造成的（见 3.4 节）。第二阶段出现在当快速向上运动的水花被雾化，并且后面跟着直径几乎等于空泡直径的、垂直向上的水花圆柱。水花圆柱的形成是水雾惯性的结果（图 3.44(b)和图 3.44(c)）。第三阶段是在毛细管现象作用下，水

(a) 0.80(0.05) ms　(b) 0.90(0.15) ms　(c) 0.92(0.17) ms　(d) 1.00(0.25) ms　(e) 1.10(0.35) ms

(f) 1.20(0.45) ms　(g) 1.30(0.55) ms　(h) 1.42(0.67) ms　(i) 1.50(0.75) ms　(j) 1.60(0.85) ms

图 3.44　水花的运动

（水花发展成射流和拱顶(dome)，造成空泡的表面闭合；342 m/s 入水速度）

花圆柱与自由面光滑连接。在此阶段,出现从自由面向水花圆柱输送流体的流量短缺,因为表面张力的作用使得自由面上的水质量大而速度低。因此,空心圆柱中段的截面开始收缩,并形成了类似于 Laval 喷嘴的喉部(图 3.44(c)～(f))。

从图 3.44(c)～(f)的时间里,空气仍然流进空泡。然而,当水花圆柱的喉部截面积变成零时,空气流将终止。图 3.44(g)～(i)示出了这个喉部面积的变化,这个过程的机理是喉部内的压力低于大气压,所以水花圆柱内外的压差使得喉部面积收缩。然后,出现了水花的拱顶状闭合,这就是所谓的表面闭合。伴随着表面闭合,一个向上射流和一个向下射流同时在拱顶的尖顶处产生。在图 3.44(j)中,可见空泡中一个细的向下射流。在图 3.44(j)中所示较粗的向上射流已经高于自由面约 400 mm。

图 3.45 示出了空泡随时间的演化。有两个可区别的过程:一个是空泡直径的变化,另一个是空泡被拉离自由面。从图 3.45(a)～(f),空泡直径增加了约 1.5 倍,测得的最大直径约 50 mm,是物体直径的 9 倍。然而,尽管空泡直径

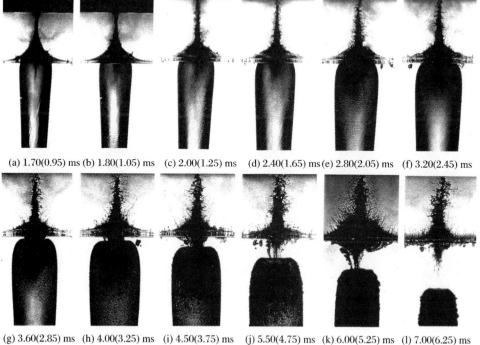

(a) 1.70(0.95) ms (b) 1.80(1.05) ms　(c) 2.00(1.25) ms　(d) 2.40(1.65) ms(e) 2.80(2.05) ms　(f) 3.20(2.45) ms

(g) 3.60(2.85) ms　(h) 4.00(3.25) ms　(i) 4.50(3.75) ms　(j) 5.50(4.75) ms　(k) 6.00(5.25) ms　(l) 7.00(6.25) ms

图 3.45　自由面附近的空泡运动

(342 m/s 入水速度)

的增加是显著的,但它慢于空泡长度的增加。空泡中的向下射流开始比较细(图 3.45(a)),但它随着空泡直径的增加而变粗;当它冲击空泡壁面后,壁面上出现了许多斑点。事实上,这些斑点有可能是水滴,因为向下射流的头部很细并且由雾滴组成。有理由相信向下射流与空泡壁面的冲击不会对空泡直径的增加产生多大影响。

在空泡被拉离自由面之前,如图 3.45(e)所示,应该说空泡已经有了崩溃的趋势,这是因为空泡内外的压差所致。另一方面,由于空泡体积被物体继续拉大,空泡内的压力继续减小。同时,向下射流尺寸增大,引起空泡顶部收缩以向射流供应水分。结果之一就是空泡的上部变得越来越不透明(图 3.45(e)~(h))。另一个结果是空泡与自由面完全分离,并被向下运动的物体进一步拉入水中。这个分离不仅干扰了自由面(图 3.45(i)和图 3.47),而且造成了空泡的不稳定(图 3.45(j)~(l)所示的波纹状空泡外形)。水下声场测量已证明,空泡与自由面的分离产生了二次激波(见 3.5.3 小节)。

图 3.46 示出了水花形成的近场俯视高速摄影照片,即将相机移近水箱进行拍摄。这里拍摄的是表面闭合发生之后的水花。在图 3.46(1)和图 3.46(2)中,水花垂直向上运动。然而在重力和空气阻力作用下,水花的上部减速并与跟随的下部水花相碰撞。之后,水平运动的水花形成了(图 3.46(4)~(8))。

图 3.46　水花形成的近场俯视高速摄影照片

(相邻两幅照片之间的时间间隔为 1 ms;352 m/s 入水速度)

图 3.47 示出了表面闭合及向下射流形成的近场高速摄影照片。图 3.47(1)是入水前的情况,图 3.47(2)是刚发生表面闭合时的情景。要注意的是,标

记为 J 的细向下射流与向上水花同时生成；这在介绍图 3.44 的结果时已经提过，射流生成的位置是水花拱顶的顶点，即水皇冠从四周向中心的、在自由面之上的碰撞点。

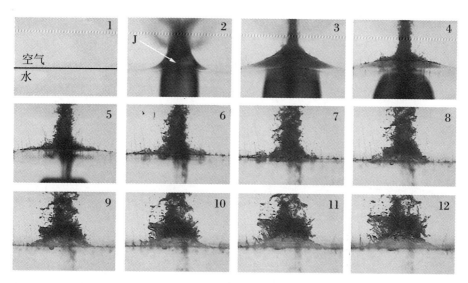

图 3.47　表面闭合及向下射流形成过程的近场高速摄影照片

（相邻两幅照片之间的时间间隔为 1 ms；352 m/s 入水速度；在图(3)～(5)中，水位被向上的水花抬高；在图(6)～(8)中，随着空泡的拉离过程，水位被拉回；在图(9)～(12)中，水位相对稳定）

3.5.2.5　一个理论模型

根据实验结果，图 3.48 给出了一个被描述水花和射流形成的理论模型。轴对称水花流动被简化为一个平面问题，即速度为 U 的水皇冠冲击一个倾斜角为 θ 的刚性壁面。冲击造成了速度为 U_s 的水花射流和速度为 U_j 的向下射流。根据不可压缩流体的伯努利方程和连续方程[114]，得到已熟知的

$$U_s = U_j = U \tag{3.14}$$

$$\cos \theta = \frac{A_s - A_j}{A} \tag{3.15}$$

这里 A，A_s 和 A_j 分别是水皇冠、水花和向下射流的宽度。

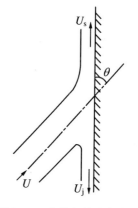

图 3.48　水花和射流生成的理论模型

式(3.14)指出水花速度等于向下射流速度。这与上面的实验结果相吻合。另外,既然向下射流很薄,即 $A_j \ll A_s$,由式(3.15)可知,在表面闭合的瞬间,水皇冠近似垂直($\theta \sim 0°$)。图 3.35、图 3.36、图 3.39 和图 3.44~3.47 的实验结果都支持这个结论是正确的。

我们现在知道了表面闭合是由近似垂直的水皇冠向内聚合完成的。这个机理与入水物体的形状有关,因为水花形状取决于物体的后体(after body)形状[75]。Aristoff 和 Bush[115]对小球入水的研究指出,在表面封闭的时候,水皇冠射流的倾斜角 θ 可以是 40°左右。

3.5.3 入水后的水中激波及水下声场

图 3.49 给出了用 Kistler 传感器(图 3.13(a))测得的在水平距离 $R = 90$ mm、水深 $H = 52$ mm 处的水中激波压力信号,R 和 H 的具体含义可见图3.12。图 3.49 中的实现,是当传感器位于水平位置时的结果,即 $\theta = 0°$;图中虚线是当传感器与水平方向倾斜 $\theta = 30°$ 时的结果。由图可知,波前的过压为 1.4 MPa,这个值远小于入水时固体对水面的冲击压力 $P = \rho C V = 528$ MPa,如果固体被视为刚体。这里 ρ、C、V 分别是液体密度、声速、冲击速度。因此,初始生成的激波向水中传播后,经历着严重的衰减,因为能量扩散和膨胀波的影响[99]。

图 3.50 给出了用 PVDF 传感器(图 3.13(b))测得的在水平距离 $R = 33$ mm、水深 $H = 28$ mm 处的水中激波压力信号。首先,高性能的水听器测出了入水时固体对水面的冲击产生的激波的峰值压力达到了约 3 MPa(标记为1),跟在压力峰值后面的是标记为 2 的负压。然后,压力恢复到高于大气压(图中的零压力)的标记为 3 的一个平台,这是激波波前之后的流体质点的滞止压力。根据滞止压力 0.4 MPa(绝对压力)的值可以算出流体质点的速度为 28 m/s。

在不同的倾斜角下 $\theta = 10°, 20°, 30°, 40°, 50°, 60°, 70°$ 和不同的水平距离处,测量了水中激波压力的空间分布[76,78]。图 3.51 收集了部分结果。测得的压力分布表明,压力在靠近自由面时(随着 θ 的减少)或者沿着波的传播方向在减少。前人的研究可见 McMillen[116]在 1945 年的工作。图 3.52 示出了水中激波速度的测量,可知传播速度接近水的声速 1 500 m/s。

为了测量空泡内的压力,测量点靠近垂直中心线(图 3.53)。两种压力传感器都测出了:① 物体冲击水面造成的一次激波,其峰值压力可达 3 MPa;

② 空泡内的负压;③ 当空泡被拉离水面时空泡崩溃造成的二次激波。图 3.53
(b)和图 3.53(d)下面的时间 7.25 ms 和 5 ms 分别是两个实验中入水后的时
间,它们正好是两个传感器分别测得的一次激波与二次激波之间的时间,这
是因为图 3.53(b)和图 3.53(d)也正好是空泡崩溃发出二次激波时的瞬时
照片。

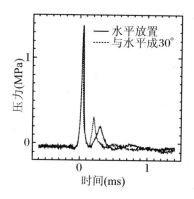

图 3.49　入水时固/液冲击造成的水中
激波压力测量($R = 90$ mm,
$H = 52$ mm)

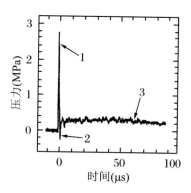

图 3.50　在 $R = 33$ mm,$H = 28$ mm 处
的高分辨率压力信号

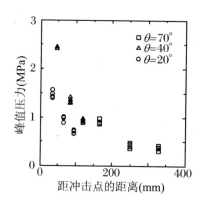

图 3.51　峰值压力与距离 $L = (R^2 + H^2)^{1/2}$
的关系

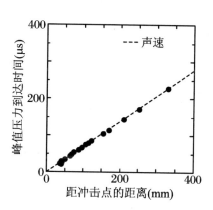

图 3.52　水中激波测量结果的检验

图 3.54～3.56 给出了 $\theta = 10°,40°,70°$ 不同位置处的压力波形,对这些数
据的详细分析可见文献[76]。将所有测得的压力峰值绘制在 $R\text{-}H$ 平面图 3.57
中,我们得到了远声场的等压线,以及峰值压力到达的等时间线。

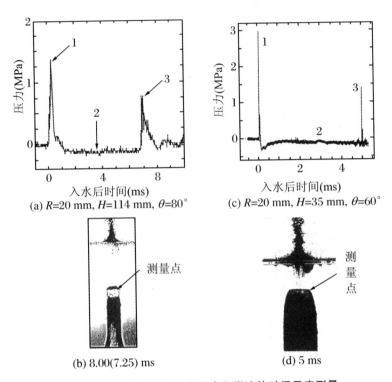

图 3.53 空泡压力及空泡闭合和崩溃的时间尺度测量

(a) 是 Kistler 传感器的测量结果；(b) 示出了测量位置；(c) 是 PVDF 传感器
的测量结果；(d) 示出了测量位置

(图中 1 是初始固/液冲击导致的一次激波，2 是空泡内的负压，3 是当空泡被
拉离水面时空泡崩溃产生的二次激波；(b) 和 (d) 下面的时间是从入水开始之
后的时间，这个时间与从一次激波到二次激波的时间基本一致)

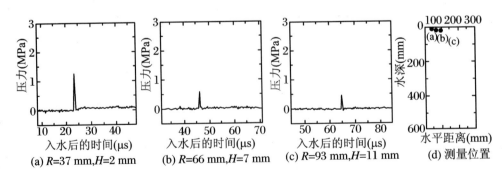

图 3.54 $\theta = 10°$ 时的水声信号

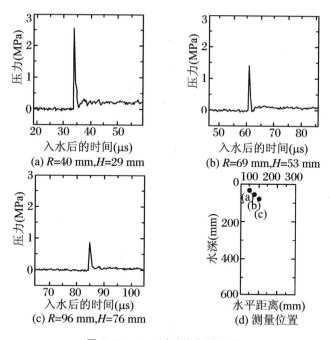

(a) $R=40$ mm, $H=29$ mm

(b) $R=69$ mm, $H=53$ mm

(c) $R=96$ mm, $H=76$ mm

(d) 测量位置

图 3.55　$\theta = 40°$ 时的水声信号

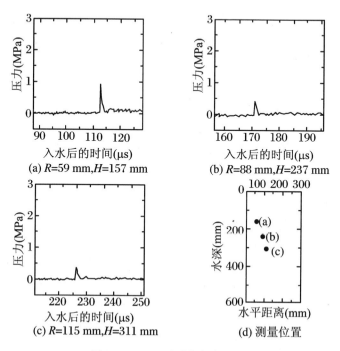

(a) $R=59$ mm, $H=157$ mm

(b) $R=88$ mm, $H=237$ mm

(c) $R=115$ mm, $H=311$ mm

(d) 测量位置

图 3.56　$\theta = 70°$ 时的水声信号

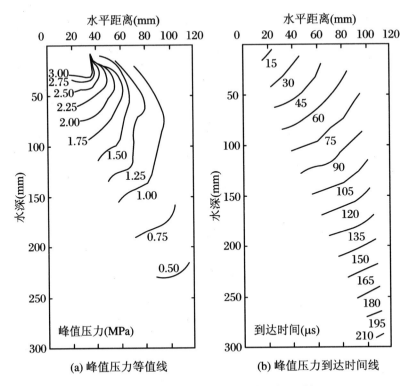

图 3.57　测得的水中激波的峰值压力和时间

3.6　细长体入水超空泡流动

3.6.1　实验条件

细长体入水的实验装置已在 3.3.2 小节中作了介绍,细长体形状如图 3.15 和图 3.16 所示。表 3.3 给出了 9 个实验工况,在后面实验结果的图表中,case 指工况。

表 3.3　细长体入水实验工况表

实验工况(case)	驱动压力 P_0(MPa)	水深 H(cm)	入射角 α(°)	初速 V_0(m/s)
1	0.90	50	0	53.0
2	0.80	50	0	44.3
3	0.85	50	0	47.0
4	0.83	50	8	45.8
5	0.82	50	5	45.0
6	0.87	50	45	48.7
7	0.86	50	45	47.6
8	0.90	50	5	53.0
9	0.88	50	20	50.1

　　需要说明的是,在实验过程中通过空气减压器来调节射钉枪的驻室压力 P_0,进而驱动细长体获得不同的发射速度 V_0。P_0 的值由安装在空压机出口的压力表来测量和显示。通过调整枪口的射姿来实现弹体的多角度发射入水,这里定义弹体入射轨迹线与自由液面的竖直垂线之间的夹角为弹体入射角,用 α 表示。本实验中选用的注水液面高度固定为 $H = 50$ cm,背压值 $P_b = 0.104\,3$ MPa。实验中高速摄影机的拍摄速度选为 1 000 帧/秒,拍摄时间为 2 s。具体实验技术及细节可参阅文献[79]。将所拍摄得到的图片用 Photoshop 7.0 放大到 A4 纸尺寸(210 mm×297 mm)大小之后,再进行物体位移的测量,这样测得的物体运动速度的误差为 2.3%[79]。

3.6.2　自由面附近流体的波动变化

　　图 3.58 显示了在工况 4 情况下,细长体高速入水瞬间自由液面附近水体的波动变化情况。相邻照片间的时间间隔为 2 ms。图 3.58(a)中的线段为照片比例尺,相当于实际 5 mm 的长度。细长体高速入水后,自由面附近流场最显著的变化就是:液面上方水花的形成、发展和回落的过程,以及液面下方空泡的形成、上浮和溃灭的过程。自由面的波动大致经历如下 3 个阶段:第一个阶段,细长体高速入水瞬间,液面上方形成一个向上喷涌的微小液流,并且迅速膨胀发展为水花,向四周飞散(图 3.58(a)),这是由于液/固之间瞬间的冲击作用所造成的。随后,液面上方会形成一个圆锥形空腔(图 3.58(b)),与此同时,大

气中的空气通过这个圆锥形空腔持续进入水体之中,致使细长体运动轨迹的尾流处,即在液面下方,形成一个快速膨胀的空泡(图 3.58(c))。第二个阶段,由于内外压强的差异,圆锥形空腔开始收缩变形,而液面上的锥形空腔发展成为一个向上飞溅的细长液柱(图 3.58(d)和图 3.58(e)),该细长液柱的高度在图 3.58(f)达到峰值。在此阶段里,自由面下方的空泡正经历着气泡特有的"膨胀-收缩"振荡[117]。第三个阶段,由于空气阻力和重力的缘故,液面上方的细长液柱开始回落(图 3.58(g)),在回落过程中,小液柱将发生断裂(图 3.58(h)),并且雾化成若干小液滴,最终落回水面(图 3.58(i)和图 3.58(j))。回落液面的小液滴会再次激起自由面的小幅度波动;此时,由于浮力的缘故,液面下方的球形空泡会逐渐上浮至液面处,使得空泡上部裸露在大气中,而空泡下部仍浸没在水中,这期间空泡还会发生一定幅度的形变。该球形空泡最终会溃灭,融入水中而消失。

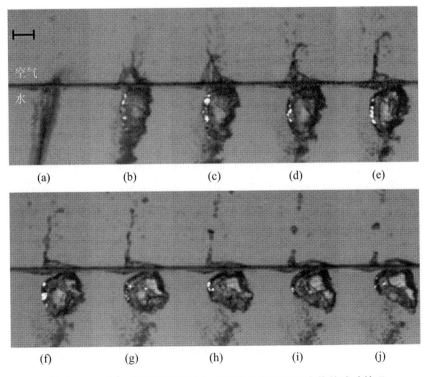

图 3.58　工况 4 时细长体高速入水后自由液面附近水体的波动情况

　　图 3.59 和图 3.60 分别显示了在工况 3 和工况 7 情况下,细长体高速入水瞬间液面波动变化情况。相邻照片间的时间间隔均为 2 ms。图 3.59(a)中的

线段为照片比例尺,相当于实际长度 8.5 mm;图 3.60(a)中的线段为照片比例尺,相当于实际长度 6 mm。通过比较得知,在工况 3 的情况下,不管是其液面上方圆锥形空腔的形成、发育、收缩和细长液柱的形成、回落过程还是其自由面下方空泡的形成、发育、溃灭过程,都较图 3.58 所示的在工况 4 中的情况要微弱得多;而在工况 7 中,自由面附近的多相流演变都较工况 4 的情况要强烈得多。图 3.58～3.60 所示的流场之所以有如此大的差异,是因为这 3 个工况的细长体入水角度 α 明显不同。由此可知:对于同一个细长体而言,在入水速度差别不大的情况下,入射角的差异会造成细长体入水后自由面附近水体波动幅度的不同。如果细长体入射轨迹线与自由液面的垂直度越好,则细长体入水后液面附近水体波动幅度越微弱;反之亦然。上述过程在竞技跳水运动中已得到了很好的验证,即跳水运动员的躯体入水垂直性越好,入水后液面的波动幅度就越小,液面上方溅起的水花也就越少,跳水动作就越完美。

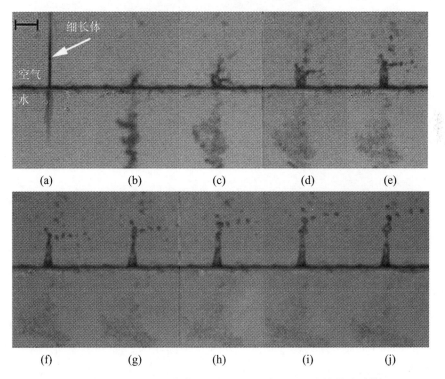

图 3.59　工况 3 时细长体高速入水后自由液面附近水体的波动情况

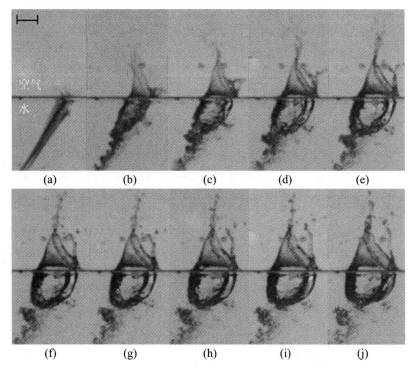

图 3.60　工况 7 时细长体高速入水后自由液面附近水体的波动情况

3.6.3　水中超空泡的形成及细长体的运动稳定性

图 3.61 示出了工况 2 中细长体入水过程的高速摄影照片,图中相邻两张照片之间的时间间隔为 1 ms。图 3.61 (3)和图 3.61 (5)中的 N 表示钉体;图 3.61 (5)中的 S 表示超空泡;图 3.61 (11)中的 W 表示尾迹流。图 3.61 (1)中的线段为照片比例尺,相当于实际长度 50 mm。当细长体以约 44.3 m/s 的速度穿透液面入水后不久(图 3.61(4)),整个细长体瞬间被空泡完全包络住了,达到了超空化。在细长体继续进入水中之后,液面上方随之会形成一个小的水花,如图 3.61 (5)中标记 A 所示。超空泡的表面闭合以及被拉离水面,几乎在细长体入水后就完成了,这可以从图 3.61(4)~(6)中看出;但这与 3.5 节中介绍的短的钝体入水过程不同。而闭合后的空腔将被细长体拉着一起继续向下运动。随后,在水体阻力的作用下,细长体的速度将衰减,以至于达不到维持形成超空泡所需的速度,此时细长体周围的超空泡开始蜕变为局部超空泡。

在图 3.61(6)和图 3.61(7)中,超空泡开始发生断裂(图中的箭头 B 和箭头 C 示出了开始发生断流的位置)。之后,上端面部分空泡流由于浮力的作用而浮向液面,而下端面部分空泡流则逐渐开始发生溃灭。我们认为,超空泡断裂的原因,是因为物体与超空泡壁面发生接触和撞击后造成的。实验用的细长体的长径比很大,因此容易发生这种接触和碰撞。但是,在工况 2 的实验中,这种固/液相互作用,并没有使得细长体的运动轨迹因此发生较大幅度的偏转,不同于相关文献[17]给出的超空泡严重扭曲及细长体明显偏转的情况。在图 3.61(9)~(17)中,由超空泡破裂生成的空泡流与细长体的尾迹空泡流发展成了同一流型,即三维螺旋状振荡空泡流。随着时间推移,该空泡流将逐渐消失(图 3.61(18)~(21)),水体最终恢复平静。

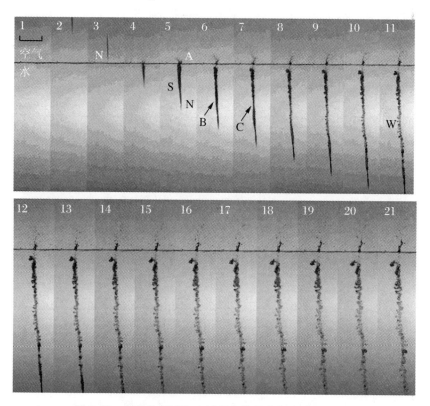

图 3.61　细长体垂直入水过程中的超空泡流动(工况 2)

3.6.4　细长体入水过程中速度的变化

图 3.62 给出了各工况下细长体入水后运动速度随时间的变化关系（图 3.62 中，$t=3$ ms 时为各工况下细长体的入水初始时间，即细长体在 $t=3$ ms 以后开始进入水中运行；细长体在 $t=4$ ms 以后就完全进入水中运行）。由图 3.62(a) 可知，5 个工况下的细长体在水中速度随时间呈衰减趋势，并且不同工况情况下细长体的衰减速度趋势具有良好的相似性，这与理论分析结果和钝体实验结果相一致。

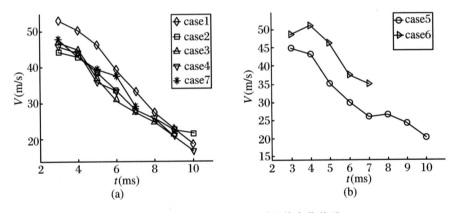

图 3.62　细长体运动速度随时间的变化关系

然而，从图 3.62(b) 中可以看到，工况 5 情况下的第 7 ms 到第 8 ms，细长体的速度由 25.9 m/s 回升到 26.5 m/s；工况 6 情况下的第 3 ms 到第 4 ms，物体的速度由 48.7 m/s 跃升到 57.2 m/s，这与图 3.62(a) 中各个工况下细长体入水后速度变化呈现出不断衰减的趋势略有不同。通过分析高速摄影照片可知，这种物体在水中的瞬时加速，是在细长体与空泡壁面发生拍打后发生的[61]。空泡壁面对物体的反作用力矩[62,118] 使得物体在前进方向获得了加速。Vlasenko[38] 通过实验发现，超空泡闭合之后尾部会产生高速再进入液体射流，射流冲击物体尾部使之加速向前推进。但由于本实验所用细长体尾部的横向截面积很小，射流冲击物体尾部的概率较低。

图 3.63 给出了几个工况下细长体速度随空化数变化而变化的关系图。由图可知，在入水初速度差别不大的情况下，各个工况细长体在水中的速度随空化数变化的衰减规律与趋势都具有良好的相似性，减小空化数可以对水下航行

体起到减阻增速的作用。图 3.64 给出了几个工况下细长体阻力系数随空化数变化而变化的关系图。由图可知,空化数越小,则细长体在水中的阻力系数也越小,再次说明空化数对于水下航行体的运行速度具有重要的影响作用。其实质为:空化数越小,空化现象更容易发生,航行体在水中更容易被超空泡所包络住,超空泡的减阻增速效应更加凸显。

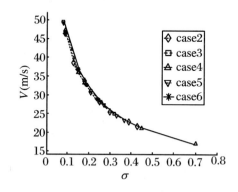

图 3.63　细长体速度与空化数的变化关系

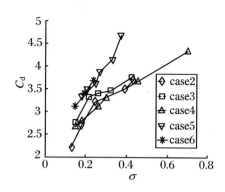

图 3.64　阻力系数与空化数的关系

3.6.5　细长体倾斜入水后的轨迹和超空泡流动

我们在上面谈到了细长体尾部由于受力偏转而使得其与空泡下边面撞击打断空泡壁的情况。图 3.65 所示为工况 7 的高速细长体入水实验的摄影照片,射钉从右侧以 45°入射角由射钉枪射,钉体初始出现在图 3.65(2) 的右侧。图 3.65(4) 中物体刚刚碰到水面,图 3.65 (5) 中钉体完全进入水中。可以观察到图 3.65 (5) 中的物体外形尺寸相比于图 3.65(4) 中的物体要大很多,这就说明由于运动体的高速运行,在冲击面的瞬间,运动体周围压力低于本地压力而产生局部空泡,进而发展为钉体完全被空泡包裹住,即产生超空泡。同时,图 3.65(5) 中也可发现已经有少许水花产生,这个水花在图 3.65(6) 中已经发展并能被明显观察到。从图 3.65(5) 中可以观察到,由于物体尾部撞击空泡壁,空泡壁产生缺口,超空泡被打断。从图 3.65(7)~(18) 可以看到,有一部分空泡由于被物体尾部打断而留在了近自由面处,随着空泡内压力不断变化,近自由面处的空泡(腔)从发展到逐渐溃灭;而且,因为空泡的上部被打开与大气相通(图 3.60),空气的进入延缓了空泡的溃灭。由 3.65(6)~(8) 也可发现物体因为受力偏转而使得其运动轨迹偏离原入射角度,因此其尾迹流呈现曲线型。

这里我们再讨论一下水面上的水花。图3.65和图3.60示出了细长体在入水期间与空泡壁面的碰撞,造成了较大的水花和开口空泡。根据物体与空泡壁面的碰撞位置和力度,会出现另一种如图3.58的情况,即空泡会被自由面捕获,但是空泡的表面闭合在较短的时间里完成。当然,如果细长体倾斜入水状况比较理想,就不会出现自由面对空泡的捕获,水面上的水花也很小,入水过程与垂直入水(图3.61)的相似[79]。

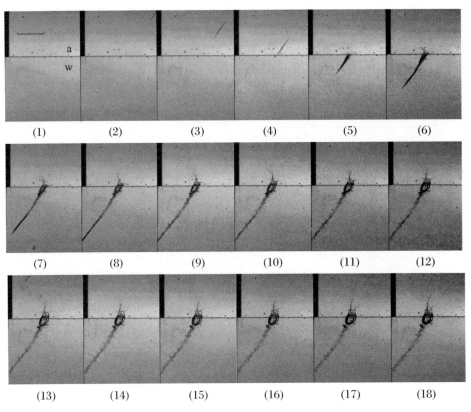

(1) (2) (3) (4) (5) (6)

(7) (8) (9) (10) (11) (12)

(13) (14) (15) (16) (17) (18)

图3.65 细长体倾斜入水时超空泡流动(工况7)

(图(1)中黑色线段为照片比例尺,其长度相当于实际的50 mm;相邻照片时间间隔为1 ms)

图3.66所示为工况8的高速细长体入水实验的摄影照片。工况8与工况7的入射角相差比较大,但是,均为非垂直入射,因此,在垂直于物体运动方向上还是会有一个力矩。与工况7相似,在物体入水后,迅速在近自由面处产生超空泡,如图3.66(2)~(4)所示,物体的尺寸较空气中有明显增加。由于入射角度不是非常的显著,物体在超空泡中稳定运动的距离较长,在图3.66(6)中物体才打断超空泡壁而使超空泡断开。但是在3.66(6)的近自由面超空泡中

发现,空泡内表面并不是光滑的,而是褶皱的。这是由于在钉体偏转的过程中,物体不断与空泡壁碰撞但未能有足够的力来打断空泡壁,因此,只是在空泡壁上产生撞击的褶痕,同时自身不断偏转。随着水的浮力作用,物体运动速率不断下降,空泡内压力降低,空泡缩小,致使物体尾部更容易接触到空泡壁而将其打断,分成了上下两部分空泡。上面一部分的空泡会因为浮力而上浮到液面,最后溃灭。下面部分的空泡则会由于物体速度减小而无法形成空泡,最终溃灭。

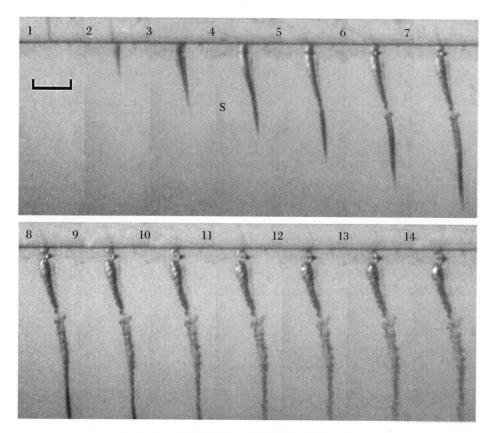

图 3.66　细长体倾斜入水时超空泡流动(工况 8)

(图(4)中 S 表示超空泡。图(1)中黑色线段为照片比例尺,其长度相当于
实际的 50 mm;相邻照片时间间隔为 1 ms)

图 3.67 示出了入射角为 20°时的细长体入水,可以看出物体在打断超空泡前经历了数次物体尾部与超空泡壁面撞击的过程,致使产生的超空泡内部会有多重褶皱。从图 3.67(3)～(7)可以看到,空泡内壁尺寸被一层一层的褶皱扩

大,钉体的偏转也更加强烈。这是因为物体尾部也不断地与空泡下表面撞击并且回弹,再偏转下落与空泡壁碰撞再回弹,形成非定常的运动形态,在未打断空泡前是一个动态中的力的平衡[119]。这种流动有时称为忽扑(whip)[81]。

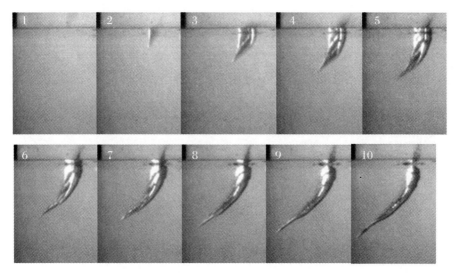

图 3.67 细长体倾斜入水时超空泡流动(工况 9)
(每张照片的宽度代表 14 cm 的实际尺度;相邻照片时间间隔为 1 ms)

3.7 超空泡出水过程

出水问题来源于从潜水艇潜射战略战术导弹。早在 1975 年,Waugh 和 Stubstad[120] 在他们的专著中,介绍了美国海军水下战争中心开展的导弹出水的详细研究结果。实验的出水速度 V_e 和空化数 σ 的范围分别为 16.15~19.20 m/s 和 0.045~0.576,覆盖了从全湿流动到完全超空泡流动的各种流动状态。

近年来,我国科技人员对潜射导弹出水时肩空泡(局部超空泡)的溃灭过程进行了实验研究和数值计算[45,63,64,121],然而,关于在出水前后超空泡的流体动力学行为的认识,还存在许多争议。在这一节里,将介绍在浙江理工大学进行的,由钝体诱导的完全超空泡出水和由细长体诱导的局部超空泡出水的一些实验结果。这些结果对于搞清楚出水的流体力学机理或者研究相关理论模型,是十分有帮助的。实验装置和模型可见 3.3.2 小节。

3.7.1　钝体诱导的完全超空泡出水

表 3.4 给出了实验工况表。表中出水角用 β 表示,以区别于表 3.3 中的入水角,它的定义是出水轨迹与垂直方向之间的夹角,顺时针为正,逆时针为负。初速度 V_0 是指从下而上刚进入观察视场时的物体速度,它低于物体刚离开发射管时的膛口速度(图 3.17)。

表 3.4　超空泡出水实验工况表

实验工况(case)	头型	驱动压力 P_0(MPa)	出水角 β(°)	初速度 V_0(m/s)
1	圆头	1.20	0	35.28
2	圆头	1.26	10	43.12
3	圆头	1.24	0	41.57
4	平头	1.30	10	47.68
5	平头	1.42	−5	57.51
6	平头	1.36	0	51.48
7	平头	1.35	0	50.75
8	平头	1.60	0	71.28

图 3.68 示出了工况 4 下出水过程的高速摄影照片,这是一个典型的工况。航行体从图 3.68(b)到临出水之前的图 3.68(h),速度从 47.68 m/s 减少到 30.58 m/s,空化数从 0.088 6 增加到 0.211 5。在图 3.68(c)和图 3.68(d)看见的超空泡,已经是完全发展的超空泡,图 3.68(d)中,超空泡的长度约为航行体长度的两倍。随后,随着航行体越来越接近水面,在图 3.68(e)和图 3.68(f)中,超空泡发生溃灭;在航行体头部和侧面的斜向上的、爆炸性的气泡轨迹,是因为空泡溃灭时空泡壁面撞击固体表面后反弹回来的结果。事实上,超空泡是从图 3.68(d)到图 3.68(e)之间开始崩溃的,在不到 1 ms 的时间里,超空泡长度从航行体的两倍迅速减少到了几乎与航行体等长,空泡直径也减少了约三分之一。超空泡的溃灭一般会造成航行体出水弹道的改变,但是在这里并不明显(图 3.68(g)～(i)),因为从崩溃后的气泡轨迹可以知道这里发生的崩溃基本上是轴对称的。

在图 3.68(g)~(i)中,溃灭了的空泡从航行体尾部剥落,但是,航行体继续前进并在水中再次产生超空泡(尺寸较小),直到在图 3.68(i)和图 3.68(j)中出水。然后,后期产生的超空泡被航行体带出水面,在周围气压的作用下再次溃灭[63,121],并与向上运动的流体共同形成水花(图 3.68(k)~(o))。航行体从水中进入空气之后,轨迹明显地向左偏斜,Waugh 和 Stubstad[120] 称之为"正扰动"。颜开和王宝寿[122]曾指出,只要水足够深,整个出水过程可能会出现一到两个空泡脱落周期。

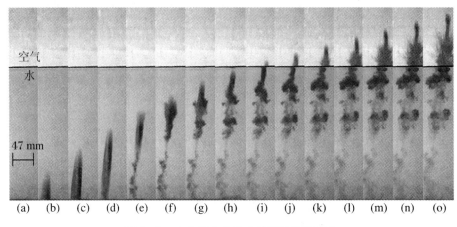

图 3.68　完全超空泡出水的高速摄影照片

(工况 4,$L = 36$ mm、$D = 6$ mm 平头圆柱体,$\Delta t = 1$ ms)

图 3.69 给出了另一例超空泡在接近水面时发生了崩溃,整个过程与图 3.68 的相似。超空泡在图 3.69(d)和图 3.69(e)之间发生了崩溃;到了图 3.69(g),继续向上运动的物体又被新产生的超空泡包裹;然后,超空泡在图 3.69(h)和图 3.69(i)之间出水。

并不是所有情况下超空泡在出水前都会发生破灭,在某些情况下,超空泡会随同航行体出水后再发生溃灭。图 3.70 示出了工况 2 情况下出水过程的高速摄影照片。航行体从图 3.70(b)到临出水之前的图 3.70(h),速度从 43.12 m/s 减少到 28.42 m/s,空化数从 0.108 2 增加到 0.245 1。由图可知,超空泡是在随航行体出水后与大气接触时才发生剧烈溃灭的,溃灭是在毫秒级时间内完成的(图 3.70(j)~(l))。从图 3.70 中还可以看出,出水超空泡总是伴随着强烈的尾迹流动。在超空泡的尾部,不断地有空泡剥落并进入尾迹,这强化了尾迹的湍流脉动。另一方面,被强化了的尾迹又反过来扰动超空泡尾部,促使更

多的空泡剥落,并导致超空泡的破灭。在图 3.70(f)中,在超空泡尾部的左侧,
有一个较大的空泡即将剥落。剥落后的空泡,变成一个气泡团停留在图 3.70
(g)～(l)的中间,气泡团再经过几次周期性振荡后自然消失。在图 3.70(h)中,
在超空泡的后半段壁面上出现了两个扰动。然后,在下一时刻的图 3.70(i),超
空泡的后半段已断裂成两个分离的气泡团。这说明超空泡在从图 3.70(h)到
图 3.70(i)之间,已经开始溃灭(至少处于趋向溃灭的状态),但是因为此时超空
泡已接近水面,它还来不及经历图 3.68 或图 3.69 所示的溃灭过程,就被航行
体带出了水面。

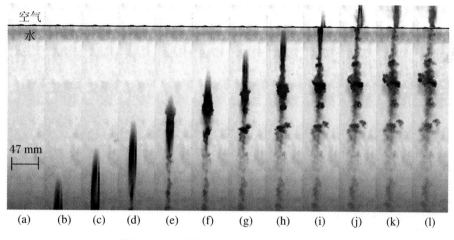

图 3.69　完全超空泡出水的高速摄影照片

(工况 3,$L = 36$ mm、$D = 6$ mm 圆头圆柱体,$\Delta t = 1$ ms)

　　另外一组航行体出水的图片也同样显示了航行体超空泡在水中来不及溃
灭,超空泡便会随同航行体出水后再发生溃灭,如图 3.70 的工况 1 所示。在图
3.70(i)所在时刻,也即临出水时刻航行体的空化数为 0.3169,空泡一直到航行
体出水后与大气接触时才发生剧烈溃灭,溃灭是在毫秒级时间内完成的。这种
情况下出水航行体的力学环境会显得更加复杂,空泡的这种溃灭方式会使得航
行体法向加速度和俯仰力矩发生突变,使出水航行体受到瞬态冲击载荷,引起
航行体的受迫振动。此外,在空泡的溃灭过程中,由于惯性的缘故,空泡有继续
纵向拉长的发展趋势,但由于溃灭的缘故,空泡壁面的径向发展速度会急剧增
大,这势必会导致空泡的颈缩,最终在空泡的尾部形成向上和向下的两股射流
(图 3.70(f)),向上的射流追随航行体的上升会对空泡内的压力和空泡的形态
变化影响很大;向下的射流则随同因溃灭而脱落的漩涡空泡环(a ring of

vortex cavitation)(图 3.70(g))最终发展成为尾迹涡流(图 3.70(h)～(l))。如同入水空泡的尾部闭合射流一样,出水空泡的尾部闭合射流也会对航行体的尾部产生一定相当的力学载荷作用。

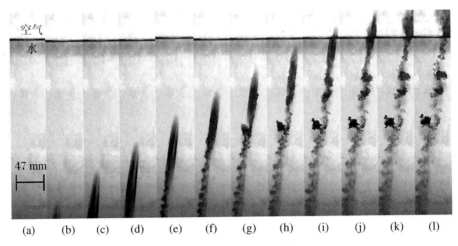

图 3.70 完全超空泡出水的高速摄影照片

(工况 2,$L = 36$ mm、$D = 6$ mm 圆头圆柱体,$\Delta t = 1$ ms)

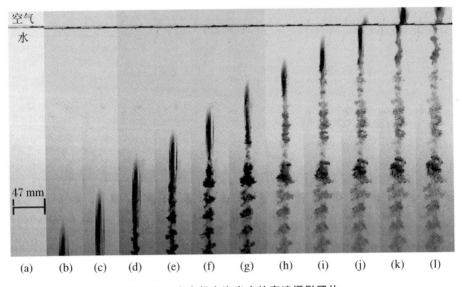

图 3.71 完全超空泡出水的高速摄影照片

(工况 1,$L = 36$ mm、$D = 6$ mm 圆头圆柱体,$\Delta t = 1$ ms)

量取空泡最大直径 D_c 和长度 L_c,除以航行体直径 D_n,并与 Logvinovich

和 Savchenko 的经验关系式进行比较[123],得到图 3.72。由图可知,实验数据与经验关系式之间的分歧是明显的。

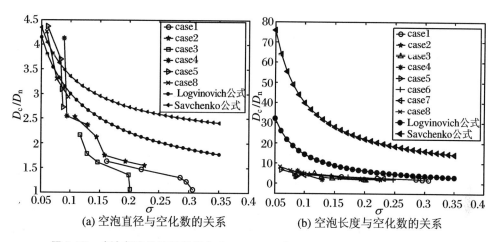

(a) 空泡直径与空化数的关系　　　(b) 空泡长度与空化数的关系

图 3.72　出水超空泡实验数据与 Logvinovich 和 Savchenko 经验关系式的比较

目前可供比较的超空泡出水的实验数据较少。乌克兰科学院水动力学研究所的 Semenenko[124]做过一个类似出水的实验,即在水平超空泡的运动轨迹上放置一个由 10 mm 厚的玻璃制成的空气盒子。头部直径为 3.3mm、速度为 550 m/s 的超空化模型穿过了玻璃墙进入空气介质,超空泡则停留在了水的一侧。因为玻璃板与自由面的力学性质相差甚远,所以他的实验不具有可比性。

在出水的过程中,当超空泡水下航行体接近水面时,会发生超空泡的崩溃;然后,水下航行体继续产生超空泡,等到出水进入大气之后,再次发生空泡的溃灭。有时超空泡在水下还来不及崩溃,就被航行体带出水面,只发生在大气中的崩溃。超空泡在水下的溃灭,基本遵循经典的气泡崩溃的过程[117]。此时航行体受到的冲击压力为 $P' = \rho C V$,这里 C 为水的声速;超空泡在出水后在大气中的崩溃,对航行体的冲击压力与滞止压力为同一数量级[122],即 $P'' = 0.5\rho V^2$。我们得到

$$\Lambda = \frac{P''}{P'} = \frac{V}{2C} \tag{3.16}$$

如果航行体速度 $V = 30$ m/s,那么比值 $\Lambda = 10^{-2}$。另外要注意出水超空泡总是伴随着强烈的尾迹流动,这在下一节给出的细长体的出水实验中也被观察到了。超空泡的尾迹是一个空化尾迹,空泡在其中的膨胀与崩溃会增强尾迹流的湍动能,因此会促使气泡从超空泡尾部剥落,甚至引起超空泡的整体溃灭。

3.7.2 细长体诱导的局部超空泡出水

用图 3.15 和图 3.16 所示的细长钉体进行出水实验,优点有两个:一是细长体产生的超空泡径向尺寸很小,因此可以和大尺寸超空泡出水行为进行比较,检查超空泡的崩溃是否与其尺寸有关;二是钉体质量较轻,只有 0.7 g,因此它能较明显地反映出水前后因阻力变化引起的速度变化。

图 3.73 给出了细长体出水的高速摄影照片。图 3.73(3) 中 N 表示出水前的钉体(Nail),图 3.73(4) 中 B 表示空泡(Bubble),图 3.73(7) 中 W 表示尾迹(Wake),图 3.73(10) 中 N 表示冲出水面并脱离空泡的钉体。从图 3.73(4) 中可以看出,在出水前,细长体被上下两个局部超空泡包裹。在出水时,上部超空泡被直接带出水面而没有发生崩溃(图 3.73(5));随后,下部超空泡也被带出水面,也没有崩溃(图 3.73(6) 和图 3.73(7))。离开水面后的细长体在空中自由飞行。

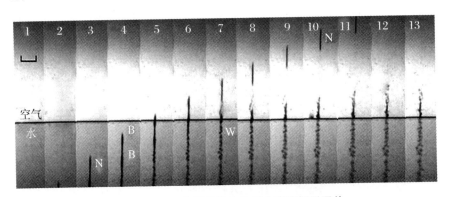

图 3.73 细长体局部超空泡出水高速摄影照片

(25 cm 水深,相邻两幅照片之间的时间间隔为 0.5 ms,(1) 中的标尺

表示 45 mm 长度;初速度为 34.8 m/s)

图 3.74 是根据图 3.73 测量出的出水前后细长体速度的变化。细长体在水中是逐渐减速的,但出水之后,物体周围的流体突然从水换成了空气,阻力大大减小,因此物体速度也突然增加,如图中的箭头所示。所以我们在研究高速物体出水问题时,考虑近水面时空泡的崩溃现象固然重要(见上一节),然而出水前后物体速度的突然增加带来的额外受力也是必须考虑的,而且可能更重要。

图 3.75 给出了另一个细长体出水的例子。这是一个尾空泡的出水。在图

3.75(4)和图 3.75(5)中可以看出,在出水前,细长体身上的空泡都已剥落,只剩下了尾空泡。细长体出水之后,尾空泡被阻挡在了自由面上,如图 3.75(7)和图 3.75(8)所示。只是后来在向上运动的水花的惯性作用下,空泡才被逐渐带出水面(图 3.75(9)～(13))。现在我们能够理解图 3.73 中的下部超空泡也能顺利出水,即上部超空泡将水面冲开,给下部超空泡留出了出水通道。有关细长体出水的更多的内容,可参考文献[65,66,79]。

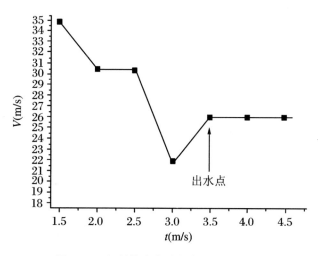

图 3.74　细长体出水过程中速度的变化

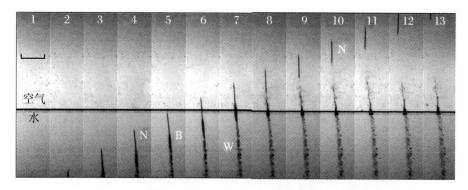

图 3.75　细长体出水时自由面对超空泡阻拦的高速摄影照片

(25 cm 水深,相邻两幅照片之间的时间间隔为 0.5 ms,(1)中的标尺

表示 45 mm 长度;初速度为 35.9 m/s)

3.7.3 物体出水后水面的水花

在图 3.68 中我们已经看到钝体出水后在水面上的水花以及水面下的空泡流。为了更好地了解出水时自由面的行为,在水面上进行了俯视高速摄影,如图 3.76 所示。在图 3.76(b)中测得出水物体的速度为 43.12 m/s。已知当水下航行体接近自由面时,自由面快速隆起(图 3.76(b)中出水位置处的白点)。这意味着在出水之前,自由面已经被趋近的水下物体扰动,因为快速运动的物体压缩了上层的流体。

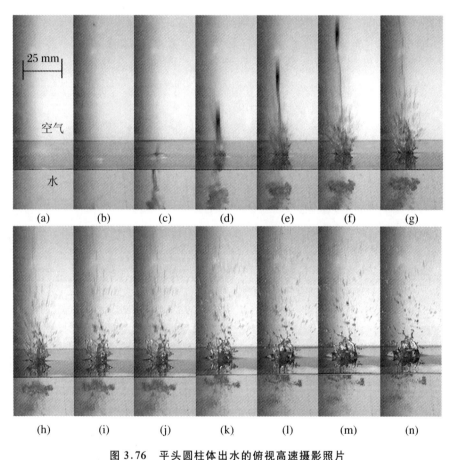

图 3.76　平头圆柱体出水的俯视高速摄影照片

(物体长度和直径分别为 36 mm 和 6 mm,$\Delta t = 2$ ms,1.26 MPa 氮气压力)

在图 3.76(c)中,物体开始从水面冒出。随后,当物体飞入空气后,向上运动的水喷溅(eruption)出现了(图 3.76(d)～(f)),这是因为在出水前物体对水的压缩、水的惯性以及在空气中空泡破裂综合作用的结果。附着在物体上的水分也被剥落形成了水雾。水花在图 3.76(g)中达到最高点,然后在重力作用下下落。从图 3.76(i)到图 3.76(l),水面下的气泡更加靠近水面并最终与它接触。图 3.76 的情况对应着图 3.68 的情况,即初始超空泡已在水中崩溃(图 3.76(c)),一个新的较小尺寸的超空泡被水下物体带入空气中。图 3.76 和图 3.68 示出了一种新的流场,即一个自由面下的空化超空泡与自由面上的水花相耦合。在入水过程中,也存在类似的耦合流场,但是水花形状完全不同。

3.8　水平超空泡运动及其与自由面的相互作用

理论上讲,水平运动的超空泡,不像入水或出水超空泡那样,空泡周围的水压始终是变化的。Logvinovich 的空泡独立膨胀原理,基本上都是用水平超空泡实验验证的。如果超空泡周围的水体足够大,或者说水深足够深的话,超空泡拖不动周围的水体,于是只能自己前行而不管周围的水体,这就是空泡独立膨胀原理的内涵。但是如果水深较浅的话,超空泡就能拖动周围水体并与自由面相互作用。在这种情况下,空泡独立膨胀原理是不成立的[84]。

在这一节里,我们先介绍关于水平超空泡一些常规的研究,如物体长径比和头型的影响[83]。然后,给出超空泡与自由面相互作用的实验结果[125];在作者之前,还没有人做出这个结果。

3.8.1　实验条件

表 3.5 给出实验模型的几何尺寸,图 3.77 是它们的照片。表 3.6 给出了实验工况表,其中注水高度 H 是指水箱中的水位高度,水深 H_w 是指从自由面到发射管中心线之间的高度,初速度 V_0 是指刚进入视场时的物体速度。

表 3.5　实验所用的系列航行体模型几何规格

编号	头型	长度 L(mm)	直径 d(mm)	长径比	质量($\times 10^{-3}$ kg)	密度(kg/m³)
1#	平头	24	6	4	1.74	2.68×10^3
2#	平头	36	6	6	2.63	2.68×10^3
3#	平头	48	6	8	3.56	2.68×10^3
4#	圆头	36	6	6	1.62	2.68×10^3
5#	90°锥角	36	6	6	1.21	2.68×10^3

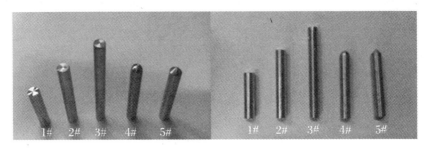

图 3.77　实验模型照片

(5005 铝镁合金)

表 3.6　水平超空泡的实验工况表

工况(case)	头型编号	驻室压力 P_0(MPa)	注水高度 H(cm)	实验水深 H_w(cm)	初始速度 V_0(m/s)
1	1#	1.1	84	9	50.73
2	2#	1.1	84	9	81.42
3	3#	1.1	84	9	62.65
4	4#	1.1	84	9	85.78
5	5#	1.1	84	9	28.45

3.8.2　航行体长径比对超空泡稳定性的影响

对于水下高速航行体来说,长径比过小,可能会使得航行体容易在水中发生偏转或翻转,形成不直的出水弹道;如果长径比过大,重量过重、速度较低,会使得航行体不能形成完全超空泡形态。现选取直径均为 6 mm、长度分别为 24 mm、36 mm 和 48 mm 的平头圆柱体作为航行体,用 1.1 MPa 氮气驱动,实验结果见图 3.78～图 3.80。

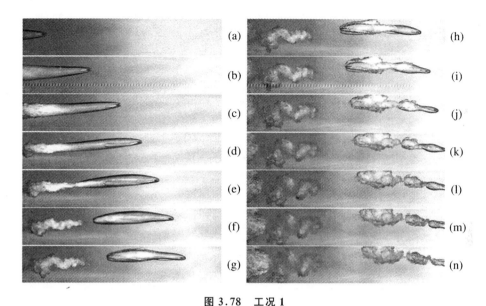

图 3.78 工况 1

（直径为 6 mm、长度为 24 mm 的平头航行体水平入水；$\Delta t = 2$ ms）

观察比较 3 组图片，图 3.78(b) 较 3.78 (a) 航行体的行驶轨迹已经略向上偏转，从图 3.78(b)～(f) 可以看出明显的偏转；图 3.78(f)～(k) 的过程中航行体的头部又开始慢慢向下偏转，在整个航行的过程中，航行体诱导产生的超空泡迅速减小；而观察另外两组图片我们发现，从图 3.79(a)～(g) 和图 3.80(a)～(g)，航行体基本上是水平前进的，图 3.80 中长径比为 8 的航行体诱导产生的超空泡尺寸相较于前两者明显要大许多，超空泡的形状也更加接近于理想的椭球体，航行体行进的距离也更加远，这就说明了适当增加长径比，有利于水平运动的航行体产生稳定和持久的超空泡。

3.8.3 航行体头型对超空泡稳定性的影响

水下高速航行体的头型对它的弹道稳定性也有较大的影响。再选择直径、长度均为 6 mm、36 mm，头型分别为圆头和 90°锥角的 2 种航行体，用 1.1 MPa压力的氮气驱动，实验结果见图 3.81 和图 3.82。通过比较图 3.79、图 3.81 和图 3.82 可知：3 种空化器的超空泡外形基本上接近长椭球体，这与已知的结果相符；但在相同驱动压力下，平头航行体最能形成较为稳定的水平入水弹道，圆头和 90°锥角航行体的水平入水弹道稳定性依次递减,而且从图 3.81(b)~(i)可以看出圆头型航行体运动过程中头部普遍向下偏转,这是由于航行体的尾部撞击空泡壁,原本闭合的空泡壁产生缺口,超空泡被打断,使超空泡的稳定性遭

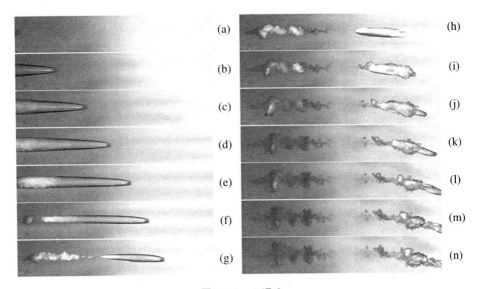

图 3.79 工况 2

(直径为 6 mm、长度为 36 mm 的平头航行体水平入水;$\Delta t = 1$ ms)

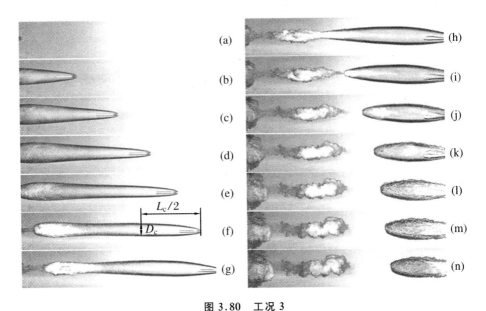

图 3.80 工况 3

(直径为 6 mm、长度为 48 mm 的平头航行体水平入水;$\Delta t = 2$ ms)

到破坏而引起的。现在我们观察图 3.82 所示 90°锥角的航行体在水中的运动情况。因为航行体在进入拍摄区域后速度仅为 28.45 m/s(表 3.6,图 3.82(a)

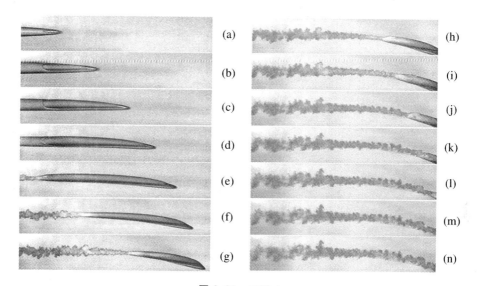

图 3.81　工况 4

(直径为 6 mm、长度为 36 mm 的圆头航行体水平入水;$\Delta t = 1$ ms)

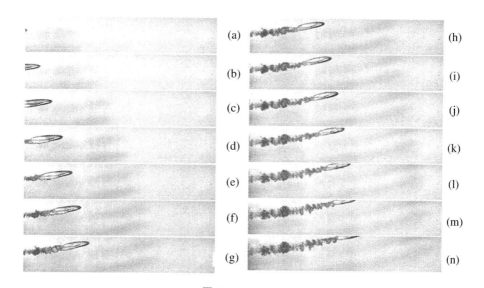

图 3.82　工况 5

(直径为 6 mm、长度为 36 mm 的尖头 90°航行体水平入水;$\Delta t = 1$ ms)

和图 3.82(b)),该工况的速度在 5 个工况中最小,所以出现了由完全空化向局部空化转变(图 3.82(c)),最终空泡全部溃灭(图 3.82(k))的现象。实验表明头部的锥角容易使航行体轨道发生偏转;但在其他场合下也获得了稳定的水弹道。总之,航行体头型对空泡的形成和稳定性有一定的影响,平头类型的航行体稳定性最佳,即圆盘空化器最有利于航行体的稳定性,与其比较,锥形空化器的空泡脱体点位置靠后些,黏湿面积大,不利于航行体的超空泡减阻特性和超空泡形态的稳定性。易文俊等人在其数值计算中也指出了类似的现象[126]。

3.8.4 超空泡与自由面的相互作用

图3.83给出了一个典型的超空泡与自由面相互作用的情况。直径为12 mm、长径比为6、速度为52.82 m/s的平头圆柱体,自左向右通过水深仅为18 mm的浅水区。图3.83(a)中的标尺示出了观察区域的大小,图3.83(b)示出了自由面的位置。

在图3.83(b)和图3.83(c)中可以看出,超空泡在水面上拉出了一个倾斜的先导波浪,波浪的前沿位置超过了物体或超空泡的头部位置,这是因为快速运动的物体和超空泡对浅水层挤压的缘故。进入空气中超空泡会扩张其尺寸,并与先导波浪平滑连接,组成了水面上的波浪,见图3.83(d)。从图3.83(e)~图3.83(g)可以看出,水面上的超空泡上端已经破裂,破裂不是以崩溃方式进行的,而是以空泡壁面水层被"雾化"的方式进行的。这意味着水面下的超空泡开始与水面上的大气相连通,空气进入了水下空泡中。在图3.83(g)和图3.83(h)之间,航行体的尾部与超空泡的下壁面发生碰撞并在壁面上留下了空化痕迹。碰撞之后的航行体并没有翻滚,而是继续前行,见图3.83(i)~(k)。胡青青等人[127]通过分析不同水深下超空泡的水弹道轨迹,得出了浅水位时航行体阻力系数会下降的结论。

我们再回顾3.7节中研究的超空泡出水问题。超空泡出水与空气接触,并不是使空泡崩溃的充分必要条件,因为空气进入空泡使处于饱和蒸汽压力下的自然空泡成为充气空泡,这增加了空泡的稳定性和持久性。至于超空泡在接近水面时在水中崩溃的原因,要从两个方面来考虑。第一,如果出水超空泡的速度足够高,比如数百m/s,空化数σ的量级为10^{-3}。小空化数超空泡相对稳定,在航行一定距离内,空泡发生崩溃的概率较低,因为周围水体的巨大惯性,水压缩空泡使其崩溃需要时间,所以当崩溃发生时航行体已经走远。潜射导弹的速度一般在数十m/s,空化数σ的量级为10^{-1}。这个航行速度接近空泡的崩溃速

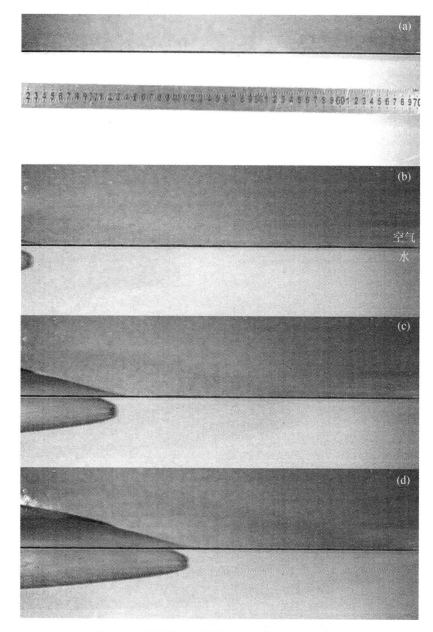

图 3.83　超空泡经过浅水区域时的高速摄影照片

（平头圆柱体，直径和长径比分别为 12 mm 和 6，从发射管中心线到自由面的

水深 H_w 为 1.8 cm；摄影速度为 500 fps，$\Delta t = 2$ ms；$V_0 = 52.82$ m/s）

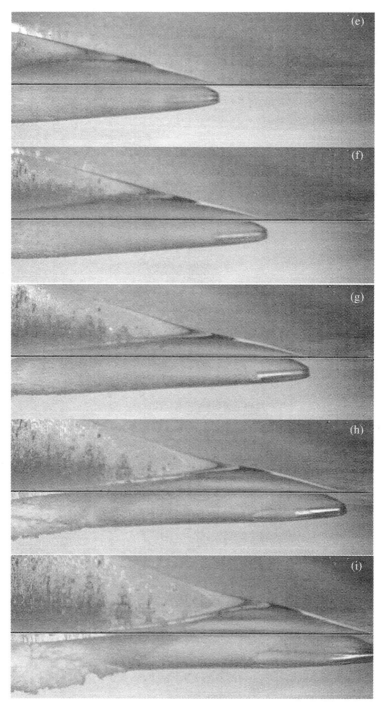

图 3.83(续)

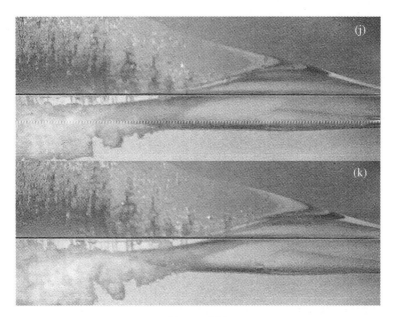

图 3.83(续)

度,而且大空化数的空泡长度较短,尾部再进入射流很快就能达到物体后部或空泡壁面,因此在一定航行距离内,会发生数次崩溃。第二,超空泡在趋近水面时,上面的水层厚度不断减少,空泡受到不定常水压作用;况且沿空泡长度方向上受力不均匀,上部水压小,下部水压大。另一方面,上面的水层会逐渐地感受到来自物体和超空泡的压缩(见 3.7.3 小节)。严格地说,此时已经不能完全满足 Logvinovich 的空泡独立膨胀原理所需的条件。Vasin[128] 介绍了基于 Riabouchinsky 闭合模型的、在重力场中考虑水压随深度变化的超空泡模型的论证,但这只能解释超空泡可以存在,而不能解释水深减小时超空泡是否容易崩溃。今后这方面的理论工作还须完善。

3.9　平面尾迹空化研究

3.9.1　问题的提出

第 3.3.4 小节介绍的高速拖曳水槽装置,可用于研究涉及空化流动的一些基本问题。拖曳水槽中模型的受力关系如下式所示：

$$F_{拉力} - F_{模型} - F_{支杆} - F_{小车} = M \times a \tag{3.17}$$

式(3.17)左边是水平方向的弹簧拉力减去模型阻力、支杆阻力和小车摩擦力，右边的 M 是模型、支杆和小车的质量之和，a 是加速度。改变模型的截面积或头型，只改变 $F_{模型}$，而对 $F_{支杆}$ 和 $F_{小车}$ 没有影响。阻力的计算公式为

$$F_{模型} = C_d \frac{1}{2} \rho V^2 A$$

这里 C_d、ρ、V、A 分别是阻力系数、水密度、模型速度和截面积；由表 3.2 可知，圆柱体模型的直径为 10 mm。对于圆柱体模型，阻力系数最大的是平头圆柱体，根据专著[2]，参考无空化流动时圆盘的阻力系数，取 $C_d = 0.88$。如果模型最大速度 $V_{max} = 18$ m/s，算出圆柱体在拖曳过程中受到的最大阻力为 11.18 N；两根弹簧的最大拉力分别为 120 kg，在整个拖曳过程中，最大合拉力为 2 156 N。与拉力相比，模型所受到的阻力是个小量，所以模型的速度主要由弹簧拉力来确定。即使改变头型或截面形状，同时考虑空化流中阻力系数的加倍因子 $(1 + \sigma)$，也不会改变 C_d 的数量级，因此不足以改变模型的加速性能。但是，尾空泡形状对头型和截面形状是敏感的，而且空泡流的不稳定性，会对模型的加速性能产生一定影响[129]。

图 3.84 给出了一张在水槽中运动的模型和空化尾迹的照片，图中深色细长条部分为槽道，槽道中尖头圆柱体为模型，模型后面白色部分为空化尾迹，它的长度和宽度分别用 l 和 b 表示。

图 3.84　在水槽中自右向左运动的模型及空化尾迹

（尖头圆柱体部分为钢制模型）

3.9.2　速度和加速度

图 3.85(a) 为 4 种方形截面模型速度随位移变化的分布图。从图中可以看出，当位移在 30 cm 以内时，模型已经被加速到 12～15 m/s，这说明拖曳系统工作良好并且非常有效。由于水槽有 1 m 长的加速区，模型随后将继续被加速，

最大速度可达 18 m/s[89]。当位移 $x<13$ cm 时,4 种模型的速度分布较为一致。当 $x>13$ cm 时,速度曲线开始出现分歧。平头模型的速度脉动最大。在此阶段,圆头模型的速度最低但是脉动最小。这说明圆头模型的运动是稳定的。头型为 60°和 90°角模型的速度较大并且相对稳定。因此,当前的实验证明这两种模型的水动力特性较好。图 3.85(b)为测量得到的加速度数据,从图中可以看出头型为 90°角的模型加速效果最好,因为它的加速度随着位移的增加变化平稳缓慢,而且有上升趋势。

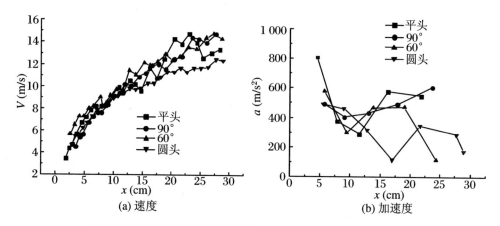

图 3.85　4 种方形截面模型速度和加速度随位移变化的分布图

图 3.86(a)和图 3.86(b)分别为 4 种圆形截面的速度和加速度随位移变化的分布图。从图中也可以看出,当位移为 30 cm 时,模型的速度已经加速到

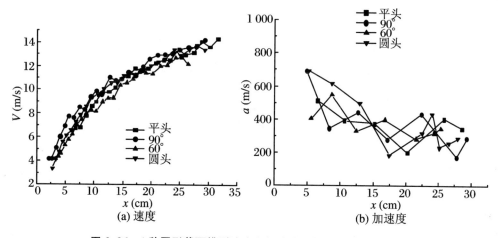

图 3.86　4 种圆形截面模型速度和加速度随位移变化的分布图

14 m/s。虽然这些速度稍小于方形截面模型,但 4 种模型的速度更一致而且更平滑。这可能意味着在我们所设计的拖曳系统中,圆形截面模型的性能更好。

3.9.3　空化尾迹

图 3.87(a)显示了 4 种方形截面模型的长径比随速度变化的分布图,长径比 $\eta = l/b$。从图中可以看出,4 种模型的长径比随着速度的增加是趋于增加的。其中,圆头型模型的长径比最大,这说明它的尾迹最为细长。头型为 90°角模型的长径比最小,说明它的尾迹较为粗短。

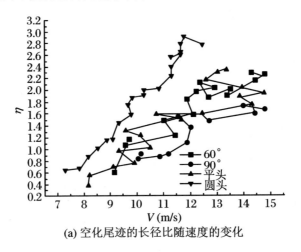

(a) 空化尾迹的长径比随速度的变化

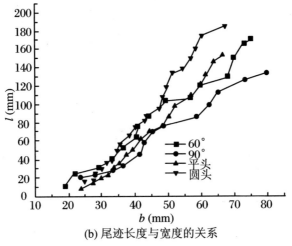

(b) 尾迹长度与宽度的关系

图 3.87　4 种方形截面模型产生的空化尾迹的形状

为了进一步比较不同模型尾迹的差异,图3.87(b)显示了尾迹的长度 l 和宽度 b 的关系曲线。图中,纵轴为 l,横轴为 b。从图中可以看出,当 b 较小时,也就是在空化尾迹发展的初步阶段,4种模型的尾迹长度比较接近。当 b 大于 50 mm 时,圆头模型的尾迹长度增长最快。这就是它的尾迹最为细长的原因。头型为 90° 角的模型尾迹最短。

目前,对于尾迹的尺寸和形状是如何影响水下运动物体的水动力特性的,其机理还未知。结合图3.85和3.87,似乎头型为90°角模型的阻力最小,因为它的尾迹长度最短。

图3.88(a)为4种圆形截面模型尾迹的长径比随速度变化的分布图。从图中可以看出,相同速度下,也就是模型所运动的距离也基本相同时(图3.86

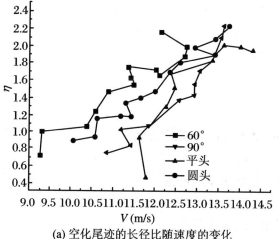

(a) 空化尾迹的长径比随速度的变化

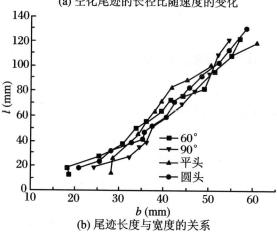

(b) 尾迹长度与宽度的关系

图3.88 4种圆形截面模型产生的空化尾迹的形状

(a)),4种模型的尾迹形状是不同的。头型为60°角模型的尾迹最为细长,而头型为90°角模型的尾迹最为粗短。图3.88(b)为不考虑模型运动的具体位置和速度时,4种圆形截面空化尾迹的长度 l 与宽度 b 的关系图。从图3.88(b)可以看出当尾迹的宽度相等时,不同模型尾迹的长度关系。观察显示,尾迹的形状最终达到相似。这种相似性在方形截面模型实验中是不存在的(图3.87(b))。这可能是由于流动的不稳定性以及方形截面模型4个角点所产生的非线性涡所造成的[130]。

3.9.4　截面几何形状对空化尾迹的影响

图3.89将头型为90°时,方形截面和圆形截面模型的尾迹进行了比较。当空化尾迹在两种情况下达到相同的宽度 b 时,方形截面模型空化尾迹的长度 l 较长且空化尾迹的形状近似圆锥体;圆形截面模型空化尾迹的长度 l 较短且空化尾迹的形状近似圆柱体。

(a) 方形截面

(b) 圆形截面

图3.89　头型为90°时,两种截面模型的尾迹

(模型从右向左运动)

3.10　关于超声速超空泡流动的讨论

在本章的引言部分,已经谈到了 Hrubes[9] 和 Kirschner[10] 进行的超声速超空泡的实验工作。这里的超声速,是指超过水的声速 1 450～1 500 m/s。Vasin[131] 给出了计算可压缩性流动中超空泡形状的积分-微分方程,以及考虑 Tait 状态方程的水中斜激波前后流动参数的关系式。

Kirschner 观察到了水中 1 200 m/s 的细长圆锥体被超空泡完全包围,空泡紧贴着物体表面;水的可压缩性的影响,会使空泡更靠近物体表面[15,131]。我们考虑超声速细长体的情况,如图 3.90 所示。物体的顶点在 O 点,激波和物面角分别为 β 和 θ,物面和空泡壁面(自由面)之间的夹角为 δ。来流马赫数为 $M = V/C$,V 是速度,C 是声速。在定常流动中,空泡壁面为流线[15],因此激波后的流体沿着自由面偏转,即偏转角从 θ 增加到了 $(\theta + \delta)$。参考 Vasin 给出的斜激波关系式,并适当变形后可得

$$n\left\{1 - \frac{\tan[\beta - (\theta + \delta)]}{\tan \beta}\right\}M^2 \sin^2 \beta = \left\{\frac{\tan \beta}{\tan[\beta - (\theta + \delta)]}\right\}^n - 1$$

$$(3.18)$$

这里 n 是 Tait 状态方程中的常数 7.15。要求解式(3.18),要知道 δ 的信息;如果将 $\delta \to 0$,那么可得到近似解。

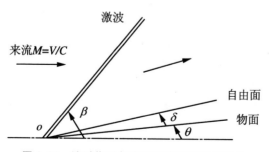

图 3.90　流过楔形超空泡超声速流的斜激波

3.11　出水超空泡溃灭的理论模型

假设超空泡出水后,形成了厚度为 δ、半径为 R 的水环,半径为 R_b 的圆柱体被水环封闭,水环与圆柱体具有相同的中心点。Logvinovich[36]已经推导出了水环的运动方程:

$$\ddot{R} + \frac{\Delta p}{\rho S} = 0 \tag{3.19}$$

这里 Δp 是水环两侧的压差,$S = R\delta$ 并且是恒定的。初始条件为在 $t = 0$ 时刻,① $R = R_c$,R_c 是空泡的半径;② 空泡溃灭的初始速度为零[132,133],即 $\dot{R} = 0$。这样从式(3.19)中解出空泡半径 R 和崩溃速度 $\dot{R}$ 为

$$\left. \begin{array}{l} R = R_c\cos\left(\sqrt{\dfrac{\Delta p}{\rho S}}t\right) \\[4mm] \dot{R} = - R_c\sqrt{\dfrac{\Delta p}{\rho S}}\sin\left(\sqrt{\dfrac{\Delta p}{\rho S}}t\right) \end{array} \right\} \tag{3.20}$$

在 $\dot{R}$ 的表达式中的负号,意味着水环向心运动。根据式(3.20),我们分别得出空心空泡的崩溃时间 t^* 和当空泡在圆柱体 R_b 上崩溃的时间 t^b 如下:

$$\left. \begin{array}{l} t^* = \dfrac{\pi}{2} \times \sqrt{\dfrac{\rho S}{\Delta p}} \\[4mm] t^b = \arccos\left(\dfrac{R_b}{R_c}\right) \times \sqrt{\dfrac{\rho S}{\Delta p}} \end{array} \right\} \tag{3.21}$$

这里有一个未知参数,就是水环厚度 δ。我们取 $\delta = 0.5$ mm,$\Delta p = 10^5$ Pa,$\rho = 10^3$ kg/m³。从细长体出水实验结果(3.7.2 小节)可知,$R_b \approx 1.2$ mm,出水后的空泡外径约为 4.5 mm;从钝体出水实验结果(3.7.1 小节)可知,$R_b \approx 3$ mm,出水后的空泡外径约为 11 mm。那么,从式(3.20)和(3.21)可算出这两种情况下的 t^b 分别等于 0.114 ms 和 0.147 ms,$\dot{R}$ 分别等于 14.387 m/s 和 27.281 m/s。得出的崩溃速度与鲁传敬和李杰[134]的计算结果基本一致。

参 考 文 献

[1] May A. Vertical entry of missiles into water[J]. J. Appl. Phys., 1952, 23(12): 1362-1372.

[2] Knapp R T, Daily J W, Hammitt F G. Cavitation[M]. New York: McGraw-Hill, 1970.

[3] Abelson H I. Pressure measurement in water-entry cavity[J]. J. Fluid Mech., 1970, 44: 129-144.

[4] Bivin K Yu, Glukhov M Yu, Permyakov V Yu. Vertical entry of solid into water[J]. Izv Akad. Nauk USSR, Mekh. Zhidk. Gaza, Nov-Dec., 1985(6): 3-9.

[5] Ashley S. Warp drive underwater[J]. Scientific American, 2001, 284(5): 70-79.

[6] 蒂姆·思韦茨. 海上飞艇[N]. 参考消息, 2006-03-11(7).

[7] 丛敏. 美国研究超空泡高速水下运输艇[J]. 飞航导弹, 2007(6): 34-35.

[8] 山本智之, 今村优莉. 泡·海流を味方に省エネ快走[N]. 朝日新聞, 2009-12-08(13).

[9] Hrubes J D. High-speed imaging of supercavitating underwater projectiles. Experiments in Fluids[J]. 2001, 30(1): 57-64.

[10] Kirschner I N. Results of selected experiments involving supercaviting flows[M]// von Karman Institute (VKI). RTO AVT Lecturer Series EN-010-15. Brussels, Belgium: NATO, 2001.

[11] Kuklinski R, Henoch C, Castano J. Experimental study of ventilated cavities on dynamics test model[C]//Brennen C E. Proceedings of the 4th International Symposium on Cavitation, 20-23 June 2001. CAV2001. Pasadena, California, USA: California Institute of Technology, 2001, Session B3: 004.

[12] Miskelly H L. Supercavitating underwater projectile: US, 6405653[P]. 2002.

[13] Daigh S L. Shooting device for free-surface impact studies[D]. USA: Cambridge: Massachusetts Institute of Technology, 2004.

[14] Schaffer M, Pfeifer H J. Comparison of two computational methods for high-velocity cavitating flows around conical projectiles: OTi-HULL hydrocode and two-phase flow method[C]//Brennen C E. Proceedings of the 4th International Symposium on Cavitation, 20-23 June 2001. CAV2001. Pasadena, California, USA: California Institu-

te of Technology,2001,Session B3:003.

[15] Klomfass A,Salk M. Numerical analysis of the supercavitating supersonic flow about blunt body[C]//Proceedings of the 25th International Symp. on Shock Waves,Paper No.1232_1a. Bangalore,India,2005:997-1002.

[16] 丛敏.超空泡:未来水下武器系统的挑战[J].飞航导弹,2007(12):11-14.

[17] Neaves M D,Edwards J R. All-speed time-accurate underwater projectile calculations using a preconditioning algorithm. Trans. ASME[J],J. Fluids Eng. ,2006,128(2):284-296.

[18] Yamashita S,Togami K,Saeki T,et al. Study of a hypervelocity underwater projectile [C]. Proceedings of the 24th International Symp. on Shock Waves,Vol. 2. Beijing,China,2004:1303-1308.

[19] Abe A,Katayama M,Saito T,et al. Numerical simulation on supercavitation and yawing of a supersonic projectile traveling in water[C]//Proceedings of Symp. on Interdisciplinary Shock Wave Research. Sendai,Japan,2004:1-12.

[20] 钱东,张少捂.鱼雷防御技术的发展与展望[J].鱼雷技术,2005,13(2):1-6.

[21] 陈兢.新概念武器:超空泡水下高速武器[J].飞航导弹,2004(10):34-37.

[22] 刘桦,刘庆华,胡天群.带空泡轴对称细长体水动力脉动的实验研究[J].水动力学研究与进展 A 辑,2004,19(6):794-800。

[23] 蒋洁明,鲁传敬,胡天群,等.轴对称体通气空泡的水动力学试验研究[J].力学季刊,2004,25(4):450-456.

[24] 傅慧萍,鲁传敬,吴磊.回转体空泡流特性研究[J].水动力学研究与进展 A 辑,2005,20(1):84-89.

[25] 顾巍,何友声.空泡流非稳态现象的流动控制[J].力学学报,2001,33(1):19-27.

[26] 陈伟政,张宇文,邓龙,等.水洞实验中空泡图像的一种修正方法[J].水动力学研究与进展 A 辑,2004,19(5):67-70.

[27] 陈伟政,张宇文,袁绪龙,等.重力场对轴对称稳定空泡形态影响的实验研究[J].西北工业大学学报,2004,22(3):274-278.

[28] 张宇文,陈伟政,袁绪龙,等.头形对细长体超空泡生成与外形影响的实验研究[J].西北工业大学学报,2004,22(3):269-272.

[29] 王海斌,张嘉钟,魏英杰,等.水下航行体通气空泡减阻特性实验研究[J].船舶工程,2006,28(3):14-17.

[30] 王海斌,张嘉钟,魏英杰,等.空泡形态与典型空化器参数关系的研究:小空泡数下的发展空泡形态[J].水动力学研究与进展 A 辑,2005,20(2):251-257.

[31] 贾力平,张嘉钟,于开平,等.空化器线形与超空泡减阻效果关系研究[J].船舶工程,

2006,28(2):20-23.

[32] 鲁君瑞,张敏第,王国玉.超空化水翼流场的 DPIV 实验研究[J].水动力学研究与进展 A 辑,2007,22(5):529-535.

[33] 李向宾,王国玉,张敏第.绕水翼超空化流发展及其旋涡特性的实验研究[J].水动力学 研究与进展 A 辑,2007,22(5):625-632.

[34] 冯光,颜开.超空泡航行水下弹道的数值计算[J].船舶力学,2005,9(2):1-8.

[35] 于开平,蒋增辉.超空泡形状计算及相关试验研究[J].飞航导弹,2005(12):15-22.

[36] Logvinovich G V. Hydrodynamics of flows with free boundaries[M]. Kiev:Naukova Dumka,1969.(in Russian)(或见:罗格维诺维奇 Г B. 自由边界流动的水动力学[M]. 施红辉,译.上海:上海交通大学出版社,2012.)

[37] Savchenko Y N. Experimental investigation of supercavitating motion of bodies[M]// von Karman Institute (VKI). RTO AVT Lecturer Series EN-010-04. Brussels, Belgium:NATO,2001.

[38] Vlasenko Y D. Experimental investigations of high-speed unsteady supercavitating flows[C]. Proceedings of the 3rd International Symp. on Cavitation. Grenoble, France:Université Joseph Fourier.1998:39-44.

[39] 傅慧萍,鲁传敬.超空泡武器技术中的几个水动力学问题[J].船舶力学,2003,7(5): 112-118.

[40] Chen Y,Lu C J. A homogeneous-equilibrium-model based numerical code for cavitati- on flows and evaluation by computation[J]. J Hydrodynamics Ser. B,2008,20(2): 186-194.

[41] 罗金玲,毛鸿羽.导弹出水过程中气/水动力学的研究[J].战术导弹技术,2004(4): 23-25.

[42] 罗金玲,何海波.潜射导弹的空化特性研究[J].战术导弹技术,2004(3):14-17.

[43] 魏海鹏,郭凤美,权晓波.潜射导弹表面空化特性[J].宇航学报,2007,28(6): 1506-1523.

[44] 权晓波,李岩,魏海鹏,等.航行体出水过程空泡溃灭特性研究[J].船舶力学,2008,12 (4):545-549.

[45] 权晓波,李岩,魏海鹏,等.大攻角下轴对称航行体空化流动特性试验研究[J].水动力学 研究与进展 A 辑,2008,23(6):662-667.

[46] 蒋运华,安伟光,安海.初始扰动下水下超高速运动体弹道数值模拟[J].水动力学研究 与进展 A 辑,2008,23(5):571-579.

[47] 狄长安,孔德仁,刘兵,等.水下弹丸外弹道运动性能评估方法研究[J].弹箭与制导学 报,2007,27(2):229-231.

[48] 狄长安,王昌明,孔德仁,等.水下发射器腔口冲击波指向特性研究[J].南京理工大学学报,2005,29(2):174-177.

[49] 王昌明,孔德仁,狄长安,等.水下枪械弹道特性研究[J].南京理工大学学报,2003,27(5):583-587.

[50] 易文俊,李月洁,王中原,等.小攻角下水下高速射弹的空泡形态特性[J].南京理工大学学报:自然科学版,2008,32(4):464-467.

[51] 熊天红,易文俊,吴军基,等.水下空化器参数对自然空泡形态的影响[J].南京理工大学学报:自然科学版,2008,32(5):545-548.

[52] 曹伟,魏英杰,王聪,等.超空泡技术现状、问题与应用[J].力学进展,2006,36(4):571-579.

[53] 曹伟,王聪,魏英杰,等.自然超空泡形态特性的射弹试验研究[J].工程力学,2006,23(12):175-187.

[54] 张学伟,魏英杰,张嘉钟,等.结构模型对通气超空泡影响的实验研究[J].工程力学,2008,25(9):203-208.

[55] 褚学森,王志,颜开.自然超空泡形态及减阻机理[J].气体物理理论与应用,2007,2(3):268-272.

[56] Rand R,Pratap R,Ramani D,Cipolla J,et al. Impact dynamics of a supercavitating underwater projectile[C]. Proceedings of 1997 ASME Design Engineering Technical Conference,DETC97/VIB-3929. Sacramento,California,1997.

[57] Savchenko Y N. Control of supercavitation flow and stability of supercavitating motion of bodies[C]. von Karman Institute (VKI),RTO AVT Lecturer Series EN-010-14. Brussels,Belgium:NATO,2001.

[58] Kameda M,Ichihara M,Okunitani H. Bubble oscillation in viscoelastic liquids[C]. Proceedings of the 10th Symp. on Cavitation. Fukui,Japan:JSME,1999:23-26.(in Japanese)

[59] Kawashima H,Ichihara M,Kameda M. An oscillating bubble in a hydrothermal system[C]. Proceedings of the 10th Symp. on Cavitation. Fukui,Japan:JSME,1999:19-22.(in Japanese)

[60] Shi H H,Zhou S Y,Zhang X P,et al. Review of mechanism and technology research of underwater supercavitation fluid machinery[C]//Ohl E Klaseboer,Ohl S W,Gong S W,et al. Proceedings of the 8th International Symp. on Cavitation (CAV 2012), eds. C.-D. Paper No.73. Singapore:National University of Singapore,2012:933-938.

[61] 施红辉,周浩磊,吴岩,等.伴随超空泡产生的细长体入水实验研究[J].力学学报,2012,44(1):49-55.

[62] 施红辉,张晓萍,吴岩,等.细长体倾斜入水时的非平衡态超空泡气液两相流研究[J].浙江理工大学学报,2012,29(4):570-574.

[63] 王一伟,黄晨光,杜特专,等.航行体有攻角出入水全过程数值模拟[J].水动力学研究与进展,2011,26(1):48-57.

[64] 王一伟,黄晨光,杜特专,等.航行体垂直出水载荷与空泡溃灭机理分析[J].力学学报,2012,44(1):39-48.

[65] 施红辉,吴岩,周浩磊,等.物体高速出水实验装置研制及流场可视化[J].浙江理工大学学报,2011,28(4):534-539.

[66] Shi H H,Zhnag X P,Wu Y,et al.Supercavitation phenomenon during water exit and water entry of a fast slender body[C].Proceedings of the 28th International Symp.on Shock Waves,Paper No.2504.Manchester,UK:University of Manchester,2011.

[67] Truscott T T,Beal D N,Techet A H.Shallow angle water entry of ballistic projectiles [C].Proceedings of the 7th International Symp.on Cavitation,CAV2009-Paper No.100,Ann Arbor.Michigan,USA:University of Michigan,2009.

[68] 傅慧萍,鲁传敬.空化器设计及超空泡参数控制[J].船科学技术,2003,25(5):49-51.

[69] Savchenko Y N.Artificial supercavitation:physics and calculation[C].von Karman Institute (VKI),RTO AVT Lecturer Series EN-010-11.Brussels,Belgium:NATO,2001.

[70] Shi H H.Fast water entry of blunt solid projectile[C].Proceedings of the 74th JSME Spring Annual Meeting.Vol.Ⅵ.Tokyo,Japan:JSME,1997:1-4.

[71] Shi H H,Field J E,Bourne N K.Entry,air cushioning and cavitation during high speed liquid-liquid impact and solid-liquid impact[R].Cavendish Laboratory.Report of Physics and Chemistry of Solids.Cambridge University,UK,1991.

[72] Takami T.Study on water entry of high speed blunt body[D].Nagoya:Nagoya Institute of Technology,Japan,1999.(in Japanese)

[73] Kume M.Study on the flow field accompanying water entry of high speed projectile [D].Nagoya:Nagoya Institute of Technology,Japan,2001.(in Japanese)

[74] Wei Y P,Wang Y W,Fang X,et al.A scaled underwater launch system accomplished by stress wave propagation technique[J].Chin.Phy.Lett.,2011,28(2):024601.

[75] Shi H H,Itoh M,Takami T.Optical observation of the supercavitation induced by high-speed water entry[J].Trans ASME,J.Fluids Eng.,2000,122:806-810.

[76] Shi H H,Kume M.Underwater acoustics and cavitating flow of water entry[J].Acta Mechanica Sinica,2004,20(4):374-382.

[77] Shi H H,Kume M.An experimental research on the flow field of water entry by pres-

sure measurements[J]. Physics of Fluids,2001,13:347-349.

[78] Shi H H,Takami T,Itoh M. Measurement of the underwater acoustic field in water entry of blunt body[J]. 流体力学实验与测量,2001,15(2):78-84.

[79] 吴岩. 物体高速出水实验装置研制及流场可视化[D]. 杭州:浙江理工大学,2011.

[80] 施红辉,周浩磊,吴岩,等. 伴随超空泡产生的水下高速物体试验装置:中国,ZL201010536766.3[P],2012.

[81] 周浩磊. 水下高速航行体发射系统的设计及超空泡流场特性研究[D]. 杭州:浙江理工大学,2012.

[82] 周浩磊,施红辉,张晓萍,等. 一种用于水中超空泡及高速物体出入水的发射装置:中国,ZL201120343328.5[P],2012.

[83] 周素云,施红辉,胡青青,等. 水平超空泡发生装置的研制及相关实验研究[J]. 浙江理工大学学报,2013,30(2):218-223.

[84] 施红辉,周素云,胡俊辉,等. 一种水平超空泡与自由面相互作用的实验装置:中国,ZL201220224581.3[P],2012.

[85] Trevena D H. Cavitation and tension in liquids[M]. Bristol,U. K. :Adam Hiler,1987.

[86] Etter R J,Cutbirth J M,Ceccio S L,et al. High reynolds number experimentation in the US Navy's William B Morgan large cavitation channel[J]. Meas. Sci. Technol. ,2005,16:1701-1709.

[87] Techet A H,Hover F S,Triantafyllou M S. Vortical patterns behind a tapered cylinder oscillating transversely to a uniform flow[J]. J. Fluid Mech. ,1998,363:79-96.

[88] 崔建章. 六片式拖网性能的研究[J]. 水产学报,1995,19(1):43-51.

[89] 张晓萍. 高速拖曳水槽的研制及不同几何模型的空化实验[D]. 杭州:浙江理工大学,2012.

[90] 张晓萍,施红辉,周浩磊,等. 一种平面超空泡发生装置:中国,ZL201120399996. X[P],2012.

[91] Korobkin A A,Puckhnachov V V. Initial stage of water impact[J]. Ann. Rev. Fluid Mech. ,1988,20:159-185.

[92] Howison S D,Ockendon J R,Wilson S K. Incompressible water entry problems at small deadrise angles[J]. J. Fluid Mech. ,1991,222:215-230.

[93] Moghisi M,Squire P T. Impact force measurement in water entry[J]. J. Fluid Mech. ,1981,108:133-146.

[94] Kubenko V D,Gavrilenko V V. Penetration of a compressible liquid by an axially symmetric solid object[J]. Prik. Mekh. ,1986,22:93-99.

[95] Verhagen J H G. The impact of a flat plate on a water surface[J]. J. Ship Resh. ,

1967,11:211-223.

[96] Koehler B R,Kettleborough C F. Hydrodynamic impact of a falling body upon a viscous incompressible fluid[J].J.Ship Resh. ,1977,21:165-181.

[97] Lewsion G,Maclean W M.On the cushioning of water impact by entrapped air[J]. J.Ship Resh. ,1968,12:116-130.

[98] Erosin V A,Plyusnin A V,Romannenkov N I,et al. Atmosphere influence on hydro-dynamic forces at a plane disc impact on a compressible fluid surface[J].Ivz. Akad. Nauk. SSSR,Mekh. Zhidk. Gaza,1984,(3):15-20.

[99] Korobkin A A. Blunt-body impact on a compressible liquid surface[J].J. Fluid Mech. ,1992,244:437-453.

[100] Lin M-C,Shieh L-D. Simultaneous measurements of water impact on a two-dimen-sional body[J].Fluid Dyn. Resh. ,1997,19:125-148.

[101] Korobkin A A. Elastic response of catamaran wetdeck of liquid impact[J]. Ocean Eng. ,1998,25:687-714.

[102] Glasheen J W,MacMahon T A. Vertical water entry of disks at low Froude numbers [J].Phys. Fluids,1996,8:2078-2083.

[103] Lee M,Longoria R G. ,Wilson D E. Cavity dynamics in high-speed water entry[J]. Phys. Fluids,1997,9:540-550.

[104] Wade R B,Acosta A J. Experimental observations on the flow past a plano-convex hydrofoil[J]. Trans. ASME,J. Basic Eng. ,1966,88:273-283.

[105] Shi H H,Takami T. Hydrodynamic behavior of an underwater moving body after water entry[J]. Acta Mechanica Sinica,2001,17(1):35-44.

[106] Shi H H,Takami T. Some progress in the study of the water entry phenomenon[J]. Experiments in Fluids,2001,30:475-477.

[107] Kato Y. Cavitation[M]. Tokyo:Maki Bookshop,1979:161-162. (in Japanese)

[108] Gilbarg D,Anderson R A. Influence of atmospheric pressure on the phenomena accompanying the entry of spheres into water[J].J. Appl. Phys. ,1948,19:127-139.

[109] Young J O,Holl J W. Effect of cavitation on periodic wakes behind symmetric wedges. Trans[J]. ASME,J. Basic Eng. ,1966,88:163-176.

[110] Watanabe R,Fujii K,Higashiura F. Computational analysis of the unsteady flow induced by a projectile overtaking a preceding shock wave[J]. Trans. Japan Soc. Aero. Space Sci. ,1998,41:65-73.

[111] Shi H H,Ito M. High-speed photography of supercavitation and multiphase flows in water entry [C]. Proceedings of the 7th International Symp. on Cavitation,

CAV2009-Paper No.142,Ann Arbor. Michigan,USA:University of Michigan,2009.

[112] Tomita Y,Shima A. Mechanisms of impulsive pressure generation and damage pit formation by bubble collapse[J]. J. Fluid Mech. ,1986,169:535-564.

[113] Leslie C B. Underwater noise produced by bullet entry[J]. J. Acoust. Soc. Am. ,1964, 36(6):1138-1144.

[114] Hughes W F,Brighton J A. Theory and problems of fluid dynamics[M]. New York: McGraw-Hill,1999.

[115] Aristoff J M,Bush J W M. Water entry of small hydrophobic spheres[J]. J. Fluid Mech. ,2009,619:45-78.

[116] McMillen J H. Shock wave pressures in water produced by impact of small spheres [J]. Phys. Rev. ,1945,68:198-209.

[117] Brennen C E. Fundamentals of multiphase flow[M]. Oxford:Oxford University Press,2004.

[118] 安伟光,蒋运华,安海. 运动体高速入水非定常过程研究[J]. 工程力学,2011,28(3): 251-256.

[119] 王献孚. 空化泡和超空化泡流动理论及应用[M]. 北京:国防工业出版社,2009.

[120] Waugh J G,Stubstad G W. Hydroballistics Modeling[M]. Washington DC:US Government Printing House,1975.(或见:沃 J G,斯塔布斯塔德 G W. 水弹道学模拟 [M]. 陈九锡,张开荣,译. 北京:国防工业出版社,1979.)

[121] Chu X S,Yan K,Wang Z,et al. Numerical simulation of water-exit of a cylinder with cavities[J]. J. Hydrodynamics Ser. B,2010,22(5),supplement:877-881.

[122] 颜开,王宝寿. 出水空泡流动的一些研究进展[C]. 第二十一届全国水动力学研讨会暨 第八届全国水动力学学术会议暨两岸船舶与海洋工程水动力学研讨会文集. 北京:海 洋出版社,2008:9-16.

[123] Shi H H,Zhou H L,Hu J H,et al. Experimental research on supercavitation flows during water exit of blunt bodies[C]//Ohl E Klaseboer,Ohl S W,Gong S W,et al. Proceedings of the 8th International Symp. on Cavitation (CAV 2012),eds. C.-D. Paper No.71. Singapore:National University of Singapore,2012:885-889.

[124] Semenenko V N. Artificial supercavitation:physics and calculation[M]//VKI Special Course on Supercavitating Flows. Brussels:R. van den Braembussche,2001: RTO-EN-010(11).

[125] 周素云. 水平运动超空泡的发生及流体力学机理研究[D]. 杭州:浙江理工大学,2013.

[126] 易文俊,王中原,熊天红,等. 水下射弹典型空化器的超空泡形态特性分析[J]. 弹道学 报,2008,20(2):103-106.

［127］施红辉,胡青青,胡俊辉,等.水平运动超空泡在近自由面区域的水动力学特性研究
　　　［C］//第九届全国实验流体力学学术会议论文集.杭州:浙江理工大学,2013.
　　　357-365.

［128］Vasin A D. The principle of independence of the cavity sections expansion（Logvi-
　　　novich's principle）as the basis for investigation on cavitation flows［C］//von
　　　Karman Institute（VKI）. RTO AVT Lecturer Series EN-010-08. Brussels,Belgium:
　　　NATO,2001.

［129］Shi H H,Chen B,Brouillettee M,et al. A high-speed towing tank for hydrodynamics
　　　and cavitation experiments［J］. International Journal of Aerospace Innovations,
　　　2012,4(3+4):85-94.(或见:施红辉,陈波,张晓萍,等.高速拖曳水槽水动力特性及尾
　　　空化实验研究［J］.实验流体力学,2013,27(5):44-48, 60.)

［130］Shi H H,Wang X L,Ito M,et al. Unsteady liquid jet flowing through a rectangular
　　　nozzle［J］.流体力学实验与测量,2001,15(2):59-70.

［131］Vasin A D. Supercavities in compressible fluid［C］//von Karman Institute（VKI）.
　　　RTO AVT Lecturer Series EN-010-16,. Brussels,Belgium:NATO,2001.

［132］Ilinskii Y A,Zabolotskaya E A,Hay T A,et al. Models of cylindrical bubble pulsa-
　　　tion［J］. J. Acoust. Soc. Am. ,2012,132:1346-1357.

［133］Lohse D,Bergmann R,Mikkelsen R,et al. Impact on soft sand:Void collapse and jet
　　　formation［J］. Phys. Rev. Lett. 2004,93:198003.

［134］鲁传敬,李杰.水下航行体出水空泡溃灭过程及其特性研究［C］//第十一届全国水动
　　　力学学术会议暨第二十四届全国水动力学研讨会并周培源教授诞辰 110 周年纪念大
　　　会文集.北京:海洋出版社,2012:54-67.

第4章 伴随相变的高速气体流动

4.1 引 言

  流场中的相变问题存在于许多环境、工程技术应用中。一般情况下,在高压低温下物质表现为固相;在中等压强和温度下,物质处于液相;而在低压高温下则表现为气相。本章所讨论的相变主要集中在气液相变问题方面。在非定常的高速气体流动中,由于常受到膨胀或压缩,蒸汽饱和度将随着时间发生变化,从而使流场中的物质发生相的转变:物质由气相向液相转变的过程被称为凝结过程,此过程在流体快速膨胀时发生,且释放潜热。反之,由液相向气相转变的过程被称为蒸发过程,该过程在流体快速压缩时发生,且吸收能量。

  对伴随相变的高速气体流动的研究,主要集中在汽轮机和风洞两方面:气液相变对汽轮机的侵蚀问题极大地影响了工业效率,而风洞气流中水的凝结会对风洞中气动测量带来影响。20 世纪初期,Wilson,Kelvin 等著名学者结合汽轮机实际问题来研究湿蒸汽,通过研究伴随相变流体的机理,提高汽轮机性能、延长使用寿命。20 世纪 30 年代,Volmer,Becker,Doring 等物理学家直接从热力学角度出发,针对相变的机理进行探讨,形成了后来学术界公认的经典成核理论(classical nucleation theory,CNT)。Oswatitsch 通过理论分析,得到了喷嘴流动中凝结对流场参数的影响,这一工作使空气动力学家们开始针对风洞中凝结现象展开深入研究。

  二战之后,由于汽轮机和风洞均有新的发展,气液两相流研究进入了新的阶段。汽轮机方面,有学者研究侵蚀问题,如 Hammitt 教授曾着重研究水滴撞击现象;有的学者专门探索测量方法,如 ABB 公司的 Ederhof 等;有的学者从理论、实验全面分析汽轮机中的凝结,如英国伯明翰大学的 Bakhtar 教授等。风洞方面,二战后美国经济的飞速发展,带动了风洞的广泛应用,其各国家实验室的研究者们针对不同的风洞进行了各种理论、实验研究。此外,耶鲁大学的 Wegener 教授以研究气液两相流的凝结机制为主,对多种风洞中的凝结影响进行了分析。20 世纪 80 年代至今,学者们为了深入探究不同伴随相变的流动机理,简化出如管流、喷嘴流、机翼外流、Prandtl-Meyer 绕角流等多种流动模型,仔细研究凝结在这些流动模型中的宏观热力学表现及成核过程、液滴增长过程的内在机制。主要有耶鲁大学的 Wegener 教授,瑞士苏黎世工大的 Gyarmathy 教授,剑桥大学的 Young 教授,荷兰埃因霍温理工大学的 Dongen 教授,德国卡尔斯鲁厄理工学院的 Schnerr 教授等。

　　国内关于流动中湿蒸汽影响的研究,约开始于 20 世纪 80 年代。西安交通大学的蔡颐年[1]教授结合汽轮机背景,做了一些重要工作,并在推广这一课题方面做出了大量贡献。以风洞为背景研究高速流动中的气液相变问题,在国内仍然是一个空白。

　　迄今为止,关于汽轮机和风洞这两大问题中气液相变的影响问题一直没有得到完美的解决。汽轮机方面,虽然常规汽轮机中的问题已经基本得到解决。但随后出现的多级放大功率及轻水冷却核反应堆使得汽轮机问题再次凸显且有愈演愈烈的趋势。当今核电站中对凝结问题的处理仍然是一个可以极大提高电站效率的课题。风洞方面,在最初的超声速风洞中水凝结问题解决之后,在 1950 年左右出现的常温高超声速风洞中又发现了氮气等空气其他组分在低温下凝结的问题。目前,高焓高超风洞的出现,也带来了许多相变影响的问题。其中,燃烧加热风洞以燃烧作为加热方式引入水分,使得其中相变的影响不容忽视。

　　本章首先介绍凝结理论,包括:同质成核模型,液滴增长模型。接着得到气液两相流的物理描述,包括:气液两相的热力学关系,控制方程的推导。然后描述模拟伴随相变高速气体流动的数值方法,介绍气液相变与流动相互作用的典型算例。最后介绍凝结理论在实验上的应用,并对理论和实验进行比较。

4.2 气液相变现象的物理模型

水蒸气的凝结过程可以分为两个阶段:成核过程和液滴生长过程。首先形成凝结核,然后气体分子在化学势的作用下与凝结核表面碰撞黏附,使核慢慢长大成小液滴。若凝结核是由气体分子在化学势的作用下自发形成的,为同质成核,否则为异质成核。在日常生活中,经常遇到异质成核凝结过程,例如云的形成、揭开开水壶看到的雾气等。异质成核凝结过程大多数都属于平衡凝结。所谓平衡凝结就是气体状态参数发生变化相对缓慢,在气体达到饱和时即可发生凝结的过程。相反,当气体的状态参数发生变化的时间尺度远远小于气体分子与其他颗粒黏附融合的时间尺度,这时气体的饱和度 S,即气体的实际压力与饱和压力的比值将远大于 1,气体的状态称为过饱和状态。当饱和度 S 足够大后,气体分子在分子力的作用下自发形成凝结核而发生凝结的过程称为非平衡凝结。因此同质成核一般情况下都属于非平衡凝结。

从 19 世纪三四十年代至今,已建立有多种成核理论和液滴增长理论,然而使用这些理论对实验结果的预测仍不能令人满意。Schnerr[2]曾指出:若不考虑流场中成核率的分布,而只关注宏观气动效应的积分效应时,经典成核理论同样可以预测出较好的结果。另一方面,Sinha[3]通过模型计算与实验的对比证实了不同成核率与不同液滴增长模型所得到的流场宏观量相差无几,而在液滴尺寸预测方面则偏差较大。Young 曾有一个著名的论断,对于一个凝结模型的全面验证,需要兼顾成核理论及液滴增长理论。

4.2.1 成核模型

将气体转换成液滴有多种热力学方法,一般考虑气体和液滴处于同一温度时的热力学关系,即凝结过程是等温的,等温路径是简单而典型的。当我们固定温度 T,把气体不断压缩时,水蒸气分压不断增大,导致饱和度 S(定义为 $S = p_v / p_{sat}$,其中 p_v 为水蒸气分压,p_{sat} 为水蒸气在温度 T 时的饱和蒸汽压)不断增大。当 $S=1$ 时,意味着水蒸气处于饱和状态。如果继续压缩,水蒸气将达到过饱和状态。通常我们认为在过饱和时水蒸气会凝结,然而研究发现,当气体中没有其他杂质(如离子、吸湿性颗粒、墙面等)时,即异质成核不存在时,凝结并不会立即发生,此时的气体处于亚稳态(metastable)。由热力学关系 $\mathrm{d}f = v\mathrm{d}p - s\mathrm{d}T$ 及过程等温条件,可得 $\Delta\mu - R_v T\ln S$,为气体处在过饱和态(p_v, T)与处于平衡态(p_{sat}, T)之间的化学势差,其中 R_v 为水蒸气气体常数。由于液相存在表面自由能,因此系统的自由能差应写为

$$\Delta G = 4\pi r^2 \sigma - \rho_1 R_v T\ln S \cdot \frac{4}{3}\pi r^3 \tag{4.1}$$

其中 ρ_1 为液态水的密度。此式假设液滴为球形,式中右边第一项为表面自由能,σ 为单位表面张力。此自由能差并不是一个单调函数,而是在某半径 r 处存在极大值,该半径即为临界半径 r^*:

$$r^* = \frac{2\sigma}{\rho_1 R_v T\ln S} \tag{4.2}$$

由热力学我们知道,一个系统自动趋向于低 Gibbs 自由能的状态。当液滴半径小于 r^* 时,自由能斜率大于 0,液滴趋向于减小,即蒸发;而当液滴半径大于 r^* 时,则液滴趋向于增大,即凝结。因此只有当凝结核大于临界半径时,凝结才会发生。从式(4.2)可以发现,S 越大,临界半径 r^* 越小,即凝结所需的液滴尺寸越小,凝结越容易发生。

凝结是一个物理相变过程,同时可以当作是一个"反应"过程。在同质凝结的情况下,它是由一种反应物经过一系列"反应"步骤后生成另一种反应产物。要完整、精确地描述这一凝结过程,首先必须正确地描述每一反应步骤或反应方程式的反应率。由于凝结过程非常复杂,学者们首先对它进行了简化。

其中最常用最简单的一种简化就是假设在凝结过程中,每一反应步都处于热力学平衡状态,此假设下得到的平衡反应率即为每个反应步骤的反应率。该假设后来演变为化学动力学的基础。早在 1926 年,Volmer 等[4]根据这种简化,推导了成核过程中的反应率,并指出凝结过程中的成核率是形成自由能的指数函数。这个指数函数的确定支配着整个凝结理论,但 Volmer 并没有对这个理论的动力学模型进行详细的讨论。1927 年,Farkas[5]给出了平衡假设条件的成核率方程,但 Farkas 公式中含有一个不可积的积分表达式。之后 Becker 等[6]对 Farkas 公式进行了重新推导和求解。与此同时,Zeldovich[7]根据动力学理论推导了成核率方程,从结果的精度上看,虽然没有对 Farkas 理论进行很

大改善,但从数学上他的推导更简洁合理。这样,成核过程的数学模型理论就基本形成。Zeldovich 方程直到目前为止还是一个比较实用的成核率方程,就是现在人们常称的经典成核(CNT)理论。在 CNT 理论中,成核率遵循如下形式:

$$J_{\mathrm{CNT}} = \frac{\rho_{\mathrm{v}}^2}{\rho_1} \sqrt{\frac{2\sigma}{\pi m^3}} \exp\left(-\frac{4}{27} \frac{\Theta^3}{(\ln S)^2}\right) \tag{4.3}$$

其中 ρ_{v} 为水蒸气密度,m 为水分子质量,$\Theta = \sigma a_0 / k_{\mathrm{B}} T$,$a_0 = (36\pi)^{1/3} v_1^{2/3}$,$v_1$ 为水分子体积,这一分布与 Boltzmann 分布类似。

最初的 CNT 理论在预测成核率和随温度变化趋势时均与实验结果有较大差异。许多学者针对 CNT 理论进行了改进,在一定程度上促进了理论与实验结果的吻合。这里仅描述部分重要的改进。

1990 年 Girshick 和 Chiu[8] 从推导的自洽性出发,完善了自由能公式,引出了内洽经典成核理论(internally consistent classical theory,ICCT):

$$J_{\mathrm{ICCT}} = J_{\mathrm{CNT}} \frac{\exp(\Theta)}{S} \tag{4.4}$$

1994 年,经过实验对比,Luijten[9] 发现 ICCT 理论模拟的成核率随温度变化趋势要比 CNT 的预测准确,具体而言,低温凝结时 CNT 理论预测值偏低 3~4 个量级,而 ICCT 则偏高 2 个量级。

2001 年 Wölk 及 Strey[10] 进行了详细的实验,通过与 CNT 理论对比,发现当温度在 240 K 附近时,成核率吻合较好,而 $T > 240$ K 时理论值偏高,$T < 240$ K 时理论值偏低。为此,他们引入了温度相关的修正参数,得到关于成核率的半经验公式:

$$J_{\mathrm{w}} = J_{\mathrm{CNT}} \exp\left(A + \frac{B}{T}\right) \tag{4.5}$$

其中 $A = -27.56$,$B = 6.5 \times 10^3$ K。

2005 年,Holten 等人[11] 采用膨胀波管(expansion wave tube)测量了氦气-水蒸气系统中 220~260 K 范围内的水蒸气成核率,并用 Tolman 理论修正了表面张力,所得到的成核率公式比 CNT 理论更接近实验结果:

$$J_{\mathrm{H}} = \frac{J_{\mathrm{CNT}}}{S} \exp\left\{-\frac{4}{27} \frac{\Theta^3}{(\ln S)^2} \left[(1 - 2\delta/r^*)^3 - 1\right]\right\} \tag{4.6}$$

除了从实验数据角度改进成核率模型外,学者们逐渐认识到了成核率的理论不完备,即在引入 ΔG 时仅考虑整体自由能及液滴表面能,而忽略了平动能、转动能及形状不对称导致的能量分布等。2006 年,Kashchiev[12]综合考虑前人对能量的修正,给出了一个新的成核率:

$$J_K = \frac{A_0 S (\ln(S))^{12n}}{16 B_0^4} \exp\left(-\frac{B_0}{(\ln(S))^{2n}} + \frac{3 B_0^{1/3}}{4^{1/3}}\right) \tag{4.7}$$

其中 $A_0 = \frac{\rho_v^2}{\rho_1 S^2}\sqrt{\frac{2\sigma}{\pi m^3}}$,$B_0 = \frac{4}{27}\Theta^3$。参数 n 为 Kashchiev 引入的过饱和压差对 S 的依赖关系,对于 H_2O 而言,$n = 1.084$。

成核率理论发展至今,仍缺乏足够的理论完善性及精确度。归根到底,还是由于表面张力这一参量的复杂性导致的。正是缺乏对表面张力的足够理论及实验结果,导致对成核理论的评估产生很大的不确定性。在本章后续的讨论中,遵循 Lamanna[13]的建议,使用 ICCT 公式作为数值模拟中成核率的基准公式。

4.2.2 液滴增长模型

在凝结系统中,一旦凝结核形成后,它将开始生长形成液滴。前文中我们已讨论了气体的成核模型。本小节将主要讨论液滴的生长模型。首先假设液滴的生长过程是一个准定常过程,即液滴成长的热力学条件随时间变化非常缓慢,其变化时间尺度比系统从一个状态演化到另一个状态的动力学响应的时间尺度小得多。目前存在很多种描述液滴生长的模型,它们的生长率一般都是由通量匹配法来求解的。1934 年,Fuchs[14]首先采用了通量匹配法推导了液滴的生长率,但其中只考虑了质量通量。之后,Fukuta 和 Walter[15]扩展了 Fuchs 的模型,同时考虑了质量和能量通量,进一步完善了模型中的质量和能量守恒问题。

控制质量流量或能量流量的机制依赖于一个重要的参数,即 Knudsen 数(Kn)。Kn 定义为气体分子的平均自由程 l 与液滴的特征直径的比值:$Kn = l/2r_d$。当 $Kn \ll 1$ 时,液滴的生长由气体的连续扩散过程来控制;当 $Kn \gg 1$ 时,液滴的生长由气体分子碰撞到液滴表面的频率来决定;$Kn \approx 1$ 的区域是一个过渡区,至今为止尚未有一个可靠的模型可用于描述过渡区的液滴生长过程。根据 Kn 的取值范围,可以把液滴与周围环境组合的区域分为 3 个区,如图 4.1 所示,最里层为凝结核(液滴),半径为 r_d,由于液滴比较小,液滴的

温度 T_d 可以认为是均匀的;中间层为 Knudsen 层,该层半径 r_{Kn} 的大小约为气体的分子平均自由程,温度为 T_{Kn},其中的质量与能量流量是由分子动力学控制的;最外层为连续区域,该层中的质量和能量流量可以由连续介质假设下的气体控制方程来确定。在 Knudsen 层与连续层交界处的参数可以由连续条件来确定,在定常条件下,两个区的质量和能量流量相等并为常数。

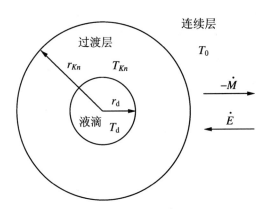

图 4.1 液滴生长模型示意图

(r_d 和 r_{Kn} 分别为液滴和过渡层的半径,T_d、T_{Kn} 和 T_0 分别为液滴、

过渡层和连续层的温度,$\dot{M}$ 和 $\dot{E}$ 分别为质量和能量流量)

根据以上讨论的分层模型,并结合通量匹配方法[16]就可以确定任意 Kn 下的液滴生长率。由图 4.1 可知,通量匹配存在两种可能,第一种情况为连续层与过渡层交界面处的匹配;第二种为液滴与过渡层交界面上的匹配。Young[17]根据第一种匹配情况详细推导和讨论了任意 Kn 数下的液滴生长模型,过渡层的半径为 $r_{Kn}=1+2\beta Kn$,其中 β 为修正常数,它取值的大小直接影响着过渡区的液滴生长率。根据第二种通量匹配,Gyarmathy[18]首先由质量和能量通量分别计算 $Kn \ll 1$ 和 $Kn \gg 1$ 两个极限下的生长率,再进行插值从而确定 $Kn \approx 1$ 情况下的液滴生长率。这两种通量匹配法确定的生长模型都很好地描述了 $Kn \approx 1$ 情况下的液滴生长率。可凝结气体与惰性气体混合系统的凝结过程中,Peeters[19]根据液滴生长率的实验结果,对 Young 模型和 Gyarmathy 模型的结果进行比较并指出,Kn 在很大的取值范围内,Gyarmathy 模型比 Young 模型更好地描述了液滴的生长过程。本章后续的讨论中将使用 Gyarmathy 模型,在此进行简要的讨论。

4.2.2.1　连续极限($Kn \ll 1$)下的通量

类似于 Lamanna[13] 和 Luo[20],质量和能量流量可以表示为

$$\left.\begin{aligned}
\dot{M}^{\mathrm{ct}} &= 4\pi r_{\mathrm{d}} \frac{D_{\mathrm{m}}}{R_{\mathrm{v}} T_{\mathrm{m}}} (p_{\mathrm{v}}^{\mathrm{eq}} - p_{\mathrm{v}\infty}) \\
\dot{E}^{\mathrm{ct}} &= \frac{1}{2}(T_{\mathrm{d}} + T_{\infty}) \dot{M}^{\mathrm{ct}} C_{\mathrm{pv}} + 4\pi k_{\mathrm{m}} r_{\mathrm{d}} (T_{\mathrm{d}} + T_{\infty}) \approx \dot{M}^{\mathrm{ct}} h_{\mathrm{vs}} + \dot{H}^{\mathrm{ct}}
\end{aligned}\right\}$$

$$(4.8)$$

其中下标 ∞ 表示远场区域的参数,T_{d} 表示液滴内部的温度,C_{pv} 为水蒸气的定压比热,h_{vs} 为平衡条件下的气体焓,$\dot{H}^{\mathrm{ct}}$ 表示从液滴到环境气体的热流量,$p_{\mathrm{v}}^{\mathrm{eq}}$ 为气体的平衡压力:一般是液滴温度 T_{d} 和液滴半径 r 的函数。D_{m} 和 k_{m} 分别表示气体扩散系数和热传导系数,下标 m 表示为温度 T_{m} 下的值,根据 Hubbard[21],T_{m} 可定义为 $T_{\mathrm{m}} = \frac{1}{3}(2T_{\mathrm{d}} + T_{\infty})$。

4.2.2.2　自由分子极限($Kn \gg 1$)下的通量

自由分子极限下的质量和能量流量分别为

$$\dot{M}^{\mathrm{fm}} = 4\pi r_{\mathrm{d}}^2 \left(\frac{p_{\mathrm{v}}^{\mathrm{eq}}}{\sqrt{2\pi R_{\mathrm{v}} T_{\mathrm{d}}}} - \frac{p_{\mathrm{v}\infty}}{\sqrt{2\pi R_{\mathrm{v}} T_{\infty}}} \right)$$

$$\dot{E}^{\mathrm{fm}} = 4\pi r_{\mathrm{d}}^2 \left[\frac{p_{\mathrm{v}\infty}(C_{\mathrm{pv}} - R_{\mathrm{v}}/2)}{\sqrt{2\pi R_{\mathrm{v}} T_{\infty}}} + \frac{p_{\mathrm{a}\infty}(C_{\mathrm{pa}} - R_{\mathrm{a}}/2)}{\sqrt{2\pi R_{\mathrm{a}} T_{\infty}}} \right] (T_{\mathrm{d}} - T_{\infty})$$

$$+ \dot{M}^{\mathrm{fm}} \left(C_{\mathrm{pv}} - \frac{R_{\mathrm{v}}}{2} \right) T_{\mathrm{d}}$$

$$\approx \dot{H}^{\mathrm{fm}} + \dot{M}^{\mathrm{fm}} h_{\mathrm{vs}} \qquad\qquad (4.9)$$

4.2.2.3　液滴温度 T_{d} 的隐式求解

为了确定液滴内的温度 T_{d},由液滴的能量守恒方程可以得到

$$\dot{E} = \frac{\mathrm{d}}{\mathrm{d}t}(M_{\mathrm{d}} h_{\mathrm{d}}) = \dot{M}_{\mathrm{d}} h_{\mathrm{d}} + M_{\mathrm{d}} \dot{h}_{\mathrm{d}} \qquad\qquad (4.10)$$

式中 M_{d} 和 h_{d} 分别表示液滴的质量和焓。

在准定常假设下,远场的状态参数变化非常缓慢,则液滴的内能通量可以忽略,式(4.10)可以简化为

$$\dot{E} = -\dot{M}(h_{vs} - h_d) + \dot{M}h_{vs} = -\dot{M}L + \dot{M}h_{vs} \tag{4.11}$$

其中 L 为凝结释放的潜热。结合方程(4.8)、(4.9)或(4.11)即可以隐式求解液滴的温度 T_d。但隐式求解这些复杂的公式给数值计算带来很大的麻烦,因此根据 Gyarmathy 的近似 wet-bulb 方程:

$$\dot{H} = -\dot{M}L \tag{4.12}$$

$\dot{H}$ 表示热流量,根据流场中的气体状态参数,热流量可以很方便地被确定。则液滴的温度可以隐式地表示为

$$Nu_{\dot{H}}k_m(T - T_d) = -Nu_{\dot{M}}L(T_d)D_m\frac{p_{v\infty} - p_v^{eq}}{p} \tag{4.13}$$

其中 $Nu_{\dot{H}}$ 和 $Nu_{\dot{M}}$ 为 Nusselt 数,根据 Gyarmathy[18],它们可定义为

$$\left.\begin{aligned}Nu_{\dot{H}} &= \frac{\dot{H}}{2\pi r_d k_m(T_d - T_\infty)} \\ Nu_{\dot{M}} &= \frac{\dot{M}}{2\pi r_d D_{mod}(p_v^{eq} - p_{v\infty})/p}\end{aligned}\right\} \tag{4.14}$$

式中 $D_{mod} = D_m p/R_v T_m$,为修正的扩散系数。

4.2.2.4 液滴生长率

由方程(4.13)确定液滴内的温度后,由质量守恒原理可以直接得到液滴的生长率为

$$\frac{dr_d}{dt} = \frac{\dot{M}}{4\pi\rho_l r_d^2} \tag{4.15}$$

结合方程(4.9)可以发现,在自由分子极限 $Kn \gg 1$ 下,液滴的生长率与液滴的大小无关,该极限下的生长率可表达为

$$\left(\frac{dr_d}{dt}\right)^{fm} = \frac{1}{\rho_l}\left(\frac{p_v^{eq}}{\sqrt{2\pi R_v T_d}} - \frac{p_{v\infty}}{\sqrt{2\pi R_v T_\infty}}\right) \tag{4.16}$$

同样根据方程(4.15)可以得到连续极限 $Kn \ll 1$ 下的液滴生长率为

$$\left(\frac{dr_d^2}{dt}\right)^{ct} = \frac{2}{\rho_l}\left(\frac{D_m}{R_v T_m}\right)(p_v^{eq} - p_{v\infty}) \tag{4.17}$$

综合地,可以将方程(4.16)和(4.17)统一写为

$$\frac{dr_d^2}{dt} = \frac{Nu_{\dot{H}}^{tr}k_m}{\rho_l L}(T_d - T) = -\frac{Nu_{\dot{M}}^{tr}}{\rho_l}D_{mod}\frac{p_{v\infty} - p_v^{eq}}{p_{a\infty}} \tag{4.18}$$

其中 Nu^{tr} 为过渡区的 Nusselt 数。根据 Gyarmathy[18] 或 Sherman[22] 的插值近似公式：

$$Nu^{tr} = \frac{Nu^{ct} Nu^{fm}}{Nu^{ct} + Nu^{fm}} \tag{4.19}$$

其中 Nu^{tr} 满足两个极限条件：当 $Kn \to \infty$ 时，$Nu^{tr} \to Nu^{fm}$；当 $Kn \to 0$ 时，$Nu^{tr} \to Nu^{ct}$。

4.3　气液两相流动的物理描述

本章所讨论的气液两相流动研究，着重于空气动力学范畴，因此所描述的气液混合物中，气体仍然占主导地位，液态水质量含量不超过 10%。且由于相变引起的液滴尺度不大，气液间滑移被忽略不计。

4.3.1　热力学关系

考虑由水蒸气、液滴和试验气体形成的混合物，其中水质量含量约为0.01，液滴最大约为 1 μm，且与气流均匀混合。设液态水质量分数 g 为

$$g = \frac{M_1}{M} = \frac{M_1}{M_1 + M_v + M_a} \tag{4.20}$$

其中 M_1 为液态水的质量，M_v 为水蒸气的质量，M_a 为空气的质量，M 为气体的总质量。

最大可能的液态水质量分数 g_{max} 可以写为初始水蒸气质量 M_{v0} 和初始液态水质量 M_{10} 的函数：

$$g_{max} = \frac{M_{10} + M_{v0}}{M} \tag{4.21}$$

初始状态液态水质量分数：

$$g_0 = \frac{M_{10}}{M} \tag{4.22}$$

混合物的密度：

$$\rho = \frac{\rho_a + \rho_v}{1 - g} = \frac{\rho_a}{1 - g_{max}} \tag{4.23}$$

因此水蒸气密度 ρ_v 和无凝结气体密度 ρ_a 可分别写为

$$\rho_v = (g_{max} - g)\rho \tag{4.24}$$

$$\rho_a = (1 - g_{max})\rho \tag{4.25}$$

忽略液态水所占体积，混合物的静压写为

$$\begin{aligned} p &= p_v + p_a = \rho_v TR_v + \rho_a TR_a \\ &= \rho T[(1 - g_{max})R_a + (g_{max} - g)R_v] \\ &= \rho T[R_0 - (g - g_0)R_v] \end{aligned} \tag{4.26}$$

其中 R_0 为初始气态混合物的气体常数，$R_0 = (1 - g_{max})R_a + (g_{max} - g_0)R_v$。

混合物的内能 e 由 3 部分组成：

$$\rho e = \rho_a e_a + \rho_v e_v + \rho_1 e_1$$

因此有

$$e = (1 - g_{max})e_a + (g_{max} - g)e_v + ge_1 \tag{4.27}$$

凝结或蒸发释放的潜热 L 为

$$L = h_v - h_1 = e_v - e_1 + \frac{p_v}{\rho_v} - \frac{p_1}{\rho_1} \tag{4.28}$$

对于一个液态水很少的混合物，有 $\rho/\rho_1 \ll 1$，$p_1 \approx p$。潜热 L 可以写为

$$L \approx e_v - e_1 + R_v T \tag{4.29}$$

因此混合物内能可以表达如下：

$$e = (1 - g_{max})C_{va}T + (g_{max} - g_0)C_{vv}T + g_0 e_v - ge_v + ge_1 \tag{4.30}$$

若记 $C_{v0} = (1 - g_{max})C_{va} + (g_{max} - g_0)C_{vv}$，结合潜热 L 的表达式(4.29)，则内能可写为

$$e = C_{v0}T + g_0 C_{vv}T + g(R_v T - L) \tag{4.31}$$

通常可将潜热写为线性形式：

$$L = L_1 T + L_0 \tag{4.32}$$

其中 $L_1 = C_{pv} - C_1$，而 L_0 是温度为零时的潜热。混合物内能可写为

$$e = T[C_{v0} + g_0 C_{vv} + g(R_v - L_1)] - gL_0 \tag{4.33}$$

因此对于我们所讨论的气液混合物，温度 T，压强 p 有如下显式表达：

$$T = \frac{e + gL_0}{C_{v0} + g_0 C_{vv} + g(R_v - L_1)} \tag{4.34}$$

$$p = \rho \frac{(e + gL_0)\left[R_0 - (g - g_0)R_v\right]}{C_{v0} + g_0 C_{vv} + g(R_v - L_1)} \tag{4.35}$$

对于另一个重要变量冻结声速 c_f，有 $c_f^2 = \gamma R T$。其中 R 应为混合气体的气体常数，可写为 $R = R_0 - (g - g_0)R_v$。气体混合物的比热比为 $\gamma = C_p/C_v$，其中 C_p, C_v 为气体混合物的等压比热和等容比热。有

$$C_v = \left(\frac{\partial e}{\partial T}\right)_{\rho, g} = C_{v0} + g_0 C_{vv} + g(R_v - L_1) \tag{4.36}$$

$$C_p = \left(\frac{\partial h}{\partial T}\right)_{\rho, g} = C_v + R = C_{v0} + R_0 - g_0 C_{pv} - gL_1 \tag{4.37}$$

则冻结声速 c_f 可以表示为

$$c_f^2 = \frac{p}{\rho} \frac{C_{p0} + g_0 C_{pv} - gL_1}{C_{v0} + g_0 C_{vv} + g(R_v - L_1)} \tag{4.38}$$

其中，$C_{p0} = (1 - g_{max})C_{pa} + (g_{max} - g_0)C_{pv}$。

4.3.2　相变控制方程的推导

在大量的伴随凝结的无黏、黏性流动计算中，我们可以总结出 3 种描述凝结过程的方法：粒子跟踪法、分簇欧拉方法、矩方法。3 种方法各有优劣，其关键是为了正确描述各种凝结过程引起的粒子（液滴）多分散系状态。对于多分散系统的描述，是跨学科的难题，尤以环境科学中对气溶胶粒子的描述为典型。除多分散系这一关键问题外，气液两相之间的差异问题也是不容忽视的，包括速度滑移和温度差别。当凝结生成的液滴很小时，气液间的差异通常可以忽略，这也是在模拟伴随凝结的简单超声速流动时通常采用的假设。然而，在复杂凝结现象中，如强漩涡中的凝结、汽轮机的次级凝结等，气液间的滑移及温度差异往往对流场存在很大影响。因此，对于粒子多分散系和两相差异的描述是衡量描述方法优劣的两个重要方面。

上述提到的 3 种描述方法的基本思路是一脉相通的。粒子跟踪，即跟踪粒子的输运及增长，采用的是 Lagrange 描述。在此方法的实现中，往往不可能跟踪每个粒子的发展，而是将粒子根据尺寸大小分组，假定每组粒子拥有相同的宏观状态及尺寸，即可通过直接积分将粒子的增长描述出来，因此此种方法也可称为分簇 Lagrange 方法。分簇欧拉方法，同样将粒子根据尺寸大小分组，但使用固定空间描述的 Euler 方法。在描述中，假定粒子弥散均匀，可视为连续

项,因此粒子项的输运方程形式与气体的输运方程形式相同。上述两种方法的特点非常明显。在描述多分散系方面,其精度基本决定于对尺寸大小的离散程度,即分组组数。组数越多,精度越高。然而,组数越多,在粒子跟踪方法中即意味着粒子积分方程越多,在分簇欧拉方法中即为输运方程越多,这样就使得计算存储量及消耗时间急剧增长。尤其对于多维大尺度问题,分组处理的方式带来的计算量往往难以承受。当然,分组方式也有其优点,在两种方法中,每组粒子都可以以自身方式传输,即可拥有自己的速度、温度,完全遵循了多相流动的基本原则。

矩方法(method of moments)是一种连续模拟粒子(液滴)分布状态的方法,不同于前两种离散模拟的方法。在连续模拟中,首先定义了粒子分布函数 f 来描述分散系统,该函数是外部流场信息的函数,也是粒子自身特征的函数。在模拟伴随凝结的流动中,我们通常假定液滴是球形的。此时,f 可视为流场坐标 x 和粒子半径 r 的函数。由于我们假设粒子在流场中是连续分布的,因此可以写出粒子分布函数 f 的输运方程。事实上,不仅仅是 f 的输运方程,还可以写出 f 对 r 的各阶矩函数的输运方程,即矩方程。矩方程的描述,可以将粒子的变化过程(凝结、蒸发、聚合等)包含在内。矩方法中的粒子分布函数 f 是基于混合物系统定义的,因此传统矩方法无法模拟气液两相的差异。

由于本章所考虑的多相流动中,凝结液滴较小,气液两相的差异可以忽略。因此使用传统的矩方法[23]推导伴随凝结的超声速流动的控制方程。

4.3.2.1 矩方法

流动中的相变过程可以由液滴的形成(成核),增长,蒸发和消失(去核化)4个子过程来描述。

液滴分布可以由液滴尺寸分布函数 f 来描述。$f(r,x,t)$ 表示在 t 时刻位于 x 位置,半径在 r 和 $r+\mathrm{d}r$ 之间粒子数。因此超过最小半径 r_b(稳定存在)的液滴数密度 $n(x,t)$ 可表示为

$$n(x,t) = \int_{r_b}^{\infty} f(r,x,t)\mathrm{d}r \tag{4.39}$$

在所研究的气液均匀混合的情况下,$f(r,x,t)$ 满足通用动力学方程(General Dynamic Equation)[24]:

$$\frac{\partial f}{\partial t} + \nabla \cdot (f\boldsymbol{v}) + \frac{\partial}{\partial r}\left(r\,\frac{\mathrm{d}r}{\mathrm{d}t}\right) = 0 \tag{4.40}$$

其中 $\boldsymbol{v}$ 为粒子平均速度,$\mathrm{d}r/\mathrm{d}t$ 为单个粒子由于凝结或蒸发而产生的尺寸变化速率。若忽略液滴的 Kelvin 效应,在 Knudsen 数较大时($Kn>2$),半径 r 的变化对 $\mathrm{d}r/\mathrm{d}t$ 的影响较小。在这种情况下,$\mathrm{d}r/\mathrm{d}t$ 可以视为粒子的平均增长/减小速率。对式(4.40)两边同乘以 r^n,并对半径 r 从 r_b 到无穷大积分,得到如下方程:

$$\frac{\partial}{\partial t}(\rho Q_n) + \nabla \cdot (\rho Q_n \boldsymbol{v}) = n\,\overline{\frac{\mathrm{d}r}{\mathrm{d}t}}\rho Q_{n-1} + f_b r_b^n \left[\left(\frac{\mathrm{d}r}{\mathrm{d}t}\right)_b - \frac{\mathrm{d}r_b}{\mathrm{d}t}\right] \tag{4.41}$$

其中,下标 b 表示该函数取液滴半径为 r_b 时的分布值,$\overline{\dfrac{\mathrm{d}r}{\mathrm{d}t}}$ 为液滴增长/减小平均速率。矩 Q_n 定义为

$$\rho Q_n = \int_{r_b}^{\infty} r^n f\,\mathrm{d}r \tag{4.42}$$

从矩的定义可以看出各阶矩的物理意义:零阶矩 Q_0 为单位质量混合物中的液滴数密度,而 Q_3 为单位质量混合物中液滴所占的体积,与热力学参数直接相关。

根据 Hill[23] 的矩方法,采取 4 个低阶矩方程作为控制方程,即可对相变(凝结和蒸发)问题进行求解:

$$\left.\begin{aligned}
\frac{\partial}{\partial t}(\rho Q_0) + \nabla \cdot (\rho Q_0 \boldsymbol{v}) &= f_b\left[\left(\frac{\mathrm{d}r}{\mathrm{d}t}\right)_b - \frac{\mathrm{d}r_b}{\mathrm{d}t}\right] \\
\frac{\partial}{\partial t}(\rho Q_1) + \nabla \cdot (\rho Q_1 \boldsymbol{v}) &= \overline{\frac{\mathrm{d}r}{\mathrm{d}t}}\rho Q_0 + f_b r_b\left[\left(\frac{\mathrm{d}r}{\mathrm{d}t}\right)_b - \frac{\mathrm{d}r_b}{\mathrm{d}t}\right] \\
\frac{\partial}{\partial t}(\rho Q_2) + \nabla \cdot (\rho Q_2 \boldsymbol{v}) &= 2\,\overline{\frac{\mathrm{d}r}{\mathrm{d}t}}\rho Q_1 + f_b r_b^2\left[\left(\frac{\mathrm{d}r}{\mathrm{d}t}\right)_b - \frac{\mathrm{d}r_b}{\mathrm{d}t}\right] \\
\frac{\partial}{\partial t}(\rho Q_3) + \nabla \cdot (\rho Q_3 \boldsymbol{v}) &= 3\,\overline{\frac{\mathrm{d}r}{\mathrm{d}t}}\rho Q_2 + f_b r_b^3\left[\left(\frac{\mathrm{d}r}{\mathrm{d}t}\right)_b - \frac{\mathrm{d}r_b}{\mathrm{d}t}\right]
\end{aligned}\right\} \tag{4.43}$$

4.3.2.2 凝结

当饱和度 $S>1$ 时,气体处于过饱和状态,此时发生的气液相变为凝结。在这种情况下,最小半径 r_b 即对应于基于热力学关系得出的临界半径 r^*。由于 $Q_0 = n/\rho$,可知零阶矩方程由成核过程决定,即

$$\frac{\partial}{\partial t}(\rho Q_0) + \nabla \cdot (\rho Q_0 \boldsymbol{v}) = J_n \tag{4.44}$$

于是,得到 $J_n = f_b \left[\left(\dfrac{dr}{dt} \right)_b - \dfrac{dr_b}{dt} \right]$。因此凝结过程下控制方程为

$$\left.\begin{aligned}
\frac{\partial}{\partial t}(\rho Q_0) + \nabla \cdot (\rho Q_0 \boldsymbol{v}) &= J_n \\
\frac{\partial}{\partial t}(\rho Q_1) + \nabla \cdot (\rho Q_1 \boldsymbol{v}) &= \overline{\frac{dr}{dt}}\rho Q_0 + J_n r^* \\
\frac{\partial}{\partial t}(\rho Q_2) + \nabla \cdot (\rho Q_2 \boldsymbol{v}) &= 2\,\overline{\frac{dr}{dt}}\rho Q_1 + J_n r^{*2} \\
\frac{\partial}{\partial t}(\rho Q_3) + \nabla \cdot (\rho Q_3 \boldsymbol{v}) &= 3\,\overline{\frac{dr}{dt}}\rho Q_2 + J_n r^{*3}
\end{aligned}\right\} \tag{4.45}$$

4.3.2.3 蒸发

当饱和度 $S<1$ 时,发生的气液相变为蒸发。此时有 $dr/dt<0$。蒸发时,液滴会逐渐缩小,甚至小于最小半径 r_b,最后分解为蒸汽分子,即液滴的数密度和平均半径将减小。在这种情况下,将去核化率 J_{dn} 定义为 $f_b[(dr/dt)_b - dr_b/dt]$ 的形式。

首先考察 f_b 和 $[(dr/dt)_b - dr_b/dt]$。方便起见,取最小半径 r_b 为零,则去核化率 J_{dn} 可简化为 $f_0(dr/dt)_0$。同样,取简化的液滴尺寸分布函数来对 f_0 近似。最简单的方式为均匀分布(uniform distribution):

$$f_t(r) = \begin{cases} \rho n_0/(r_2 - r_1), & r \in (r_1, r_2) \\ 0, & r \notin (r_1, r_2) \end{cases} \tag{4.46}$$

其中 n_0 为单位质量混合气体中液滴的数量,r_1,r_2 为液滴分布的区间边界,有

$$r_1 = r_m - \sigma \tag{4.47}$$

$$r_2 = r_m + \sigma \tag{4.48}$$

其中 r_m 为平均半径,2σ 为分布的宽度。将式(4.46)代入矩定义积分,可得均匀分布下的各阶矩:

$$\left.\begin{aligned}
Q_{0,t} &= n_0 \\
Q_{1,t} &= r_m n_0 \\
Q_{2,t} &= \frac{\sigma^2 + 3r_m^2}{3} n_0 \\
Q_{3,t} &= (r_m^2 + \sigma^2) r_m n_0
\end{aligned}\right\} \tag{4.49}$$

我们可以利用蒸发阶段初始时刻的各阶矩的值 Q_0^0,Q_1^0,Q_2^0,Q_3^0 来求均匀分布

中的 3 个重要变量 n_0，r_m 和 σ。由于用 4 个值来确定 3 个变量，首先，我们认为 n_0，r_m 与实际值相等，即

$$n_0 = Q_0^0 \tag{4.50}$$

$$r_m = Q_1^0 / Q_0^0 \tag{4.51}$$

对于 σ，则采用最小二乘法求解：

$$\frac{\mathrm{d}}{\mathrm{d}\sigma^2} \left[r_m^2 (Q_2^0 - Q_{2,t})^2 + (Q_3^0 - Q_{3,t})^2 \right]^{1/2} = 0 \tag{4.52}$$

得

$$\sigma = \sqrt{\frac{3Q_2^0}{10Q_0^0} + \frac{9Q_3^0}{10Q_1^0} - \frac{6(Q_1^0)^2}{5(Q_0^0)^2}} \tag{4.53}$$

液滴蒸发过程可分为两个子过程：液滴减小和去核化。如图 4.2 所示，液滴减小对应于 r_m 的减小，而去核化过程对应 r_1 小于零时小液滴的消失。

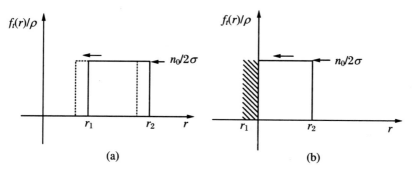

图 4.2　(a)蒸发和(b)去核化时，液滴尺寸分布函数的变化趋势

可以将去核化率 $J_{dn} = \rho \dfrac{n_0}{2\sigma} \overline{\dfrac{\mathrm{d}r}{\mathrm{d}t}}$ 写为如下式：

$$J_{dn} = \rho (1 - H(r_1)) \frac{n_0}{2\sigma} \overline{\frac{\mathrm{d}r}{\mathrm{d}t}} \tag{4.54}$$

其中 $H(r_1)$ 为单位阶跃函数（Ilcaviside function）：

$$H(r_1) = \begin{cases} 0, & r_1 < 0 \\ 1, & r_1 \geqslant 0 \end{cases} \tag{4.55}$$

其中 $r_1 = r_m - \sigma$。

因此，对于蒸发过程，控制方程为

$$\left.\begin{array}{l} \dfrac{\partial}{\partial t}(\rho Q_0) + \nabla \cdot (\rho Q_0 \boldsymbol{v}) = J_{dn} \\[3mm] \dfrac{\partial}{\partial t}(\rho Q_1) + \nabla \cdot (\rho Q_1 \boldsymbol{v}) = \overline{\dfrac{\mathrm{d}r}{\mathrm{d}t}}\rho Q_0 \\[3mm] \dfrac{\partial}{\partial t}(\rho Q_2) + \nabla \cdot (\rho Q_2 \boldsymbol{v}) = 2\,\overline{\dfrac{\mathrm{d}r}{\mathrm{d}t}}\rho Q_1 \\[3mm] \dfrac{\partial}{\partial t}(\rho Q_3) + \nabla \cdot (\rho Q_3 \boldsymbol{v}) = 3\,\overline{\dfrac{\mathrm{d}r}{\mathrm{d}t}}\rho Q_2 \end{array}\right\} \tag{4.56}$$

其中去核化率 J_{dn} 为

$$J_{dn} = \rho(1 - H(r_m - \sigma))\frac{n_0}{2\sigma}\overline{\frac{\mathrm{d}r}{\mathrm{d}t}} \tag{4.57}$$

其中

$$r_m = Q_1^0 / Q_0^0, \quad n_0 = Q_0^0, \quad \sigma = \sqrt{\frac{3Q_2^0}{10Q_0^0} + \frac{9Q_3^0}{10Q_1^0} - \frac{6(Q_1^0)^2}{5(Q_0^0)^2}}$$

4.3.3 伴随相变流动的控制方程

将相变控制方程与二维气体动力学 Euler 方程结合,就可以得到整个含有相变过程的高速流动控制方程组:

$$\frac{\partial \boldsymbol{U}}{\partial t} + \frac{\partial \boldsymbol{F}}{\partial x} + \frac{\partial \boldsymbol{G}}{\partial y} = \boldsymbol{S} \tag{4.58}$$

其中 $\boldsymbol{U}$ 为变量,$\boldsymbol{F}$ 和 $\boldsymbol{G}$ 为通量,$\boldsymbol{S}$ 为源项。分别有

$$\boldsymbol{U} = \begin{pmatrix} \rho \\ \rho u \\ \rho v \\ \rho E \\ \rho g \\ \rho Q_2 \\ \rho Q_1 \\ \rho Q_0 \end{pmatrix}, \quad \boldsymbol{F} = \begin{pmatrix} \rho u \\ \rho u^2 + p \\ \rho u v \\ (\rho E + p)u \\ \rho g u \\ \rho Q_2 u \\ \rho Q_1 u \\ \rho Q_0 u \end{pmatrix}, \quad \boldsymbol{G} = \begin{pmatrix} \rho v \\ \rho u v \\ \rho v^2 + p \\ (\rho E + p)v \\ \rho g v \\ \rho Q_2 v \\ \rho Q_1 v \\ \rho Q_0 v \end{pmatrix},$$

$$
S = \begin{pmatrix}
0 \\
0 \\
0 \\
0 \\
\dfrac{4}{3}\pi\rho_1\left(Jr^{*3} + 3\rho Q_2\,\overline{\dfrac{\mathrm{d}r}{\mathrm{d}t}}\right) \\
Jr^{*2} + 2\rho Q_1\,\overline{\dfrac{\mathrm{d}r}{\mathrm{d}t}} \\
Jr^{*} + \rho Q_0\,\overline{\dfrac{\mathrm{d}r}{\mathrm{d}t}} \\
J
\end{pmatrix} \tag{4.59}
$$

其中 u 和 v 分别代表 x 方向和 y 方向的速度，$g = 4\pi\rho_1 Q_3/3$ 为液滴的质量分数。当过饱和度 $S>1$ 时，J 为成核率，r^* 对应于凝结的临界半径；当 $S<1$ 时，蒸发过程发生，此时 J 为去核化率，r^* 设为零。

若将 Euler 方程改为 Navier-Stokes 方程，则结合矩方程的控制方程为

$$
\frac{\partial U}{\partial t} + \frac{\partial F}{\partial x} + \frac{\partial G}{\partial y} = S + \frac{\partial F_v}{\partial x} + \frac{\partial G_v}{\partial y} \tag{4.60}
$$

其中 F_v 和 G_v 为黏性项和热传导项在 x 方向及 y 方向的通量，有

$$
F_v = \begin{pmatrix}
0 \\
\tau_{xx} \\
\tau_{xy} \\
\tau_{xx}u + \tau_{xy}v + kT_x \\
0 \\
0 \\
0 \\
0
\end{pmatrix}, \quad
G_v = \begin{pmatrix}
0 \\
\tau_{yx} \\
\tau_{yy} \\
\tau_{yx}u + \tau_{yy}v + kT_y \\
0 \\
0 \\
0 \\
0
\end{pmatrix} \tag{4.61}
$$

其中 k 为热传导系数，而张量 τ_{ij} 有

$$
\left.\begin{aligned}
\tau_{xx} &= \frac{2}{3}\eta(2u_x - v_y) \\
\tau_{yy} &= \frac{2}{3}\eta(2v_y - u_x) \\
\tau_{xy} &= \tau_{yx} = \eta(u_y + v_x)
\end{aligned}\right\} \tag{4.62}
$$

其中 η 为流体的动力学黏性系数。

4.4 数 值 方 法

当伴随凝结的可压缩流动中过饱和度较大时,将发生凝结并释放大量潜热,导致流场参数急剧变化,产生各种波,形成一个复杂的流动系统。在描述这一复杂系统时,需要同时考虑凝结和流场两个不同的时间尺度概念。这就构成了一种常见的"刚性"物理问题[25]。这种刚性与描述伴随爆轰、燃烧等化学现象的流动时所遇到的问题类型相同,而后者则已有较长的研究历史。

对于上节所得到的控制方程,通常有两种思路来进行数值处理:隐式方法和显式方法。隐式方法中,在构建数值算法和格式时将源项与其他项一起处理;而显式方法中,流场求解与源项求解是分开处理的。对于特定的源项模型,如上述提到的爆轰、燃烧或凝结,隐式处理往往比较困难,并且在数值实现时为了保证可解,会引入控制量如人工黏性,这样得到的解有时会偏离物理现象,甚至是错误的。而显式处理,或者说分裂步(fractional step)处理,将流动与源项分开处理,数值求解上较容易实现,所得结果也基本可信。显式处理的一大难题就是分裂处理的精度问题。事实上,最终结果的精度不仅依赖于求解流动和求解源项的方法精度,还依赖于将两部分结合起来的思路。简单的交错求解只能给出一阶精度,而经过恰当安排求解步骤,所得结果可以达到二阶[26]。这基本已达到了显式处理的最高精度。

我们以二阶显式方法为例,介绍处理多相流控制方程(式(4.58))的数值方法。将控制方程分为两部分,流场演化方程和源项演化方程。其中,流场演化求解的方程为

$$\frac{U^{\text{hom}} - U^n}{\Delta t} + \frac{\partial F}{\partial x} + \frac{\partial G}{\partial y} = 0 \qquad (4.63)$$

源项演化求解的方程为

$$\frac{U^{n+1} - U^{\text{hom}}}{\Delta t} = S(U^{\text{hom}}) \qquad (4.64)$$

4.4.1　流场计算方法

流场计算方法是求解流动方程的算法。传统的计算流体力学(CFD)方法可分为有限差分、有限元、有限体积等,还有直接模拟方法如 DSMC、MD 方法等,此外还有其他新兴的计算方法如 LBM 方法、SPH 方法、CESE 方法等。传统 CFD 中,有限体积方法在非结构离散方面拥有一定优势,且精度往往能接近二阶,逐渐成为工程应用中较为常用的一种方法。此外,CESE 方法(时空守恒元解元算法)计算结果的绝对误差小,在捕捉激波等方面有其独特优势。接下来,我们将简单介绍有限体积方法和 CESE 方法。

有限体积方法在计算流体力学、传热学等领域得到广泛的应用。20 世纪 60 年代早期就出现了有限体积思想的原始雏形,其中包括了 Harlow 等人提出的 PIC 方法,MAC 和 FLIC 等系列方法[27-29],并且已经成功地应用在流体界面以及晶体界面等问题求解当中,后来 MacCormack[30] 和 Patankar[31] 等人进一步发展有限体积思想,并在 20 世纪 80 年代随着非结构网格生成技术的蓬勃发展得到了推广和广泛应用,从而进入快速发展时期。有限体积方法结合 Harten 提出的 TVD 方法[32] 以及 Riemann 问题近似求解器[33] 能够对间断问题进行求解,得到了很大推广。在有限体积的数值离散过程中,其包含两级近似,即积分近似和数值通量重构近似。在积分离散中一般采用二阶精度的高斯积分近似,而数值通量的重构近 15 年来得到了很大的发展。在 Steger 和 Warming[34] 首先提出通量分裂格式后,各种高精度的迎风格式得到了发展。但这些数值方法在应用于黏性流体时,耗散比较强。后来,Roe[35] 和 Osher[36] 等提出了两种精度更高的迎风格式,在这两种数值格式的基础上,各种改进型的高精度数值通量格式得到了快速的发展[37-39]。Sun 等人[40] 提出了人工迎风格式(artificial upwind flux scheme,简称 AUFS 格式)不仅能够克服 Carbuncle 现象,而且对接触间断有比较高的分辨率。

CESE 算法(space-time conservation element and solution element method)是 NASA Lewis 中心的 Chang 教授[41] 最早提出的。这一算法,与传统 CFD 方法有很大差异。它将时间作为一种维度,与空间维度一起处理。在构造格式时,通过在所定义的解元和守恒元中将守恒律 Taylor 展开,从而得到各节点变量之间的关系。计算实践表明,二阶精度(一阶 Taylor 展开)的 CESE 算法具有极小的绝对误差,且对激波等物理间断的分辨率很高。配以简单易于推广至多维的处理思路,CESE 算法展示了其独特的优点。之后,Luo 等人[42-44]利用 CESE 算法在多相流、GPU 加速等方面开展了深入的研究。

4.4.2　有限体积法

下面,我们将以有限体积法为例,基于 Luo 等人[45]开发的气液相变流动算法 ASCE2D（Two-dimensional & Axisymmetric Adaptive Solver for Condensation and Evaporation）,详细介绍多相流中流场的计算方法。

有限体积法是继有限差分法和有限元法后的又一种在工程技术或科学研究中得到广泛应用的数值方法。其求解过程一般包含以下 3 步。

（1）网格划分:将计算区域划分为互不重叠的有限块子区域,在每个子区域中,流场的参数变化由该区域的代数方程来控制。

（2）空间离散:将控制微分或积分方程在划分的子区域内离散成代数方程,其中包括重构和数值通量格式的选择。

（3）时间离散:对控制方程中的时间项进行离散,从而达到代数时间推进的目的。

关于网格划分我们将不作详细讨论,下面介绍空间和时间离散的具体步骤。

4.4.2.1　空间离散方法

在网格划分之后,假设某一个控制单元的体积（面积）为 $\Delta\Omega$,根据有限体积方法,在该控制单元内对流场控制方程（式(4.63)）进行积分,得

$$\frac{\partial}{\partial t}\int_{\Delta\Omega}\boldsymbol{U}\mathrm{d}\Omega = \int_{\Delta S} - \boldsymbol{F}\mathrm{d}y + \boldsymbol{G}\mathrm{d}x \tag{4.65}$$

其中 ΔS 表示包围控制单元的表面积。

根据 Godunov 思想假设控制元之间存在着物理量跳跃,从而采用数值流通量函数代入方程(4.65)后可将积分方程化简为代数方程,从而得到第 i 个控制单元的空间离散方程:

$$\frac{\partial}{\partial t}(\boldsymbol{U}_i) = - \frac{1}{\Delta\Omega_i}\sum_{\mathrm{faces}}\hat{\boldsymbol{F}}_k \tag{4.66}$$

其中 $\hat{\boldsymbol{F}}_k$ 为表面 k 的数值通量向量与表面积的积,因此方程(4.66)表示第 i 个控制单元中的守恒量的时间变化率等于穿过控制单元表面积的所有通量之和。在二维四边形网格单元中,根据两步 Lax-Wendroff 格式,方程(4.66)可以表达为

$$\boldsymbol{U}_i^{n+1} = \boldsymbol{U}_i^n - \frac{\Delta t}{\Delta \Omega_i} \sum_{k=1}^{4} \hat{\boldsymbol{F}}_{i,k}^{n+1/2} \tag{4.67}$$

式中 $\hat{\boldsymbol{F}}_{i,k}^{n+1/2}$ 为半个时间步的预估数值通量,表示控制单元表面中心处的值,若原始变量值是存贮在控制单元的中心,则预估数值通量必须由控制单元中心处的值向表面中心处插值而得到。所以在插值之前,控制单元中原始变量的梯度变化必须为已知。

4.4.2.2　原始变量梯度的求解

根据 Sun[46],原始物理变量梯度可以从最小二乘法的思想出发。单元分布情况如图 4.3 所示。

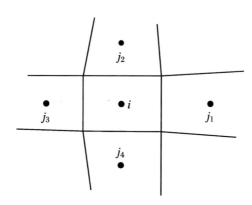

图 4.3　单元 i 与其相邻单元 j_1、j_2、j_3 和 j_4 分布示意图

由某一单元 i 的值线性插值求得的相邻单元 j 的值 $\boldsymbol{V}_j'$ 与该相邻单元的原始值 $\boldsymbol{V}_j$ 之间误差最小,其中 $\boldsymbol{V} = (\rho, u, v, p, g, Q_2, Q_1, Q_0)^{\mathrm{T}}$ 为原始变量。假设我们所要求的原始变量的梯度为 $\nabla \boldsymbol{V} = (\boldsymbol{V}_x, \boldsymbol{V}_y, \boldsymbol{V}_z)$,且单元 i 与其相邻单元 j_1、j_2、j_3 和 j_4 中的原始变量 $\boldsymbol{V}$ 为已知,则由单元 i 值通过插值求单元 j 值的表达式可近似表示为

$$\boldsymbol{V}_j' = \boldsymbol{V}_i + \nabla \boldsymbol{V} \cdot \Delta \boldsymbol{r}_{ji} \tag{4.68}$$

其中 $\Delta \boldsymbol{r}_{ji} = (\Delta x_{ji}, \Delta y_{ji}, \Delta z_{ji}) = (x_j - x_i, y_j - y_i, z_j - z_i)$。通过插值所求的物

理参数与实际物理参数之间的误差的平方和可表示为

$$\sum_j (V_j - V_j')^2 = \sum_j \big[V_j - (V_i + \nabla V \cdot \Delta r_{ji}) \big]^2 \tag{4.69}$$

其中求和号为单元 i 的所有相邻单元之和。根据最小二乘法,由方程(4.69)可得求解物理量梯度的方程组:

$$\left.\begin{array}{l}
\Big(\sum_j \Delta x_{ji} \Delta x_{ji} \Big) V_x + \Big(\sum_j \Delta x_{ji} \Delta y_{ji} \Big) V_y + \Big(\sum_j \Delta x_{ji} \Delta z_{ji} \Big) V_z = \sum_j \Delta x_{ji} \Delta V_{ji} \\[2mm]
\Big(\sum_j \Delta y_{ji} \Delta x_{ji} \Big) V_x + \Big(\sum_j \Delta y_{ji} \Delta y_{ji} \Big) V_y + \Big(\sum_j \Delta y_{ji} \Delta z_{ji} \Big) V_z = \sum_j \Delta y_{ji} \Delta V_{ji} \\[2mm]
\Big(\sum_j \Delta z_{ji} \Delta x_{ji} \Big) V_x + \Big(\sum_j \Delta z_{ji} \Delta y_{ji} \Big) V_y + \Big(\sum_j \Delta z_{ji} \Delta z_{ji} \Big) V_z = \sum_j \Delta z_{ji} \Delta V_{ji}
\end{array}\right\} \tag{4.70}$$

式中 $\Delta V_{ji} = V_j - V_i$。

当需要确定网格边界上的物理量梯度时,如图 4.4 所示,Sun[46] 建议采用紧致模板对物理梯度量进行修正,表达式为

$$(\nabla \rho)_c = (\nabla \rho)_c^{\mathrm{avr}} + \left[\frac{\rho_j - \rho_i}{|l_{ij}|} - \big((\nabla \rho)_c^{\mathrm{avr}} \cdot l_{ij} \big) \right] l_{ij} \tag{4.71}$$

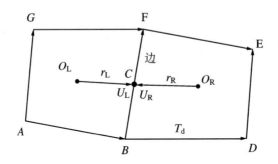

图 4.4 线性重构示意图

其中 $(\nabla \rho)_c^{\mathrm{avr}}$ 为两相邻单元 i 和 j 的密度梯度平均值, l_{ij} 是单元 i 重心到单元 j 重心的向量。

4.4.2.3 数值通量的求解

在介绍数值通量格式之前,首先简单介绍计算流体力学中典型的模型方程组:Riemann 问题。Riemann 问题是指具有间断初值条件的问题,如

$$U_t + F(U)_x = 0 \tag{4.72}$$

其中初始条件为

$$U(x,0) = \begin{cases} U_L = (u_L, \rho_L, p_L), & x \leqslant 0 \\ U_R = (u_R, \rho_R, p_R), & x > 0 \end{cases} \tag{4.73}$$

一般情况下,初始条件并不满足间断关系式,因此随着时间的推移,这种初始间断会分解为若干满足间断关系式的间断和膨胀波。为此,Godunov 将某一时刻的初始条件分解为一系列的初始条件,即将某一时刻 t^n 已知的离散分布 (u_i^n, ρ_i^n, p_i^n) 在每一个网格区间 $(x_{i-1/2}, x_{i+1/2})$ 内看作常数分布。于是,得到初始时刻为 t^n 的初值问题:

$$\left. \begin{aligned} U_t + F(U)_x &= 0 \\ U(x,t^n) &= U_i^n, \quad x_{i-1/2} < x < x_{i+1/2}, \quad \forall i \end{aligned} \right\} \tag{4.74}$$

这样,即可以得到 Riemann 问题的精确解。若取 Δt 足够小,使得 $t^n < t < t^n + \Delta t$ 时间段内相邻的局部 Riemann 解互相都不干扰,则可以把这些局部 Riemann 解组合成整个计算区域的精确解。从数学的角度来看,初值问题存在精确解 $R(x/t, U_L, U_R)$,并依赖于初值条件 U_L 和 U_R。

数值通量格式是构造近似 Riemann 解的方法。在二维空间的情况下,一旦某一条网格边的两侧邻域的状态或物理参数已知,则该条边的通量可以根据数值通量格式来计算,数值通量构造有多种形式,常见有算术平均格式、Roe 格式[35]、HLL 格式[37]、HLLC 格式[20]、AUFS 格式[40] 等。下面将以 HLL 格式和 AUFS 格式为例对通量构造作简要介绍。

1. HLL 格式

若把 Riemann 间断问题近似认为:在随时间推移过程中演化为两道波,波速分别为 s_1 和 s_2,如图 4.5 所示,两道波把 x-t 空间分为 3 个区域,在每一个区域满足下列条件:

$$R\left(\frac{x}{t}, U_L, U_R\right) = \begin{cases} U_L, & x/t \leqslant s_2 \\ U_M, & s_2 \leqslant x/t \leqslant s_1 \\ U_R, & x/t \geqslant s_1 \end{cases} \tag{4.75}$$

则由此 Riemann 问题的近似解,HLL 数值通量格式可以表示为

$$F^{HLL} = \frac{s_1 F_L - s_2 F_R}{s_1 - s_2} + \frac{s_1 s_2}{s_1 - s_2}(U_R - U_L) \tag{4.76}$$

其中下标 L 和 R 分别表示该边的左单元和右单元。从方程(4.76)可知,两道波速的选择直接影响到 HLL 格式的值,即选择不同的波速将对应着不同的通

量格式。根据 Davis[47],两个波速可以选择为

$$s_1 = \max(0, u_L + c_L, u_R + c_R), \quad s_2 = \min(0, u_L - c_L, u_R - c_R)$$

(4.77)

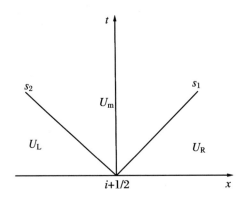

图 4.5　HLL 格式的构造

其中 c 和 u 分别表示声速和边上的法向速度。基于空气动力学的熵方程，Toro[33] 把两道波速选择为

$$s_1 = \max(0, u^* + c^*, u_R + c_R), \quad s_2 = \min(0, u_L - c_L, u^* - c^*)$$

(4.78)

其中 u^* 和 c^* 为熵方程的精确解：

$$\left. \begin{array}{l} u^* = \dfrac{1}{2}(u_L + u_R) + \dfrac{c_L - c_R}{\gamma - 1} \\[3mm] c^* = \dfrac{1}{2}(c_L + c_R) + \dfrac{1}{4}(u_L - u_R) \end{array} \right\}$$

(4.79)

以上确定的 HLL 数值通量格式可以很好地解决很多无黏流动问题,但该格式耗散性太强,对弱间断,如接触面等的捕捉精度不高。下面将介绍一种高精度的数值通量格式:AUFS 格式。它可以高效率地捕捉激波面、接触面等间断问题,而且很好地克服 Carbuncle 现象。

2. AUFS 格式

为了解决其他格式中的 Carbuncle 现象,Sun[40] 提出了人工迎风格式(AUFS),它同时对接触面有比较高的分辨率。在二维空间中,此格式可以表达为

$$\boldsymbol{F}^{\text{AUFS}} = (1 - M)\Big[\frac{1}{2}(\boldsymbol{P}_{\text{L}} + \boldsymbol{P}_{\text{R}}) + \delta\boldsymbol{U}\Big] + M\big[\boldsymbol{U}_{\alpha}(\tilde{u}_{\alpha} - s_2) + \boldsymbol{P}_{\alpha}\big]$$

$$\alpha = \begin{cases} \text{L}, & s_1 > 0 \\ \text{R}, & s_2 \leqslant 0 \end{cases} \Bigg\}$$

$$(4.80)$$

其中

$$M = \frac{s_1}{s_1 - s_2}, \quad \bar{c} = \frac{1}{2}(c_{\text{L}} + c_{\text{R}}),$$

$$s_1 = \frac{1}{2}(u_{\text{L}} + u_{\text{R}}), \quad s_2 = \begin{cases} \min(0, u_{\text{L}} - c_{\text{L}}, u^* - c^*), & s_1 > 0 \\ \max(0, u_{\text{R}} + c_{\text{R}}, u^* + c^*), & s_1 \leqslant 0 \end{cases}$$

$$\boldsymbol{P} = (0, pn_x, pn_y, p\tilde{u})^{\text{T}} \qquad (4.81)$$

$$\delta\boldsymbol{U} = \frac{1}{2\bar{c}}\begin{pmatrix} p_{\text{L}} - p_{\text{R}} \\ (pu)_{\text{L}} - (pu)_{\text{R}} \\ (pv)_{\text{L}} - (pv)_{\text{R}} \\ \dfrac{\bar{c}^2}{\gamma - 1}(p_{\text{L}} - p_{\text{R}}) + \dfrac{1}{2}\big[(pq^2)_{\text{L}} - (pq^2)_{\text{R}}\big] \end{pmatrix} \qquad (4.82)$$

而 $q^2 = u^2 + v^2$，$\tilde{u} = un_x + vn_y$ 为速度在法向上的投影。详细推导过程可参考文献[40]。

在伴随相变的过程中，由于控制方程组(4.58)中含有相变过程的控制方程，因此式(4.81)和式(4.82)需要相应地改写为

$$\boldsymbol{P} = (0, pn_x, pn_y, p\tilde{u}, 0, 0, 0, 0)^{\text{T}} \qquad (4.83)$$

$$\delta\boldsymbol{U} = \frac{1}{2\bar{c}}\begin{pmatrix} p_{\text{L}} - p_{\text{R}} \\ (pu)_{\text{L}} - (pu)_{\text{R}} \\ (pv)_{\text{L}} - (pv)_{\text{R}} \\ \dfrac{\bar{c}^2}{\gamma - 1}(p_{\text{L}} - p_{\text{R}}) + \dfrac{1}{2}\big[(pq^2)_{\text{L}} - (pq^2)_{\text{R}}\big] \\ p_{\text{L}}g_{\text{L}} - p_{\text{R}}g_{\text{R}} \\ p_{\text{L}}Q_{2,\text{L}} - p_{\text{R}}Q_{2,\text{R}} \\ p_{\text{L}}Q_{1,\text{L}} - p_{\text{R}}Q_{1,\text{R}} \\ p_{\text{L}}Q_{0,\text{L}} - p_{\text{R}}Q_{0,\text{R}} \end{pmatrix} \qquad (4.84)$$

4.4.2.4　时间推进步长和方法

对流场控制方程(4.63)的时间步长 $\mathrm{d}t$ 可根据 CFL 条件来限制,即满足下列条件:

$$\mathrm{d}t = \mathrm{CFL}\,\frac{L_{\mathrm{edge}}}{\,|\,u\,|\,+\,c\,} \tag{4.85}$$

其中 L_{edge} 为控制单元的边长。在数值计算过程中,实际取的时间步长为所有控制单元时间步长的最小值。

时间上的推进方法很多,在此简要的讨论两种时间推进方法。

1. Runge-Kutta 方法

考虑半离散形式下的齐次控制方程,对任意第 n 个时间步,方程可简写为如下形式:

$$\frac{\mathrm{d}U^{n}}{\mathrm{d}t} = L(U^{n}) \tag{4.86}$$

我们采用 TVD 型的 Runge-Kutta 方法[48],其中二阶 TVD 型的 Runge-Kutta 方法可以写成如下形式:

$$\left.\begin{aligned}
U^{n+1/2} &= U^{n} + \Delta t L(U^{n})\\
U^{n+1} &= U^{n} + \frac{1}{2}\left[U^{n+1/2} + \Delta t L(U^{n+1/2})\right]
\end{aligned}\right\} \tag{4.87}$$

三阶 TVD 型的 Runge-Kutta 方法可以写成如下形式:

$$\left.\begin{aligned}
U^{n+1/3} &= U^{n} + \Delta t L(U^{n})\\
U^{n+1} &= U^{n} + \frac{1}{2}\left[U^{n+1/2} + \Delta t L(U^{n+1/2})\right]\\
U^{n+2/3} &= \frac{3}{4}U^{n} + \frac{1}{4}\left[U^{n+1/3} + \Delta t L(U^{n+1/3})\right]\\
U^{n+1} &= \frac{1}{3}U^{n} + \frac{2}{3}\left[U^{n+2/3} + \Delta t L(U^{n+2/3})\right]
\end{aligned}\right\} \tag{4.88}$$

2. Muscl-Hancock 时间推进法

根据 Toro[33] 给出的有限差分和结构网格的有限体积下 Muscl-Hancock 的原始变量形式的时间推进方法。方程(4.63)在时间和空间上的离散可表示为

$$U_{i}^{n+1} = U_{i}^{n} - \frac{\Delta t}{\Delta \Omega_{i}}\sum_{k=1}^{4}\hat{F}(M_{\mathrm{L}}^{n+1/2}, M_{\mathrm{R}}^{n+1/2}) \tag{4.89}$$

其中 $\boldsymbol{M} = (\rho, u, v, p, g, Q_2, Q_1, Q_0)^{\mathrm{T}}$ 为原始变量。$\boldsymbol{M}^{n+1/2}$ 表示半个时间步的原始变量在网格边中点处的值,根据图 4.4 的重构方法,可表示为

$$\left.\begin{aligned}
\boldsymbol{M}_{\mathrm{L}}^{n+1/2} &= \boldsymbol{M}_i^n + \frac{\Delta t}{2}\dot{\boldsymbol{M}}_i^n + \nabla \boldsymbol{M}_i^n \cdot \boldsymbol{r}_{fi} \\
\boldsymbol{M}_{\mathrm{R}}^{n+1/2} &= \boldsymbol{M}_j^n + \frac{\Delta t}{2}\dot{\boldsymbol{M}}_j^n + \nabla \boldsymbol{M}_j^n \cdot \boldsymbol{r}_{jf}
\end{aligned}\right\} \tag{4.90}$$

其中 $\boldsymbol{r}_{fi}$ 表示单元边的中点到单元重心的向量。$\dot{\boldsymbol{M}}$ 为原始变量的时间导数,其可由二维线性 Euler 方程来确定:

$$\dot{\boldsymbol{M}} = -\boldsymbol{A}\frac{\partial \boldsymbol{M}}{\partial x} - \boldsymbol{B}\frac{\partial \boldsymbol{M}}{\partial y} \tag{4.91}$$

其中 Jacobian 矩阵 $\boldsymbol{A}$ 和 $\boldsymbol{B}$ 分别为

$$\boldsymbol{A} = \begin{pmatrix}
u & \rho & 0 & 0 & 0 & 0 & 0 & 0 \\
0 & u & 0 & 1/\rho & 0 & 0 & 0 & 0 \\
0 & 0 & u & 0 & 0 & 0 & 0 & 0 \\
0 & \gamma p & 0 & u & 0 & 0 & 0 & 0 \\
0 & 0 & 0 & 0 & u & 0 & 0 & 0 \\
0 & 0 & 0 & 0 & 0 & u & 0 & 0 \\
0 & 0 & 0 & 0 & 0 & 0 & u & 0 \\
0 & 0 & 0 & 0 & 0 & 0 & 0 & u
\end{pmatrix}, \quad \boldsymbol{B} = \begin{pmatrix}
v & 0 & \rho & 0 & 0 & 0 & 0 & 0 \\
0 & v & 0 & 0 & 0 & 0 & 0 & 0 \\
0 & 0 & v & 1/\rho & 0 & 0 & 0 & 0 \\
0 & 0 & \gamma p & v & 0 & 0 & 0 & 0 \\
0 & 0 & 0 & 0 & v & 0 & 0 & 0 \\
0 & 0 & 0 & 0 & 0 & v & 0 & 0 \\
0 & 0 & 0 & 0 & 0 & 0 & v & 0 \\
0 & 0 & 0 & 0 & 0 & 0 & 0 & v
\end{pmatrix}$$

$$\tag{4.92}$$

4.4.2.5　边界条件的处理

在求解计算区域边界处的数值通量时,必须先知道边界上的物理量。根据物理条件的不同,处理边界的方法也不一样。目前存在很多种处理边界条件的方法[49,50]。现在我们以 Sun[46] 的方法为例介绍边界条件的处理方法,如图 4.6 所示。单元 i 为待处理的边界单元,单元 h、j 和 k 为单元 i 的相邻单元,m 为单元 i 重心关于边界的镜像点,C 为边界 AB 的中心。则对 m 点值不同的重构方法对应着不同的边界条件处理类型,如开口条件、固壁条件等。边界 AB 中心 C 处两侧的值仍然根据图 4.4 进行线性重构。因此处理边界问题的主要任务就是确定 m 点的值。

对于开口条件 (inlet and outlet boundaries conditions),镜像点 m 的值和内点 i 的值完全相同,物理量的梯度在边界 AB 法向分量为 0。可表示为

$$\rho_m = \rho_i, \quad p_m = p_i, \quad \boldsymbol{u}_m = \boldsymbol{u}_i \tag{4.93}$$

对于无黏的固壁边界条件,镜像点 m 的值可表示为

$$\rho_m = \rho_i, \quad p_m = p_i, \quad u_m^{\tau} = u_i^{\tau}, \quad u_m^{n} = -u_i^{n} \tag{4.94}$$

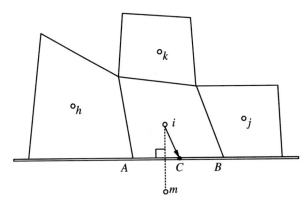

图 4.6 边界条件示意图

则通过边界 AB 的数值通量可以由中心 C 点的值来确定,C 点的值可由下列线性插值来确定:

$$\boldsymbol{V}_C = \boldsymbol{V}_i + (\nabla \boldsymbol{V})_C \Delta \boldsymbol{r}_{ci} \tag{4.95}$$

为了得到二阶时间精度,可利用矩形公式将 C 点的物理量往前推进半个时间步,结合方程(4.91)可得到

$$\boldsymbol{V}_C^{n+1/2} = \boldsymbol{V}_C^{n} + \frac{1}{2} \Delta t \dot{\boldsymbol{V}}_C^{n}$$

$$= \boldsymbol{V}_C^{n} - \frac{1}{2} \Delta t (\boldsymbol{A}, \boldsymbol{B}) \cdot (\nabla \boldsymbol{V})_C^{n} \tag{4.96}$$

对于开口条件:

$$(\nabla \boldsymbol{V})_C = (\nabla \boldsymbol{V})_i \tag{4.97}$$

对于无黏的固壁边界条件:

$$(\nabla \rho)_C = (\nabla \rho)_i, \quad (\nabla p)_C = (\nabla p)_i \tag{4.98}$$

在固壁上必须满足无穿透条件,则 C 点的法向速度应该为零,切向速度相等,如图 4.7 所示:

$$\left. \begin{aligned} u_C &= u_i \\ (\nabla v)_C &= (\nabla v)_i - \frac{1}{|\boldsymbol{r}_{ci}|^2} (v_i + (\nabla v)_i \cdot \boldsymbol{r}_{ci}) \boldsymbol{r}_{ci} \end{aligned} \right\} \tag{4.99}$$

其中 u 为切向速度,v 为法向速度。

对于黏性固壁，则在壁面上必须满足无滑移、无穿透条件：

$$\left.\begin{aligned}
(\nabla u)_C &= (\nabla u)_i - \frac{1}{|\boldsymbol{r}_{ci}|^2}(u_i + (\nabla u)_i \cdot \boldsymbol{r}_{ci})\boldsymbol{r}_{ci} \\
(\nabla v)_C &= (\nabla v)_i - \frac{1}{|\boldsymbol{r}_{ci}|^2}(v_i + (\nabla v)_i \cdot \boldsymbol{r}_{ci})\boldsymbol{r}_{ci}
\end{aligned}\right\} \quad (4.100)$$

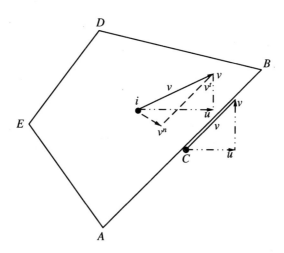

图 4.7　壁面和内点速度示意图

4.4.3　源项计算方法

解耦后的源项方程(4.64)为常微分方程组，此方程中各变量并未耦合，采用简单的积分方式即可求解。在数值实现中，由于流场与源项的耦合只能达到二阶精度，因此源项积分也采取二阶积分方法（Runge-Kutta）：

$$\left.\begin{aligned}
\boldsymbol{U}^* &= \boldsymbol{U}^{\mathrm{hom}} + \Delta t \boldsymbol{S}(\boldsymbol{U}^{\mathrm{hom}}) \\
\boldsymbol{U}^{n+1} &= \boldsymbol{U}^{\mathrm{hom}} + \frac{1}{2}\left[\boldsymbol{U}^* + \Delta t \boldsymbol{S}(\boldsymbol{U}^*)\right]
\end{aligned}\right\} \quad (4.101)$$

在上述处理中，由于刚性特性，凝结的特征时间远小于流场特征时间，因此时间步长的选取直接影响了计算的效率。在实际中，计算流场和源项应分别采取不同的时间步长，计算表明，这种举措在避免浪费计算资源的同时能保持计算精度。

在确定计算凝结的时间步长时，我们需要遵循基本的物理规律，即保证在所选取的时间步内各物理量的变化与发展是逐渐发生的，表现在数学上则是光滑的[51]。当所选时间步过大时,求解可能发生非物理的结果。Gamezo[52]在显式处理爆轰源项时,引入了一个无量纲数:反应精度数（reaction resolution number）Nrr。该无量纲数是流动中最大化学反应速率的函数。在计算过程中,Nrr与CFL数结合使用。文章中指出,在一个特征反应时间内流动经过10个时间步走过5个网格,则可以使爆轰产生的热量在改变流场时不发生畸变,从而得到一个物理正确的解。此时对应的Nrr数约为0.2。然而,在计算二维问题时,为了确保高精度的结果,则需要更小的Nrr数,大约要比得到物理正确解的Nrr数小两个数量级。

凝结源项与爆轰源项有所不同。首先,凝结产生的热量远比爆轰要小,即刚性较弱;其次,在爆轰计算中,若发现某网格内爆轰发生时,网格内气体全部反应,这就使得爆轰对于空间网格的尺寸要求较为严格;而对于凝结来说,凝结与否及凝结的比例是流场中过饱和度的函数,计算中不会因为网格尺寸导致明显的非物理现象,即对网格的依赖程度不如爆轰。

在凝结计算中,Luo[20]提出一个确保物理结果稳定的限制方法:在一个时间步内,单位体积中所凝结的物质的质量应当小于当地混合物密度的10^{-4}倍。Gamezo关于爆轰的条件及Luo关于凝结的条件均使用了质量生成速率。

根据Luo[20],源项方程的推进时间步必须满足下列条件:

$$\mathrm{d}t \cdot \frac{\boldsymbol{S}_5(\boldsymbol{U})}{\rho_c} < 10^{-4} \tag{4.102}$$

其中ρ_c为特征密度。

4.5　气液相变与流动相互作用的典型例子

在超声速喷嘴流动中,异质成核的速率要远远小于同质成核,因此在相变中主要考虑同质成核。可凝结气体在受到快速膨胀冷却后会发生成核并增长,这种凝结所形成的液滴一般是很小的,半径约为$10\ \mu\mathrm{m}$量级。所以在流场中,一旦液滴形成后建立了新的气液平衡,这些液滴就会跟随气体流动,即液滴与气体之间没有速度滑移。但在跟随气体流动过程中,一旦气体状态参数发生改变,气液之间的平衡就会受到破坏而使物质在相之间转变,从而又需要建立新的平衡。在这一过程中常常伴随着能量的释放或吸收。如果整个流场是个绝热系统,那么能量的释放或吸收就直接表现在流场的温度或能量上。根据状态方程,温度的变化就可以导致整个流场性质的变化,从而可能导致整个流场结构分布的变化。反过来,流场结构的重新调整也直接影响凝结过程的分布,例如抑制或促进某一区域的成核或液滴的生长。这就构成了相变与流场之间的耦合作用。本节主要讨论气液相变与流场之间的耦合。首先介绍激波管中气液相变,然后介绍脉冲膨胀管中的相变特性。

4.5.1　激波管中的相变

激波管流动中实际物理图像是比较复杂的,为了便于分析研究,理论或数值研究中的激波管都是理想化后的激波管。一般情况下,理想化的激波管是一根一端封闭,另一端开口或封闭的等截面管子。中间用一膜片将管子分为两段,其中一段为高压段,另一段为低压段。当膜片破裂后的某个时刻 t,激波管的流动如图 4.8(a)所示。在膜片破裂的一瞬间,在隔膜处产生一道激波向低压段运动,同时一束膨胀波向高压段传播,高压段气体在受到膨胀后,气体温度、压力下降。但激波面后的温度相对较高,为了平衡温度或密度形成一道接触面。因此,膜片破裂一段时间后,激波管流动中将形成一段低温低压的均匀流动区。

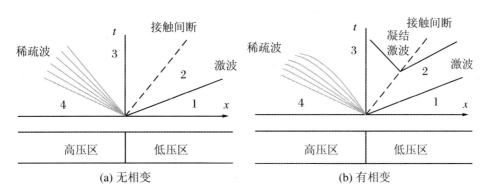

图 4.8　一维激波管流动示意图

若初始时,激波管中含有可凝结的气体,如水蒸气、酒精等。则这些可凝结气体在受到膨胀后将达到饱和或过饱和状态。在继续受到膨胀时,大量的可凝结气体将在靠近接触面的附近发生凝结,同时向周围气体释放潜热,使得气体局部温度升高。在理论上,这种情况下的流动与加热管流有很多相似之处。若释放的潜热大于该处气体的热容量,这时流场将发生热壅塞而产生激波,这种情况下的激波管流动图像如图 4.8(b)所示。

通过比较图 4.8 的激波管流动可知,在凝结激波的影响下,膨胀波的速度不再是常数,而是非线性地加速过程。但在凝结激波的压缩下,气体的温度将升高,从而反过来影响凝结的发生过程。激波管中凝结现象的研究目前已经得到了很大的发展[53-55],但其中大多数都是以激波管为工具,研究可凝结气体在低温下的成核或液滴的生长现象,针对流场的研究尚不充分[56-58]。Luo 等人[43,59]在结合前人研究的基础上,进一步分析讨论激波管中的凝结现象以及其与流场的相互作用问题,从而揭示非定常流动中凝结过程对流场影响的复杂作用机制。

4.5.1.1　非定常膨胀波中的非平衡凝结与凝结激波

激波管中的膜片破裂,气体受膨胀波膨胀后,温度突然降低,使得可凝结气体达到过饱和状态。气体继续受膨胀后在膨胀波波尾处发生成核,随后继续生长。一般情况下,气体的成核速率依赖于气体的初始饱和度与膨胀波的膨胀率(或膨胀后的气体温度)。下面以水蒸气和氮气混合气体在宽度为 7 cm,长度为 100 cm 的激波管中的凝结情况为例进行讨论。膜片将管从中间隔离,左边为高压段,右边为低压段;在边界处理上,两端设为开口条件,上下壁面为固壁反射条件。

图 4.9 为初始时刻水蒸气饱和度 $S = 0.88$ 的混合气体(水蒸气和氮气)在不同的膨胀率(初始压比)下,1.25 ms 时刻的凝结参数分布,由图可知初始压比越大,自发成核速率 J 越大,凝结水滴的质量比 g 也越大。在低初始压比($p_4 : p_1 = 1 : 0.5$)的情况下,由于冷却率较低,与高压比情况相比,凝结水滴的质量比非常小(在图 4.9 中无法显示),因而在流场中释放的潜热可以忽略;当高初始压比时($p_4 : p_1 = 1 : 0.35$),在 25 cm 处,成核率达到最大,水滴开始凝结生长,凝结水含量增大;低压比情况下,凝聚生长受到抑制,致使成核率在 20 ～ 60 cm 之间几乎没有变化。由此可见,在凝结过程中,即使成核率比较大,在成核率没有达到最大的情况下,凝结核不会生长,即在凝结过程中,成核过程是凝结的主导过程,在某个条件下,只要成核还处于比较活跃状

态,生长过程就可以忽略。

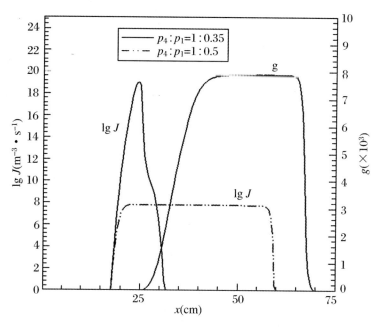

图 4.9　不同膨胀率下的凝结参数分布

($S = 0.88, J$ 为成核率,g 为凝结量)

　　现以初始条件 $p_4 : p_1 = 1 : 0.35, S = 0.88, T = 293.15$ K 为例讨论激波管中凝结激波与凝结参数的关系。由于水蒸气凝结释放的潜热使周围环境局部温度、压力增大,从而产生分别向上游和下游运动的压缩波。向下游运动的压缩波较弱;而向上游运动的压缩波慢慢集聚而形成激波,即凝结激波。图 4.10 给出了激波管中不同时刻的压力波集聚而形成凝结激波的过程。为了便于比较,图中同时给出了不考虑凝结时相应的参数曲线,如虚线所示。图 4.11 为相应的不同时刻温度分布曲线,从图中的虚线可看到流场经过稀疏波膨胀后温度下降至大约 250 K,但实际上由于水蒸气凝结释放潜热,使得该区流场的温度升高至 271 K,如实线所示。因为凝结释放的潜热量与水蒸气的凝结量成正比,由图 4.11 可知,由于激波管流动 3 区(如 25～65 cm,$t = 1.25$ ms)温度大幅度提升,因此该区的凝结水滴含量必定比较大。与此同时,由于大量的水蒸气发生凝结,所以该区的水蒸气含量减少,饱和度降低,这样成核率在同时受到水蒸气饱和度和凝结释放潜热的影响下,也相应地受到了抑制。

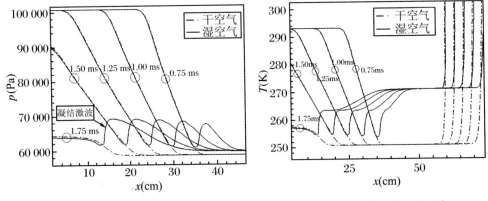

图 4.10　凝结激波的形成过程　　　　　图 4.11　激波管中的温度分布

4.5.1.2　封闭激波管中的相变

本小节所讨论的激波管如图 4.12 所示,总长 1 m,在 D 处设置膜片,将激波管分为高压区和低压区。初始条件为:高压区压强 1 bar,低压区压强 0.4 bar,温度均为 298 K,高压区相对过饱和度 0.8。使用 ASCE2D 计算时,初始网格为 1.0 mm×1.0 mm,最大加密四层。使用 CESE 方法计算时采用均匀网格,网格大小为 0.5 mm,固定时间步长为 2 μs。

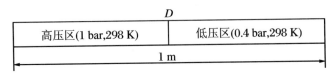

图 4.12　封闭激波管示意图

破膜发生后,在管中形成右行激波和右行接触面间断。同时,膨胀波扇产生并向左运动,引起波后高压区密度降低。图 4.13 比较了干氮气和湿氮气在封闭激波管中流动所得到的密度 $x-t$ 图。本问题中有多种波系相交、干扰。

由图 4.13(b)中可以得到,膨胀波导致同质核化和液滴增长过程发生,由于凝结潜热的释放,在膨胀波中形成压缩波,影响了后续凝结的发生,破坏了原有膨胀扇的结构。另一方面,当激波在低压区遇壁面反射后,经过凝结区,加热流场使液滴发生蒸发。蒸发吸热从而冷却了激波波后流场,形成稀疏波。因此,湿氮气在封闭激波管中流动时,由于相变的发生,形成的波系结构比干氮气流场更为复杂。

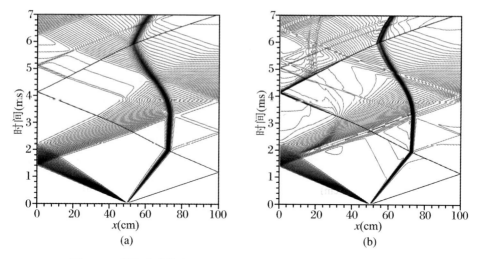

图 4.13 封闭激波管中(a)干燥氮气和(b)湿氮气运行密度 $x - t$ 图

4.5.2 喷嘴中的相变

4.5.2.1 定常喷嘴流中的凝结

讨论凝结激波在细长超声速喷嘴 G2 中的运行状态,进一步验证计算的正确性。喷嘴设在膜下游 1.0 m 处,出口马赫数为 2.0。图 4.14 给出喷嘴 G2 中凝结的典型参数分布,包括对称轴处压强 p/p_0、凝结质量百分比 g/g_{max} 及成核率 J。从图中可以看出,凝结在喉道下游不远处发生。凝结发生后,产生一道凝结激波,波后气流中凝结被滞止,即成核也呈现脉冲形态。凝结激波与初始过饱和度相关,过饱和度越大,凝结激波位置越向喉道靠近。在初始过饱和度达到一定程度时,激波不能自维持而出现激波振荡现象[60-63]。实验采用如下驻室条件:$T_0 = 282.6$ K,$p_0 = 88\,300$ Pa,$S_0 = 1.363$。

图 4.15 中对比了 10.0 ms 和 10.2 ms 两个状态下计算和实验的干涉条纹。从图中可以看出,入口处条纹基本水平,说明来流在入口处较为均匀。沿着喷嘴,条纹不断向下弯曲,表示喷嘴密度持续下降。在喉道稍下游,条纹向上突跃皱褶,即表示流场中密度存在陡升,代表了凝结激波的存在。从纹影图中可以看出,数值计算结果与实验结果基本一致。

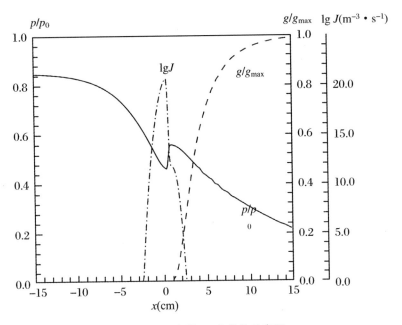

图 4.14 喷嘴 G2 中参数示意图

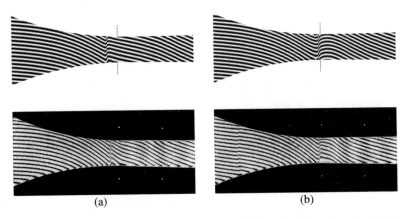

图 4.15 (a) 10.0 ms 和 (b) 10.2 ms 时, (a)喷嘴 G2 中凝结激波干涉条纹图
（上：数值结果，下：实验结果）

4.5.2.2 定常无反射型线喷嘴流中的凝结

无反射型线喷嘴是工程上常用的一种设备,它可以避免复杂的反射波对喷嘴流场的影响,这对获得定常的喷嘴流场是很重要的。我们首先讨论自行设计

的无反射型线喷嘴中凝结释放的潜热对流场的影响。

　　在喷嘴膨胀率一定的情况下,喷嘴流中的水蒸气是否发生凝结以及凝结量的大小与初始时刻水蒸气的含量有很大的关系。常温常压下,当初始水蒸气含量不同时,凝结过程对流场的影响如图 4.16 所示。从图 4.16(a)可知,在水蒸气的初始饱和度 $S = 0$ 的情况下,流场应该是均匀的,从实验结果可以得到验证,但在数值计算中由于网格问题使得线段的拐角处发生扰动,然而,这些扰动对下游流场的影响非常小。当水蒸气的饱和度为 $S = 0.2$ 时,经过喷嘴膨胀后,由于凝结释放潜热的影响,喷嘴喉道下游流场发生扰动,如图 4.16(b)所示,流场的密度等值线发生扭曲,从实验纹影图也可以看到明显的密度跳变;$S = 0.4$ 时,流场的扰动演变为凝结激波,在凝结量比较少的情况下,这种激波呈现出"X"形,通常称为"X 型"凝结激波,如图 4.16(c)。通过比较发现,数值结果与实验结果吻合得非常好。

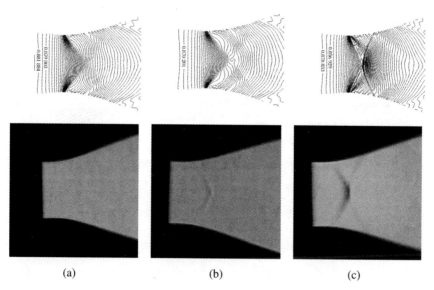

图 4.16　(a) $S = 0$,(b) $S = 0.2$ 和(c) $S = 0.4$ 时,水蒸气凝结对喷嘴流场的影响
(上:数值结果,下:实验结果)

　　喷嘴喉道下游产生这种"X 型"凝结激波的主要原因是由于壁面的马赫数相对较大,凝结释放的潜热对壁面附近区域的影响较小。同时,由于壁面冷却率较大,凝结总是从壁面开始发生,因此壁面附近区域的流场扰动会同时向轴线传播,随着这种扰动的增强,其将在轴线附近汇聚反射而形成"X 型"凝结激波。反过来,流场的扰动对凝结过程也产生很大的影响。随着液滴的生长消耗

和饱和度的增大,喷嘴中液滴分布增大,成核率分布范围向上游扩展。于是,凝结释放的潜热影响范围向上游延拓,使得上游压力增大,速度减小,如图 4.17 所示,从图中可以看到,随着水蒸气初始饱和度的升高,压力扰动的强度越大,且对流场马赫数的影响也越大。在 $S = 0.4$ 时,由于凝结激波的出现,使得喷嘴喉道下游的局部流场变为亚声速,然后再加速为超声速。由此可知,在这种情况中,$S = 0.4$ 是流场产生凝结激波的一个临界极限,在这个临界极限以内,凝结释放潜热使喷嘴出口马赫数下降 2%～5%。

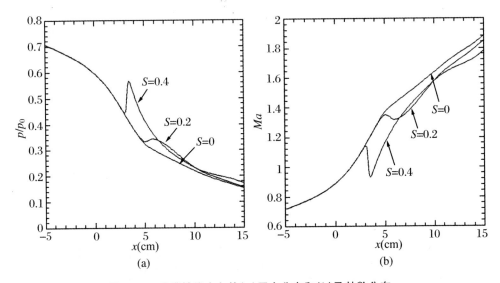

图 4.17 喷嘴轴线方向的(a)压力分布和(b)马赫数分布

4.5.2.3 圆弧喷嘴中的凝结对流场性质的影响

上节已讨论了水蒸气在无反射喷嘴中的凝结现象以及凝结激波的形成过程,本节主要集中讨论圆弧喷嘴中水蒸气初始饱和度较大的情况下,凝结过程对流场的影响。

若喷嘴气流中水蒸气含量较大,经过喉道膨胀加速后,大量的水蒸气将发生凝结。从图 4.18(b)的凝结水质量分数曲线分布可知,凝结总是从喷嘴壁面开始发生,并沿 y 方向呈凹曲线分布。越靠近壁面区域,凝结水的含量越大,而越靠近中心轴向区域,凝结水的含量越少。于是,从壁面到中心轴,凝结释放的潜热逐渐减少。在潜热的影响下,流场的温度、压力将发生突变,如图 4.18(d)所示的第二条曲线,两侧压力突然升高形成凹形分布。但随着时间的推移,壁

面的成核率下降,凝结速率减小,而中心轴线附近的成核率仍然比较大(图4.18
(a)),则轴线附近的水蒸气继续凝结而释放潜热,使得轴线附近的压力增大,如
图 4.18(d)的 3 和 4 曲线。这时,结合图 4.19 给出的压力沿轴向的分布曲线可
以清楚地看出,在喉道下游已产生弓型凝结激波。随着凝结激波产生的影响,
该区域的成核率下降,凝结受到抑制,凝结液滴的总数也随之减少,如图 4.18
(c)所示。从图 4.19 可以看出,在这种条件下,凝结激波是运动的。于是,喉道
下游区域在凝结激波的膨胀下,压力回落。同时,在来流的压缩与后面压缩波

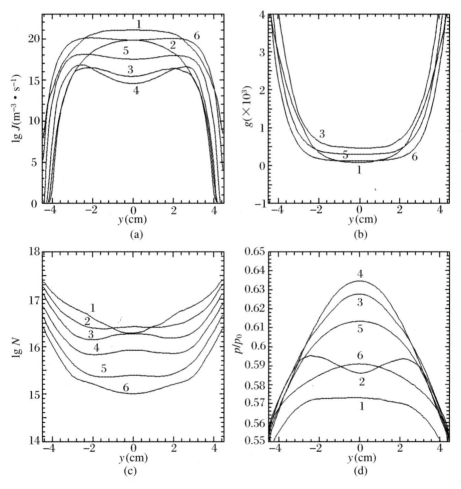

图 4.18　喉道下游($x = 1$ cm)处(a) 成核率,(b) 凝结水质量分数,

(c) 液滴总数和(d) 压力沿 y 方向的分布曲线

(数字的时间间隔为 0.1 ms)

的追赶集聚下,弓型凝结激波慢慢演变为正激波,但激波强度也随之变弱,如图
4.20 所示,从图中还可以看出,在下游的凝结激波到来之前,压力在凝结潜热
的影响下也是从壁面开始增大,然后慢慢汇聚而形成弓型激波,在演变到第 6
时刻时,弓型激波几乎演变为正激波,压力在 y 方向的分布也趋向平缓。

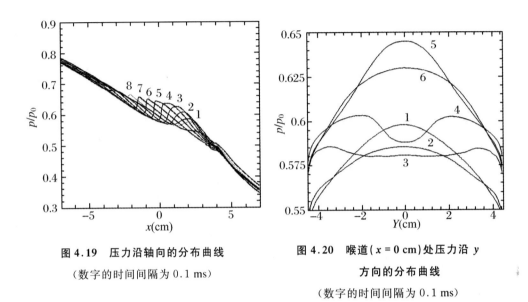

图 4.19　压力沿轴向的分布曲线
（数字的时间间隔为 0.1 ms）

图 4.20　喉道($x = 0$ cm)处压力沿 y
方向的分布曲线
（数字的时间间隔为 0.1 ms）

另外,从图 4.19 可以看出,凝结激波在向上游运动的过程中,与来流相互
作用而慢慢减弱直到被抹平,同时,在喉道下游又生成一道凝结激波,如图中的
第 8 条虚曲线所示。由此可知,喷嘴喉道附近由于水蒸气凝结而引起的运动凝
结激波是周期性的,凝结激波的这种周期性运动将使喉道附近的状态参数也随
之发生周期性变化。

由上述讨论可知,若气流中的水蒸气饱和度比较大,凝结释放的潜热将导
致喉道下游产生的凝结激波发生周期性的振荡运动,即凝结激波在喉道下游某
个位置生成后,向上游运动,在与来流的相互作用中,激波慢慢耗散而消失,同
时,在喉道下游又生成一道凝结激波,接着周期性地重复以上描述的过程。从
凝结激波生成到消失的时间差即为凝结激波振荡运动的一个周期。凝结激波
在喷嘴中的这种运动过程现象使得喷嘴流不再是定常流动,理论上的定常关系
式已失去了意义,因而无法描述喷嘴中的这种流动现象。

若气流中的水蒸气饱和度较大,则水蒸气在经过喷嘴加速后发生凝结,这
时其释放的大量潜热将使喷嘴发生热壅塞。图 4.21 给出了喷嘴气流中水蒸气

初始饱和度 $S = 0.85$，初始温度 $T_0 = 293.15\,\mathrm{K}$ 的流场中，凝结激波振荡一个周期的压力等值线。从图可以看出，由于凝结释放的潜热使喷嘴发生热壅塞，在喷嘴喉道下游产生凝结激波，在喷嘴来流的作用或喷嘴壁面对凝结过程的影响下，原始凝结激波为弓型激波，在激波左右两侧，压力等值线也沿着激波面方向为弓型分布，如图 4.21(a)所示，在凝结激波右侧，由于受水蒸气凝结影响，压力等值线分布比较密集，即压力变化较剧烈。在喉道下游压力的作用下，凝结激波向喉道上游运动，在与来流的相互作用的过程中，弓型凝结激波变为正激波，如图 4.21(b)所示。同时，在激波的膨胀下，激波后的压力分布趋向均匀。随着激波向上游运动，激波右侧的压力等值线分布也随着激波面演变为反弓型分布，即等值曲线向上游弯曲，如图 4.21(c)所示。这时，在喷嘴喉道压缩与凝结激波膨胀的双重作用下，在喷嘴喉道附近出现一个较宽的等压区。随着激波继续向喉道上游的高压区运动，激波慢慢耗散而被抹平，与此同时，喉道下游在凝结的影响下，又产生一道凝结激波，从而形成下一个周期的运动，其周期约为 $1/1\,227\,\mathrm{s}$，如图 4.21(d)所示。从图 4.22(a)的轴向压力曲线可以清晰的看出凝结激波从生成到消失的整个运动过程。从图可知，刚开始时，激波为弓型激波，波面比较宽；当激波运动半个周期后，激波演变为正激波，波面相对较尖锐；在 3/4 个周期时，激波已开始衰减，同时在喉道下游有压缩波产生；在 1 个周期后，激波被抹平，喉道下游产生下一个周期的弓型凝结激波。另外，从图 4.22

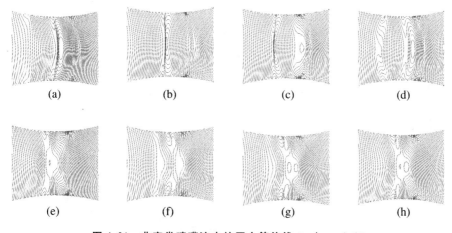

(a)　　　　　　(b)　　　　　　(c)　　　　　　(d)

(e)　　　　　　(f)　　　　　　(g)　　　　　　(h)

图 4.21　非定常喷嘴流中的压力等值线 $\Delta p/p_0 = 0.01$

$(S = 0.85, T_0 = 293.15\,\mathrm{K})$

(a)～(d) 凝结激波振荡频率 $f = 1\,227\,\mathrm{Hz}$；(e)～(h) 凝结激波振荡频率 $f = 2\,347.42\,\mathrm{Hz}$

(b)的马赫数分布曲线可以看出,在凝结激波形成以后,即凝结释放的潜热影响过后,凝结激波的传播过程对喷嘴的出口马赫数影响不大,但在喉道附近的区域,受到凝结激波的影响,流场马赫数变化幅度较剧烈。

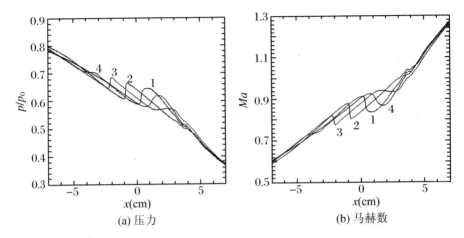

图 4.22 凝结激波振荡一个周期,参数沿轴向的分布

($f = 1\,227$ Hz)

在流场与凝结过程的相互作用过程中,喉道附近流场的周期性变化也使得凝结产生周期性变化,从而抑制潜热的持续性释放。于是,随着时间的推移,凝结激波的运动模态将发生调整。图 4.21(e)～(h)为凝结激波运动模态发生调整后,一个周期的压力等值线分布情况。从图可以看出,凝结激波变弱并呈现着"X 型"分布;喉道周围压力分布比较平滑。从图 4.23(a)可以看出,从凝结激波或压缩波的产生到被抹平,激波或压缩波的运动距离变短,因而周期变短,其周期为 1/2 347.42 s。图 4.23(b)为对应的马赫数轴向分布,由图可知,凝结激波的运动模态变化对喷嘴出口马赫数影响不大。但由于凝结激波强度变弱,喉道附近的马赫数受凝结激波影响后,振荡幅度相对较小。喷嘴中的这种非定常运动现象是流场与非平衡凝结过程的复杂相互作用的结果。

随着水蒸气饱和度的增加,凝结释放的潜热将使喷嘴流动发生热壅塞,在喉道下游将有凝结激波产生,并且发生周期性振荡。水蒸气的初始饱和度是喷嘴流场状态演变的关键因素之一。在低压罐压力 $p_1 = 0.35$ bar,驱动压力 $p_4 = 1$ bar 和水蒸气初始饱和度 $S = 0.75$ 的条件下,由于水蒸气凝结而产生的凝结激波在喉道附近发生振荡,使得喉道的状态参数也随之周期性振荡,如图 4.24(a) 给出的喉道上壁面的压力随时间的变化过程。从图可以看出,在喷嘴

启动后,压力呈现单一周期性的振荡,振荡频率为 $f=1\,231.22$ Hz。这说明由
于凝结的影响产生的凝结激波在喉道附近,始终以 $f=1\,231.22$ Hz 做周期性振
荡,凝结对流场的影响已到达"极限",流场不会再出现不稳定而发生重调现象。
在这种情况下,流场是定常的。但当水蒸气的初始相对饱和度继续增大时,凝
结将对流场产生"过饱和"影响,如图 4.24(b)所示,从图可知,在 $S-0.85$ 时,
喷嘴启动后在凝结激波的影响下,喉道上壁面压力以频率 $f=1\,227$ Hz 振荡。

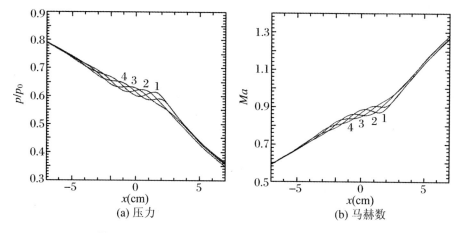

图 4.23　凝结激波振荡一个周期,参数沿轴向的分布

($f=2\,347.42$ Hz)

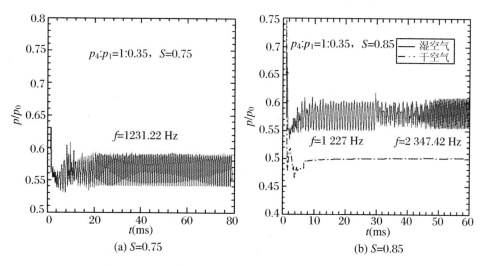

图 4.24　不同水蒸气初始饱和度下的凝结激波运动模态

经过 20 多毫秒后,流场突然发生调整,经过 18 ms 左右的过渡期,流场调整到新的运动状态,此时,压力以频率 $f = 2\,347.42$ Hz 振荡。由此可见,在凝结的"过饱和"影响下,喷嘴流动是非定常的。通过比较图 4.24 可以发现,无论在凝结的"饱和"影响或"过饱和"影响,喷嘴刚启动的时候,压力的振荡频率基本是一致的,但在"过饱和"影响下,流场运动模式转变后,压力的振荡频率增大,而幅度稍弱。

4.5.3　脉冲膨胀管中的相变

脉冲膨胀管(pulse-expansion wave tube,PEWT)[64],是根据同质成核的脉冲特点[65]设计,来研究凝结成核过程和液滴增长过程的,通过数值和实验结果的对比来验证 ASCE2D 方法。在脉冲膨胀管中,成核过程在一个非常短的时间 Δt 内完成,并形成大量凝结核,此后的凝结中液滴增长过程占据主导地位。因此脉冲膨胀管能将成核过程和液滴增长过程在时间上和空间上有效的区分开来。而且,由于成核几乎瞬时发生,流场中特定位置处液滴大小基本一致,有利于对液滴尺寸及数密度的实验测量。

我们采用的脉冲膨胀管为圆柱形,直径 36 mm,破膜时间小于 0.1 ms。实验中高压区为考察对象,观测点在高压区壁面附近(5 mm)。图 4.25 给出脉冲膨胀管及波系示意图。高压段长 1.26 m,低压段有两种:5 m 和 9 m。破膜后,稀疏波向左方高压区传播,接触面同激波向右方低压区传播。稀疏波遇左壁面

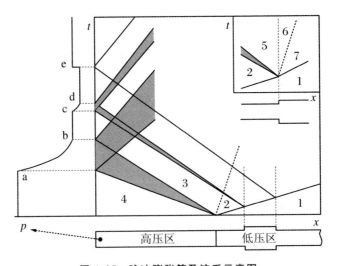

图 4.25　脉冲膨胀管及波系示意图

反射,使得波后气流从 a 状态膨胀至 b 状态。激波在经过扩张段两端时,反射稀疏波及激波。其中稀疏波左行与左壁面相交将初始膨胀波膨胀后的气流再次膨胀,达到 d 状态。实验中适当选取初始饱和度,使得在 d 状态饱和度恰好足够发生成核脉冲。当扩张段反射的激波左行至壁面时,将气流加热至 e 状态,成核过程结束。d-e 段的时间尺度 Δt 即为成核脉冲时间。

　　本算例中高压区采用湿氮气,低压区长 4.39 m,填充纯氮气。初始状态:高压区压强 1.775 bar,初始过饱和度 $S_0 = 0.2$。低压区压强 1.10 bar。采用轴对称流动计算,初始 2 851 个网格,大小为 6 mm×6 mm。设置加密 4 层,即最小网格为 0.375 mm×0.375 mm。

　　图 4.26 为距高压段壁面 5 mm 处的压力随时间变化图。图中同时绘出了实验和计算的结果。对比发现,二者在膨胀波传播及凝结脉冲过程中吻合很好。模拟所得在 $t \in [4,6]$ ms,由于波系相交产生的弱扰动也与实验保持一致。在 $t = 9$ ms 时,破膜激波遇右壁面反射后的激波行至测点处,使得压强迅速提升。此处计算所得到压强增长幅度与实验有较大误差。值得提出是的,设计脉冲激波管时为高压实验(>5 bar),而在这种高压情况下,实验与计算间断差别会大幅减小。

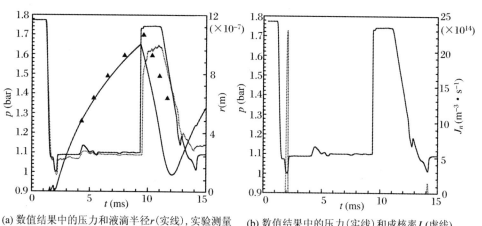

(a) 数值结果中的压力和液滴半径r(实线),实验测量中的压力(虚线)和液滴半径r(三角)

(b) 数值结果中的压力(实线)和成核率J_n(虚线)

图 4.26　距高压段壁面 5 mm 处的参数随时间变化图

　　图 4.26 同时给出了平均液滴尺寸及成核率。实验所得到成核脉冲过程中的平均成核率约为 2.2×10^{15} m^{-3} · s^{-2}。计算结果证实了成核仅在成核脉冲中完成,且成核率与实验结果一致。此外,模型也正确描述了液滴的增长过程,最大半径约 1 μm。在约 $t = 9$ ms 压强迅速提升后,液滴蒸发导致半径开始急剧减

小。蒸发的影响在图4.26和图4.27中均有体现。图4.27给出了蒸发去核化速率与液滴半径和液滴数的比较图。可以发现,液滴在极短时间内消失($<30\ \mu s$),这也间接证明了粒子大小几乎一致。

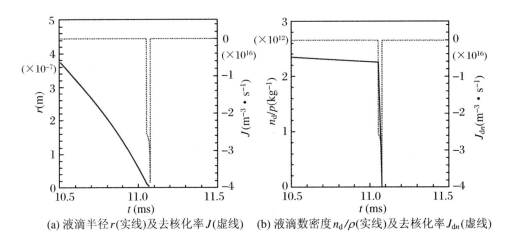

(a) 液滴半径r(实线)及去核化率J(虚线)　　(b) 液滴数密度n_d/ρ(实线)及去核化率J_{dn}(虚线)

图 4.27　液滴参数随时间变化图

4.5.4　二维流场中的凝结激波与涡的相互作用

4.5.4.1　变截面管道内的流动

本节主要讨论水蒸气和氮气的混合气体在变截面管道流动中的非平衡凝结现象以及凝结激波与涡的相互作用。计算区域为:管长0.8 m,管截面在距左端15 cm处发生突变,在20 cm处再突变回原状,隔离左边高压段p_4与右边低压段p_1的膜放置在距左端75 cm处,截面变化部分的计算网格如图4.28所示。

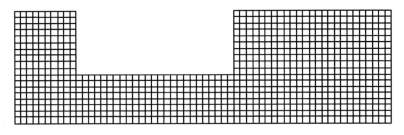

图 4.28　变截面附近的计算网格

当隔离膜片破裂后,气体往右流动,在变截面拐角处诱导出漩涡并跟随气体向下游运动。同时膨胀波向上游传播,对来流气体膨胀后使可凝结气体发生凝结,凝结释放的潜热会使流场产生向上游运动的凝结激波,于是,它会与向下游运动的涡发生相互作用。在没有凝结影响的流场中,这种流场结构是不可能发生的。如图 4.29 给出了流场受凝结影响后的演化过程,为了便于比较,同时给出了没有凝结发生的情况下流场演化过程。从图可知,在 $p_4 : p_1 = 1 : 0.35$, $S = 0.88$ 的条件下,由于凝结释放潜热诱导的凝结激波在向上游运动的同时与流场发生相互作用,使得流场结构和性质发生变化。在 2.4 ms 时,凝结激波与涡相遇(图 4.29(a)),凝结激波上半部分受到涡的旋转加速后发生弯曲;同时,来流在受到凝结激波的压缩后,使得涡与激波之间的流场产生剧烈地变化。在凝结激波与涡的相互作用过程中(图 4.29(b),(c)),使得拐角处诱导的涡发生变形,剪切层发生扭曲。经过与凝结激波相互作用后,流场相对滞后了一小段时间(图 4.29(d)),那是由于气体横向速度经过凝结激波反向加速后速度减小的结果,如图 4.30 所示的 2.75 ms 时沿管中心线的马赫数分布,与不考虑凝结影响的流场相比,马赫数最大处减小了约 25.3%。

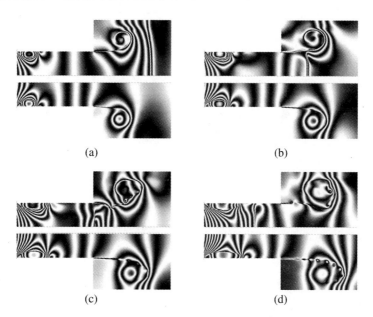

(a)　　　　　　　　　　　(b)

(c)　　　　　　　　　　　(d)

图 4.29　(a) $t = 2.4$ ms,(b) $t = 2.5$ ms,(c) $t = 2.6$ ms 和(d) $t = 2.7$ ms

流场的数值全息图

($p_4 : p_1 = 1 : 0.35$,上:$S = 0.88$,下:$S = 0$)

作为比较,在图 4.31 中给出了不考虑凝结现象的干氮气流场的温度分布。图 4.32 给出了在 $p_4 : p_1 = 1 : 0.35, S = 0.6$ 条件下,水蒸气和氮气混合气体受膨胀后的凝结水含量分布;同时,图 4.33 为对应的不同时刻的温度分布曲线。从图 4.32(a)可看出,膨胀波在变截面处诱导涡的初期,由于周围气体还没有充分受到膨胀,所以涡周围流场的水蒸气还没有发生凝结,但在涡中心由于温度较低,可以看到涡中有大量的水蒸气凝结,同时释放潜热。通过比较图 4.33(a)和图 4.31(a)可看到,由于受潜热影响,涡心温度升高约 $\Delta T = 5 \, \mathrm{K}$。随着流场的演化,涡周围流场中的水蒸气开始凝结,涡周围温度分布随之变得极不均匀,如图 4.32(b)、图 4.33(b)所示。2.8 ms 时,涡周围的水蒸气凝结趋向最大,凝结水含量分布也趋向均匀(图 4.32(c)),此时涡心的温度升高约 $\Delta T = 20 \, \mathrm{K}$,同时随着热的耗散,涡周围的温度分布也慢慢趋向均匀,如图 4.33(c)所示。从图 4.32 还可看到膨胀波在后拐角诱导的涡及其周围水蒸气的凝结情况。

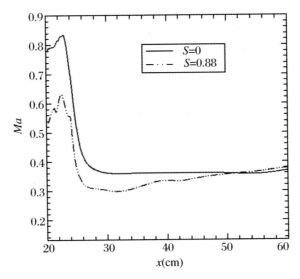

图 4.30 2.75 ms 时沿管中心线的马赫数分布

$(p_4 : p_1 = 1 : 0.35)$

由图 4.33 可知,在初始相对饱和度较低的情况下,流场中并没有产生凝结激波。若继续增大相对饱和度,如图 4.34 给出 $p_4 : p_1 = 1 : 0.35, S = 0.88$ 条件下的凝结水含量分布,图 4.35 为相应的温度分布。与图 4.32 相比,由于初始水蒸气含量较大,在变截面附近的涡诱导初期,在涡的周围就有大量的水蒸气凝结,并且在后拐角处也有少量的水蒸气凝结,如图 4.34(a)所示。在 2.4 ms

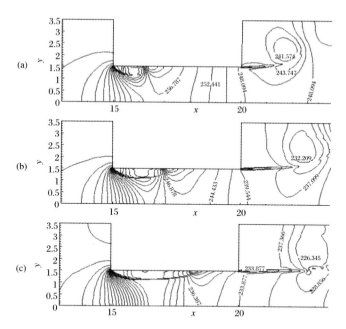

图 4.31　(a) $t = 2.4\,\mathrm{ms}$,(b) $t = 2.6\,\mathrm{ms}$ 和(c) $t = 2.8\,\mathrm{ms}$ 不考虑凝结影响的温度分布

($p_4 : p_1 = 1 : 0.35$)

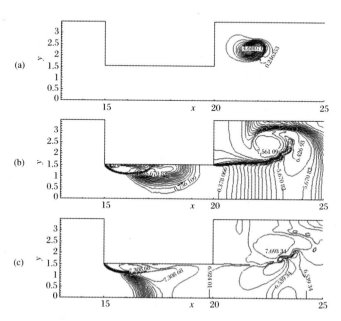

图 4.32　(a) $t = 2.4\,\mathrm{ms}$,(b) $t = 2.6\,\mathrm{ms}$ 和(c) $t = 2.8\,\mathrm{ms}$ 时凝结水的质量分数

($p_4 : p_1 = 1 : 0.35$, $S = 0.6$)

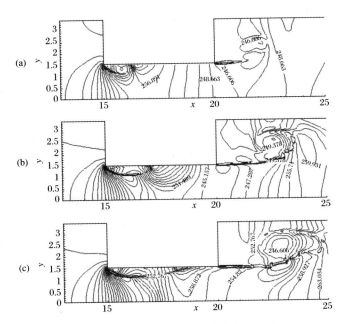

图 4.33 (a) $t = 2.4\,\mathrm{ms}$, (b) $t = 2.6\,\mathrm{ms}$ 和 (c) $t = 2.8\,\mathrm{ms}$ 时温度分布

($p_4 : p_1 = 1 : 0.35, S = 0.6$)

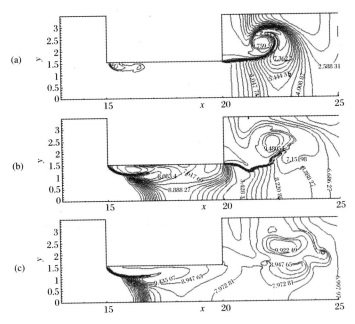

图 4.34 (a) $t = 2.4\,\mathrm{ms}$, (b) $t = 2.6\,\mathrm{ms}$ 和 (c) $t = 2.8\,\mathrm{ms}$ 时凝结水的质量分数

($p_4 : p_1 = 1 : 0.35, S = 0.88$)

时刻,通过比较图 4.35(a)和图 4.31(a)可看到,涡心的温度升高约 $\Delta T = 20\,\text{K}$,并且周围的温度变得更为不均匀的分布,使得涡分布向周围扩散,强度变弱。经过随后跟进的凝结激波的作用,剪切层发生变形,水蒸气的凝结分布和温度分布也随之变化。随着流场的演化,水蒸气凝结趋向最大,凝结水分布也逐渐趋向均匀,通过耗散,温度变化也趋向均匀,温度剪切层变弱,如图 4.34(c)和图 4.35(c)所示。

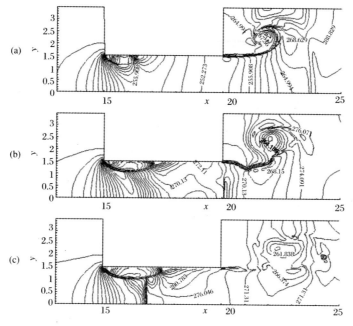

图 4.35 (a) $t = 2.4\,\text{ms}$,(b) $t = 2.6\,\text{ms}$ 和(c) $t = 2.8\,\text{ms}$ 时温度分布

($p_4 : p_1 = 1 : 0.35, S = 0.88$)

通过比较图 4.32 与图 4.34,可以看到,由于初始水蒸气相对饱和度较大,水的凝结量较大,释放的潜热量也较大,所以温度变化较剧烈,并且伴随着凝结激波的产生。另外,流场的膨胀率也是决定水蒸气凝结量的主要参数之一。图 4.36 给出了 $p_4 : p_1 = 1 : 0.4, S = 0.88$ 条件下的凝结水含量分布情况,同时在图 4.37 中给出了受凝结影响后的相应的温度分布。

从图 4.36(a)可以看到,在 2.4 ms 时水蒸气凝结与图 4.34(a)是相似的,这说明影响水蒸气凝结量的主要因素是初始水蒸气的含量。但在膨胀率较低的情况下,由于单位时间内凝结释放潜热量较小,流场不会产生附加凝结激波。

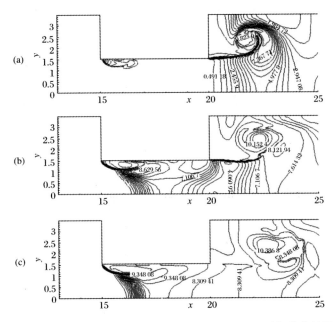

图 4.36　(a) $t = 2.4\,\mathrm{ms}$, (b) $t = 2.6\,\mathrm{ms}$ 和(c) $t = 2.8\,\mathrm{ms}$ 时凝结水的质量分数

($p_4 : p_1 = 1 : 0.4, S = 0.88$)

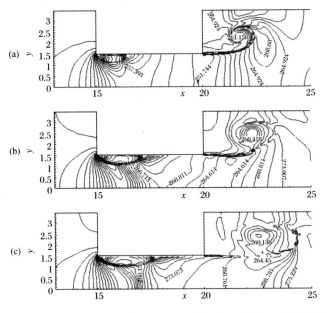

图 4.37　(a) $t = 2.4\,\mathrm{ms}$, (b) $t = 2.6\,\mathrm{ms}$ 和(c) $t = 2.8\,\mathrm{ms}$ 时温度分布

($p_4 : p_1 = 1 : 0.4, S = 0.88$)

由于水蒸气凝结使流场中的温度发生变化,从而导致整个流场参数的变化。为了探测流场参数随时间的变化情况,在流场中放置 4 个探针,如图 4.38 所示,这 4 点的坐标分别为 $(40,0),(24,0),(24,3.5),(17.5,0)$。图 4.39 给出

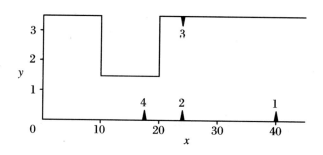

图 4.38 探针的位置

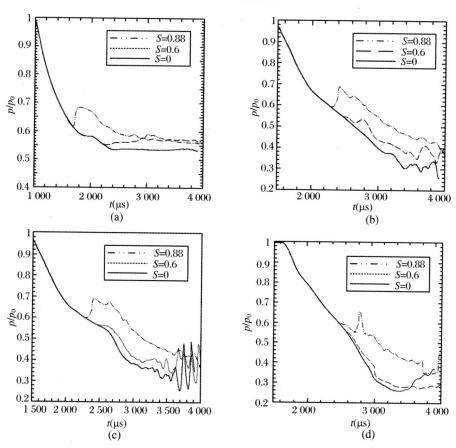

图 4.39 流场点 (a) $(40,0)$, (b) $(24,0)$, (c) $(24,3.5)$ 和 (d) $(17.5,0)$ 的压力变化

$(p_4 : p_1 = 1 : 0.35)$

了 $p_4 : p_1 = 1:0.35$ 条件下,流场中的 4 个点在不同的初始水蒸气相对饱和度 S 时压力随时间的变化。从图可以看到,由于受到水蒸气凝结释放的潜热影响,流场压力有了明显的提高,在 $S = 0.88$ 条件下有凝结激波产生;从图 4.39 (b)和(c)中还可以看到,流场受潜热的影响后,原来剧烈变化的流场趋向了平缓;图 4.39(d)的实线凹陷区为窄截面内出现的超声速区,在受潜热影响后,超声速区出现延迟。在不同初始压力比下($S = 0.88$),探针探测的压力变化如图 4.40 所示,在此只给出两个点的压力变化。从图 4.40(a)可以看到 $p_4 : p_1 = 1:0.4$ 时,点 $(40,0)$ 的流场受潜热影响后,压力变化更大,那是因为 $p_4 : p_1 = 1:0.35$ 时,凝结释放的潜热使流场产生凝结激波,经过激波的加速后,波后流场压力下降;图 4.40(b)为管壁上点 $(24,3.5)$ 的压力变化曲线,也可以看到同样的压力变化情况。

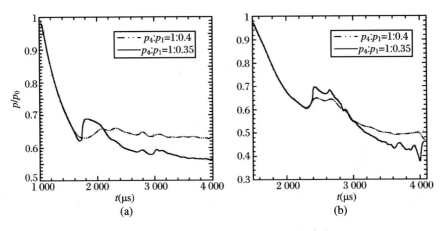

图 4.40 流场点(a) $(40,0)$ 和(b) $(24,3.5)$ 的压力变化($S = 0.88$)

4.5.4.2 涡脱离与自由射流的形成

为了研究涡与自由射流的形成及凝结的影响,在 Ludwieg 管中上游距膜 73 cm 处设置一尖劈形障碍,如图 4.41 所示,其中尖劈角度为 30°,高 4 cm。当膨胀波流经尖劈时,流动发生分离,形成一个启动涡向下游运动。涡中心温度低于外围温度,恰当设置使涡中心发生凝结,计算域左右壁面均设为固壁。

图 4.42 为 3 种不同初始饱和度状态下($S_0 = 0,0.56,0.88$)尖劈附近流场的干涉图。同时给出了实验图片以及数值干涉图,其中数值干涉图的密度增量为 $0.029 \ kg \cdot m^{-3}$。当初始饱和度足够大时,在膨胀波引导的流动中存在一上

传的凝结激波,此激波与涡及剪切层相互作用,使得流场更为复杂,如图 4.42
(c)所示,即为一典型的凝结激波-涡相互作用现象。此现象中,凝结激波已被
涡分为两部分,其中上半部分在图中可以观察到。实验与计算的干涉图吻合较
好。二者区别在于:实验中第二道涡有卷起的趋势,而计算中几乎没有迹象。
此外,计算所得的涡形状比试验所得要更不均匀。

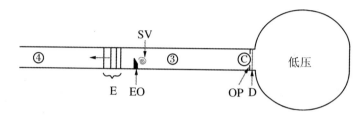

图 4.41　Ludwieg 管中设置尖劈示意图

(OP:孔板,D:膜片,EO:尖劈,SV:启动涡,E:膨胀波,区域 3:向右稳流,

区域 4:静止,区域 C:壅塞流)

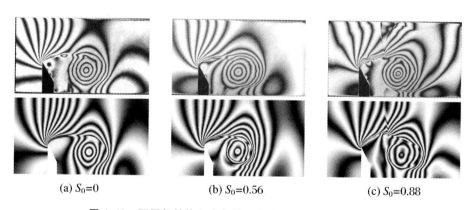

(a) $S_0=0$　　　　　　(b) $S_0=0.56$　　　　　　(c) $S_0=0.88$

图 4.42　不同初始饱和度条件下尖劈附近流场干涉示意图

(上:实验结果,下:数值结果)

凝结引起的激波也可以在实验测得的压力信号中发现,如图 4.43(a)。初
始条件为:$Ma_3 = 0.61$,$S_0 = 0.88$。在 4,5,6 三个测点上可以清晰捕捉到压力
的升高,而 1,2,3 三个点则很难看到,这是由于后期涡与激波作用造成的。图
4.43(b)所示为计算所得到的各测点压力历史曲线。可以发现,实验与计算所
得结果趋势基本一致。

图 4.44 给出初始饱和度 $S_0 = 0.88$ 时,$Ma_3 = 0.21$ 和 0.61 两种情况下的
液滴质量分布。可以看出,在两种情况下,液滴均在涡心位置达到最大值。不

同的是，$Ma_3 = 0.21$ 时，仅在涡中发生凝结，而在 $Ma_3 = 0.61$ 时，涡中和管流中均有凝结发生。随着时间发展，对于 $Ma_3 = 0.61$ 的算例，涡中的水蒸气几乎完全凝结，管流中凝结区域也逐渐增大。如图 4.45 所示为 1.75 ms 时流场中液滴半径及质量分数分布图。

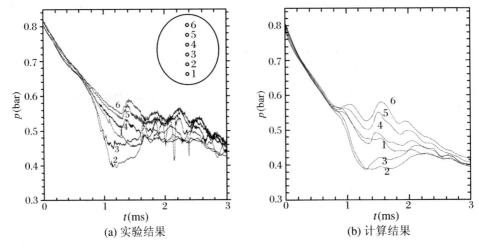

(a) 实验结果　　　　　　　　　　(b) 计算结果

图 4.43　各测点压力记录

（初始条件：$Ma_3 = 0.61, S_0 = 0.88$）

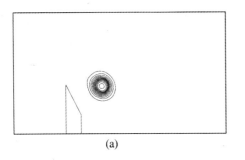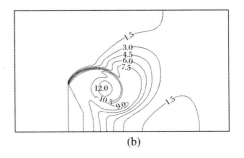

(a)　　　　　　　　　　(b)

图 4.44　(a) $Ma_3 = 0.21, 1.4$ ms 和 (b) $Ma_3 = 0.61, 1.25$ ms 时，流场中液滴质量分数分布图

（$S_0 = 0.88$）

　　随着时间进一步推进，跨尖劈的管流将演化为超声速射流。若管流初始马赫数较高且饱和度较大，则在跨尖劈的流动中会有凝结引起的振荡发生。图 4.46 给出在 $Ma_3 = 0.21, S_0 = 0.88$ 条件下 1 和 2 两个测点所记录的压力变化趋势，二者均有振荡出现。就压力变化整体趋势而言，计算结果与实验结果吻合很好，然而就振荡现象的频率而言，计算所获得的结果偏小。

　　当初始管流中马赫数增大时，凝结引起的振荡更为剧烈。图 4.47 为 $Ma_3 =$

$0.36, S_0 = 0.87$ 和 $Ma_3 = 0.61, S_0 = 0.878$ 两种条件下测点 1 所记录的压力值。实验测得,第一种情况下,在约 $t = 15\,\text{ms}$ 时,流场开始振荡,频率约为 $3\,\text{kHz}$,而第二种情况中振荡约开始于 $t = 10\,\text{ms}$,频率约 $6\,\text{kHz}$。计算所得到的结果要远小于实验数据,对于 $Ma_3 = 0.61$ 的算例,计算所得频率约 $2\,\text{kHz}$。

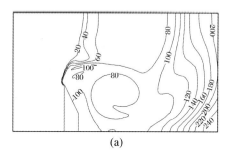
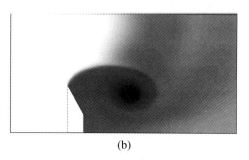

(a)　　　　　　　　　　　　　　　　(b)

图 4.45　1.75 ms 时流场中(a)液滴半径(nm)和(b)液滴质量分数分布图

(初始条件:$Ma_3 = 0.61, S_0 = 0.88$)

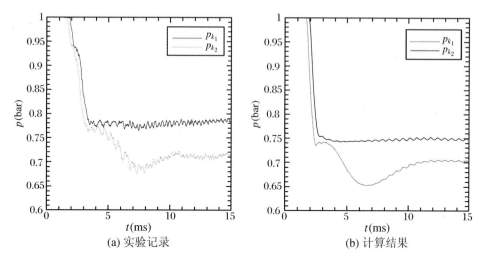

(a) 实验记录　　　　　　　　　　　(b) 计算结果

图 4.46　测点 1 和 2 的压力记录

(初始条件:$Ma_3 = 0.21, S_0 = 0.88$)

前人多研究细长喷嘴或翼型膨胀流动中凝结引起振荡的问题,而对于本例给出的亚声速自由射流,尚未有前例。分析发现,自由射流中尖劈起着类似于喉道的作用,而振荡也起源于尖劈附近的剪切层。因此本问题中,剪切层流动是影响凝结发展的关键问题。由于本数值方法未考虑黏性流动,因此对剪切层的模拟并不理想,从而影响了对流动中凝结激振的频率的预测。

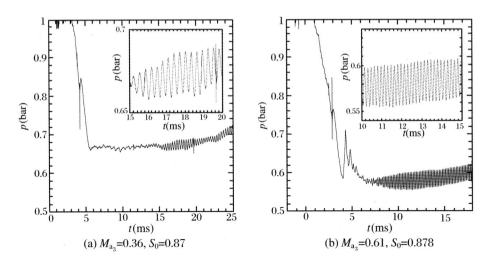

(a) $M_{a_3}=0.36$, $S_0=0.87$ (b) $M_{a_3}=0.61$, $S_0=0.878$

图 4.47 测点 1 的压力记录

4.6 总 结

    本章通过对水非平衡相变的成核过程、液滴增长过程、液滴蒸发过程和去核化过程进行综合分析,结合 Hill 的矩方法,建立了用于伴随非平衡相变可压缩流动的物理模型,并发展了数值方法 ASCE2D,为伴随非平衡相变可压缩流动提供了理论和数值研究平台。

    首先,讨论了激波管中水蒸气相变的问题。考察了流动初期相变发生及波系的产生演化。对封闭激波管中水蒸气相变的问题进行了模拟来验证数值方法的准确性。研究发现,水的凝结和蒸发过程对激波管中激波波速以及压强、温度、湿度等流场参数的分布有较大影响,其中去核化过程导致了液滴数目的减少,使得液滴经激波后得以完全蒸发。

    其次,研究了细长喷嘴中水蒸气相变问题。详细模拟并讨论了喷嘴中凝结引起的定场扰动,定常凝结激波,非定常振荡,对称振荡向非对称振荡等常见的相变与喷嘴流动耦合现象。

    接着,使用脉冲膨胀波来对新的物理模型进行了验证。在脉冲膨胀管中,膨胀波后跟随了一个脉冲的弱膨胀波。凝结的成核过程发生在脉冲间,而液滴增长模型发生在脉冲之后,二者得以时间上区分开来。通过计算结果与实验信息的对比,发现二者吻合较好,从而证实了新建立物理模型的合理性。计算与实验的差异在实验的不确定性影响范围之内。

最后,研究了湿气流通过尖劈引起的涡脱落及自由射流问题。研究发现,凝结对流动产生较大的影响。首先,在非定常膨胀扇中形成了一道凝结激波,与涡相互作用形成复杂的流场结构。其次,涡心位置发生的凝结,导致湿空气中漩涡与干空气中漩涡有所不同,计算由消光实验提供的结果得到了验证。再次,涡脱落之后在尖劈下游形成的自由射流中亦有凝结发生。此凝结导致了射流的自持振荡,然而数值研究得到的振荡幅度及频率与实验结果存在一定差别。

参 考 文 献

[1] 蔡颐年,王乃宁. 湿蒸汽两相流[M]. 西安:西安交通大学出版社,1985.

[2] Schnerr G H. Unsteadiness in condensing flow:dynamics of internal flows with phase transition and application to turbomachinery[J]. P I Mech Eng C-J Mec,2005,219 (12):1369-1410.

[3] Sinha S,Wyslouzil B E,Wilemski G. Modeling of H_2O/D_2O Condensation in Supersonic Nozzles[J]. Aerosol Sci Tech,2009,43(1):9-24.

[4] Volmer M,Weber A. Keimbildung in übersättigten Gebilden[J]. Z. phys. Chem. ,1926, 119:277-301.

[5] Farkas L. Keimbildungsgeschwindigkeit in übersättigten Dämpfen[J]. Z. phys. Chem. , 1927,125:236-242.

[6] Becker R,Döring W. The kinetic treatment of nuclear formation in supersaturated vapors[J]. Ann. Phys. ,1935,24:719-752.

[7] Zeldovich J B. On the theory of formation of new phases:cavitation[J]. J Exp Theor Phys,1942,12:525.

[8] Girshick S L,Chiu C P. Kinetic nucleation theory:A new expression for the rate of

homogeneous nucleation from an ideal supersaturated vapor[J]. J Chem Phys,1990, 93(2):1273-1277.

[9] Luijten C C M,Peeters P,van Dongen M E H. Nucleation at high pressure. Ⅱ. Wave tube data and analysis[J]. J Chem Phys,1999,111(18):8535-8544.

[10] Wölk J, Strey R. Homogeneous nucleation of H_2O and D_2O in comparison: The isotope effect[J]. J Phys Chem B,2001,105(47):11683-11701.

[11] Holten V, Labetski D G, van Dongen M E H. Homogeneous nucleation of water between 200 and 240 K:New wave tube data and estimation of the Tolman length[J]. J Chem Phys,2005,123(10):104505.

[12] Kashchiev D. Analysis of experimental data for the nucleation rate of water droplets [J]. J Chem Phys,2006,125(4):044505.

[13] Lamanna G. On nucleation and droplet growth in condensing nozzle flows[D]. Eindhoven:Eindhoven University of Technology,2000.

[14] Fuchs N A. Über die Verdampfungsgeschwindigkeit kleiner Tröpfchen in einer Gasatmosphäre[J]. Physikalische Zeitschrift der Sowjetunion,1934, 6:224-243.

[15] Fukuta N, Walter L A. Kinetics of Hydrometeor Growth from a Vapor-Spherical Model[J]. J Atmos Sci,1970,27(8):1160-1172.

[16] Hertz H. Über die Verdunstung der Flüssigkeiten,insbesondere des Quecksilbers,im luftleeren Raume[J]. Annalen der Physik,1882,253(10):177-193.

[17] Young J B. The Condensation and Evaporation of Liquid Droplets at Arbitrary Knudsen Number in the Presence of an Inert-Gas[J]. Int J Heat Mass Tran,1993,36(11): 2941-2956.

[18] Gyarmathy G. The spherical droplet in gaseous carrier streams:review and synthesis [M]//Multiphase science and technology, Vol. 1. New York:McGraw-Hill, 1982: 99-279.

[19] Peeters P,Luijten C C M,van Dongen M E H. Transitional droplet growth and diffusion coefficients[J]. Int J Heat Mass Tran,2001,44(1):181-193.

[20] Luo X. Unsteady flows with phase transition[D]. Eindhoven:Eindhoven University of Technology,2004.

[21] Hubbard G L,Denny V E,Mills A F. Droplet Evaporation-Effects of Transients and Variable Properties[J]. Int J Heat Mass Tran,1975,18(9):1003-1008.

[22] Sherman F S. A survey of experimental results and methods for the transition regime of rarefied gas dynamics[C]//Rarefied Gas Dynamics, Proceedings of the Third International Symposium,Vol.2. New York:Academic Press.228.

[23] Hill P G. Condensation of Water Vapour during Supersonic Expansion in Nozzles[J]. J Fluid Mech,1966,25:593-620.

[24] Friedlander S K. Smoke,Dust,and Haze:Fundamentals of Aerosol Behaviour[M]. New York:John Wiley & Sons,1977.

[25] Lambert J D. Computational techniques for ordinary differential equations,chapter Stiffness[M]. New York:Academic Press,1980. 19-46.

[26] Strang G. On the construction and comparison of difference schemes[J]. SIAM Journal on Numerical Analysis,1968,5(3):506-517.

[27] Harlow F H. The particle in cell computing method for fluid dynamics[M]//Methods in computational physics,Vol. 3. New York:Academic Press,1964.319-343.

[28] Harlow F H,Welch J E. Numerical Calculation of Time-Dependent Viscous Incompressible Flow of Fluid with Free Surface[J]. Phys Fluids,1965,8(12):2182-2189.

[29] Gentry R A,Martin R E,Daly B J. An Eulerian differencing method for unsteady compressible flow problems[J]. J Comput Phys,1966,1(1):87-118.

[30] MacCormack R W,Paullay A J. Computational efficiency achieved by time splitting of finite difference operators[R]. AIAA Paper,1972:72-154.

[31] 帕坦卡. 传热和流体流动的数值方法[M]. 合肥:安徽科学技术出版社,1984.

[32] Harten A. High Resolution Schemes for Hyperbolic Conservation Laws[J]. J Comput Phys,1983,49(3):357-393.

[33] Toro E F. Riemann solvers and numerical methods for fluid dynamics:a practical introduction[M]. Berlin:Springer,1999.

[34] Steger J L,Warming R F. Flux Vector Splitting of the Inviscid Gas-Dynamic Equations with Application to Finite-Difference Methods[J]. J Comput Phys,1981,40(2): 263-293.

[35] Roe P L. Approximate Riemann Solvers,Parameter Vectors,and Difference-Schemes [J]. J Comput Phys,1981,43(2):357-372.

[36] Osher S,Solomon F. Upwind Difference-Schemes for Hyperbolic Systems of Conservation-Laws[J]. Math Comput,1982,38(158):339-374.

[37] Harten A,Lax P D,and Vanleer B. On Upstream Differencing and Godunov-Type Schemes for Hyperbolic Conservation-Laws[J]. Siam Rev,1983,25(1):35-61.

[38] Einfeldt B. On Godunov-Type Methods for Gas-Dynamics[J]. SIAM Journal on Numerical Analysis,1988,25(2):294-318.

[39] Einfeldt B,Munz C D,Roe P L,et al. On Godunov-type methods near low densities [J]. J Comput Phys,1991,92(2):273-295.

[40] Sun M, Takayama K. An artificially upstream flux vector splitting scheme for the Euler equations[J]. J Comput Phys, 2003, 189(1): 305-329.

[41] Chang S C. The Method of Space-Time Conservation Element and Solution Element—a New Approach for Solving the Navier-Stokes and Euler Equations[J]. J Comput Phys, 1995, 119(2): 295-324.

[42] Luo X, Wang M, Yang J, et al. The space-time CESE method applied to phase transition of water vapor in compressible flows[J]. Comput Fluids, 2007, 36(7): 1247-1258.

[43] Cheng W, Luo X S, Yang J M, et al. Numerical analysis of homogeneous condensation in rarefaction wave in a shock tube by the space-time CESE method[J]. Comput Fluids, 2010, 39(2): 294-300.

[44] Ran W, Cheng W, Qin F H, et al. GPU accelerated CESE method for 1D shock tube problems[J]. J Comput Phys, 2011, 230(24): 8797-8812.

[45] Luo X S, Prast B, Van Dongen M E H, et al. On phase transition in compressible flows: modelling and validation[J]. J Fluid Mech, 2006, 548: 403-430.

[46] Sun M. Numerical and experimental studies of shock wave interaction with bodies [D]. Japan: Tohoku University, 1998.

[47] Davis S. Simplified second-order Godunov-type methods[J]. SIAM Journal on Scientific and Statistical Computing, 1988, 9(3): 445-473.

[48] Shu C-W. Total-variation-diminishing time discretizations[J]. SIAM Journal on Scientific and Statistical Computing, 1988, 9(6): 1073-1084.

[49] Poinsot T J, Lele S K. Boundary-Conditions for Direct Simulations of Compressible Viscous Flows[J]. J Comput Phys, 1992, 101(1): 104-129.

[50] Hirsch C. Numerical Computation of Internal and External Flows[J]. New York: John Wiley & Sons, 1990.

[51] Oran E S, Boris J P. Numerical simulation of reactive flow[M]. Amsterdam: Elsevier, 1987.

[52] Gamezo V N, Oran E S. Reaction-zone structure of a steady-state detonation wave in a cylindrical charge[J]. Combust Flame, 1997, 109(1-2): 253-265.

[53] Peters F, Paikert B. Nucleation and Growth-Rates of Homogeneously Condensing Water-Vapor in Argon from Shock-Tube Experiments[J]. Exp Fluids, 1989, 7(8): 521-530.

[54] Peters F, Paikert B. Measurement and Interpretation of Growth and Evaporation of Monodispersed Droplets in a Shock-Tube[J]. Int J Heat Mass Tran, 1994, 37(2): 293-302.

[55] Roth P,Fischer R. An Experimental Shock-Wave Study of Aerosol Droplet Evaporation in the Transition Regime[J]. Phys Fluids,1985,28(6):1665-1672.

[56] Sislian J P,GLASS I. Condensation of water vapor in rarefaction waves. I Homogeneous nucleation[J]. AIAA Journal,1976,14(12):1731-1737.

[57] Maple R C,King P I,Oxley M E,et al. Condensation of water vapor in rarefaction waves. II Heterogeneous nucleation[J]. AIAA Journal,1977,15(2):215-221.

[58] Glass I,Sislian J,Kalra S. Condensation of water vapor in rarefaction waves. III Experimental results[J]. AIAA Journal,1977,15(5):686-693.

[59] 王美利,罗喜胜,杨基明. 非定常膨胀过程中水蒸气凝结对流场影响的数值分析[J]. 计算物理,2006,23(1):109-114.

[60] Wegener P P,Cagliost D J. Periodic Nozzle Flow with Heat Addition[J]. Combust Sci Technol,1973,6(5):269-277.

[61] Sichel M. Unsteady Transonic Nozzle Flow with Heat Addition[J]. AIAA Journal,1981,19(2):165-171.

[62] Frank W. Condensation Phenomena in Supersonic Nozzles[J]. Acta Mech,1985,54(3-4):135-156.

[63] Adam S,Schnerr G H. Instabilities and bifurcation of non-equilibrium two-phase flows[J]. J Fluid Mech,1997,348:1-28.

[64] Looijmans K N H,vanDongen M E H. A pulse-expansion wave tube for nucleation studies at high pressures[J]. Exp Fluids,1997,23(1):54-63.

[65] Allard E F,Kassner J L. New Cloud-Chamber Method for Determination of Homogeneous Nucleation Rates[J]. J Chem Phys,1965,42(4):1401-1405.

第 5 章　激波与固体颗粒的相互作用

5.1　引　　言

激波与固体颗粒/颗粒群的相互作用,也是一类典型的可压缩性多相流。它在许多技术领域中有着重要应用,例如,煤矿粉尘爆炸(Hwang(1986)[1],Suzuki 等人(1995)[2]),气固两相点火与爆轰(Krier 等人(1998)[3],Zhang(2009)[4]),半导体制造过程中表面除尘技术(Smedley 等人(1999)[5]),防冲击波的颗粒结构物设计(Britan 等人(2001)[6],Igra 等人(2013)[7]),以及高超声速物体表面上的含尘边界层(Vasilevskii 和 Osiptsov(1999)[8])等。相关研究工作从 20 世纪 60 年代就开始了[9,10]。近年来,对激波与固体颗粒相互作用的研究活动不减反增。Saito 等人[11]、Takayama 和 Itoh[12]、孙明宇等人[13]研究了激波加载颗粒时的不稳定阻力。Igra 和 Takayama[14,15]、Devals 等人[16]、王柏懿等人[17]、耿继辉[18]研究了在超声速气流中单个球体或颗粒群的阻力系数。饶琼等人[19]研究了超声速冷喷涂技术。Quinlan 等人[20]、Kendall 等人[21]和刘仪[22,23]发表了系列论文,介绍他们开发的无针注射技术。Kuhl 等人[24]、Saurel 和 Abgrall[25],Saito[26]、Kiselev 等人[27]开展了相关的数值计算工作。由于激波与固体颗粒/颗粒群相互作用的过程包含了诸多非线性的气动因素,例如激波的多次反射、激波的衰减等等,这使得到目前为止,在可压缩气固两相流这一领域,仍然没有完整的理论可供使用[28,29]。在 Rogue 等人[30]的论文里,并没有回答清楚如何处理稠密颗粒群的阻力系数。Sichel 等人[31]曾指出,在激波点火(ignition)颗粒的研究中,实验和理论都面临太多的困难和假定。

　　激波与多孔介质例如泡沫(foam)相互作用的力学过程,与激波与固体颗粒的相互作用的力学过程是基本一致的,只是泡沫中的空气在激波压缩下的加热可能成为显著的影响因素。相关研究对于开发减少高铁动车组穿过隧道时产生音爆(sonic boom)噪声的结构物和了解水中激波通过人体软组织器官等,是十分重要的[32-35]。用激波管技术研究激波与泡沫的相互作用,具有高精度、可控制和有重复性等优点[36,37]。Gelfand 等人[38]借助激波管理论,首次正确地获得了激波通过泡沫屏(screen)的实验结果。Gvozdeva 等人[39]在激波管和爆轰管中重复了 Gelfand 等人的实验,并发现:当激波在充满泡沫的管末端反射之后,端壁压力可以高达反射压力 p_5(管子是空的)的 4 倍。Skew 等人[40]在矩形激波管中也发现了同样的现象。事实上,这个高的端壁压力不仅出现在泡沫中,也出现在充满气泡的液体爆轰管中[41]。

　　基于气泡动力学理论,Gvozdeva 等人(见 Korobenikov[42])提出一个模型,指出激波在泡沫中传播和反射的过程介于等温过程与绝热过程之间,高的端壁压力是由于在激波的压缩下气泡的加热所致。然而,在 Baer[43]和 Kitagawa 等人[44]的数值模拟中,他们认为高的端壁压力是由于压缩后泡沫的弹性反弹引起的。Olim 等人[45]进行了不同的数值模拟计算泡沫中发射波的压力曲线(profile),他们假定泡沫无限弱并且气体和泡沫骨架之间的传热极端有效。他们的计算结果非常接近 Skew 等人[40]的实验结果。Olim 等人对泡沫固相的处理,实际上与 Gvozdeva 等人的相同,即将密相介质等同于一种稠密气体[46]。空气与稠密气体的混合物具有较高的比热比 γ。在激波的压缩下,端壁压力经由一个绝热过程 $p = \text{const.} \rho^\gamma$,这里 p 和 ρ 分别是气体混合物的压力和密度。虽然这个模型的热力学关系很清楚,但是在选择泡沫的透气性(permeability)系数 α 和 β 上缺乏标准[37],这是泡沫研究中的难点之一。

5.2　实验装置与实验方法

5.2.1　中型激波管装置及颗粒群模型

图 5.1 给出了所用的中型激波管装置的示意图,图 5.2 为装置的实物照

片。它包括了高压段 1(压力为 p_4 的驱动端)、低压段 2(压力为 p_1 的被驱动段)和隔膜连接部 3。激波管由不锈钢制成,内径为 80 mm,外径为 100 mm,总长为 5.36 m。通过选取高低压段的气体和压力,可以得到不同的破膜压力比组合 p_4/p_1。压力传感器 6(CH1-CH5)由压电陶瓷制成,用于测量空气、泡沫或颗粒群中的激波或压缩波的速度。压力传感器 7(CH6)通过一个青铜接头固定在末端法兰上,它由压电晶体制成,用于测量在端壁反射后的激波或压缩波的压力。传感器 CH1 到隔膜连接部的距离为 255 mm,传感器 CH5 到端壁(CH6 处)的距离为 92 mm。该激波管为中国科学院力学研究所设计制作,于

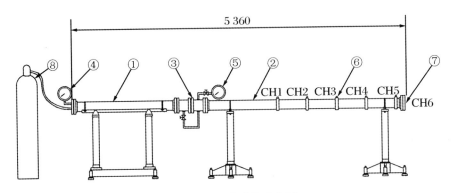

图 5.1　中型激波管示意图

1. 驱动端;2. 被驱动端;3. 隔膜连接部;4～5. 压力表;6. 压力传感器(CH1-CH5);

7. 压力传感器(CH6);8. 高压气瓶

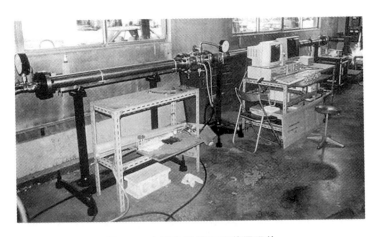

图 5.2　中型激波管实验装置照片

1996 年由作者将它购入日本名古屋工业大学。

图 5.3(a)给出了一例从 CH5 和 CH6 测得的空气中激波的压力信号,可以看出,激波通过压力传感器时压力上升十分陡峭。当激波在多孔介质中传播时,能量被耗散,激波变成波前厚度增加了的压缩波。压缩波通过传感器时,压力平缓增加,如图 5.3(b)所示。在这种情况下,选择压力峰值的中点作为测量点,如 Δt_1 是入射压缩波从 CH5 运动到 CH6 的时间,Δt_2 是反射压缩波从 CH6 运动到 CH5 的时间,这个就可计算出入射压缩波和反射压缩波的速度。图 5.4 示出了破膜后的铝膜的照片。

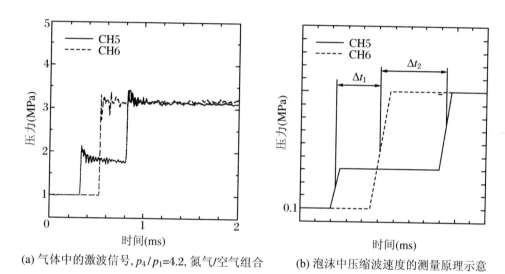

(a) 气体中的激波信号,p_4/p_1=4.2,氮气/空气组合　　(b) 泡沫中压缩波速度的测量原理示意

图 5.3　一个大气压下空气中的激波信号实测例子与泡沫中压缩波速度的测量方法示意图

采用普利司通(Bridgestone)公司生产的海绵泡沫作为多孔介质,表5.1列出了 4 种海绵的物理性质。海绵的密度为 $14.4\sim54.6$ kg/m³。将海绵加工成直径为 80 mm 的圆柱,塞入激波管的末端,如图 5.5 所示。实验的海绵长度分别为 80 mm、100 mm、150 mm、200 mm、300 mm。海绵(1)~(3)的胞室是封闭的,而海绵(4)的胞室是开放的[47]。同时采用封闭性和开放型海绵,是为了搞清楚是否存在透射激波对端壁压力的影响,以及为数值计算提供更多的数据。

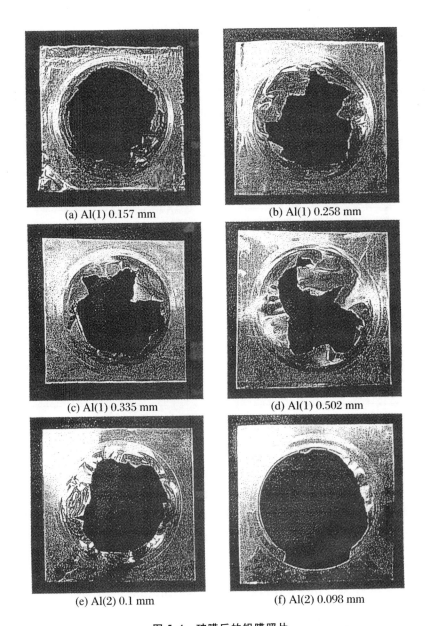

(a) Al(1) 0.157 mm

(b) Al(1) 0.258 mm

(c) Al(1) 0.335 mm

(d) Al(1) 0.502 mm

(e) Al(2) 0.1 mm

(f) Al(2) 0.098 mm

图 5.4　破膜后的铝膜照片

Al(1)和 Al(2)分别表示产自中国和日本的铝膜[36]

表 5.1 实验用的泡沫(海绵)的特性

材料	泡沫(1)封闭型	泡沫(2)封闭型	泡沫(3)封闭型	泡沫(4)开放型
	聚氨酯	聚氨酯	聚氨酯	聚氨酯
标称密度(kg·m^{-3})	14.4 ±0.2	22.5 ±0.3	54.6 ±0.4	24.0 ±0.3
硬度(N)	83.3 +19.6	117.6 ±19.6	539.0 ±29.4	—
伸长百分比(%)	130	130	80	130
张力强度(N·cm^{-2})	4.9	4.9	11.8	0.8
胞室数目(25 mm)	—	—	—	16～25

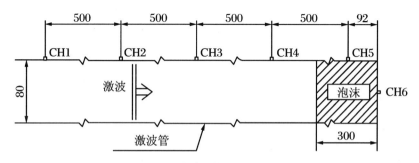

图 5.5 压力传感器与泡沫的位置

在中型激波管中,实验用的固体颗粒群被放置在管端末,因而是静止不动的。图 5.6 示出了放置在圆形激波管里的固体颗粒群模型[48]。模型分为 A型、B 型和 C 型,它们全由 20 mm 直径的铝合金球和 4 mm 直径的不锈钢棒组成。A 型模型和 B 型模型实际上是同一个,只是矩阵的子午面相差 90°。A 型模型由紧贴激波管端壁的一列 R 列和若干列 F 列的颗粒组成,其中 F 列由中心球体和与中心对称的 6 个球体组成,而 R 列由空心的与中心对称的 6 个球体组成。从 R 列颗粒到第一排 F 列颗粒的距离 L 一般选为 200 mm,F 列之间的距离 l 按 50 mm 或 100 mm 间隔来选取,即:$l = 50 \times n$ 或 $l = 100 \times n$。这里 n 是 F 的列数,如果 $n = 0$,就意味着只有一排 F 列。实验中所用的 C 型模型由 4个等间距的球体组成,球体被放射状的不锈钢骨架固定。整个 C 型模型的右端紧贴着激波管端壁。

为了进行流场可视化,一个长度为 730 mm、内截面为 55 mm×53 mm 的矩形段,被连接到圆形被驱动段的末端,使得激波管总长度增加到了 6.12 m(图 5.7)[49]。图 5.8(c)和图 5.8(d)的照片示出了矩形观察段的照片。因为激波管由圆变方,实验用的颗粒群模型也要改成方形的,图 5.8(a)和图 5.8(b)分别给出了颗粒群的前向视图和侧向视图。颗粒群由 10 mm 或 20 mm 直径的铝球和 3 mm 直径的不锈钢棒组成,球体排成 3 列且可以调整间距分别为 10 mm、15 mm、20 mm、25 mm 和 30 mm。颗粒群和压力传感器的位置如图 5.8(c)和图 5.8(d)所示,可知传感器 2 和传感器 1 分别位于颗粒群的前后。端壁压力由传感器 0 测量。传感器 0 和传感器 1 之间的距离为 50 mm,传感器 1 和传感器 2 之间的距离为 100 mm。

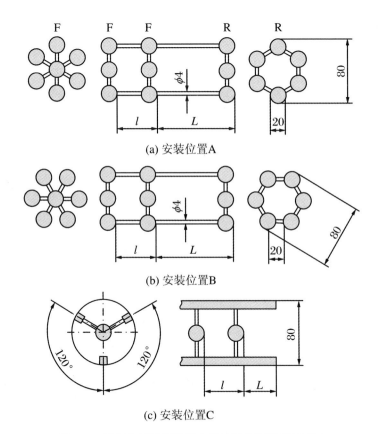

(a) 安装位置A

(b) 安装位置B

(c) 安装位置C

图 5.6　放置在圆形激波管末端的固体颗粒群(矩阵)

用纹影仪观察激波经过颗粒群时的运动,光学系统已在 1.8.1 小节图 1.73 中给出,纹影仪中两个抛物镜的直径为 150 mm。闪光灯采用日本莒原制作所(Sugahara Laboratory)生产的 NP-1A & NPL-5 型氙气闪光灯,发光时间为 180 ns。图 5.9 示出了用于流场可视化的同步控制系统。当激波经过位于矩形激波管入口处的压力传感器 3(S3)时,压力信号触发闪光灯。传感器 3 到传感器 2 的距离为 400 mm。可根据激波马赫数(Ma)计算闪光灯触发的延迟时间：因为颗粒群被放在传感器 1 和传感器 0 之间，要观察的就是在这段距离内的激波入射和反射，如果 $Ma = 1.43$，那么延迟时间为 0.811~1.419 ms。

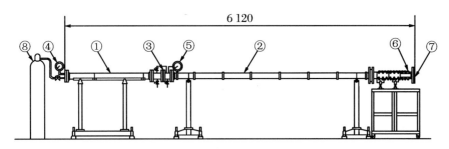

图 5.7　增加了矩形可视化观察段的激波管

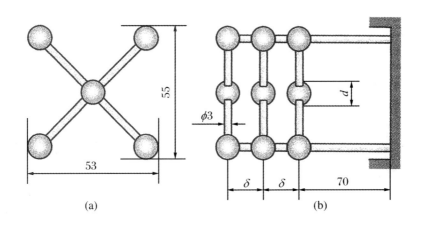

(a)

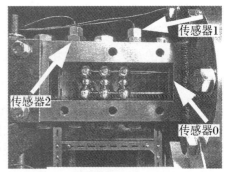

(c) 颗粒矩阵-1-103δ

(d) 颗粒矩阵-1-203δ

图 5.8　矩形激波管中的颗粒群和压力传感器的位置

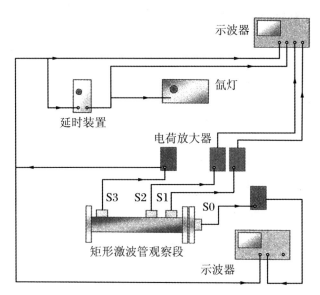

图 5.9　纹影光学系统中触发氙气闪光灯的同步控制系统

5.2.2　小型激波管装置及测压系统

除了研究激波与固定颗粒群的相互作用之外,还需要研究在激波作用下固体颗粒群的输运过程。为此,岳数元等[50-51]设计了基于小型激波管的实验装置,如图 5.10 所示。图中,1 为氮(氦)气瓶,提供高压气源;2 和 3 分别为减压阀和针阀,通过对它们的调节可以使驱动段 5 达到需要的压力;压力表 4 用以监测驱动段内压力;7 为被驱动段,5 和 7 的长度分别为 500 mm 和 1.5 mm,内、外径相同,分别为 25 mm 和 40 mm,两段以铝膜 6 隔开;长 22 mm 的装料室 8 和长 560 mm 的观察段 10 都为透明有机玻璃管,8 的两端用厚度为 10 μm 的锡纸密封,它用来承载固体颗粒。锡纸在激波的冲击下立即破裂,且其质量体积小,对流场影响不大。观察窗 11 为边长 600 mm 的立方体容器,以角钢框架和内嵌的厚为 10 mm 透明有机玻璃板 12 构成,与激波管对应的壁面为 10 mm 厚的钢板 13,此装置可以观察到颗粒在激波管内外运动的全过程,且便于颗粒回收和保证安全。高速摄像仪 14、计算机 15 组成高速摄影系统,由于曝光时间非常短暂,在自然光线下摄影仪采集不到足够的感光点,需要增加照明光源 16,用 3 盏功率均为 1 000 W 的摄影灯。高速摄影仪使用 PHOTRON 公司的 FASTCAM-Super10KC 及其软件处理系统。

使用图 5.10 所示的装置,就可以观察到在激波和高速气流作用下,固体颗粒在装料室 8 内、加速管(观察段)10 以及管外的运动状态。实验中使用的高压气体为氮气和氦气,铝膜厚度有 0.08 mm 和 0.10 mm 两种,产生的气流马赫数分别为 1.50、1.68、1.84 和 2.19;可视化实验中使用的颗粒分别为直径 5 mm 的钢球、6 mm 的塑料球和 2 mm 的钢球,它们单个球体的质量分别为 0.51 g、0.13 g、0.03 g[50,51]。装料室体积的装载比(loading ratio)ψ 分别为 1/3、1/2 和 1,对于直径为 5 mm 的钢球,这些装载比分别对应着 30 颗、45 颗和 90 颗颗粒,图 5.11 给出了填充状态的示意图。改变装料室下游直管加速管的截面形状,就可实现在渐缩喷嘴或 Laval 喷嘴中加速固体颗粒[52]。

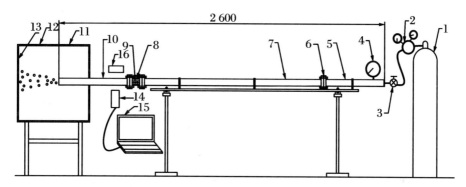

图 5.10　基于小型激波管的超声速气固两相流输运装置

1. 高压气体钢瓶;2. 减压阀;3. 针阀;4. 压力表;5. 驱动段;6. 铝膜;7. 被驱动段;
8. 装料室;9. 颗粒;10. 观察段(加速管);11. 观察窗;12. 有机玻璃板;13. 钢板;
14. 高速摄影仪;15. 计算机;16. 光源

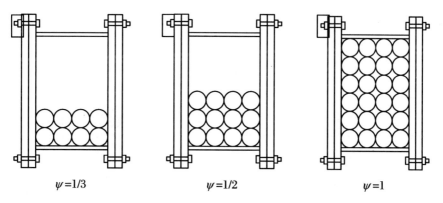

图 5.11　不同装载比 ψ 的填充状态

为了测量激波与运动颗粒群相互作用时的压力,张晓娜[53,54]重新设计了装料室,用 50 mm 长的钢质圆柱体替换 22 mm 长的透明有机玻璃管(图 5.12)。为了测得激波与颗粒群作用前后气相介质的动态参数,在装料室及其前后两边安装压电式压力传感器 1、2、3,如图 5.13 和图 5.14 所示。压电式压力传感器(型号为 CY-YD-205)的灵敏元件是直径为 6 mm、厚度为 0.6 mm 的石英晶体。利用压电晶体的压电效应,当压力作用到传感器灵敏元件时,传感器输出一电信号,该电信号经电荷放大器(型号为 YE5850A)放大,由数字存储示波器(型号为 TDS2014B)进行采集,最后将实验数据传入计算机进行分析[53,54]。颗粒有 4 种,分别为直径 6 mm、2 mm 的钢珠,直径 6 mm 的塑料珠和粒径为 0.35 μm 的高岭土粉末;颗粒的装载比 ψ 分别取 1/4、1/2、3/4 及 1。当装载比为 1 时,直径为 6 mm 的颗粒总数为 120 颗,钢质颗粒群总质量为 103.2 g;塑料颗粒群总质量为 15 g;直径为 2 mm 的颗粒总数约为 3 500 颗,颗粒群总质量约为 112.1 g;高岭土粉末总质量约为 15 g。表 5.2 列出了实验参数。

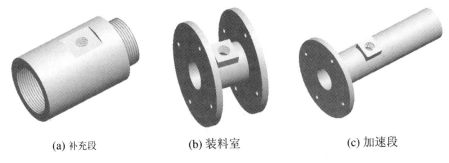

(a) 补充段　　　　(b) 装料室　　　　(c) 加速段

图 5.12　装料室及连接件

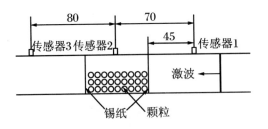

图 5.13　压力传感器的安装位置

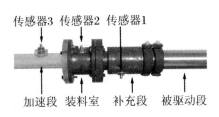

图 5.14　装料室及压力传感器实物照片

表 5.2　压力测量实验参数

驱动气源	氮气、氦气		
	种类	直径	$\psi=1$ 时颗粒总质量(g)
颗粒	大钢珠	6 mm	103.2
	塑料珠	6 mm	15.0
	小钢珠	2 mm	112.1
	高岭土粉末	0.35 μm	15.0
铝膜厚度	0.08 mm、0.10 mm		
颗粒装载比	1/4、1/2、3/4、1		

5.2.3　测力装置

确定阻力系数,是气固两相流研究的中心课题之一。在单颗粒模型方面,较典型的是 Takayama 和 Tanno 等人在垂直激波管中,将加速度计安装在球体内部,精确地测量了单球的阻力系数[13,55]。但是,单球模型未能考虑邻近颗粒之间的激波结构和颗粒尾流涡的相互干涉,以及由此引起的颗粒周围流场和受力的影响,因此如果使用基于单球实验结果的阻力系数来模拟超声速气流中颗粒群的运动,可能会有较大误差。尽管 Jourdan 等人[56]将颗粒粘在悬挂于激波管中的钢丝上,通过观察颗粒在激波作用下的运动轨迹,反算颗粒的阻力系数,然而颗粒的直接受力状况还是未知的。

亓洪训、章利特等人[57-60]提出了一种新的激波冲击下颗粒群有效阻力的测量方法,见图 5.15。该图示出了单钢球和双钢球实验工况下,钢球模型的固定方法及其与笼状支架连接;其中大圆是激波管实验段的横截面,中间小圆是钢球、被垂直方向的钢丝固定在实验段的中部,钢球与钢丝之间用金属胶固定连接。有效阻力的测量仪器主要有平膜冲击波高频压力传感器(1 MHz 频响)、传感器固定装置(铸铁件,其中笼状支架采用不锈钢材料)和高速数据采集系统(TST5911,江苏泰斯特电子有限公司)。实验中需用金属丝将钢球颗粒群模型固定在实验段中;为了避免金属丝对气相的扰流,选择直径为 0.5 mm、弹性模量为 206 GPa 且具有较强抗塑性变形能力的钢丝。为了实现钢球颗粒群的固定以及钢球颗粒之间间距调整的方便,在有机玻璃实验段(5.16(b))下游300 mm 处开了一圈在同一截面上且等距离分布的小孔(36 个),孔径大小取决于钢丝的直径,只需钢丝恰好穿过即可。每个钢球上都开有钢丝可以恰好穿过的孔。

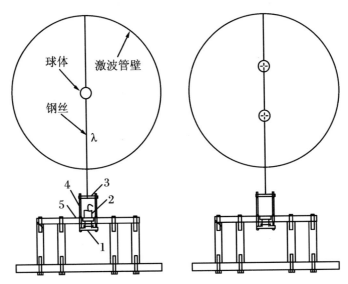

图 5.15　单球和双球模型的固定及测力方法

1. 笼状支架底盖;2. 齐平膜冲击波高频压力传感器;3. 笼状支架顶盖;

4. 滑动杆;5. 传感器固定装置上盖板;λ. 钢球到笼状支架顶盖的距离

(图中左侧为单球模型,右侧为双球模型)

　　图 5.15 中,传感器固定装置上盖板的中部开有螺纹孔。齐平膜冲击波高频压力传感器旋紧到此螺纹孔后连接到高速数据采集系统上。滑动杆(共4 根)穿过上盖板后将笼状支架顶盖和笼状支架底盖分别在上盖板的上下两侧连接成整体,构成所谓的笼状支架,其中笼状支架顶盖的中心开有直径为1.5 mm 的孔,当竖直方向的钢丝穿过钢球及实验段上的小孔后通过此孔与笼状支架顶盖固定相连。当钢球颗粒群模型受到激波作用的有效阻力时便会产生实验段管轴向水平位移并拉动钢丝,在钢丝的拉动下,笼状支架产生向上的滑动趋势,笼状支架底盖便给传感器一个压紧力,然后传感器信号传输到电荷放大器并经转换后传至高速数据采集系统上,得到动态压力 P 随时间的变化曲线。因为这种测量方法要将颗粒悬空在激波管管中,因此要求激波管的截面要大,以避免管壁边界层对颗粒测力产生影响。图 5.16(a)示出了所用的大激波管,它的内径为 200 mm、总长约为 12 m,由中国空气动力研究与发展中心设计制作。

(a) 大激波管装置　　　　　　　　　　(b) 透明有机玻璃实验段

图 5.16　进行颗粒有效阻力测量的大激波管装置及实验段

5.3　激波在空气中的衰减

　　激波在多孔介质中传播的特征之一,就是其速度经历明显的衰减。Skew 等人[40]曾指出,泡沫中压缩波速度的测量不可能精确。为了对比起见,有必要了解当激波管低压段中的气体是空气时,激波速度的衰减率。这个问题早在 20 世纪 50 年代至 60 年代已经基本解决,例如 Emrich 和 Wheeler[61]、Hollyer[62]、Duff[63]、Roshko[64]。通常认为,激波衰减是由于不完美的破膜和激波管壁上边界层的影响引起的。

　　根据正激波关系[65],

$$\frac{p_2}{p_1} - 1 + \frac{2\gamma}{1+\gamma}(Ma^2 - 1) \tag{5.1}$$

这里 p_1 和 p_2 是激波前后的压力,γ 是比热比,Ma 是激波马赫数。微分式(5.1),并且当 $\gamma = 1.4$、$Ma = 2$、$p_{21} = p_2/p_1$,我们有

$$\frac{\mathrm{d}p_{21}}{p_{21}} \doteq 4 \frac{\mathrm{d}Ma}{Ma} \tag{5.2}$$

　　式(5.2)在理论上有重要意义,即激波速度的测量误差是压力测量误差的四分之一。Emrich 和 Wheeler[61]给出了一个经验公式,按照离开隔膜的距离

x,估计激波强度偏离理想值的程度,即

$$p_{21} - 1 = (p_{21} - 1)_{理想} \exp\left(-\frac{Ax}{D}\right) \qquad (5.3)$$

其中常数 $A = 2.4 \times 10^{-3}$,D 是激波管内径。如果 $x/D = 10$,$Ma = 2$,很容易得到 $\mathrm{d}p_{21}/p_{21} = 1.7\%$,而 $\mathrm{d}Ma/Ma = 0.85$ 是 $\mathrm{d}p_{21}/p_{21}$ 的一半,并且大于从式(5.2)计算出的值。

表 5.3 和表 5.4 分别给出了在 Ø80 激波管和 Ø24 激波管中测得的激波衰减数据;后者是长度为 2 m 的小激波管,从隔膜连接部到第一个压力传感器位置的距离是 106 mm。实验的破膜压比 p_4/p_1 达到了 63。将这些数据画入图 5.17 中,并与理论值(曲线 1 和 2)对比。由图可知,实验值略小于理论值,两者之间的差距随着破膜压比的增加而增加。测得最大和最小的激波速度衰减率分别为 0.18% 和 6.13%,这些数据的平均值接近从式(5.2)和式(5.3)计算出的数值。

表 5.3　在 Ø80 激波管中的激波衰减实验数据(氮气/空气组合)

破膜压比 p_4/p_1	上游马赫数 Ma_1	下游马赫数 Ma_2	衰减率 $(Ma_1 - Ma_2)/Ma_1$(%)
1.75	1.130	1.110	1.77
4.60	1.350	1.310	2.96
7.50	1.440	1.430	0.69
8.30	1.490	1.450	2.68
17.6	1.667	1.661	0.36
31	1.890	1.860	1.59
63	2.120	2.080	6.13

表 5.4　在 Ø24 激波管中的激波衰减实验数据(氮气/空气组合)

破膜压比 p_4/p_1	上游马赫数 Ma_1	下游马赫数 Ma_2	衰减率 $(Ma_1 - Ma_2)/Ma_1$(%)
1.62	1.109	1.106	0.27
1.75	1.140	1.138	0.18
3.60	1.276	1.270	0.47
6.50	1.440	1.436	0.40
21	1.810	1.800	1.00
31	1.950	1.930	1.03

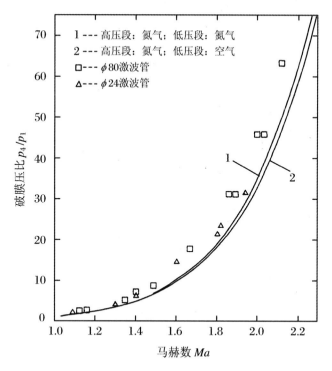

图 5.17　破膜压比 p_4/p_1 与马赫数 Ma 的关系

5.4　激波在海绵泡沫中的运动

5.4.1　数值方法

假设海绵泡沫如 Olim 等人[45]所建议的是无限弱的,一维激波与泡沫相互作用流场的守恒方程为[37]

$$\frac{\partial Q}{\partial t} + \frac{\partial F}{\partial x} = H \qquad (5.4)$$

这里

$$Q = \begin{bmatrix} e_g \\ \rho_g \\ \rho_g u_g \\ e_s \\ \rho_s \\ \rho_s u_s \end{bmatrix} = \begin{bmatrix} e_g \\ \rho_g \\ m_g \\ e_s \\ \rho_s \\ m_s \end{bmatrix}$$

$$F = \begin{bmatrix} (e_g + p_g) u_g \\ \rho_g u_g \\ \rho_g u_g^2 + p_g \\ e_s u_s \\ \rho_s u_s \\ \rho_s u_s^2 \end{bmatrix} = \begin{bmatrix} (e_g + p_g) m_g / \rho_g \\ m_g \\ m_g^2 + p_g \\ e_s m_s / \rho_s \\ m_s \\ m_s^2 / \rho_s \end{bmatrix} \Bigg\} \qquad (5.5)$$

$$H = \begin{bmatrix} e_g^+ \\ 0 \\ m_g^+ \\ e_s^+ \\ 0 \\ m_s^+ \end{bmatrix}$$

参数 e、m、ρ、u、p 是介质的能量、动量、密度、速度和压力。下标 g 和 s 分别表示泡沫的气相和固相。描述两相间相互作用的参数在矢量 H 中给出：$m_{g(s)}^+$ 是加给介质的动量速率，$e_{g(s)}^+$ 是加给介质的能量速率。因为能量守恒及动量守恒：

$$m_g^+ = - m_s^+, \quad e_g^+ = - e_s^+ \qquad (5.6)$$

从泡沫添加给气相的动量速率由 Forchheimer 关系[32]描述，即

$$m_s^+ = \varphi_s (u_g - u_s) [\alpha \mu_g + \beta \rho_g | u_g - u_s |] \qquad (5.7)$$

这里 α 和 β 称为透气性系数，α 是达西(Darcy)黏性系数，β 是惯性系数。它们的数值是通过比较数值计算结果和测得的端壁压力形线来确定的。在式(5.7)中，φ_s 和 μ_g 分别是固相的体积分数和气体黏性。

采用算子分裂法[66]求解式(5.4)，就是把方程分离为一个均匀的部分和一个非均匀的部分：

$$\frac{\partial \boldsymbol{Q}}{\partial t} + \frac{\partial \boldsymbol{F}}{\partial x} = 0 \tag{5.8}$$

$$\frac{\partial \boldsymbol{Q}}{\partial t} = \boldsymbol{H} \tag{5.9}$$

用 TVD 差分格式求解描述通量输运均匀部分的式(5.8),用修正欧拉方法求解描述两相间相互作用非均匀部分的式(5.9)[47,67]。

5.4.2　端壁压力与压缩波速度的测量结果

图 5.18(a)示出了侧壁压力传感器 CH5 和端壁压力传感器 CH6 测得的泡沫(2)中的典型压力波形,实验的泡沫密度为 $\rho = 22.5 \ \mathrm{kg/m^3}$,长度 $L = 300$ mm,入射空气激波马赫数 $Ma = 1.417$。在 CH5 的压力经历了 2 次阶跃,它们是压缩波在泡沫中入射和反射的信号。在 CH6 的压力突然增加到一个峰值,再衰减到一个谷底,然后恢复到一个趋近于反射压缩波压力的压力平台。端壁压力的峰值 P_{w} 几乎达到 1 MPa,它对在空气中反射激波的压力 p_{R}(即 p_5)之比为 $P_{\mathrm{w}}/p_{\mathrm{R}} = 2.29$。采用大写英文字母 P_{w},是为了表明它不是单纯的气动力。端壁压力在反射压缩波到达 CH5 时开始下降。因为反射压缩波从 CH6 到 CH5 走过的距离,不到泡沫长度 300 mm 的三分之一,还没有达到泡沫的自由端,因此压力下降不会是由来自自由端面的松弛波(膨胀波)引起的。

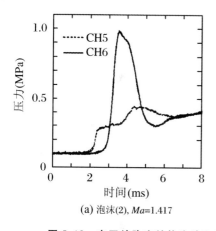 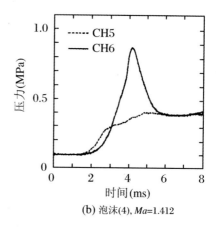

(a) 泡沫(2), Ma=1.417　　　　　　　(b) 泡沫(4), Ma=1.412

图 5.18　在开放胞室结构泡沫和封闭胞室结构泡沫中的压缩波压力波形

(泡沫长度 $L = 300$ mm)

图 5.18(b)示出了泡沫(4)中的压力波形,泡沫密度为 $\rho = 24 \ \mathrm{kg/m^3}$,长度

$L = 300$ mm,入射空气激波马赫数 $Ma = 1.412$。尽管除了胞室结构不同之外,图 5.18(a)和图 5.18(b)的实验条件非常相近,但是从图中可以看出在开放胞室结构的泡沫中,压缩波经历了相当不同的过程。首先,端壁压力峰值变小;其次,压力波形接近三角形;第三,压力较缓慢地增加到峰值,然后衰减到 CH5 测出的反射压缩波压力平台(这与图 5.18(a)的相同),没有出现压力落入波谷再恢复的情况。当然,较高马赫数下,在开放胞室结构的泡沫中还能观察到压力落入波谷并再恢复;第四,CH5 测出的压力随时间平缓地增加,说明入射和反射压缩波受到了阻尼,这与 Teodorczyk 和 Lee[68] 的纹影光学观察相一致,他们指出:与封闭胞室的泡沫和刚性多孔材料相比,开放胞室的泡沫能更有效地衰减爆轰波。

把测得的长度相同但密度和胞室结构不同的泡沫的端壁峰值压力 P_W 画在图 5.19(a)中,图中还画出了空气中反射激波压力 p_R 的理论值。从图中可看出 P_W 比 p_R 大许多而且随马赫数 Ma 的增加迅速增加;P_W 可以达到 p_R 的 $2 \sim 5$ 倍;另外,总体而言,在实验马赫数范围内,胞室结构对 P_W 的影响不大。对于封闭胞室泡沫,密度越大,P_W 越大。图 5.19(b)示出了激波冲击不同长度泡沫时的端壁压力峰值,可以发现长度 L 对 P_W 的影响也不大。然而,如图 5.20(a)和图 5.20(b)所示,泡沫密度和长度对端壁压力的持续时间还是有一定影响的。端壁压力的持续时间随着泡沫密度和长度的增加而增加,但随着入射激波马赫数的增加而减小。

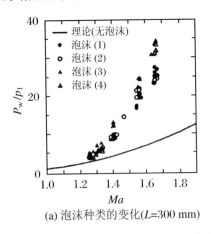
(a) 泡沫种类的变化(L=300 mm)

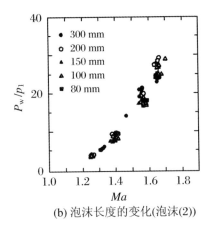
(b) 泡沫长度的变化(泡沫(2))

图 5.19   泡沫的无因次端壁压力

($p_1 = 0.1$ MPa)

为了更好地理解高端壁压力的产生机理,进行了如图 5.21(b)的实验,即在激波冲击之前,在泡沫和激波管端壁之间设置 5 mm 的间隙。图 5.22(a)和图 5.22(b)给出了实验结果。通过比较图 5.22 和图 5.18 可以发现,图5.21(a)和图 5.21(b)的实验给出了相同的结果。这就是说,高的端壁压力肯定是由于

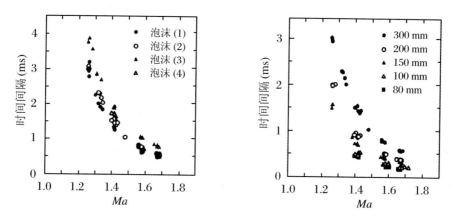

图 5.20　端壁主应力脉冲峰值半宽的时间间隔

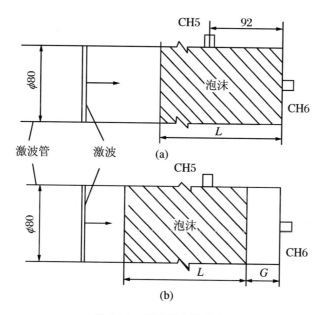

图 5.21　端壁压力的检验

（a）泡沫与激波管端壁接触；(b) 泡沫与激波管之间有一个空气间隙

((a)和(b)中的泡沫长度 L 均为 300 mm,间隙 $G = 5$ mm)

泡沫和压力传感器表面直接接触造成的。因为接触力学的机理,激波压缩开放胞室泡沫时的加热,是一个与接触力竞争的因素,既然当地的高温会使得泡沫以及传感器的表面材料发生软化。因此,在端壁压力的建立过程中,空气加热使得压力增长缓慢,并且当高压一旦建立起来之后,空气加热帮助维持高压所处的热力学状态。这就是为什么在开放胞室泡沫中,压力的增长和衰减都比较慢,如图 5.18(b)和图 5.22(b)所示。

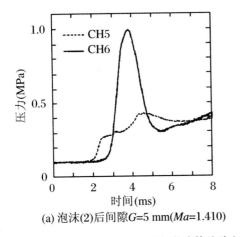
(a) 泡沫(2)后间隙$G=5$ mm($Ma=1.410$)

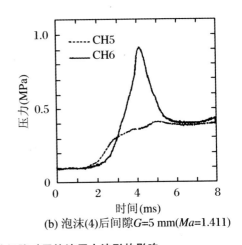
(b) 泡沫(4)后间隙$G=5$ mm($Ma=1.411$)

图 5.22　泡沫与激波管端壁之间的间隙对压缩波压力波形的影响

(泡沫长度 $L=300$ mm)

图 5.23 示出了泡沫(1)中 CH5 和 CH6 的压力波形随入射激波马赫数 Ma 的变化,泡沫的密度和长度分别为 $\rho=14.4$ kg/m^3 和 $L=300$ mm。实验结果指出,随着 Ma 的增加,端壁压力峰值增加但持续时间减小,这些结果在图 5.19 和图 5.20 中也已反映出来。CH5 记录了入射和反射压缩波压力,当 $Ma=1.291$ 时(图 5.23(a)),压力波形阶跃得不明显;当 $Ma=1.4$ 时,压力波形阶跃得明显了。当马赫数更大,在 $Ma=1.577$ 和 $Ma=1.674$ 时,压力波形的变化趋势相同(图 5.23(c)和 5.23(d))。即使泡沫的密度增加到 $\rho=54.6$ kg/m^3, CH5 压力波形的明显阶跃,也还是在当 Ma 接近 1.4 时才出现的(图 5.24 (b))。然而,随着密度的增加,具有双峰值的端壁压力出现了(图 5.24(a)和 5.24(b))。当马赫数更大,在 $Ma=1.567$ 和 $Ma=1.655$ 时,这个双峰结构消失了(图 5.24(c)和 5.24(d))。双峰结构被认为是泡沫弹性反弹的缘故,因为密度增加,泡沫弹性就更大。

图 5.25(a)示出了测得的 4 种泡沫中的入射压缩波速度 U_i 和入射激波马

赫数 Ma 之间的关系。泡沫(4)中的波速接近泡沫(3)中的波速,但是随 Ma 的增长速率略低。对于封闭胞室泡沫,有趣的是随着密度的增加,波速 U_I 在下降。这个现象不一定能完全从声速的定义 $a = (E/\rho)^{1/2}$ 上解释[37],因为随着 ρ 增加,杨氏弹性模量 E 也应该是增加的。将实验数据用最小二乘法拟合,给出近似关系式如下:

$$\left.\begin{aligned}
U_{I泡沫(1)} &= (156.86Ma - 91.42)\,\text{m/s} \\
U_{I泡沫(2)} &= (149.52Ma - 105.99)\,\text{m/s} \\
U_{I泡沫(3)} &= (129.55Ma - 99.93)\,\text{m/s} \\
U_{I泡沫(4)} &= (98.89Ma - 52.19)\,\text{m/s}
\end{aligned}\right\} \tag{5.10}$$

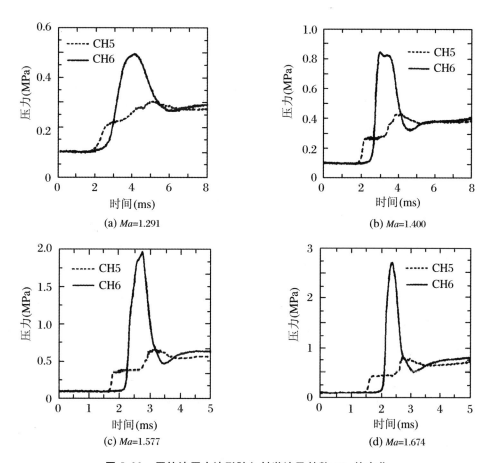

图 5.23　压缩波压力波形随入射激波马赫数 Ma 的变化

(泡沫(1)及 $L = 300$ mm)

图 5.26(a)给出了测得的泡沫中的反射压缩波波速 U_R 与入射激波马赫数 Ma 的关系。尽管与 U_I 相比数据有些分散,但重要的是发现了反射波波速 U_R 随着 Ma 的增加而增加,而在空气中反射激波马赫数不会随 Ma 有如此大的增加[36]。所以,在充满泡沫的壁面上波的反射与弹性反弹机制相关联[43]。

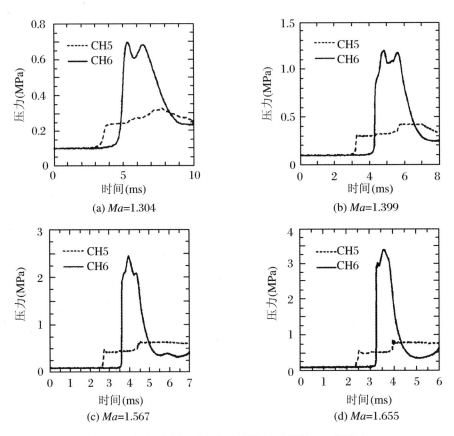

图 5.24 压缩波压力波形随入射激波马赫数 Ma 的变化

(泡沫(3)及 L = 300 mm)

泡沫长度 L 对入射和反射压缩波速度 U_I 和 U_R 影响的实验数据分别在图 5.25(b)和图 5.26(b)中给出。不同长度泡沫中的入射压缩波速度是相同的,这是可以理解的,因为泡沫的材料没有变化。然而,反射压缩波的速度相互不同,即随着 L 的增加,U_R 变小。这个结果还没有被完全理解,它可能与图 5.20(b)示出的泡沫长度对端壁压力持续时间的影响有关。用最小二乘法拟合的 U_R 和 Ma 的近似关系如下:

$$U_{R\text{泡沫}(1)} = (316.69Ma - 228.62)\,\text{m/s}$$
$$U_{R\text{泡沫}(2)} = (314.43Ma - 276.65)\,\text{m/s}$$
$$U_{R\text{泡沫}(3)} = (293.95Ma - 269.41)\,\text{m/s}$$
$$U_{R\text{泡沫}(4)} = (239.01Ma - 226.01)\,\text{m/s}$$

$$(5.11)$$

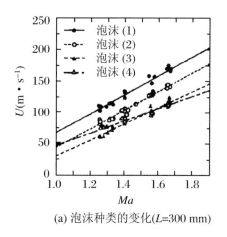

(a) 泡沫种类的变化(L=300 mm)

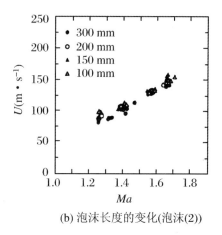

(b) 泡沫长度的变化(泡沫(2))

图 5.25　入射压缩波的速度

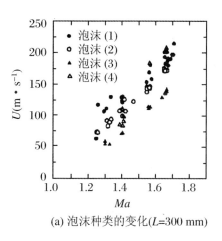

(a) 泡沫种类的变化(L=300 mm)

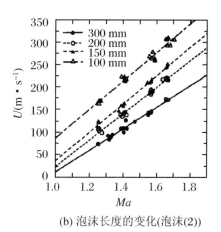

(b) 泡沫长度的变化(泡沫(2))

图 5.26　反射激波或压缩波的速度

5.4.3　实验结果与计算结果的比较

泡沫透气性系数 α 和 β 对数值计算的影响分别示于图 5.27(a) 和图 5.27(b) 中。在图 5.27(a) 中当 $\alpha = 5 \times 10^{10}\ \text{m}^{-2}$,在图 5.27(b) 中当 $\beta = 1 \times 10^6\ \text{m}^{-1}$

时,数值计算的端壁压力就与实验结果比较接近了。

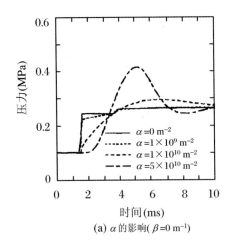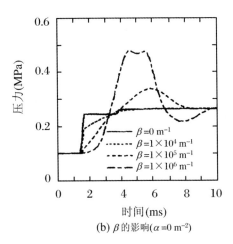

图 5.27　计算端壁压力时透气性系数 α 和 β 的选择

$$(Ma = 1.25, \rho = 24.0 \text{ kg/m}^3)$$

基于对 α 和 β 数据的选择,对于开放胞室和封闭胞室泡沫,都得到了与实验结果非常吻合的计算结果。图 5.28(a)是开放胞室泡沫在 $Ma = 1.259, \alpha = 2.5 \times 10^{10}$ m$^{-2}, \beta = 0$ m^{-1}时的情况。这意味着对于开放胞室泡沫,达西黏性系数 α 比惯性黏性系数 β 起到更大的作用。数值压力脉冲比实验压力脉冲更早地攀升,这是因为在计算中没有考虑泡沫与激波管管壁之间的摩擦。图 5.28(b)是封闭胞室泡沫在 $Ma = 1.253, \alpha = 2.0 \times 10^{10}$ m$^{-2}, \beta = 2.0 \times 10^5$ m^{-1}时的

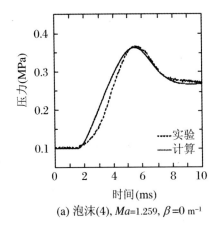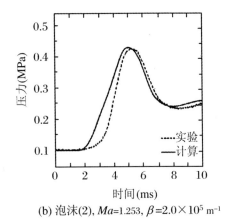

图 5.28　端壁压力的实验值与计算值的比较

$$(L = 300 \text{ mm}, \alpha = 2.0 \times 10^{10} \text{ m}^{-2})$$

情况。这表明对于封闭胞室泡沫,要同时考虑 α 和 β。在图 5.28(a)和图 5.28(b)中数值计算中的差别,可归因于在计算中泡沫被假定为无限弱,而实验表明泡沫的弹性时时出现。

5.5　激波与静止颗粒群的相互作用

5.5.1　激波通过颗粒群时的运动

图 5.29 的纹影照片示出了马赫数为 1.43 的激波通过在一排的两个对向的球体时的过程。图中的球体是 10 mm 直径的铝合金球。在图 5.29(1)中可以看出入射激波已出现在球的左侧。在图 5.29(2)中入射激波正好处于两球之间,而且可以看见由两个球体反射的激波。在图 5.29(3)中,从两个球反射回来的激波相互干涉,形成了 A-B-B-A 的马赫反射波系,此时入射激波已趋近激波管的端壁。注意此时球体后面的尾迹区开始出现。等到入射激波被激波管端壁反射回来时(图 5.29(4)),尾迹区的湍流已发展起来。在图 5.29(5)中,反射激波通过尾迹区再次到达两球之间,尾迹区的湍流被激波强化。在图 5.29(6)中,反射激波已推进到左边远离球体,流场变得相对均匀。

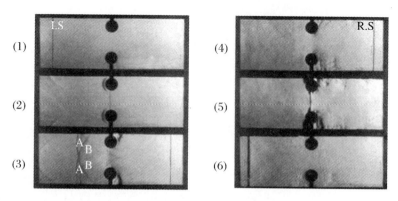

图 5.29　激波与并排两个球体相互作用时的纹影照片

(球体直径 10 mm,$Ma = 1.43$)

    图 5.30 的纹影照片示出了马赫数为 1.43 的激波通过前后两个直径为 20 mm 的半球体时的过程。在通过第一个半球后,激波发生衍射(图 5.30(1) 和图 5.30(2))。衍射激波与第二个半球接触后(图 5.30(3)中所示的(a))变成 反射波向第一个半球后的尾迹区推进(图 5.30(4)和图 5.30(5))。同样,激波 与尾迹区的相互作用导致了复杂的流场(图 5.30(6)～(9))。图 5.30(9)中的 (b)表示入射激波已通过第二半球。

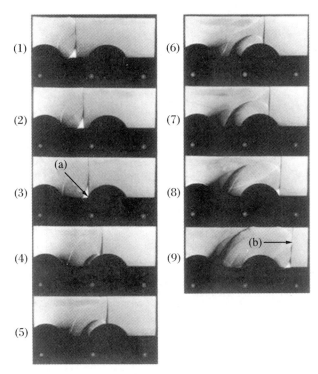

图 5.30　激波与前后两个半球体相互作用时的纹影照片

(球体直径 20 mm,$Ma = 1.43$)

    激波与颗粒群 10320(即 10 mm 直径球体,3 排,每排之间间距 20 mm)相互 作用的过程在图 5.31 中给出。在图 5.31(1)中,入射激波刚进入观察窗。在图 5.31(2)中,激波刚通过第一排颗粒,同时被第一排颗粒反射。在图 5.31(3)中, 入射激波已逼近端壁。很清楚在通过了 3 排颗粒之后,激波波前形状已经改 变。在图 5.31(4)中,入射激波从端壁反射回去,反射激波与二次入射激波发 生相互作用,从而形成了一个厚度较厚的反射激波。从图 5.31(3)到图 5.31 (6),湍流从球体和棒体后面的尾迹中发展起来。

当颗粒群的排间距增加到 25 mm,就可看到两排颗粒之间的波的反射(图 5.32(2))。在图 5.32(3)中,波(wavelets)正在第二排和第三排颗粒之间与尾迹相互作用。在图 5.52(2)、5.52(4)、5.32(6)中,分别出现了 3 个反射波。当激波与由 20 mm 直径球体组成的颗粒群相互作用时,在每一排都会发生强的激波反射(图 5.33(2)和 5.34(2))。当激波从端壁反射回来之后,出现了大尺

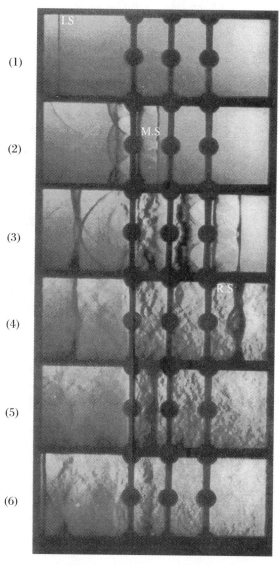

图 5.31　激波与颗粒群相互作用时的纹影照片

(矩阵 - 1 - 10320, $Ma = 1.43$)

度的湍流流动(图 5.33(4)和 5.34(4))。这意味着激波耗散得更快了。然而,这些流动似乎不向上游传播,这可能是因为大球颗粒群阻挡了向上游的流动。

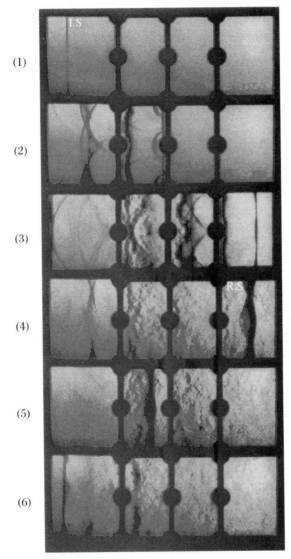

(1)

(2)

(3)

(4)

(5)

(6)

图 5.32　激波与颗粒群相互作用时的纹影照片

(矩阵-1-10325,$Ma = 1.43$)

激波的厚度很薄,只有分子自由程的数倍。对于 $Ma = 2$ 的在室温大气压下的氮气中的激波,激波厚度只有约 $0.3\ \mu\mathrm{m}$[69]。因此,当激波与固体颗粒相互作用时,一旦颗粒直径大于几微米,波的反射、衍射等现象都会发生。换言之,在图 5.29～5.34 中观察到的激波/球体的相互作用过程,在小尺寸的颗粒群中也会出现,只要颗粒直径大于几微米。当然,颗粒尺寸的大小确实会影响流动结构,特别是漩涡结构。

(1)

(2)

(3)

(4)

(5)

(6)

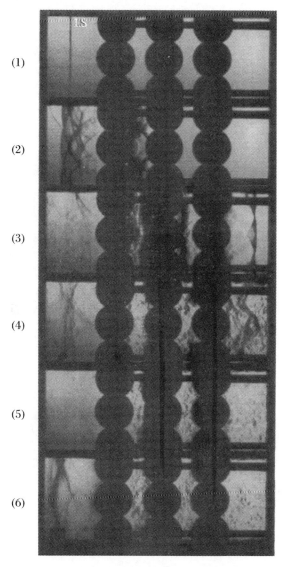

图 5.33　激波与颗粒群相互作用时的纹影照片

（矩阵-1-20325，$Ma = 1.43$）

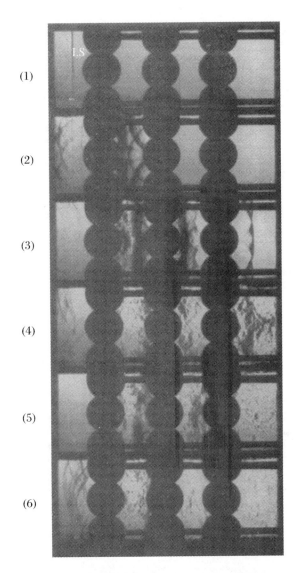

图 5.34　激波与颗粒群相互作用时的纹影照片

（矩阵-1-20330，$Ma = 1.43$）

5.5.2　激波速度及压力测量

5.5.2.1　激波速度

用传感器 1 和 2 测得的激波通过颗粒群 10302 和 20330 时的压力测量结

果,在图 5.35 中给出,传感器的位置和颗粒群的定义已在图 5.8 中示出。图中的虚线是激波在空气中传播时的理论值。传感器 2 记录了入射激波,来自第一排颗粒的反射激波和向上游透射的激波的压力信号。传感器 1 记录了透射激波和来自端壁的反射激波的压力信号。图 5.35(a)中的箭头表示从第一排颗粒反射的激波;图 5.35(b)中的箭头表示激波波后的压力 p_2,可见测得的通过颗粒后的激波速度与空气中的激波速度一致。根据图 5.35(c) 可知:① 由 20 mm 直径球体组成的颗粒群产生了较强的反射激波,这在纹影照片中(图 5.31~5.34)已观察到了;② 通过颗粒群后,激波速度下降,图中右边箭头所示压力信号的斜坡给出了表征。20 mm 直径球体的颗粒群占据了激波管横截面积的 46.5%,而 10 mm 直径球体的颗粒群只占横截面积的 20.3%。所以激波速度的降低应该归因于 Monti[70] 提出的面积缩小机理。实验结果还进一步表明,激波速度的降低始于当入射激波速度 Ma 大于 1.7 时。

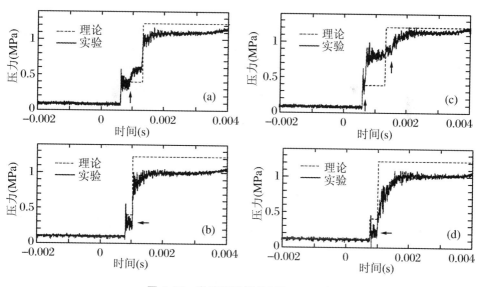

图 5.35 激波速度测量($Ma = 1.88$)

(a)和(b): $d = 10$ mm, $\delta = 20$ mm,传感器 2 和 1;

(c)和(d): $d = 20$ mm, $\delta = 30$ mm,传感器 2 和 1

5.5.2.2 激波衰减

在所有的场合,激波与固体颗粒群相互作用之后,波后压力 p_2 总是小于空

气中激波波后压力 p_{20}。定义 p_2/p_{20} 为激波衰减率。图 5.36 和图 5.37 分别给出了各种颗粒群的实验结果。总的趋势是随着马赫数 Ma 的增加激波衰减得越严重。定性地,对于 20 mm 球体,具有较大间距的颗粒群产生较大的衰减;对于 10 mm 直径球体,如果每排颗粒的间距大于 15 mm,这个影响不再出现。

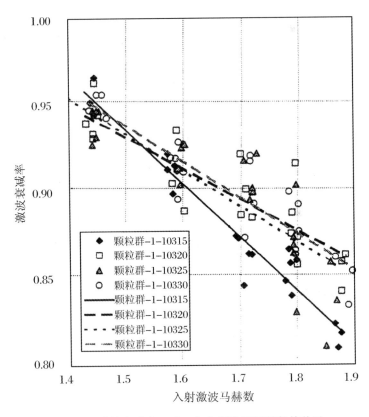

图 5.36　激波衰减率 p_2/p_{20} 与入射激波马赫数的关系

图 5.38 给出了圆形激波管的实验结果,这里用 $p_2/p_1 \sim p_4/p_1$ 关系曲线来表征激波的衰减,所用的颗粒群为图 5.6(a)所示的 A 安装位置的颗粒群。实验表明旋转颗粒矩阵的子午面(图 5.6(b)),不会改变压力测量结果;而图 5.6(c) 所示的 C 安装位置的颗粒群,对激波的衰减不显著[28]。从图 5.38 中可看出,颗粒群的数目越多,对激波的衰减越厉害。

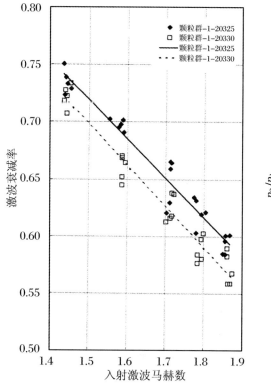

图 5.37　激波衰减率 p_2/p_{20} 与入射
激波马赫数的关系

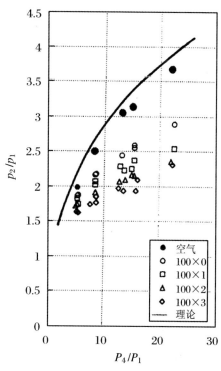

图 5.38　在 CH5 处(安装位置 A)颗粒群
排数对激波压力 p_2 的影响
（$L = 200$ mm）

5.5.2.3　压力放大

在圆形激波管的末端,如果颗粒对管中心线（或 CH6 的测点）是对称分布的,那么会出现压力放大(pressure multiplying)现象。图 5.6(a)中的颗粒群的 R 排就是这种布置。图 5.39(b)示出了测得的压力放大,即峰值压力 P_{max} 几乎达到了 0.6 MPa,而测得的在空气中的端壁压力 p_5 只有 0.4 MPa（图 5.39(a)和 5.39(b)）。压力放大带来了 50% 的压力值增加。当然,如果激波在到达最后一排颗粒之前已经严重衰减,那么压力放大就可能不会出现。在矩形激波管中,这个现象也不会出现,因此可以相信压力放大是由于激波聚焦(shock focusing)引起的。对 $L = 100$ mm 和 $L = 200$ mm、$l = 50 \times n$ mm 和 $100 \times n$（$n = 0$,1,2,3) mm 的颗粒群进行了实验,表明当颗粒群只有 R 排或 R 排前只有一排 F 排(R + F),激波聚焦才会明显,图 5.40 给出了典型的结果。当颗粒群有 3 排或 4 排(R＋2F 或 R＋3F)时,聚焦带来的压力增加不足以弥补激波衰减造成的压力损失。这里用大写英文字母 P_{max} 表示峰值压力,是为了强调这个压力受到了非线性因素的影响,区别于常规的气动压力 p_5。

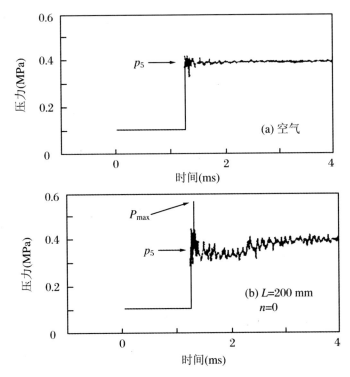

图 5.39　圆形激波管中颗粒群(图 5.6 中的 A 模型)造成的压力放大

($Ma = 1.4$)

5.5.2.4　端壁压力

图 5.41 是在矩形激波管中测得的端壁压力 p_5。结果揭示了经过颗粒群之后,激波结构变得复杂。正如在测量表征激波衰减的 p_2 时已看到的那样,20 mm 直径球体的颗粒群阻碍激波达到端壁。图 5.41(c)和图 5.41(d)示出的压力信号意味着激波已经耗散了,这与图 5.31~5.34 的光学观察结果相吻合。在圆形激波管中,测试了 $l = 100 \times n$($n = 0,1,2,3$) mm、$L = 100$ mm 和 200 mm 的颗粒群,然后将结果绘制成 $p_5/p_1 \sim p_4/p_1$ 关系图,定量地知道了随着颗粒排数 n 的增加,端壁压力的减少程度。如果 $p_4/p_1 = 22.5$,在空气中 p_5/p_1 的理论值为 12,而在颗粒中 p_5/p_1 只有 4.4~4.7。

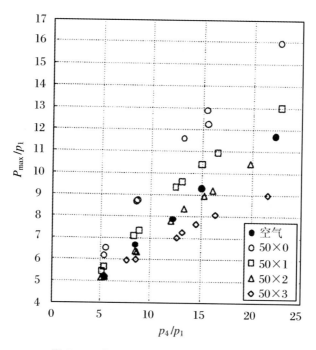

图 5.40　在 CH6 处反射激波的峰值压力

$(l = 50 \times n (n = 0, 1, 2, 3) \ \text{mm}, L = 200 \ \text{mm})$

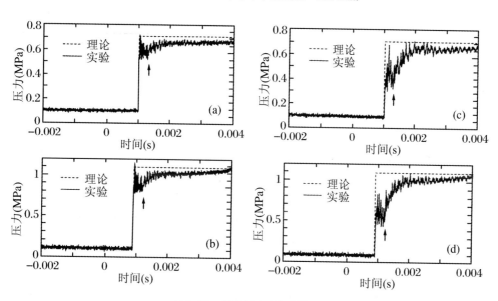

图 5.41　端壁压力(传感器 0)

(a)和(b)：$d = 10$ mm，$\delta = 20$ mm，$Ma = 1.6$ 和 1.8；

(c)和(d)：$d = 30$mm，$\delta = 30$ mm，$Ma = 1.6$ 和 1.8

5.5.3 单个球体与两个球体的有效阻力

图 5.42 给出了用图 5.15 所示装置测得的,用同种钢球的单球和双球模型的动态压力 P 的测量结果[58,71],所用钢球直径均为 20 mm、质量为 32 g。其中单球模型中的钢球位于有机玻璃管(激波管低压段的一部分)中心;双球模型中的两球间距 h 为 65 mm,所以无因次球间距 $\varXi = h/r = 6.5$,这里 r 是球的半径。被驱动气体是常温常压的空气,驱动气体为氮气,使用的铝膜厚度为 0.15 mm,产生的激波马赫数达到 1.19。将获得的 P 的数据代入推导出的有效阻力 $F_{球体} \sim P$ 的理论关系式[58,71],可算出单球模型和双球模型的有效阻力 $F_{球体}$:单球模型中钢球的有效阻力约为 1.013 3 N,而双球模型中单个球的有效阻力为 5.5 N。这证明了,当激波通过颗粒群时,某个颗粒附近的流场会受到周围颗粒诱导流动的影响,因此此时颗粒的阻力系数会大于处于无限大流场中单个颗粒的阻力系数。

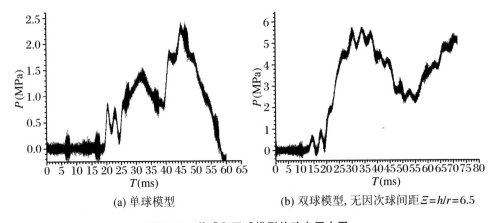

(a) 单球模型　　　　　　　(b) 双球模型, 无因次球间距 $\varXi = h/r = 6.5$

图 5.42　单球和双球模型的动态压力图

($d = 20$ mm, $Ma = 1.19$)

对两球模型的进一步研究,发现了阻力系数与球间距之间的依存关系[71,72],如图 5.43 所示。这是一个被前人忽略掉的重要结果,而且应该是在可压缩性流动中特有的现象。对比不可压缩黏性流动,激波在颗粒群中的反射、衍射、聚焦以及它们和漩涡的相互作用,使得各种非线性因素的影响凸显。这些影响的综合效果,就是出现了阻力系数 C_d 对无因次球间距 $\varXi$ 的明显依存。从图 5.43 得出的另一个重要结果是,在 $\varXi$ 对 C_d 的影响中,存在一个 $\varXi$ 的阈值,超过这个值,两球之间的干扰逐渐减少,直至消失。

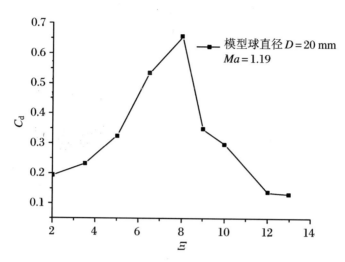

图 5.43 双球模型有效阻力系数 C_d 随无因次球间距 Ξ 的变化

5.6 颗粒群在激波作用下的输运

带有激波的超声速气流与颗粒作用时,首先激波赋予颗粒初动量,颗粒由原来的静止状态突然加速,随后颗粒在波后高压高速气流的作用下运动。下面分别对驱动初始阶段、管内气固两相流阶段和管外自由射流阶段的运动图像进行分析讨论,再介绍压力测量结果以及在缩放通道中气固两相流的加速行为。涉及的实验装置和实验方法,已在第 5.2.2 小节中作了介绍。

5.6.1 颗粒群的运动状态

5.6.1.1 颗粒被驱动的初始阶段

图 5.44 示出了激波经过装料室后颗粒在波后气流牵引作用下从静止到加速运动过程的高速摄影照片,运动方向自右向左。装载比 $\psi = 1/2$,共 45 颗钢

球。图 5.44(a) 为静止状态。激波管产生的激波走过的距离为激波管内径的
15 倍时，基本发展成为平面激波。所用实验装置满足这个条件。图 5.44(b) 中
黑线框内明亮的部分是锡纸，说明激波已冲破锡纸，锡纸在波后气流作用下开
始运动；因为它的质量比颗粒小得多，所以比颗粒更早地运动，而此时颗粒的运
动并不明显。在图 5.44(c) 中，上部颗粒开始运动。在图 5.44(d) 中，上部颗粒
向上向左运动，下部颗粒也向左运动，在法兰连接处可看到部分颗粒。在图
5.44(f) 中，颗粒在竖直方向分布满圆管，部分颗粒向左运动至法兰左侧。在图
5.44(g) 中，装料室内的颗粒形成了一个向左倾斜的斜面。激波到达装料室时，
右端的锡纸先在激波的冲击下破裂，如果装料室未装满，则右上端锡纸先破裂，
上边的颗粒在波后气流的携带下先运动；由于各颗粒启动时间的差异和在装料
室内竖直方向位置的不同，颗粒在水平和竖直方向分布得比较分散。如果装料
室装满，则各颗粒启动时间的差异减小，在管内运动时会比较集中。在下一小
节中将可知，启动阶段在颗粒的整个运动过程中占有非常重要的地位，对颗粒
随后的运动状态有非常重要的影响[50,73]。

(a) t=0 ms   (b) t=0.33 ms   (c) t=0.67 ms   (d) t=1 ms

(e) t=1.33 ms   (f) t=1.67 ms   (g) t=2 ms   (h) t=2.33 ms

图 5.44　颗粒群离开装料室时的运动状态

(激波自右向左运动，$Ma = 2.19$，氢气驱动，装载比 $\psi = 1/2$，5 mm 直径钢球)

图 5.45 为颗粒直径 5 mm、颗粒装载比 $\psi = 1/3$ (共 30 颗钢球)、氢气驱动
的初始阶段运动过程的高速摄影照片，运动方向自右向左。图 5.45(a) 为静止
状态；在图 5.45(b) 的中间部位可见亮片，此处为左端锡纸在激波的冲击下破
裂而运动到此处，由于锡纸质量较轻，会第一时间跟随激波向前运动，故设这一

时刻 $t = 0$ ms。经过 1 ms 之后，在图 5.45(c)中可见颗粒在波后气流的夹带作用下漂浮起来，经过在装料室内的搅拌（图 5.45(d)），在图 5.45(e)中开始离开装料室，随后向前运动。

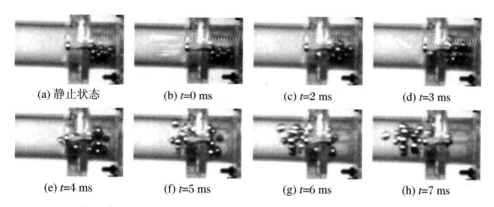

(a) 静止状态　　　　(b) t=0 ms　　　　(c) t=2 ms　　　　(d) t=3 ms

(e) t=4 ms　　　　(f) t=5 ms　　　　(g) t=6 ms　　　　(h) t=7 ms

图 5.45　颗粒群离开装料室时的运动状态

（激波自右向左运动，$Ma = 2.19$，氦气驱动，装载比 $\psi = 1/3$，5 mm 直径钢球）

比较图 5.45 和图 5.46 可知，当装载比 $\psi = 1/2$，颗粒大约在 $t = 2$ ms 时离开装料室；当装载比 $\psi = 1/3$，颗粒离开装料室的时间推迟到了 $t = 4$ ms。这说明颗粒群的数目减少，使得颗粒速度也减小。图 5.46 给出了 3 个装载比下颗粒速度的测量结果[51]，可知装载比 $\psi = 1$ 时颗粒速度最大。

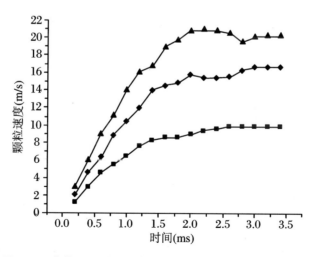

图 5.46　装载比 ψ 对颗粒速度的影响（$Ma = 2.19$，氦气驱动）

（■：$\psi = 1/3$；◆：$\psi = 1/2$；▲：$\psi = 1$）

在图 5.47 中,比较了氮气驱动和氦气驱动加速固体颗粒的效果,两种情况下破膜压比均为 $p_4/p_1 = 12.5$、装载比均为 $\psi = 1$。图 5.47(a)～(d)为氦气驱动,$Ma = 2.19$;图 5.47(e)～(h)为氮气驱动,$Ma = 1.68$。当激波与颗粒碰撞后 $t = 3$ ms 时(图 5.47(a)和图 5.47(e)),氦气的加速效果明显比氮气好,因为颗粒群已运动到了更远处。在 $t = 6$ ms 时(图 5.47(b)和图 5.47(f)),两种状态基本保持相同。在 $t = 6$ ms 时(图 5.47(c)和图 5.47(g)),氮气的加速效果已经赶上并超过了氦气的加速效果。在 $t = 6$ ms 时(图 5.47(d)和图 5.47(h)),反超现象更为突出。所以,在驱动的最初阶段,氦气的加速效果比氮气的加速效果好,随着时间的推移,氮气的加速效果赶上氦气的加速效果,甚至有反超的趋势。文献[74]给出了另一组对比实验的结果,也证实了上述论断。

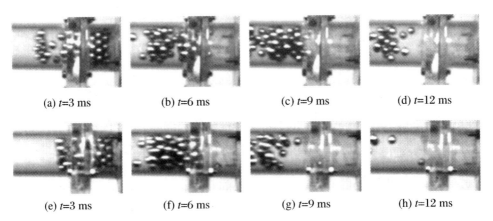

(a) t=3 ms   (b) t=6 ms   (c) t=9 ms   (d) t=12 ms

(e) t=3 ms   (f) t=6 ms   (g) t=9 ms   (h) t=12 ms

图 5.47　氮气驱动与氦气驱动时颗粒运动状态的比较

(破膜压比 $p_4/p_1 = 12.5$,装载比 $\psi = 1$)

5.6.1.2　管中气固两相流阶段

图 5.48(a)～(c)示出的管内气固两相流的驱动气体为氮气,激波马赫数为 1.51,装载比分别为 1/3、1/2、1 时,基本上全部颗粒出现在同一位置画面中。图 5.48(a)、(b)、(c)分别为颗粒出现在画面后 6.6 ms、4.2 ms 和 3.0 ms 的气固两相流的流动状态。根据这 3 个时间,可以明显看出,颗粒装载比越大,颗粒运动速度越大,这与图 5.46 所得结果是一致的。当装载比为 1/3 时(图 5.48(a)),颗粒呈现较零散的分布状态,颗粒间的发生碰撞的概率较低,颗粒间相互作用较小。当装载比为 1/2 时(图 5.48(b)),颗粒分布较密集,并伴有局部集中的现象。当装载比为 1 时(图 5.48(c)),颗粒分布非常紧凑,由于颗粒间的相互作

用较强烈,位于前面颗粒对后面的颗粒产生阻碍作用,导致颗粒速度基本上是一致的,像活塞整体推进。文献[75]将此类颗粒群称之为密相团聚物。有理由认为,装载比越大,封闭效果越好,颗粒前后压差越大,颗粒运动速度越大。

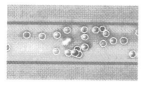 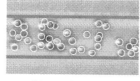 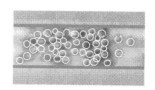

(a) $\psi=1/3$, 6.6 ms　　　(b) $\psi=1/2$, 4.2 ms　　　(c) $\psi=1$, 3.0 ms

图 5.48　管中气固两相流阶段

(氮气驱动,$Ma=1.51$,5 mm 直径钢珠)

5.6.1.3　管外自由射流阶段

图 5.49 为颗粒从管中输出的管外自由射流阶段的高速摄影照片。从图中可以明显看出颗粒群分段输出的现象。在图 5.49(a)中,颗粒刚在管口出现;4.2 ms 之后(图 5.49(c)),第二批颗粒开始输出管口;再过 6.2 ms 后(图 5.49(f)),第三批颗粒开始输出管口。在各种工况下都会出现这种颗粒群分段输出的现象,而且在管口处这种现象最为明显。这是由于激波管中所产生的复杂波系使得管中气相参数不均匀而造成的。因为膜片在瞬间破裂后,一激波向低压室传播,一膨胀波向高压室传播,两部分气体的接触面也随之向低压室运动。在激波与颗粒碰撞后,产生往返于管中的反射激波的同时,也透射、折射及衍射

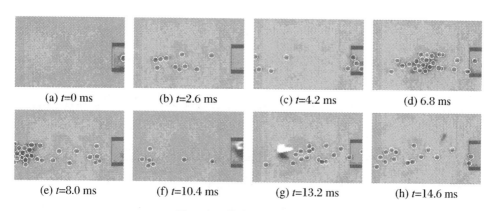

(a) $t=0$ ms　　　(b) $t=2.6$ ms　　　(c) $t=4.2$ ms　　　(d) 6.8 ms

(e) $t=8.0$ ms　　　(f) $t=10.4$ ms　　　(g) $t=13.2$ ms　　　(h) $t=14.6$ ms

图 5.49　管外自由射流阶段

(氮气驱动,$Ma=1.68$,$\psi=1$,5 mm 直径钢珠)

部分激波,它们到达管口后,由于管外压强低于管内的压强,还产生膨胀波向管内运动。膨胀波与高压段封闭端作用时,也会形成反射膨胀波系。这些波系互相产生干扰作用而形成复杂的波系结构,导致了管中气相参数的不均匀,故影响颗粒的运动规律。

5.6.2 压力测量

本小节将讨论用图 5.12～图 5.14 所示实验装置进行的压力测量的结果,所用固体颗粒参数已在表5.2中给出。

激波冲击颗粒群后,首先发生明显的激波的反射。当颗粒装载比 α 为 1 时,把激波在不同颗粒群上产生的反射现象与激波在固壁上发生的反射现象进行比较,其结果如图 5.50 所示传感器 1 的信号(加载颗粒时,激波管末端开放)。从图中可以清楚地看出,激波在壁面上反射的压力值高于在装载比为 1 的颗粒群上反射的压力值。反射压强按从大到小的顺序依次为:壁面,高岭土粉末,小钢珠,大钢珠,塑料珠。根据表 5.2 所示数据,当装载比 ψ 为 1 时,比较图 5.50 中曲线 2 和 5 或 3 和 4 可得:质量基本相同时,颗粒直径越小,反射激波越强;比较曲线 2 和 3 可得:直径相同时,颗粒密度越大,反射激波越强。

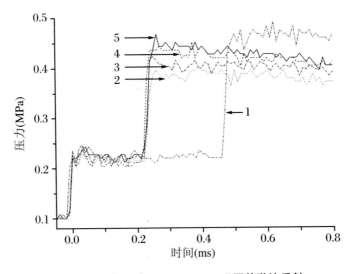

图 5.50 氮气驱动 $Ma = 1.525$ 工况下的激波反射

1. 固壁反射,2. 塑料珠,3. 大钢珠,4. 小钢珠,5. 高岭土粉末

　　图 5.51 中可以看出激波在管中有多次反射现象(装料室末端开放)。这一现象是因为激波与壁面作用后的反射激波与接触面之间的干涉所致,如图5.52所示[76]。氮气驱动、氢气驱动分别对应图 5.52 中(a) $a_2^* > a_3^*$ 和(b) $a_2^* < a_3^*$ 两种情况。其中 a_2^* 为接触面前的气体声速,a_3^* 为接触面后的气体声速。图 5.52 中,在氮气驱动条件下,当反射激波 S_R 与接触面作用后,会再次反射激波 S_{R1}。根据入射激波、反射激波及接触面的速度可计算出,正是由于反射激波

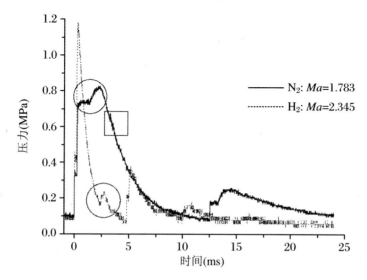

图 5.51　传感器 1 的测量值的比较(大钢珠,$\psi = 1$)

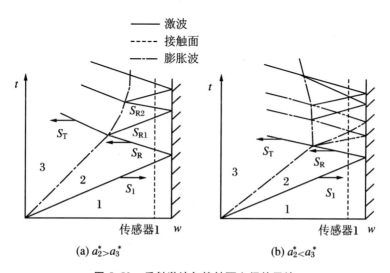

图 5.52　反射激波与接触面之间的干涉

S_{R1},导致了压力在 2 ms 左右产生微弱的压力上升,见图 5.51 中氮气驱动信号上圈中位置;方框中的信号可以看出是由于 S_{R2} 引起的压力信号波动。同理,根据入射激波、反射激波及接触面的速度可知,12.5 ms 时压力突然上升是由于激波与颗粒作用后形成的反射激波运动到驱动端封闭端再反射回来而导致的。图 5.51 中氮气驱动条件下,压力达到峰值后迅速衰减,这是由于反射激波与接触面作用后,产生膨胀波系(图 5.52(b)),迫使压力急剧降低。当膨胀波系遇壁面再次反射回来后,与接触面作用又产生了激波,在图 5.51 中氮气驱动信号上圈中位置有压力突跃信号产生。约在 5 ms 时刻,压力再次上升。根据激波和接触面的速度可知,这是由于反射激波运动到驱动段封闭端再反射回来引起的。

图 5.53 为氮气驱动 $Ma = 1.783$ 工况下,大钢珠的颗粒装载比为 3/4 时所测得的压力信号(装料室末端开放)。根据已计算出的激波速度,再根据 a_1 和 b_1 的时间差,可计算出透射激波的速度;根据 a_1 和 a_2 的时间差,可得激波在颗粒群上反射激波的速度;根据 a_2 和 a_3 的时间差,可求得反射激波与接触面作用后形成的反射激波的速度;根据 a_2 和 a_4 的时间差,可得出激波与颗粒作用后的反射激波传播到激波管驱动段末端再反射回来的平均速度。对 N_2,$Ma = 1.783$,大钢珠颗粒的工况下,不同颗粒装载比条件下,得到的数据统计见表 5.5 所示。表 5.5 中数据表明,反射激波的压强、速度与接触面作用后产生的激波的速度及反射激波在管中的平均速度都随装载比的增大而增大;但透射激波的速度随着装载比的增大而减小。此处颗粒以图 5.13 所示的横向状态装载。

表 5.5 反射后的系列参数(N_2,$Ma = 1.783$)

装载比 ψ	反射压强 p_5/p_1(MPa)	反射速度 (m/s)	透射速度 (m/s)	与接触面反射 速度(m/s)	反射激波在管中的 平均速度(m/s)
1/4	4.28	230.06	487.01	223.14	203.27
1/2	5.00	256.26	465.43	225.93	227.84
3/4	5.40	271.74	445.67	254.57	254.85
1	7.32	289.20	427.52	298.84	259.17

在实验中,对高岭土粉末以纵向状态装载(由于高岭土粉末具有一定的黏性),如图 5.54 所示。装载比同样为 1/4、1/2、3/4 和 1。所得的实验结果表明

激波的反射压强、反射激波速度等参数基本保持一致,如果装载比不大。

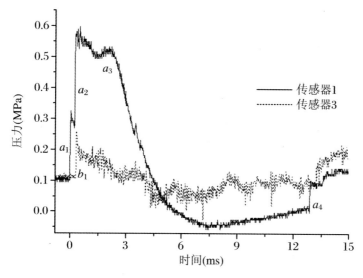

图 5.53　氮气驱动 *Ma* = 1.783 工况下测量的传感器 1 和

传感器 3 的压力信号(大钢珠,$\alpha = 3/4$)

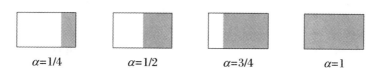

图 5.54　高岭土粉末纵向填充状态

　　在装料室末端采用钢板封闭,在装料室内部加载大钢珠颗粒,对压力信号进行测量。当装载比不同时,比较激波与颗粒作用后的气相参数。实验结果见图 5.55 所示。在末端封闭的激波管中,激波先与颗粒碰撞,形成反射激波及透射激波,反射激波向驱动段方向运动,透射激波向激波管末端传播;透射激波与激波管末端碰撞后,再次反射激波,此反射激波强度比在颗粒上反射的激波强度大。图 5.55 中第 1 个压力突然上升表现为激波到达传感器 1 的位置,第 2 个压力突然上升表现为激波与颗粒作用后的反射激波到达此处,第 3 个压力突然上升表现为透射激波与激波管末端作用后产生的反射激波到达此处。从图中可以明显看出入射激波强度相同时,在颗粒上的反射激波强度与颗粒装载比成正比,但透射激波与固壁作用后的反射激波强度与装载比成微弱的反比关系。这是由于激波遇颗粒后形成透射激波,当透射激波遇固壁反射后,再次经过颗粒群,激波强度被颗粒群削弱两次。所以装载比越大,透射激波与壁面作用后形成的反射激波压力越小,但这种反比关系十分微小。

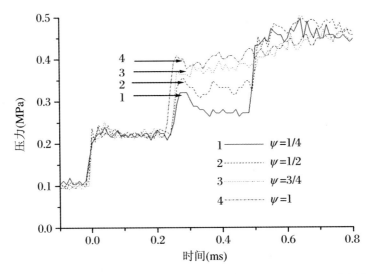

图 5.55 装料室末端封闭时激波在颗粒上的反射(N_2, $Ma = 1.525$, 大钢珠)

根据动量能量守恒可知,当激波与颗粒作用后气固两相进行动量能量转换,导致气相速度、压强等参数有所降低。图 5.56(a)和图 5.56(b)为小钢珠的装载比分别为 1/2 和 1、氦气驱动($Ma = 2.345$)工况下,压力信号的测量结果。比较图 5.56(a) 和图 5.56(b)中传感器 1 信号可知,入射压力基本相同,反射激波的压力随着装载比的增加而增大,这与表 5.5 中的结果一致;比较图 5.56(a)和图 5.56(b)中传感器 2 信号可知,图(b)中传感器 2 的压力上升缓慢,这是由于颗粒装载比较大,当激波与颗粒群作用后,激波全部消散,形成压缩波而导致

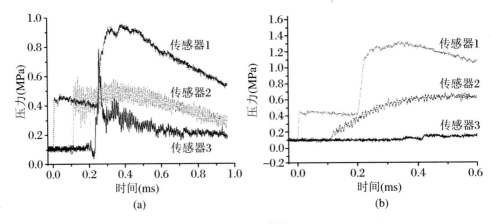

图 5.56 小钢珠工况下激波衰减情况(He, $Ma = 2.345$)

的[77]。比较两图中的传感器 3 信号可得，装载比越大时，激波衰减现象越明显。

图 5.57(a)为大钢珠装载比为 1/2、氦气驱动($Ma = 2.345$)工况下，压力信号的测量结果。图中箭头所示位置是空气中入射激波波后的压力 p_{20}，圆圈所示位置为激波经过全部颗粒衰减后的压力值 p_2，p_2/p_{20} 为激波衰减率(参考 5.5.2.2 小节)。在大钢珠的各种实验工况下，分析激波衰减率与装载比 ψ 的关系，见图 5.57(b)所示。从图中可以明显看出，随着装载比的增大，总的激波衰减趋势愈加明显；同时，激波马赫数越大，激波衰减越明显。

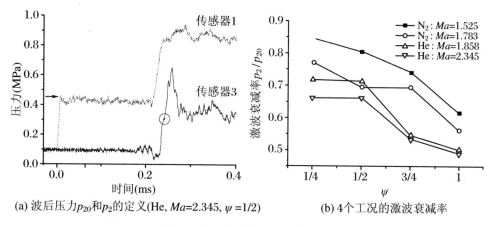

(a) 波后压力p_{20}和p_2的定义(He, Ma=2.345, ψ =1/2)　　(b) 4个工况的激波衰减率

图 5.57　大钢珠颗粒群中激波衰减的情况

通过以上研究，可以得出几个结论：① 激波在固壁上反射激波的强度比在颗粒群上反射激波的强度大。对装载比相同的颗粒群进行比较可得：质量基本相同时，颗粒直径越小，反射激波越强；直径相同时，质量越大，反射激波越强。② 反射激波的压强、速度与接触面作用后的速度及反射激波在管中的平均速度都随装载比的增大而增大；但透射激波的速度随着装载比的增大而减小。③ 激波衰减速率随着装载比、马赫数的增大而减小。当装载比 ψ 小于 1 时，平面激波与颗粒群相互作用后，反射激波及流场将变成二维或三维的，Kiselev 等人[27,78]对此已进行了数值计算。但是，他们的计算工作并没有揭示在激波冲击后，颗粒群中是否存在因弹性碰撞造成松动，以及气流卷吸力在颗粒运动中起到多大作用。在范宝春等人[79]的计算中所描述的颗粒升力，实际上还是一种 Saffman 力。我们对激波与颗粒群相互作用时的压力测量及高速摄影结果表明：装载比越大，气体驱动压力也越大，颗粒在装料室内翻滚混合的行为越少

（停留时间越短），离开装料室后的颗粒速度也越大；这说明在颗粒被激波加速的初始阶段，颗粒间的弹性碰撞应该是一个重要的因素。

5.6.3 颗粒群在 Laval 喷嘴中的加速

英国牛津大学的研究人员，在 Bellhouse[80] 发开出第一代基于激波管原理的无针注射颗粒输送装置以后，又发展了用缩放喷嘴加速固体颗粒的技术[20-23]。受他们的启发，我们也开展了有关研究工作。本小节只介绍几例研究结果，更多的内容可见文献[81,82]。

图 5.58 是张苹获得的用缩放喷嘴加速固体颗粒群的高速摄影照片。喷嘴的入口、喉部和出口面积分别为 490.63 mm²、200.96 mm² 和 1 384.74 mm²，喷嘴长度为 160 mm，设计出口马赫数为 2。使用的固体颗粒为 SiC 颗粒，粒径为 550 μm。喷嘴与装料室相连（位于照片的左侧），装料室见图 5.13 和图 5.14。

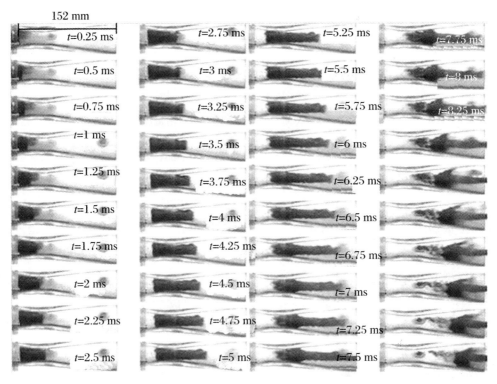

图 5.58　氦气驱动，$Ma = 1.857$ 工况下粒径为 550 μm 的颗粒群运动情况

（装载比 $\psi = 1/3$，缩放形长喷嘴，运动方向自左向右，4 000 帧/秒）

从颗粒群进入喷嘴到喉部,颗粒群是充满喷嘴通道的,见 $t = 0.25$ ms 到 $t = 2.5$ ms 的照片。经过了喉部之后,颗粒群只占据了扩张段的中间部分,在颗粒群外缘与喷嘴壁面之间留出了较大的空隙,见 $t = 5$ ms 到 $t = 7.5$ ms 的照片。在无针注射器的设计中,是希望避免出现这种情况的[22,23];颗粒在喷嘴中分布的越均匀,意味着输运效果越好。要达到这个目的,颗粒浓度(或装载比)、颗粒直径、喷嘴内部型线、边界层控制等,都是要优化的参数。从气体的跟随性上讲,550 μm 粒径的颗粒显然是会偏离流线的[83]。

图 5.59 和图 5.60 分别给出了不同类型的加速段中颗粒群头部的位移和速度测量结果,实验条件为:氦气驱动、$Ma = 1.857$、SiC 颗粒粒径为 550 μm、装载比 $\psi = 1/3$。图 5.60 中直线为速度拟合线。由图可知,在颗粒群开始加速运动阶段,直管、缩放形和收缩形长喷嘴内的加速效果较好,而扩张形长喷嘴内的加速效果最差;当颗粒群在喷嘴内运动 4.25 ms 时,扩张形喷嘴内的加速效果出现了反超的现象,并且此后依次超过了收缩形喷嘴和缩放形喷嘴内的加速效果;5.25 ms 时刻之后,收缩形喷嘴内的加速效果又出现了反超的现象,并最终超过了缩放形喷嘴内的加速效果;直至颗粒群运动到喷嘴出口处,扩张形喷嘴内的加速效果最好,而缩放形喷嘴内的加速效果最差。从图 5.60 中可以看出,

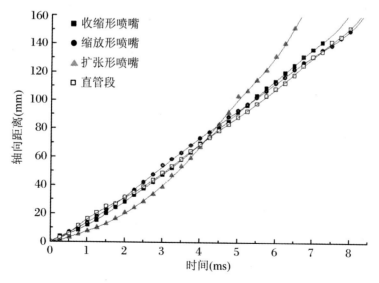

图 5.59　直管和不同类型长喷嘴内颗粒群运动的 $x - t$ 图

(氦气驱动,$Ma = 1.857$,装载比 $\psi = 1/3$,粒径为 550 μm)

颗粒群在收缩形喷嘴内运动平均加速度为 $1\,872.7\ \mathrm{m/s^2}$;颗粒群在缩放形喷嘴内运动平均加速度为 $740.3\ \mathrm{m/s^2}$;颗粒群在扩张形喷嘴内运动平均加速度为 $5\,615.2\ \mathrm{m/s^2}$;颗粒群在直管内运动平均加速度为 $1\,286.1\ \mathrm{m/s^2}$。所以此时扩张形喷嘴内的颗粒群平均加速度最大,而缩放形喷嘴内的颗粒群平均加速度最小。另外,根据可视化观察,颗粒群在扩张形喷嘴内分布得比较均匀[82]。但这并不意味着在无针注射器中可以用扩张形喷嘴代替缩放形喷嘴,因为正如上面已谈到的,颗粒浓度(或装载比)、颗粒直径、喷嘴内部型线、边界层控制等要一起综合考虑。

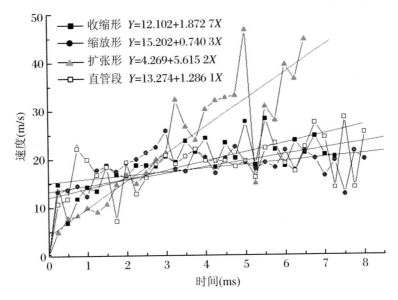

图 5.60 直管和不同类型长喷嘴内颗粒群运动的 v-t 图

(氮气驱动,$Ma = 1.857$,装载比 $\psi = 1/3$,粒径为 $550\ \mu\mathrm{m}$)

本章主要从实验研究的角度讨论了激波与固体颗粒群相互作用时的基本力学过程,所述实验装置和方法以及研究重点,也是目前国际上其他研究者所使用和关注的[84]。参照 Tanno 等人的方法[13,53],在毗邻的 2 个球体中埋入加速度传感器,通过测量动态阻力系数,证明了 5.5.3 小节给出的阻力系数与球间距依存关系的结论[85]。本章讨论的粉尘颗粒群(几百微米量级)的加速特性,还仅仅是针对颗粒群的头部而言。采用 X 射线等透视照相技术[86],观察气固两相流各断面上的颗粒浓度,将是研究工作所必需的。

参 考 文 献

［1］ Hwang C C. Initial stages of the interaction of a shock wave with a dust deposit[J]. Int. J. Multiphase Flow,1986,12:655-666.

［2］ Suzuki T,Sakamura Y,Adachi T,et al. An experimental study on the initial mechanism of particle liftup by a shock passage. Trans. Japan Soc[J]. Aero. Space Sci. , 1995,38:243-250.

［3］ Krier H,Burton R L,Spalding M J,et al. Ignition dynamics of boron particles in a shock tube[J]. J. Propulsion and Power,1998,14:166-172.

［4］ Zhang F. Shock Wave Science and Technology Reference Library,Vol. 4:Heterogeneous Detonation[M]. Berlin:Springer-Verlag,2009.

［5］ Smedley G T,Phares D J,Flagan R C. Entrainment of fine particles from surfaces by impinging shock waves[J]. Experiments in Fluids,1999,26:116-125.

［6］ Britan A,Ben-Dor G,Igra O,et al. Shock waves attenuation by granular filters[J]. Int. J. Multiphase Flow,2001,27:617-634.

［7］ Igra O,Falcovitz J,Houas L,Jourdan G. Review of methods to attenuate shock/blast waves[J]. Progress in Aerospace Sciences,2013,58:1-35.

［8］ Vasilevskii E B,Osiptsov A N. Experimental and numerical study of heat transfer on a blunt body in dusty hypersonic flow[R]. AIAA Paper,1999: 3563.

［9］ Calson D J,Hoglund R F. Particle drag and heat transfer in rocket nozzles[J]. AIAA J. 1964,2(11):1980-1984.

［10］ Crowe C T. Drag coefficients of particles in a rocket nozzle[J]. AIAA J. 1967,5(5): 1021-1022.

［11］ Saito T,Saba M,Sun M,et al. The effect of an unsteady drag force on the structure of a non-equilibrium region behind a shock wave in a gas-particle mixture[J]. Shock Waves,2007,17:255-262.

［12］ Takayama K,Itoh K. Unsteady drag over circular cylinders and aerofoils in transonic shock tube flows[J]. Rep. Inst. High Mech. ,1983,51:1-41.

［13］ Sun M,Saito T,Takayama K,et al. Unsteady drag on a sphere by shock wave loading

[J]. Shock Waves, 2005, 14:3-9.

[14] Igra O, Takayama K. Shock tube study of the drag coefficient of a sphere in a non-stationary flow [C]//Takayama K. Shock Waves, Vol. I, Proceedings of the 18th International Symposium on Shock Waves. Tokyo: Springer-Verlag, 1992:491-497.

[15] Igra O, Takayama K. Shock tube study of the drag coefficient of a sphere in a non-stationary flow[J]. Proc. Roy. Soc. Lond. A, 1993, 442:231-247.

[16] Devals C., Jourdan G., Estivalezes J L, et al. Shock tube spherical particle accelerating study for drag coefficient determination[J]. Shock Waves, 2003, 12:325-331.

[17] Wang B Y, Wang C, Qi L X. Shock wave diffraction and reflection around a dusty square cavity[J]. Progress in Natural Science, 2001, 11(4):250-256.

[18] 耿继辉. 激波诱导两相流中影响阻力系数的特性参数研究[J]. 爆炸与冲击. 2000, 20(4):319-325.

[19] 饶琼, 周香林, 张济山, 等. 超音速喷涂技术及其应用[J]. 热加工工艺, 2004, 10:49-52.

[20] Quinlan N J, Kendall M A F, Bellhouse B J., et al. Investigations of gas and particle dynamics in first generation needle-free drug delivery devices[J]. Shock Waves, 2001, 10:395-404.

[21] Kendall M A F, Quinlan N J, Thorpe S J, et al. Measurements of the gas and particle flow within a converging-diverging nozzle for high speed powdered vaccine and drug delivery[J]. Experiments in Fluids, 2004, 37:128-136.

[22] Liu Y. Performance studies of particle acceleration for transdermal drug delivery[J]. Med. Bio. Comput. , 2006, 44:551-559.

[23] Liu Y. Physical-mathematical modeling of fluid and particle transportation for DNA vaccination[J]. Int. J. Engineering Science, 2006, 44:1037-1049.

[24] Kuhl A L, Reichenbach H, Ferguson R E. Shock interaction with a dense-gas wall layer [C]//Takayama K. Shock Waves, Vol. I, Proceedings of the 18th International Symposium on Shock Waves. Berlin: Springer-Verlag, 1992. 159-166.

[25] Saurel R, Abgrall R. A multiphase Godunov method for compressible multifluid and multiphase flows[J]. J. Comput. Phys. , 1999, 150:425-467.

[26] Saito T. Numerical analysis of dusty-gas flows[J]. J. Comput. Phys. , 2002, 176:129-144.

[27] Kiselev V P, Kiselev S P, Vorozhtsov E V. Interaction of a shock wave with a particle cloud of finite size[J]. Shock Waves, 2006, 16:53-64.

[28] 施红辉. 用激波管研究超音速气固两相流[J]. 应用力学学报, 2003, 20(4):41-45.

[29] Shi H H, Yamamura K. The Interaction between shock waves and solid sphere arrays

in a shock tube[J]. Acta Mechanica Sinica,2004,20(3):219-227.

[30] Rogue X, Rodriguez G, Haas J F, et al. Experimental and numerical investigation of the shock-induced fluidization of a particles bed[J]. Shock Waves,1998,8:29-45.

[31] Sichel M, Baek SW, Kauffman C W, et al. The shock wave ignition of dusts[J]. AIAA J,1985,23:1374-1380.

[32] Van der Grinten J G M, van Dongen M E H, van der Kogel H. A shock-tube technique for studying pore-pressure propagation in a dry and water saturated porous medium [J]. J. Appl. Phys. ,1985,58:2937-2942.

[33] Onodera H, Takayama K. Shock wave structure in polyurethane foam[J]. Trans. JSME Ser. B,1992,58:666-671. (in Japanese)

[34] Levy A, Ben-Dor G, Sorek S. Numerical investigation of the propagation of shock waves in rigid porous materials:flow field behavior and parametric study[J]. Shock Waves,1998,8:127-137.

[35] Sasoh A, Matsoka K, Nakashio K, et al. Attenuation of weak shock waves along pseudo-perforated walls[J]. Shock Waves,1998,8:149-159.

[36] Shi H H, Kawai K, Itoh M. Attenuation and reflection of shock waves in low density foams in a shock tube[R]. AIAA Paper,1999:0143.

[37] Shi H H, Kawai K, Itoh M, et al. The Interaction between shock waves and foams in a shock tube[J]. Acta Mechanica Sinica,2002,18(3):288-301.

[38] Gelfand B E, Gubanov A V, Timofeev A I. Interaction of shock waves in air with a porous screen. Isv[J]. Akad. Nauk SSSR, Mekh. Zhid. i Gaza,1983,4:85-92.

[39] Gvozdeva B E, Fraesov Y M, Brossard J, et al. Normal shock wave reflection on porous compressible material[J]. Progress in Aeronautics and Astronautics,1986,106:155-165.

[40] Skew B W, Atkins M D, Seitz M W. The impact of a shock wave on porous compressible foams[J]. J. Fluid Mech. ,1993,253:245-265.

[41] Zhang F, Thibault P A, Murray S B. Transition from deflagration to detonation in an end multiphase slug[J]. Combustion and Flame,1998,114:12-25.

[42] Korobeinikov V P. Unsteady Interaction of Shock and Detonation Waves in Gases [M]. New York:Hemisphere Publishing Corporation,1989.

[43] Baer M R. A numerical study of shock wave reflection on low density foam[J]. Shock Waves,1992,2:121-124.

[44] Kitagawa K, Sakashita S, Tsuzaki Y, at al. One-dimensional interaction between shock wave and low-density foam[J]. Trans. JSME Ser. B,1994,60:2340-2347. (in Japanese)

[45] Olim M, van Dongen M E H, Kitamura T, et al. Numerical simulation of the propagation of shock waves in compressible open-cell porous foams [J]. Int. J. Multiphase Flow, 1994, 20: 557-568.

[46] Shi H H, Takayama K. Generation of high-speed liquid jets by high-speed impact of a projectile [J]. JSME Int. J. Ser. B, 1995, 38: 181-190.

[47] Kawai K. One-dimensional interaction between shock waves and soft elastic foams [D]. Nagoya: Nagoya Institute of Technology, Japan, 1999. (in Japanese)

[48] Sato H. Study on the interaction between shock waves and solid particles [D]. Nagoya: Nagoya Institute of Technology, Japan, 2000. (in Japanese)

[49] Kuwayama T. Visualization and pressure measurement of the interaction between shock waves and solid balls [D]. Nagoya: Nagoya Institute of Technology, Japan, 2001. (in Japanese)

[50] 岳树元, 施红辉, 章利特. 高速气固两相流输运技术研究 [J]. 浙江理工大学学报, 2008, 25(1): 60-64.

[51] 岳数元. 高速气固两相流输运技术研究 [D]. 杭州: 浙江理工大学, 2008.

[52] 章利特, 施红辉, 岳树元. 激波管-拉伐尔喷嘴加速固体颗粒群装置: 中国, ZL 200810061447.4 [P], 2011.

[53] 张晓娜. 激波与固体颗粒群相互作用时气动特性的实验研究 [D]. 杭州: 浙江理工大学, 2009.

[54] 施红辉, 张晓娜, 章利特. 激波驱动的气固两相流的动态压力测量 [J]. 力学学报, 2010, 42(3): 405-414.

[55] Tanno H, Itoh K, Saito T, et al. Interaction of a shock with a sphere suspended in a vertical shock tube [J]. Shock Waves, 2003, 13: 191-200.

[56] Jourdan G, Houas L, Igra O, et al. Drag coefficient of a sphere in a non-stationary flow: new results [J]. Proc. Roy. Soc. Ser. A, 2007, 463: 3323-3345.

[57] 亓洪训, 张苹, 章利特, 等. 激波驱动固定颗粒群有效阻力测量 [C]//第十五届全国激波与激波管学术会议论文集. 杭州: 浙江理工大学, 2012: 596-604.

[58] 亓洪训, 张苹, 章利特, 等. 激波加载固定单双球模型有效阻力测量 [J]. 浙江理工大学学报, 2013, 30(2): 208-212.

[59] 张苹, 亓洪训, 章利特, 等. 一种激波加载固定颗粒群非稳态力直接测量装置: 中国, ZL201220130310.1 [P], 2012.

[60] 亓洪训, 张苹, 章利特, 等. 一种测量激波加载固定颗粒群非稳态力的传感器固定装置: 中国, ZL201220130304.6 [P], 2012.

[61] Emrich R, Wheeler D B. Wall effects in shock tube flow [J]. Physics of Fluids, 1958,

1：14-23.

[62] Hollyer R N. Attenuation in the shock tube：I. laminar flow[J]. J. Appl. Phys. ,1956,
27：254-260.

[63] Duff R E. The interaction of plane shock waves and rough surface[J]. J. Appl. Phys. ,
1952,23：1373-1379.

[64] Roshko A. On flow duration in low-pressure shock tubes[J]. Physics of Fluids,1960,
3：835-842.

[65] 张鸣远,景思睿,李国君.高等工程流体力学[M].北京：高等教育出版社,2012.

[66] Shimeki N,Suzuki M,Ishikuro M,et al. Numerical Fluid Mechanics[M]. Tokyo：
Asakura Bookshop,1994.

[67] Isoda K,Ono Y. Handbook of numerical calculation by FORTRAN[M]. Tokyo：Ohm
Press Co. Ltd. ,1971.

[68] Teodorczyk A,Lee J H S. Detonation attenuation by foams and wire meshes lining the
wall[J]. Shock Waves,1995,4：225-236.

[69] Ikui T,Matsuo K. Mechanics of Shock Wave[M]. Tokyo：Korona Press,1983：58-60.
(in Japanese)

[70] Monti R. Normal shock wave reflection on deformable walls[J]. Meccanica,1970,4：
285-296.

[71] 亓洪训.激波驱动固定颗粒群有效阻力的实验研究[D].杭州：浙江理工大学,2013.

[72] 章利特,黄保乾,陈婉君,等.激波与单/双球模型相互作用有效阻力的实验研究[C]//
中国工程热物理学会多相流学术年会论文集,CD-ROM,2013 年 10 月 14—19 日,上
海.北京：中国工程热物理学会,2013：136175.

[73] 张晓娜,岳树元,章利特,等.水动力学研究与进展[J].2008,23(5)：538-545.

[74] Zhang L T,Shi H H,Wang C,et al. Aerodynamic characteristics of solid particles
acceleration by shock waves[J]. Shock Waves,2011,21(3)：243-252.

[75] 李海静,欧阳洁,高士秋,等.颗粒流体复杂系统的多尺度模拟[M].北京：科学出版
社,2005.

[76] 神原五郎.高速流体流动[M].东京：CORONA 出版社,1976.

[77] Igra O,Jiang J P. Head on collision of a planar shock wave with a dusty gas layer[J].
Shock Waves,2008,18：411-418.

[78] Kiselev V P,Kiselev S P. Interaction of a shock wave with a cloud of particles of
finite dimension[J]. Journal of Applied Mechanics and Technical Physics,1994,35
(2)：183-192.

[79] Fan B C,Chen Z H,Jiang X H,et al. Interaction of a shock wave with a loose dusty

bulk layer[J]. Shock Waves,2007,16:179-187.

[80] Bellhouse B. J,Quinlan N. J,Ainsworth R. W. Needle-less delivery of drugs,in dry powder form,using shock waves and supersonic gas flow[C]//Houwing A F P. Shock Waves, Vol. I, Proceedings of the 21st International Symposium on Shock Waves. Canberra:Panther Publishing & Printing,1997:51-56.

[81] 张苹,亓洪训,章利特,等.激波驱动颗粒群加速效果优化的实验研究[J].浙江理工大学学报,2013,30(1):71-75.

[82] 张苹.激波诱导气相流场中的颗粒输运规律研究[D].杭州:浙江理工大学,2013.

[83] Brennen C E. Fundamentals of Multiphase Flow[M]. Cambridge:Cambridge University Press,2004.

[84] Kellenberger M,Johanson C,Ciccarelli G,et al. Dense particle cloud dispersion by a shock wave[J]. Shock Waves,2013,23:415-430.

[85] 黄保乾,陈婉君,章利特,等.一种激波加载双排模型球阵动态直接测量装置:中国,ZL201320048343.6[P],2013-07-17.

[86] Wagner J,Kearney S,Beresh S,et al. Flash X-ray measurements during shock wave interactions with dense particle fields[C]//Bonazza R. Proceedings of the 29th International Symposium on Shock Waves, CD-ROM. Madison,Wisconsin, USA: University of Wisconsin-Madison,2013:0246-000059.

第6章　激波驱动的气/液两相流动

这一章将介绍高速液体对固体表面的冲击、激波驱动的管内液柱流动及其雾化、激波冲击气/液界面时的界面不稳定性以及激波与液滴和液柱的相互作用等内容,它们的共同特点都是激波(水中的或空气中的)驱动的气/液两相流动。高速液-固冲击现象的研究范畴很宽,不但涉及流体力学,还涉及固体力学和材料科学;但是在这里,重点是讨论冲击时的流动问题,而对后者只在必要时顺便介绍。

6.1　高速液体对固体表面的冲击

6.1.1　液/固冲击理论研究的回顾

高速液体冲击固体表面的现象,可见于许多技术领域,例如火电站大功率蒸汽轮机和核电站汽轮机叶片的水滴冲击侵蚀[1-3],航空飞行器的雨滴冲击侵蚀[4-7],水射流切割技术[8-11],气泡崩溃时对材料的空蚀[12-14]以及医疗中的用超声波照射微气泡群[15]等。更多的文献,可见国际液体和固体冲击侵蚀会议系列论文集(International conference on erosion by liquid and solid impact)、英国水利研究协会(BHRA)和美国水射流技术协会(WJTA)组织的系列水射流切割技术国际会议论文集,以及美国试验材料学会出版的技术报告(ASTM

STP)等。

水滴或水射流在与固体的高速碰撞中之所以会对材料表面造成损伤,是因为液/固冲击时高压的产生。而这个高压力是由于液体的可压缩性造成的。Cook[16]在1928年对此首次进行了研究,他提出一维液固碰撞时的冲击压力可用水锤压力(water hammer)表示

$$P = \rho C_0 V \tag{6.1}$$

这里ρ、C_0、V分别是水的密度、声速、冲击速度。式(6.1)只适用于较低冲击速度的场合,因为此时液体内的激波速度C可近似地用声速C_0替代。

1933年,DeHaller[17]考虑了液固碰撞时固体弹性变形之后,对式(6.1)进行了修正,即

$$P = \frac{\rho C_0 V}{1 + \rho C_0/(\rho_s C_s)} = \frac{\rho C_0 V}{1 + \Gamma} \tag{6.2}$$

这里ρ_s和C_s分别是固体的密度和声速,Γ称为液固声阻抗比。

1961年,Bowden和Brunton[18]提出,当一个水柱冲击固体表面时,液体的可压缩性行为一直持续到松弛(膨胀)波到达射流中心轴。1968年,Heymann[19]指出,在较高的冲击速度下,应考虑液体的可压缩性对冲击压力的影响,并给出了水中激波速度的表达式:

$$\frac{C}{C_0} = 1 + 2\frac{V}{C_0} = 1 + 2M \tag{6.3}$$

这里M是冲击马赫数。1973年,Huang等人[20]扩展了式(6.3),考虑了高阶冲击马赫数的贡献,即

$$\frac{C}{C_0} = 1 + 2M - 0.1M^2 \tag{6.4}$$

1989年,施红辉等人[21]在考虑水的可压缩性和固体弹性变形以及忽略高阶冲击马赫数的影响的情况下,推导出了一维液固碰撞时的冲击压力公式

$$\left. \begin{aligned} P &= \rho C_0 V \frac{C/C_0}{1 + \Gamma C/C_0} \\ C/C_0 &= (2\Gamma)^{-1} \{ [(1 - \Gamma)^2 + 4\Gamma(1 + 2M)]^{1/2} - (1 - \Gamma) \} \end{aligned} \right\} \tag{6.5}$$

式(6.5)可以还原成不同条件下的水锤压力、DeHaller公式、Heymann公式和Engel公式。

水滴表面具有曲率半径,它与固体表面接触时,流体的流动行为和接触区的压力分布会反映出这个特性。Bowden和Field[22]在1964年和

Heymann[23]在 1969 年都指出,在水滴冲击固体表面时的初始阶段,激波在液体内产生;液/固接触边缘在开始时,其扩展速度超过液体的声速也超过液体中激波的速度,形成了所谓的"非流动区"(no-flow region)。这个高压阶段一直持续到松弛波到达中心轴。这个可压缩阶段的接触半径 X 和高压持续的时间 τ 被给为

$$X = \frac{rV}{C}, \quad \tau = \frac{3rV}{2C^2} \tag{6.6}$$

这里 r 是接触区液滴的半径。当伴随侧向(边缘)射流(lateral or side jetting)产生的松弛波终止了可压缩性流体的高压区之后,压力最终降到了不可压缩流体的滞止压力:

$$P = \frac{1}{2}\rho V^2 \tag{6.7}$$

这里要注意的是,侧向射流可以达到冲击速度的数倍[24-26],这是因为高压(或者说液体中的激波)驱动了高速的液体射流。施红辉等人[2,27]实验观察了自由落体的 4 mm 直径的水滴,在以 3.85 m/s 速度冲击玻璃表面时,侧向射流的速度为 12~14 m/s,是冲击速度的 3~4 倍。这一事实说明,在撞击的第一(初始)阶段完成之时,在液固接触区边缘必然形成了高压,然后才有在第二阶段出现的、速度很高的侧向射流。Heymann[23]通过求解接触边缘处的斜激波关系,指出边缘最大冲压力有可能达到 $2.7\rho C_0 V$。Rochester 和 Brunton[28]测量了液滴冲击固体表面时的压力分布,得出最大压力出现在接触边缘且约为水锤压力的 3 倍,即 ~$3\rho C_0 V$。然而,正如文献[29]指出的那样,Rochester 和 Brunton 的实验还没有被别人重复过,因此在这方面将来还有工作要做。

根据上面的描述,图 6.1 示出了液滴冲击固体表面时的两个阶段。图中曲线 1、2、3 分别表示液滴撞上固体表面后不同时刻的液滴外形,曲线 1′、2′、3′分别表示对应着 3 个时刻的激波波前。液滴撞上固体表面后,液滴内部产生激波,将液体分为低压区和高压区(激波波前与固体表面包围的区域)。在初始阶段,液固接触区在 x 方向扩展得比激波快,如在 t_1 时刻,激波波前尚未赶上接触边缘。但是到了 t_2 时刻,激波波前赶上接触边缘。随后激波脱体,边缘附近流体的高压已使得自由面不能在维持原来的位置,于是速度很高的边缘(侧向)射流就产生了。到了 t_3 时刻,激波已脱体较远,水滴亦发生较大的变形。上述力学过程,当固体表面是湿表面、倾斜表面和弯曲表面时,会发生变化。下面将

介绍液体冲击这些表面时的力学模型和实验结果。

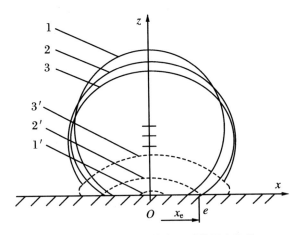

图 6.1   液滴冲击固体表面时的两个阶段

6.1.2   实验装置和方法

图 6.2 为英国剑桥大学卡文迪许实验室的单次撞击射流装置(SIJT)的示意图以及高速摄影系统[29]。先从内径为 5.59 mm 的高压氮气气枪发射一颗铅弹,铅弹撞击用橡皮垫圈密封在不锈钢喷嘴里的液体。铅弹的撞击在喷嘴内产生高压,然后高压驱动液体流出直径为 0.8 mm 的喷嘴出口,从而形成高速液体射流。射流速度通过调节储气室的压力和电磁阀来控制。一台 Imacon 高

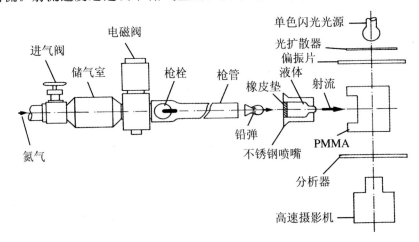

图 6.2   高速液/固冲击实验装置及高速摄影系统

速摄影机拍摄了射流与有机玻璃(PMMA)或钠钙玻璃(soda-lime glass)之间的冲击过程。采用单色背景光闪光灯作光源。为了观察固体内的应力波,加入了一对线性偏振光片。在进行高速摄影时,根据实验条件的不同,分别采用了每秒 10^6 幅和每秒 $5×10^5$ 幅的摄影速度来观察应力波和侧向射流。实验前,还用光导纤维对射流冲击速度进行了标定。试验用的有机玻璃和钠钙玻璃材料厚度均为 25 mm,材料为英国 ICI 公司制品。读者可参考本书的第 1 章,了解射流发生技术的相关内容。

图 6.3 示出了液体射流冲击倾斜固体表面的实验装置[30]。PMMA 试样固定在一个可以转向的底座上,冲击角度 $α$ 可在 $0\sim90°$ 内任意调节。

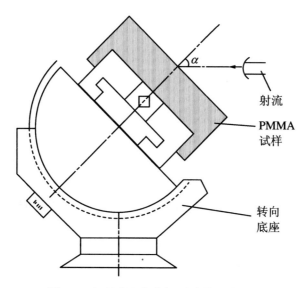

射流

PMMA
试样

转向
底座

图 6.3 倾斜表面上液/固冲击的实验安排

用 PVDF(poly vinyli denedi fluoride)传感器测量了高速液体射流冲击固体表面时的冲击压力,图 6.4 示出了实验装置[31]。一张 1.5 mm 直径的PVDF 压电薄膜贴在 0.5 mm 厚的不锈钢膜片下面,PVDF 压电薄膜的高频率响应和高灵敏度使得它适合于液/固冲击压力的测量。传感器安装在一个支承体里,支承体放在沿着冲击方向放置的两个导向板之间。将支承体向下游移动,就可以改变从目标到喷嘴出口之间的离开距离;实验的最大离开距离达到了 70 mm。经过这么长的距离,冲击压力大幅度变化。实验前,将压力传感器表面小心地调整到与冲击方向相垂直,传感器中心正对着冲击中心。用脉冲 YAG 激光在水中引爆 10 mg 溴化银炸药产生的水中爆炸波,来标定 PVDF 压力传感器[32]。

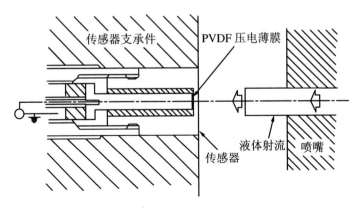

图 6.4　用 PVDF 压力传感器测量高速液体的冲击压力

6.1.3　液滴冲击湿表面的近似理论解

6.1.3.1　问题的提出

之所以研究湿表面上的高速液体冲击,是因为在许多情况下固体表面附有一层很薄的水膜。例如,湿蒸汽透平动叶片在水滴的多次撞击下,叶片表面将产生积存有水分的凹坑;随后的水滴就不是撞击干表面,而是冲击湿表面。美国和日本的生产厂家甚至在动叶片表面开槽积存水分,利用水膜对冲击力的缓冲作用减轻叶片侵蚀。文献[25,33]报道了湿表面所受的冲击压力和材料侵蚀行为的实验结果。Перельман[34] 理论分析了平面液体与湿表面的一维碰撞。最早进行液滴与水面碰撞现象数值计算的应该是 Harlow 和 Shannon[35],他们用自己开发的标记和单元方法(MAC)模拟了低速液滴落入水池的过程。最近,李大鸣等人[36]用光滑粒子流体动力学方法(SPH),也进行了低速液滴冲击水面的数值模拟。数值方法计算精度的验证,除了与实验数据比较,还要依靠解析解或近似解。下面介绍作者推导出的液滴冲击湿表面的近似理论解[2,37]。

6.1.3.2　压缩波在液膜内的传播

先研究平面液体与无限大湿表面的斜碰撞,撞击角度为 θ_i(图 6.5)。假定:撞击速度 V_0 远小于液体声速 C_0;所有液体性质相同且密度为 ρ_0;液膜很薄,不考虑波的衰减;压缩波具有简谐波的形式,只要最终的解与圆频率 ω 无关。根据图 6.5,压缩波以 θ_i 角入射到固体壁面。入射波的一部分被反射回去,另一部分则透入固体内部。入射波、反射波和透射波的压力 P 及质点垂直方向的速度 V 可分别表示为

$$\left.\begin{array}{l} P_i = P_{0i}\exp[j(\omega t - k_0 x\sin\theta_i + k_0 y\cos\theta_i)] \\ V_i = -P_i\cos\theta_i/(\rho_0 C_0) \end{array}\right\} \quad (6.8)$$

$$\left.\begin{array}{l} P_r = P_{0i}\exp[j(\omega t - k_0\sin\theta_r + k_0\cos\theta_r)] \\ V_r = -P_r\cos\theta_r/(\rho_0 C_0) \end{array}\right\} \quad (6.9)$$

$$\left.\begin{array}{l} P_t = P_{0t}\exp[j(\omega t - k_s\sin\theta_t + k_s\cos\theta_t)] \\ V_t = -P_t\cos\theta_t/(\rho_0 C_0) \end{array}\right\} \quad (6.10)$$

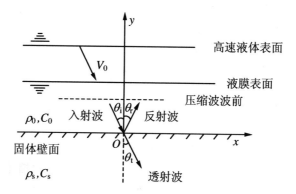

图 6.5　压缩波在液膜内的传播

其中 $j = \sqrt{-1}$,$k_0 = \omega/C_0$,$k_s = \omega/C_s$,C_s 为固体声速,ρ_s 为固体密度。在液固相界面上($y=0$)边界条件为

$$\left.\begin{array}{l} P_i + P_r = P_t \\ V_i + V_r = V_t \end{array}\right\} \quad (6.11)$$

由式(6.8)~(6.11)可得

$$\left.\begin{array}{l} \sin\theta_i/\sin\theta_t = C_0/C_s \\ \theta_i = \theta_r \end{array}\right\} \quad (6.12)$$

所以,壁面受到的撞击压力为

$$P_{0t} = P_{0i}\frac{2\cos\theta_i}{\cos\theta_i + \Gamma\cos\theta_t} \quad (6.13)$$

这里 $\Gamma = \rho_0 C_0/(\rho_s C_s)$ 为液固声阻抗比。若令 $\theta_i = 0$,式(6.13)就转化为DeHaller公式(6.2)。由上式可知,撞击压力与入射波的入射角有关。经过简单的推导,

可知撞击时自由面受到的撞击压力为水锤压力 $\rho_0 C_0 V_0$，即 $P_{0i} = 0.5\rho_0 C_0 V_0$，而气液相界面的变形速度为 $0.5 V_0$。

6.1.3.3 液滴撞击湿表面的数学表达式

根据 6.1.4 小节中所示的液体撞击下固体内部的应力波的形状，可以假定液滴撞击湿表面时发出球面波在液膜内传播。在图 6.6 所示的球面坐标中，波动方程为

$$\frac{1}{r^2}\frac{\partial}{\partial r}\left(r^2\frac{\partial P}{\partial r}\right) + \frac{1}{r^2\sin\theta}\frac{\partial}{\partial\theta}\left(\sin\theta\frac{\partial P}{\partial\theta}\right) + \frac{1}{r^2\sin^2\theta}\frac{\partial^2 P}{\partial\varphi^2} = \frac{1}{C_0^2}\frac{\partial^2 P}{\partial t^2} \quad (6.14)$$

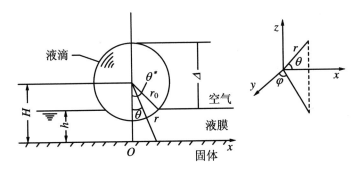

图 6.6 液滴撞击湿表面

令

$$P = R(r)\Theta(\theta)\Phi(\varphi)\mathrm{e}^{\mathrm{j}\omega t} \quad (6.15)$$

经分离变量得到 3 个关于 r、θ、φ 的独立的常微分方程：

$$\left.\begin{array}{l}\dfrac{\mathrm{d}^2\Phi}{\mathrm{d}\varphi^2} + m^2\Phi = 0 \\[2mm] \dfrac{1}{\sin\theta}\dfrac{\mathrm{d}}{\mathrm{d}\theta}\left(\sin\theta\dfrac{\mathrm{d}\Theta}{\mathrm{d}\theta}\right) + \left[l(l+1) - \dfrac{m^2}{\sin^2\theta}\right]\Theta = 0 \\[2mm] \dfrac{\mathrm{d}^2 R}{\mathrm{d}r^2} + \dfrac{2}{r}\dfrac{\mathrm{d}R}{\mathrm{d}r} + \left[k^2 - \dfrac{l(l+1)}{r^2}\right]R = 0\end{array}\right\} \quad (6.16)$$

再经过复杂的推导（见文献[38]），并考虑到图 6.6 所示的问题具有极轴对称性，可推导出入射压缩波波前上的压力和质点径向速度为

$$P(t,r,\theta) = \sum_{l=0}^{\infty} B_l \mathrm{P}_l(\cos\theta)\mathrm{h}_l^{(2)}(kr)\mathrm{e}^{\mathrm{j}\omega t} \quad (6.17)$$

$$V_r(t,r,\theta) = \frac{1}{\rho_0 C_0}\sum_{l=0}^{\infty} B_l \mathrm{P}_l(\cos\theta)D_l(kr)\mathrm{e}^{-\mathrm{j}\delta_l(kr)}\mathrm{e}^{\mathrm{j}\omega t} \quad (6.18)$$

式中,$P_l(\cos\theta)$ 为 l 阶勒让德多项式,$h_l^{(2)}(kr)$ 为 l 阶第二种汉克尔函数。当 $kr \gg l+1/2$ 时

$$D_l(kr) = \frac{1}{kr}, \quad \delta_l(kr) = kr - \frac{1}{2}\pi(l+1) \tag{6.19}$$

系数 B_l 与液滴表面上($r=r_0$)的质点速度 $u_s(\theta)$ 有关,且

$$B_l = \frac{\rho_0 C_0 U_l e^{j\delta_l(kr_0)}}{D_l(kr_0)} \tag{6.20}$$

$$U_l = \left(l + \frac{1}{2}\right)\int_0^\pi u_s(\theta)P_l(\cos\theta)\sin\theta\,d\theta \tag{6.21}$$

6.1.3.4 壁面撞击压力的导出及结果分析

因为已假定压缩波具有简谐波的形式,所以要考虑整个液滴表面的质点速度对压力的贡献。根据 6.1.3.2 小节的研究结果,我们提出液滴表面的质点速度分布:

$$u_s(\theta) = \begin{cases} V_0/(2\cos\theta), & 0 \leqslant \theta \leqslant \theta^* \\ V_0\cos\theta/2, & \theta^* < \theta \leqslant \pi \end{cases} \tag{6.22}$$

已知,$P_0(\cos\theta)=1$,$P_1(\cos\theta)=\cos\theta$,考虑到勒让德函数的正交性,由式(6.21)可得

$$\left.\begin{aligned} U_0 &= \frac{1}{4}V_0\ln\cos\theta^* \\ U_1 &= \frac{3}{4}V_0(1-\cos\theta^*) + \frac{1}{4}V_0(1+\cos^3\theta^*) \end{aligned}\right\} \tag{6.23}$$

上式的第一式中出现了 $\cos\theta^*$ 的自然对数。在 $U_{l>1}$ 中包含有 $(1-\cos\theta^*)$ 的高阶项。由于液膜很薄,$(1-\cos\theta^*)$ 的高阶项必为小量,故忽略 $U_{l>1}$ 各项。

实际过程中,液滴撞击湿表面后发出的是形如狄拉克函数的单脉冲,与波数 k 或圆频率 ω 无关。此时对应的条件为 $kr \gg l+1/2$。则第二种 l 阶汉克尔函数 $h_l^{(2)}(kr)$ 为

$$\lim_{kr\to\infty} h_l^{(2)}(kr) = \frac{1}{kr}e^{-j\left(kr - \frac{l+1}{2}\pi\right)} \tag{6.24}$$

先把式(6.23)代入式(6.20),再把式(6.20)～(6.22)和式(6.24)代入式(6.17),最后可得入射波波前上的压力:

$$P_i = \frac{1}{4}\rho_0 C_0 V_0 \frac{r_0}{r}\left[(4 - 3\cos\theta^* + \cos^3\theta^*)\cos\theta + \ln\cos\theta^*\right] \tag{6.25}$$

已知液滴撞上液膜自由面的那一瞬时,撞击点上所受作用力为水锤压力的一半。根据这个基本关系,可以验证式(6.25)。因为液滴与自由面相接处,$r = r_0$,$\theta^* = 0$,$\theta = 0$,由式(6.25)得 $P_i = 0.5\rho_0 C_0 V_0$,式(6.25)得证。把式(6.25)代入式(6.13),就可得到我们最感兴趣的,壁面所受到的撞击压力(去掉下标中的 0 和 t):

$$
\left.
\begin{aligned}
&P = \frac{1}{2}\rho_0 C_0 V_0 \frac{r_0}{r} f_1(\theta, \theta^*) f_2(\theta) \\
&f_1(\theta, \theta^*) = (4 - 3\cos\theta^* + \cos^3\theta^*)\cos\theta + \ln\cos\theta^* \\
&f_2(\theta) = \frac{\cos\theta}{\cos\theta + \Gamma\sqrt{1 - \left(\sin\theta\dfrac{C_0}{C_s}\right)^2}}
\end{aligned}
\right\}
\tag{6.26}
$$

从式(6.26)可明显看出,撞击压力与压缩波在液膜中走过的路径 r 成反比。这条结论扩展了 Brunton[39] 曾得到的撞击压力与液膜厚度 h 成反比的结论。图 6.7 给出了湿表面上的撞击压力分布:液滴半径 $r_0 = 1$ mm,液膜厚度 $h = 0.1$ mm,液滴顶部到液面的高度 $\Delta = 1.9$ mm,液体为水,固体为 2040 铝,则液固声阻抗比 $\Gamma = 0.0853$[2]。由图 6.7 可知,撞击压力离中心轴一定距离后出现峰值,峰值压力为 $\bar{P} = P/\rho_0 C_0 V_0 = 0.851$,位置在 $x/r_0 = 0.267$ 处。出现压力峰值的原因是由于在 $x/r_0 = 0.267$ 处发生入射波的全反射,使得压力升高。在 $x/r_0 > 0.267$ 的各点上也发生全反射,但此时全反射对压力增加的贡献不足以抵消由于路径 r 的增加而使压力的减小。固体弹性只有在 $0 \leqslant x/r_0 < 0.267$ 范围内才对压力产生影响。Johnson 和 Vickers[33] 测出了直径 50 mm 的液体射流撞击液膜厚度为 5 mm 湿表面时的撞击压力分布,其形状与图 6.7 的相似;他们观察到当 $x/r_0 = 0.22$ 时出现压力峰值,这与图 6.7 给出的结果也是相近的。

根据 6.1.1 小节,当液滴撞击干表面时,最大撞击压力可以达到水锤压力的 1~3 倍。与最大撞击压力对应的壁面受力区一般为 $0 \leqslant x/r_0 \leqslant 0.2$[40]。但在湿表面上,由于液膜的存在,压缩波向外发散,到达壁面上的能量密度就减小,撞击压力自然会降低。所以可以预测:与干表面相比,湿表面材料的液滴撞击侵蚀的深度减小但范围扩大,这些预测已被实验证实[25,41]。

图 6.8 给出了中心处的撞击压力与时间的关系。材料为汽轮机叶片常用的 1Cr13,撞击速度 $V_0 = 150$ m/s,图中横坐标中的时间 $t = (2r_0 - \Delta)/V_0$。图

中实线为式(6.26)计算出的结果,虚线为实际应发生的过程;由图可知并不是在零时刻撞击压力达到最大值,而是过了一定时间后才有最大值。Harlow 和 Shannon[35] 的数值计算结果也揭示了这一特点。撞击压力衰减的原因是由于被壁面反射的压缩波遇到气液相界面后变成膨胀波,再返回壁面使得液滴变形和飞溅,此时式(6.26)不再适用。参考 Harlow 和 Shannon 的计算结果,式(6.26)的适用范围应该是 $0 \leqslant t \leqslant h/V_0$。

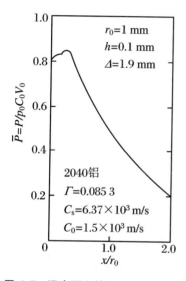

图 6.7　湿表面上撞击压力的分布

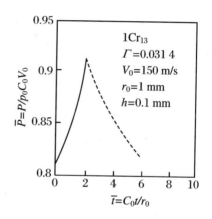

图 6.8　湿表面上撞击压力与时间的关系($x = 0$)

6.1.4　湿表面上高速液体冲击的实验结果

图 6.9 示出了来自 0.8 mm 直径喷嘴的 450 m/s 水射流冲击干钙钠玻璃块。射流自上而下地冲击固体表面。高速液/固冲击,在固体内产生了压缩应力波 C 和剪切应力波 S。当压缩波沿自由面向外横向扩张时,它引起了一个在图 6.9(4)中标记为 h 的头波。测得 C 和 S 的速度分别为 5 700 m/s 和 3 000 m/s。标记为 J 的侧向边缘射流出现在图 6.9(3)中,它的速度达到了 1 600 m/s,即约为冲击速度的 3.5 倍。图 6.10 示出了来自 0.8 mm 直径喷嘴的 450 m/s 水射流冲击湿钙钠玻璃块,玻璃被一层 3 mm 厚的胶体层覆盖。胶体层是通过将 12%重量浓度的明胶(gelatin)溶解在 330 K 温度的水中,然后制模而成的[41]。图 6.10(1)中的箭头示出了冲击方向。在湿表面的情况下,应力波强度被减

小,特别是头波。这说明液/固界面上的冲击压力被其上的液体层减缓了。侧向边缘射流速度,图 6.10(2)中的 J,沿着胶体表面运动的速度一般为 900～1 000 m/s。这是因为在气/液界面上,冲击压力只有水锤压力的一半,压力的下降自然使得边缘射流速度减小。注意射流在图 6.10(1)中已经接触胶体表面,但边缘射流直到在图 6.10(2)中才出现。

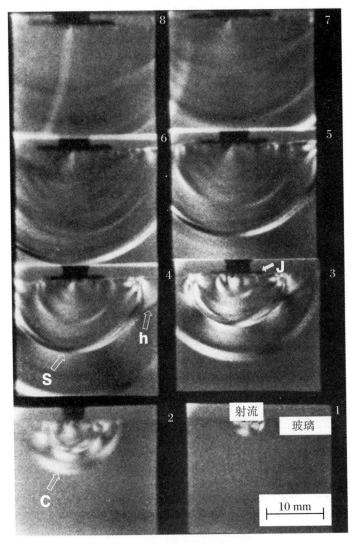

图 6.9 来自 0.8 mm 喷嘴的 450 m/s 水射流冲击干钙钠玻璃块的 Imacon 序列照片

(C,压缩波;S,剪切波;h,头波;J,侧向射流。每幅 1 μs)

图 6.11 示出了来自 0.8 mm 直径喷嘴的 450 m/s 水射流冲击干有机玻璃块。图 6.11(1)中的箭头示出了冲击方向。与射流冲击钙钠玻璃的情况相同,冲击在有机玻璃块产生了压缩应力波 C,剪切应力波 S 和头波 h。在图 6.11(8)中,还标出了 Rayleigh 表面波 R;G 是射流造成的 PMMA 材料亚表面层的剪切破坏。测得有机玻璃内的 C 和 S 的速度分别为 2 563 m/s 和 1 382 m/s。侧向边缘射流出现在图 6.11(3)中,它的速度达到了 1 470 m/s。图 6.12 来自 0.8 mm 直径

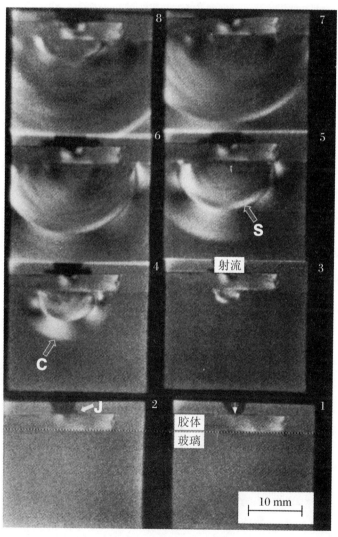

图 6.10　来自 0.8 mm 喷嘴的 450 m/s 水射流冲击湿钙钠玻璃块的 Imacon 序列照片

(玻璃上覆盖了 3 mm 厚的胶体层。C,压缩波;S,剪切波;J,侧向射流。每幅 1 μs)

喷嘴的 450 m/s 水射流冲击湿有机玻璃块,有机玻璃被一层 3 mm 厚的胶体层覆盖。由图可知,液体层的缓冲作用,使得压缩应力波 C 的强度明显减弱,但是剪切应力波 S 仍然足够强,其证据之一是头波 h 仍然清晰可见(图 6.12(8))。比较图 6.10 和图 6.12 可知,对于不同的材料,液体层对射流冲击缓冲的效果不尽相同。侧向边缘射流 J 出现在图 6.12(3)和图 6.12(4)之间,它的速度约为 810 m/s。

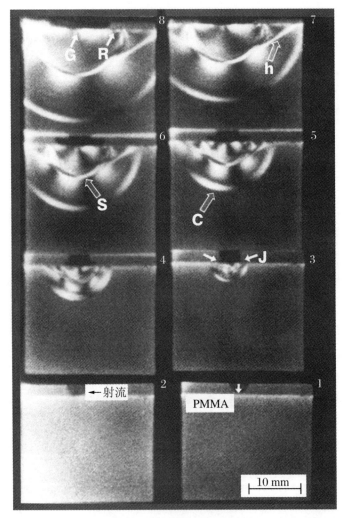

图 6.11 来自 0.8 mm 喷嘴的 450 m/s 水射流冲击干有机玻璃块的 Imacon 序列照片

(C,压缩波;S,剪切波;h,头波;J,侧向射流;R,Rayleigh 表面波;G,亚表面层剪切破坏。每幅 1 μs)

关于应力波产生的机理,可见文献[29],这里不再叙述。本节的实验,直接

或间接地证明了液膜薄层对固体材料起到了保护作用,即冲击压力和侧向边缘
射流速度都减少了。

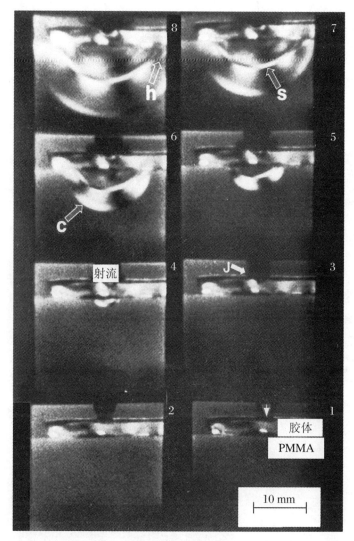

图 6.12　来自 0.8 mm 喷嘴的 450 m/s 水射流冲击湿有机玻璃块的 Imacon 序列照片
(玻璃上覆盖了 3 mm 厚的胶体层。C,压缩波;S,剪切波;h,头波;J,侧向射流。每幅 1 μs)

6.1.5　高速液体冲击倾斜固体表面

高速液体冲击倾斜固体表面,一直是侵蚀研究中关注的问题。例如,

Fyall[42]给出了材料的侵蚀速率为

$$E \propto (V\cos\alpha - V_c) \tag{6.27}$$

这里 α 是表面法线方向与冲击速度方向之间的夹角，V 是冲击速度，V_c 是材料的门槛速度。但是，一些水射流冲击侵蚀实验发现的不规则行为[43,44]，并不与式(6.27)吻合。本节介绍作者进行的倾斜冲击时边缘射流速度的测量，试图找出材料侵蚀行为的合理解释。

图 6.13 示出了 480 m/s 水射流在不同的冲击角 α 下冲击有机玻璃块的普通光高速摄影照片。在垂直冲击的情况下，边缘射流速度达到了 1 500 m/s；速

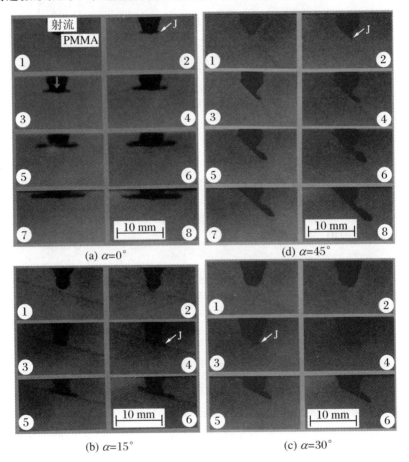

图 6.13　高速液体冲击倾斜有机玻璃表面时侧向边缘射流的实验观察

(480 m/s 水射流，来自 0.8 mm 直径喷嘴。用 J 标记下坡的边缘射流。测得的
边缘射流速度 U_j：(a) $\alpha = 0°$，$U_j = 1\,500$ m/s；(b) $\alpha = 15°$，$U_j = 1\,880$ m/s；
(c) $\alpha = 30°$，$U_j = 1\,360$ m/s；(d) $\alpha = 45°$，$U_j = 1\,050$ m/s。每幅 1 μs)

度的测量误差为 ± 100 m/s。倾斜冲击时,上坡(uphill)和下坡(downhill)的边缘射流速度是不同的,因为下坡边缘射流更危险,所以只测量它的速度。当冲击角 $\alpha = 15°$,下坡边缘射流的速度 $U_j = 1\,880$ m/s(图 6.13(b))。当 α 等于 $30°$和 $45°$时,U_j 分别为 $1\,360$ m/s 和 $1\,050$ m/s(图 6.13(c)和图 6.13(d))。

图 6.14 示出了 450 m/s 水射流在不同的冲击角 α 下冲击有机玻璃块的偏振光高速摄影照片。这样既可以观察边缘射流,又可以观察倾斜撞击时固体内的应力波的行为。除了图 6.14(a)的摄影速率为 10^5 fps 外,其余的均为 10^6 fps。当 $\alpha = 15°\sim20°$,可以看到不对称的应力波能量分布,其中剪切波 S 和头波 h 在下坡方向上被强化(图 6.14(b6)和图 6.14(c5))。头波的行为说明当压缩波向下坡方向运动时,它可能给固体施加了一个强剪应力。剪切波被强化,是因为出现了速度更高的边缘射流。α 等于 $37.5°$和 $48.5°$时,压缩波 C 和剪切波 S 的强度都大幅减弱,因为冲击压力减小了。在这两个波中,压缩波强度随着 α 的增加而减小得更快,因为它更依存于冲击压力。

将从图 6.13 和图 6.14 测得的边缘射流速度绘入图 6.15,可知随着冲击角度的增加,下坡边缘射流速度开始增加,然后下降。当 $\alpha = 45°$,边缘射流速度已小于垂直冲击时的边缘射流速度;最大边缘射流速度出现在当 $\alpha = 15°\sim20°$。Fyall[42]也发现在倾斜冲击时会出现较高的边缘射流速度,尽管他得到的是在一定时间内的平均值,而不是射流刚发生时的瞬态值。因此,图 6.15 揭示出边缘射流速度与冲击速度的关系,不是一个单调函数。这正是在倾斜冲击时材料侵蚀量(包括面积和重量损失)不规则变化的原因,即高速下坡边缘射流引起的增强的剪应力,使得最大侵蚀量会出现在 $15°\sim20°$。图 6.16 给出了在不同的冲击角度下得到的,聚碳酸酯(polycarbonate)板上的液体冲击侵蚀面积[30]。侵蚀面积随冲击角度的变化趋势与下坡边缘射流速度随冲击角度的变化趋势相一致;最大侵蚀面积的确是出现在 $\alpha = 15°\sim20°$时,这也证实了上面的结论。这样,文献[43,44]提出的在倾斜冲击时材料侵蚀的不规则变化,就得到了解释。

到现在为止,还没有一个理论模型能够描述图 6.15 给出的边缘射流与冲击角度的关系。Lesser 和 Field[45]提出了边缘射流形成机理的一个解释,即当激波沿着液滴自由面向上运动时,松弛波将沿着当地液滴表面垂直方向上剥落液体颗粒,并朝向固体表面。将他们的模型应用到倾斜冲击的情况,如图 6.17(a)和 6.17(b)到液体颗粒的剥落速度:

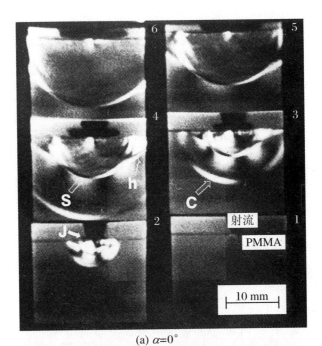

(a) $\alpha=0°$

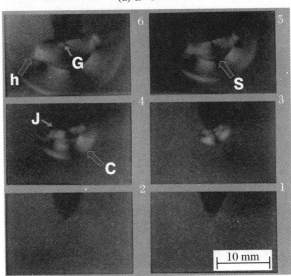

(b) $\alpha=14.5°$

图 6.14 高速液体冲击倾斜有机玻璃块时固体内应力波的实验观察

(450 m/s 水射流,来自 0.8 mm 直径喷嘴。C,压缩波;S,剪切波;h,头波;G,亚表面层
剪切破坏;J,侧向边缘射流。(a) $\alpha=0°$,$U_j=1\,400$ m/s;(b) $\alpha=14.5°$,$U_j=1\,770$ m/s;
(c) $\alpha=23.5°$,$U_j=1\,570$ m/s;(d) $\alpha=37.5°$;(e) $\alpha=48.5°$,$U_j=1\,180$ m/s。

(a)中每幅 2 μs,(b)~(e)中每幅 1 μs)

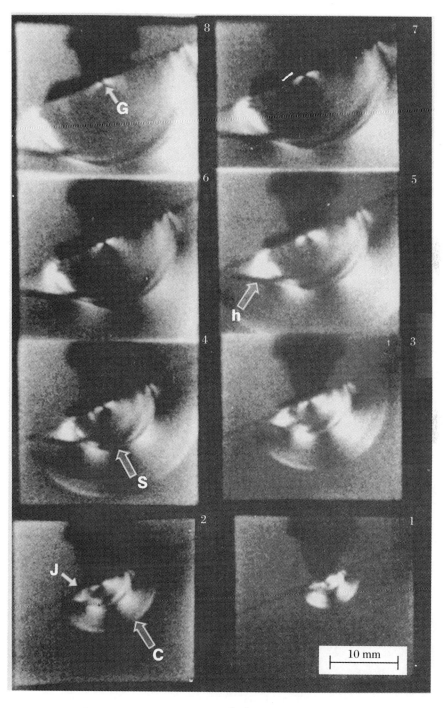

(c) $\alpha=23.5°$

图 6.14(续)

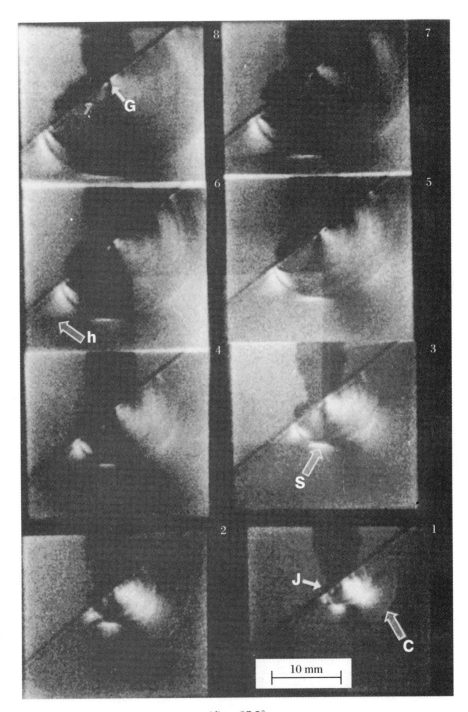

(d) $\alpha=37.5°$

图 6.14(续)

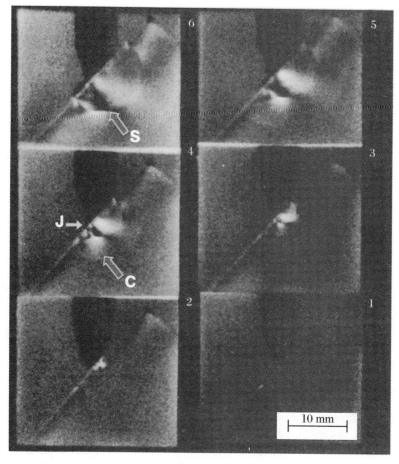

(e) $\alpha=48.5°$

图 6.14(续)

$$U_f = 2V\cos\alpha\sin(\beta_c - \gamma)\sec\delta \qquad (6.28)$$

这里 β_c 是临界接触角，δ 和 γ 分别是激波倾角和激波射线角。边缘射流速度是 U_f 沿着液面的积分[46]。式(6.28)指出，边缘射流速度与冲击角度 α 成反比，如果在 $\alpha-15°\sim20°$ 存在较高速度的边缘射流，那么此时的 β_c 应该大于垂直冲击时的临界接触角。然而，楔形液体的冲击试验表明，随着楔形角 β 增加，边缘射流速度减小[47]。比较低速液/固冲击研究[48]，高速液/固冲击时，不但要考虑液体的可压缩性，而且要考虑固体的弹性变形以及液体冲击面的实际形状，因此问题要复杂得多。

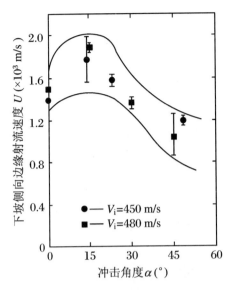

图 6.15　边缘射流速度随冲击角度的变化
关系(PMMA 表面上)

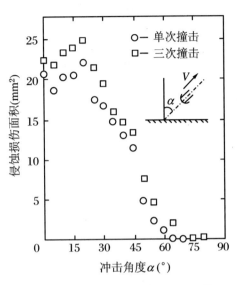

图 6.16　聚碳酸酯板在倾斜冲击下的
侵蚀损伤面积(700 m/s 水射
流,1.6 mm 直径喷嘴)

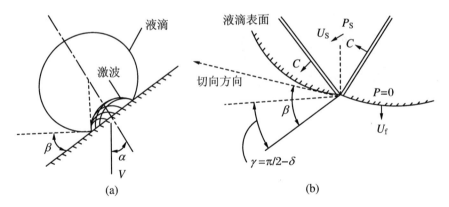

图 6.17　倾斜冲击时射流形成和激波脱体的关系

6.1.6　高速液体冲击弯曲固体表面

6.1.6.1　理论模型

正如 6.1.1 小节指出的,固体表面形状的改变,将会改变液固冲击时的受力状况。这里我们只考虑刚性凸圆体和凹圆体与液滴相互碰撞的情况,理论推导限于二维流场[49]。图 6.18(a)所示为一个液滴撞击在一个刚性的凸圆体表面上(从撞击开始经过了时间 t)。在这个阶段,接触边缘(contact edge)以超声速扩展,直到达到临界接触角 β_c,然后激波超过接触边缘到了液滴的自由面上。图 6.18(b)给出了接触点 e 附近的流动参数和激波关系。

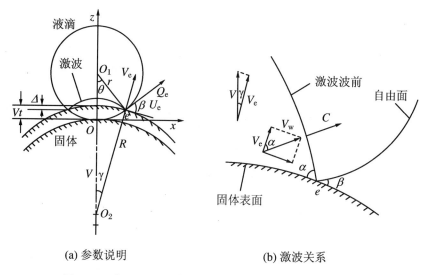

(a) 参数说明　　　　　　　(b) 激波关系

图 6.18　在 x - z 坐标中的二维液滴与刚性凸圆柱体的碰撞

假定冲击速度 V 远低于液体声速 C_0,所以液体内的激波以声速传播。根据图 6.18(a)给出的几何条件,如果在 x 方向上接触区的半径是 X_e,我们有

$$X_e^2 + (r - Vt + \Delta)^2 = r^2 \atop X_e^2 + (R - \Delta)^2 = R^2 \Bigg\} \tag{6.29}$$

这里 r 和 R 分别是液滴半径和固体表面的曲率半径。Δ 可以被表达为

$$\Delta = 0.5(2r - Vt)Vt/(R + r - Vt) \tag{6.30}$$

在交点(边缘三相接触点)e 处运动速度 V_e 和 U_e 分别为

$$V_e = V\cos\gamma = V(1 - \sin^2\gamma)^{1/2} \tag{6.31}$$

$$U_e = \frac{\mathrm{d}s}{\mathrm{d}t} = R\frac{\mathrm{d}\gamma}{\mathrm{d}t} = \frac{R}{\cos\gamma}\frac{\mathrm{d}\sin\gamma}{\mathrm{d}t} \tag{6.32}$$

这里 s 是沿着固体表面从冲击中心到 e 点的测量距离。角度 γ 与位移 Δ 有关,而且 γ 和 β 之间的关系可从图 6.18(a)中的三角形 O_1eO_2 中找到。点 e 的切向速度 U_e 也能随之表达出。即

$$\left. \begin{array}{l} \sin \gamma = \dfrac{X_e}{R} - \dfrac{(2R\Delta - \Delta^2)^{1/2}}{R} \\[3mm] \dfrac{\mathrm{d}\sin \gamma}{\mathrm{d}t} = \dfrac{R - \Delta}{R^2} \dfrac{1}{\sin \gamma} \dfrac{\mathrm{d}\Delta}{\mathrm{d}t} \\[3mm] \dfrac{\sin(\pi - \beta)}{R + r - Vt} = \dfrac{\sin \gamma}{r} = \dfrac{\sin \theta}{R} \end{array} \right\} \tag{6.33}$$

$$U_e = \frac{1}{\sin \gamma} \frac{\mathrm{d}\Delta}{\mathrm{d}t} \tag{6.34}$$

在冲击的初始阶段,边缘速度 Q_e 超过了声速,此时没有碰撞的信号可以到达面。随着 β 的增加,Q_e 将减小到"声速"值,在该点激波脱体并掠过自由面。这个激波脱体的临界条件被表达为[45,47]

$$Q_e^2 = U_e^2 + V_e^2 \leqslant C_0^2 \tag{6.35}$$

在 $r \gg Vt$ 和 $(R + r) \gg Vt$ 的情况下:

$$\frac{\mathrm{d}\Delta}{\mathrm{d}t} \sim \frac{rV}{R + r} \tag{6.36}$$

$$\sin \gamma \sim \frac{r\sin \beta}{R + r} \tag{6.37}$$

将式(6.31)、(6.34)、(6.36)和(6.37)代入式(6.35),并令冲击马赫数 $M = V/C_0$ 以及 $\xi = r/(R + r)$,我们得到临界接触角 β_c 的方程

$$M^2 \xi^2 \sin^4 \beta_c + (1 - M^2)\sin^2 \beta_c - M^2 = 0 \tag{6.38}$$

最后

$$\sin \beta_c = \left\{ (2M^2 \xi^2)^{-1} \left\{ \left[4M^4 \xi^2 + (1 - M^2)^2 \right]^{1/2} - (1 - M^2) \right\} \right\}^{1/2} \tag{6.39a}$$

边缘冲击压力 P_e 可由接触点 e 附近区域的激波关系来确定(图6.18(b))。如果激波后面液体颗粒的速度为 V_w,激波倾角为 α,α 的定义是固体表面的法线方向与激波波前的垂直方向之间的夹角,这样

$$P_e = \rho C_0 V_w = \frac{\rho C_0 V_e}{\cos \alpha} \tag{6.39b}$$

因此,用关系式 $\alpha + \beta_c = \pi/2$ 以及式(6.31)、(6.37)和(6.39b),边缘撞击压力被表达为

$$P_e = \rho C_0^2 \frac{(1 - \xi^2 \sin^2 \beta_c)^{1/2} M}{\sin \beta_c} \tag{6.40}$$

类似地,对于液滴冲击刚性凹圆体表面(见图6.19),当 $r \gg Vt$ 和 $(R - r) \gg Vt$ 时,临界接触角 β_c 和边缘冲击压力 P_e 具有与式(6.39b)和式(6.40)相同的表

达式,除了把式中的 ξ 替换为 $\xi' = r/(R - r)$。

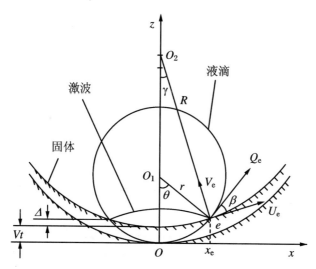

图 6.19　在 x - z 坐标中的二维液滴与刚性凹圆柱体的碰撞

当 β_c 确定之后,固体表面上的高压加载时间 τ 也就确定,因为当 $V \ll C_0$ 时 $\sin \gamma \sim \gamma$。式(6.6)已经给出了 τ 的定义。对于凸圆体固体,我们有

$$\tau = \frac{3}{2} \frac{s}{C_0} = \frac{3}{2} \frac{\gamma R}{C_0} \approx \zeta \tau_0 \tag{6.41}$$

对于凹圆体固体,有

$$\tau \approx \zeta' \tau_0 \tag{6.42}$$

这里 $\tau_0 = (3/2)(r \sin \beta_c / C_0)$ 是刚体平表面上的加载时间,$\zeta = R/(R + r)$ 和 $\zeta' = R/(R - r)$。很清楚,几何参数 ζ 和 ζ' 代表了物体几何形状对加载时间的影响。在凸圆体表面上,加载时间是减少的;而在凹圆体表面上,加载时间是增加的。表 6.1 给出了凸圆体和凹圆体表面上 β_c 和 P_e 的计算结果。有趣的是,弯曲固体表面上的冲击压力要低于平面固体表面上的冲击压力。

表 6.1　计算结果

R/r = 固体曲率半径与液滴半径之比			1	2	3
凸圆固体表面 $\dfrac{r}{R+r}$	$\sin \beta_c$	$M = 0.1$	0.100 5	0.100 5	0.100 5
		$M = 0.2$	0.204 1	0.204 1	0.204 1
	$\bar{P} = \dfrac{P_e}{\rho C^2}$	$M = 0.1$	0.993 7	0.994 4	0.994 7
		$M = 0.2$	0.974 9	0.977 6	0.978 6

续表

R/r = 固体曲率半径与液滴半径之比			1	2	3
凹圆固体表面 $\dfrac{r}{R-r}$	$\sin \beta_c$	$M = 0.1$	—	0.100 5	0.100 5
		$M = 0.2$	—	0.203 9	0.204 1
	$\bar{P} = \dfrac{P_e}{\rho C^2}$	$M = 0.1$	—	0.990 0	0.993 7
		$M = 0.2$	—	0.960 0	0.974 9

6.1.6.2　实验结果

450 m/s 水射流冲击凸圆体和凹圆体有机玻璃表面的情况示于图 6.20 和图 6.21 中。在凸圆体表面上的冲击,等效于减少了半径 r(6.1.6.1 小节);因此高压区的持续时间 τ 也减小了,侧向射流引起的松弛也较早地出现。一个较小的 β_c 会产生较高速度的侧向射流。在凹圆体表面上的冲击具有相反的效应。这些预测与实验观察相一致。

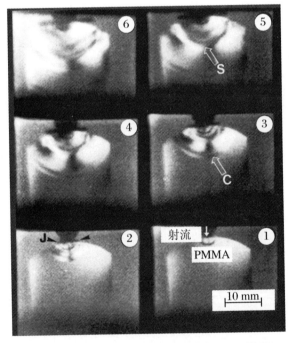

图 6.20　450 m/s 水射流冲击凸的有机玻璃圆柱表面

(射流来自 0.8 mm 直径喷嘴,圆柱半径为 12.75 mm。标记为 J 的边缘侧向射流出现在第 2 张照片中;侧向射流速度为 1 510 m/s。C,压缩波;S,剪切波。相邻两幅照片之间的时间间隔为 1 μs)

　　图 6.22 示出了 450 m/s 水射流与 90°楔形有机玻璃块的撞击。一个重要的观察结果是,压缩波不再出现,而出现了强剪切波。因为液体冲击楔形的顶点,此时液体可压缩性区域的持续时间趋近于零(式(6.6)),所以冲击压力处于与不可压缩流动相关的低值(式(6.7))。又,射流 J 和 J'引起的剪应力,足以产生强剪切波。

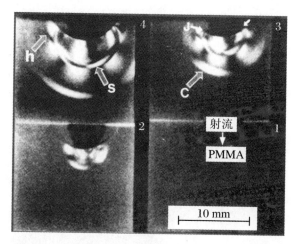

图 6.21　450 m/s 水射流冲击凹的有机玻璃块表面

(射流来自 0.8 mm 直径喷嘴,固体表面曲率半径为 5 mm。侧向射流始于第 2
张和第 3 张照片之间;侧向射流速度为 1 120 m/s。C,压缩波;h,头波。注意
在这种情况下产生了强剪切波 S。相邻两幅照片之间的时间间隔为 1 μs)

　　通过上述理论分析和实验,可知高速液体撞击弯曲固体表面时,最大边缘冲击压力会稍有减小,而临界接触角保持不变 β_c 保持不变。在凸形固体表面上,因为高压持续时间 τ 的减小以及 β_c 保持不变,说明接触角更块地达到临界值 β_c。相反,在凹形固体表面上,持续时间 τ 是增加的。因为损伤主要是由于初始阶段的高压载荷引起的,所以最严重的破坏情况应出现在凹形固体表面上。

　　正如图 6.11 所示,当 450 m/s 水射流冲击平的有机玻璃块表面时,产生了 1 470 m/s 速度的侧向射流;这个射流具有造成破坏的威力,并且能从表面裂纹或台阶上侵蚀材料[29]。图 6.20 和图 6.21 表明,对于凸形固体表面上的冲击,侧向射流速度增加;而对于凹形固体表面上的冲击,侧向射流速度减小。因此,在 6.1.6 小节中介绍的工作,证明了固体表面的几何形状在确定冲击压力、持续时间和侧向射流速度时是很重要的。关于液滴与锯齿状固体表面的碰撞,可见文献[2,27]。

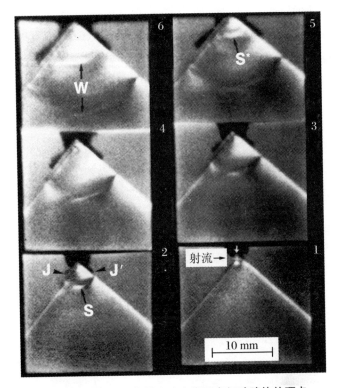

图 6.22　450 m/s 水射流冲击楔形有机玻璃块的顶点

（射流来自 0.8 mm 直径喷嘴。J 是左侧的下坡射流，它的速度是 1 060 m/s；J′是
右侧的下坡射流，它的速度是 980 m/s。S，加载剪切波，它的速度被测为 1 340
m/s；S*，卸载剪切波，它的速度被测为 1 250 m/s。在第 6 张照片中，用 W 标记
受剪区域的宽度。相邻两幅照片之间的时间间隔为 2 μs）

6.1.7　高速液体冲击固体表面的全息摄影和冲击压力测量

本节介绍用双曝光全系照相方法观察高速液-固冲击以及用 PVDF 压力
传感器测量水射流的冲击压力。全息光学系统已示于 1.3 节的图 1.10，而压力
测量装置如 6.1.2 小节中图 6.4 所示。根据测量原理，偏振光系统对剪切波更
敏感，而全息光学系统对压缩波更加敏感。本节内容出自作者在 1995 年发表
的一篇论文[31]。

图 6.23 示出了来自 2.0 mm 直径的 329 m/s 水射流冲击 PMMA 块的全息

照片,图中给出了两个不同撞击阶段的照片。在图 6.23(a)中,在固体中可见
纵波(压缩波)和横波(剪切波)。纵波引起的干涉条纹代表了压缩波的厚度。
当压缩波在自由面被反射后,变成张力波返回固体。在气相中,第一个值得注
意的空气中的激波,是由侧向射流引起的半球状激波,它已在图 6.23(a)中被
标出。另一个值得注意的、具有重要价值的空气激波,是当固体自由面上的
Rayleigh 表面波向外传播时,在空气中引起了锥形激波。正是因为全息光学系

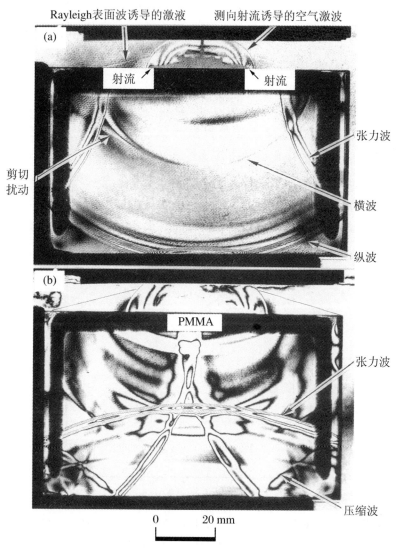

图 6.23　来自 2.0 mm 直径的 329 m/s 水射流冲击 120 mm × 85 mm × 78 mm 有机
玻璃块时造成的激波(注意 Rayleigh 表面波在空气中引起了扰动)

统对诸如激波前后的密度变化具有很高的分辨率[50]，才使我们得到了这个不寻常的发现。

在图 6.23(b)中，锥形激波被重新描过，因为在原始全息照片上的线太淡，这是由于激波从撞击中心向外传播时，激波在衰减。根据锥形激波的位置，可知 Rayleigh 表面波已经与横波分开了，因为横波已到达边壁，而 Rayleigh 波仍停留在上表面。取 PMMA 材料的纵波速度为 2 700 m/s[51]，根据波的传播距离，计算出图 6.23(a)和图 6.23(b)之间的时间间隔为 14.7 μs。那么锥形激波沿着 PMMA 表面传播的速度为 1 243 m/s，它正好与熟知的 Rayleigh 表面波速 1 240 m/s 相一致[51]。2009 年，德国学者 Krehl[52] 在他的著作中引述并评价了上述结果。

当高速液体射流在空气中运动时，由于空气阻力和雾化的作用，射流前端形状在变化，射流也在下降。这些因素导致在不同的离开距离(stand-off distance)处冲击压力的变化。冲击压力也与固体表面的状况有关，例如，表面被水膜覆盖或是倾斜表面等。图 6.24 示出了冲击压力与离开距离的关系，射流喷出喷嘴时的速度是 270 m/s。从图中可知，在开始的 20 mm 距离内，冲击压力没有那么变化，但离开喷嘴出口 40 mm 之后，冲击压力显著下降。

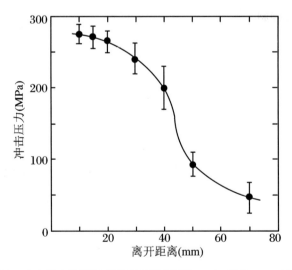

图 6.24　冲击压力随离开喷嘴出口的距离(stand-off distance)的变化
(270 m/s 水射流，2.0 mm 直径喷嘴)

图 6.25 给出了一个典型的压力波形。图中 275 MPa 的压力峰值是由体现液体可压缩性的水锤压力造成的(式(6.1))。峰值压力然后衰减到一个平台并

持续一段时间,这个平台就是不可压缩流体的滞止压力(式(6.7))。第 3 章式
(3.16)已给出了滞止压力和水锤压力之比 $\Lambda = V/(2C)$。从图 6.25 中测得的
这个压比,与理论值 $V/(2C)$ 很好地吻合。

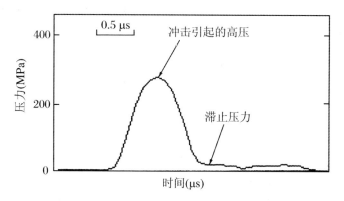

图 6.25　测得的垂直冲击时冲击压力的波形

(270 m/s 水射流,2.0 mm 直径喷嘴;10 mm 离开距离)

图 6.26(a)示出了覆盖有一个奶油层的湿表面上冲击压力。这个实验证实
了,随着液体厚度的增加,冲击压力下降。在干表面上出现的滞止压力(图 6.25)
不再出现在湿表面上。图 6.27(b)示出了倾斜表面上的冲击压力。实验发现,与
垂直冲击相比,在倾斜表面上,冲击压力的幅值下降但持续时间增加。施红辉和
Dear[30] 曾指出,在倾斜表面上,在高压区被松弛之前,液-固接触会持续较长时间。

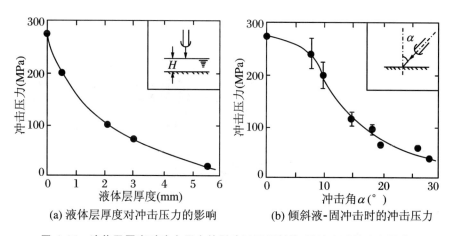

(a) 液体层厚度对冲击压力的影响　　　(b) 倾斜液-固冲击时的冲击压力

图 6.26　液体层厚度对冲击压力的影响以及倾斜液-固冲击时的冲击压力

(270 m/s 水射流,2.0 mm 直径喷嘴,10 mm 离开距离)

6.2 高速液体对深水自由面的冲击

在 6.1.3 小节和 6.1.4 小节中看到的高速液体冲击表面覆盖有一层水膜的固体时,因为水膜厚度较薄,很难观察到冲击时其中的流动细节。作者使用 3.3.1 小节图 3.4 中所示的水箱,把射流发生装置垂直布置,从喷嘴出口到水面的距离为 20 mm;将自上而下的高速液体射流冲击深水自由面,首次发现高速液-液冲击中对空气的捕获以及气泡的崩溃[53]。2012 年,Field 等人[54] 撰文谈到了这种现象与气泡空蚀机理的关联。

图 6.27 示出了来自 0.8 mm 直径喷嘴的 460 m/s 水射流进入水面的系列照片。在图 6.27(3)中,已可见捕获的空气,它被压缩成扁平的形状;然后在图 6.27(4)中,空气泡在冲击方向上(垂直向下)被拉长。最后在图 6.27(6)中,气泡崩溃消失。气泡捕获的原因,是在两个碰撞液面之间的空气层,在冲击速度高的情况下来不及逃逸出去,结果空气被压入水中。这个现象在 3.4 节中介绍的平头圆柱体入水时也被观察到,其机理是一样的。图 6.28 示出了高速扫描摄影照片。水射流的冲击速度为 440 m/s,入水后的穿透速度被测为 233 m/s;文献[53]给出了冲击速度为 416 m/s、穿透速度为 201 m/s 的实验工况。理论上,液-液碰撞时,穿透速度是冲击速度的一半(6.1.3 节)。因此,实验结果说明,尽管来自

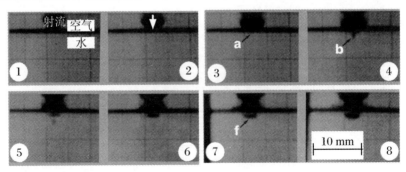

图 6.27 高速液体射流冲击深水表面时空气泡的捕获

(460 m/s 水射流,来自 0.8 mm 直径喷嘴;每张照片 1 μs)

a. 两个液面之间被捕获的空气;b. 溃灭中的气泡;f. 进入水中的液体射流的前端

0.8 mm 直径喷嘴的水射流能够捕获空气,但因为射流头部直径不大(因而接触面积也不大),捕获的空气量不多,所以此时的气垫效果对入水后的射流穿透速度的影响不大。在大多数情况下,来自 0.8 mm 直径喷嘴的水射流捕获不到空气。

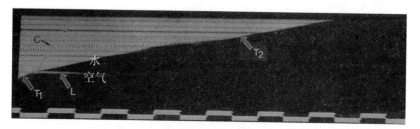

图 6.28　来自 0.8 mm 直径喷嘴的 440 m/s 水射流冲击深水表面时的 Imacon 高速扫描摄影照片

(T₁,冲击前的水射流轨迹;T₂,冲击后的水射流轨迹;C,液体激波,它的速度被测为 1 461 m/s;L,水面)(一格水平刻度(时间尺度)代表 5 μs;一格垂直刻度(距离尺度)代表 1 mm;初始液体穿透速度为 233 m/s)

图 6.29 示出了来自 1.6 mm 直径喷嘴的 315 m/s 水射流冲击深水表面的系列照片。在图 6.29(2)中,已可见水中激波 C 后面的被捕获的空气 a。在图

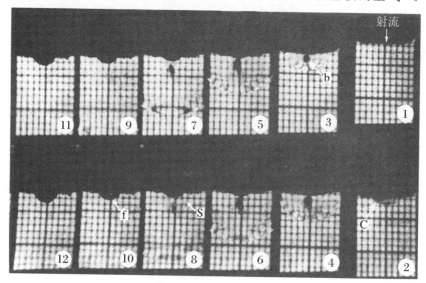

图 6.29　高速液体射流冲击深水表面时空气泡的捕获

(315 m/s 水射流,来自 1.6 mm 直径喷嘴;每张照片 1 μs;每格交叉线的尺度为 1 mm)

a. 两个液面之间被捕获的空气;C. 水箱中液体激波;b. 空化气泡;

S. 气泡崩溃导致的二次激波;f. 进入水中的液体射流的前端

6.29(3)中,空气被压缩成一个球形气泡。图 6.29(4)中,气泡不但没有崩溃,反而长大并在向前的方向上被拉长。这是因为膨胀波进入水中使得气泡膨胀[53,54]。气泡开始与射流前端相接,然后两者分离(图 6.29(6)和图 6.29(7))。在图 6.29(8)中,气泡崩溃并且发出二次激波 S。

上述过程可以从图 6.30 所示的高速扫面摄影照片中得到验证。沿着入水前的水射流轨迹 T_1 向水中延伸,发现当水射流前端距离水面约 2 mm 时,水面开始变形,变形速度约为 25 m/s。水射流接触水面后,产生水中激波 C。标记 b 和 j 分别表示被捕获气泡的前端和尾部。气泡尾部开始与冲击射流的前端连接,但到了标记 d,两者分离;然后气泡开始崩溃,气泡尾部 j 收缩,并以 580 m/s 的速度冲击气泡的前端 b,造成了水中二次激波 S。入水后水射流的轨迹为 T_2,射流穿透速度只有 130 m/s,不到初始速度的一半。这说明气垫效应起了缓冲作用。

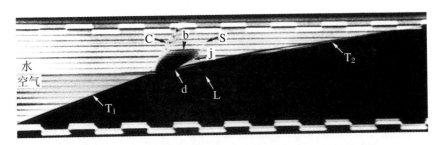

图 6.30　来自 1.6 mm 直径喷嘴的 315 m/s 水射流冲击深水表面时的 Imacon 高速扫描摄影照片

T_1,冲击前的水射流轨迹;T_2,冲击后的水射流轨迹;C,液体激波,它的速度等于 1 490 m/s;
L,水面;j,空化气泡的尾部射流,它的速度等于 580 m/s;d,主射流与空化气泡的分离点;
S,二次液体激波,它的速度等于 1 560 m/s
(一格水平刻度(时间尺度)代表 5 μs;一格垂直刻度(距离尺度)代表 1 mm;初始液体穿透速度为 130 m/s)

图 6.31 给出了另一例水射流冲击深水表面时的空气捕获和气泡空化。从图 6.31(3)到图 6.31(4),当射流接近水面时,水面开始变形,变形深度为 0.4～0.5 mm(标记 D)。射流在图 6.31(5)和 6.31(6)之间接触水面。在图 6.31(6)可见,冲击产生了半球形的水中激波 C;在激波和射流前缘封闭的可压缩流体区域里,有一个位于 0.5 mm 水深处的扁平的空气层、其尺寸已接近射流前缘的直径,还有一个近似球形的、其中心位于 1 mm 水深处的、直径约为

0.5 mm 的气泡。到了下一个时刻(图 6.31(7)),激波从射流-自由面接触边缘脱体,膨胀波进入高压区,促长了横向空化气泡 A 和纵向空化气泡 B(图 6.31(8))。激波脱体的另一个影响是,在水面上产生了侧向射流 J 和 J′,其中 J 的速度为 800 m/s,J′的速度为 675 m/s。

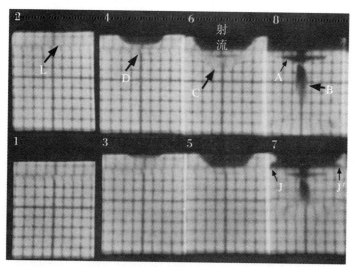

图 6.31　来自 1.6 mm 直径喷嘴的 265 m/s 水射流冲击水面

J 和 J′,左右侧向射流;L,水面;C,液体激波;B,纵向空化气泡;A,横向空化气泡;D,变形的水面

(在水射流接触水面之前,水面已经变形,见第 4 张照片;相邻两幅照片之间的时间间隔

为 2 μs;每格交叉线的尺度为 1 mm)

因为侧向射流 J 和 J′是在两个液面之间形成的,它们的形成机理与成型装药的射流的形成机理[55]相同。Bowden 和 Brunton[18]提出了基于成型装药理论的侧向射流速度的计算公式:

$$U_j = V \cot\left(\frac{\beta_c}{2}\right) \tag{6.43}$$

这里 V 是冲击速度,β_c 是式(6.28)中已定义的临界接触角。在图 6.31(6)中,左右两侧在射流表面与水面之间的夹角均接近 45°。将这个角度代入上式,得出 $U_j \approx 640$ m/s,计算值比较接近实验值。

6.3 激波和压缩气体驱动的液柱流动及雾化

6.3.1 引言

用激波或超声速气流驱动水喷雾是一项新技术[56]，它在农业、生物、医药、化工和消防灭火器等研究领域中有重要意义和实用价值。Polizer 和 King[57] 等对炸药爆轰波驱动的液体射流的发生过程进行了理论分析，Avdienko[58] 探讨了用可压缩性气体雾化黏弹性流体的模型，但他们的工作离形成流体技术还相差较远。相比之下，英国牛津大学的 Bellhouse 等人[59] 发明了用激波管输运药物固体颗粒的方法；本书的第 5 章专门讨论了激波和固体颗粒相互作用的力学过程。加速小体积的液体是一件比较容易的事，但是如果要加速大体积的液体（比如一升），在技术上却是一件相当困难的事[60]。而且在理论上因为被瞬态加速的液体力学行为发生了本质的变化，问题变得十分复杂。这里概述作者研究用激波管驱动大流量水喷雾方法的工作[60-64]。

在激波管分类上，采用液体作为驱动或被驱动介质的称为水动力激波管 HST(hydrodynamic shock tube)。Glass 和 Heuckroth[65] 在 1963 年首次提出 HST 的概念，并用于研究激波聚焦；后来 Kawada 等人[66] 在 1973 年也用 HST 研究了相同的问题。1985 年，Grinten 等人[67] 用 HST 研究了激波在多孔介质中的传播。1992 年，Kedrinskii[68] 报道了 4 种 HST，其中包括他开发的用线爆炸(wire exploding)产生水下激波的装置。本节的工作，与用活塞驱动的脉冲式灭火系统有直接的关联[69,70]。

6.3.2 实验装置和方法

图 6.32 示出了 3 种垂直设置的水动力激波管实验装置。装置主要由 3 部分组成：第一，位于图中底部的长为 250 mm、充满氦气的高压气体室；第二，位于中部的长为 250 mm、处于大气状态的低压室；第三，位于上部的液体容器，其

长度根据设备的运行方式可选为 250 mm 或 500 mm。3 个部分均为内径为 34 mm 的圆管。高压室与低压室之间用 16 μm 厚的聚酯薄膜隔开,低压室与液体容器之间用 15 μm 厚的铝膜片隔开。实验的水柱高度均为 250 mm(体积约为 0.23 L)。图 6.32(b) 和 6.32(c) 中的高压室和低压室组成了一个激波管,用于驱动液体容器内的水柱。当高压室里的氦气气压超过聚酯薄膜的破开压力时,在低压室的空气里产生激波。该激波冲击并破开上端的铝隔膜,然后高压气体将液柱推出液体容器。在本实验中,所用的聚酯薄膜的破开压力为 0.25 MPa±0.005 MPa,这个氦气/空气组合可以在空气中产生马赫数为 1.31 的激波。总共进行了 4 种运行方式的实验:① 如图 6.32(a) 所示的储气瓶方式,水柱和容器的长度均为 250 mm;② 如图 6.32(b) 所示的激波管方式,水柱和容器的长度均为 250 mm;③ 如图 6.32(c) 所示的激波管方式,水柱长 250 mm,液体容器长 500 mm,即水柱在到达管端出口之前经历过 250 mm 的加速;④ 去掉中间段的低压室,将高压室与液体容器相接的储气瓶方式,水柱长 250 mm,液体容器长 500 mm。进行 4 种运行方式的实验,是为了了解破膜方式(动态破膜与

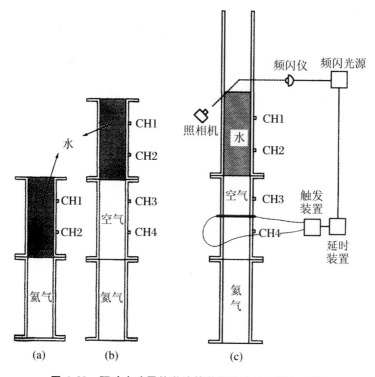

图 6.32 驱动水喷雾的激波管装置及流动可视化系统

准静态破膜)以及管内加速对喷雾流的影响。研究发现,破膜方式对喷雾流的影响不大[61,62],而管内加速对喷雾流的影响显著[63]。图 6.32(c)还示出了进行单张照片拍摄时的可视化系统,当激波通过设置在低压室里的直径为 0.3 mm 的碳棒时造成它的断裂,由此产生的脉冲信号触发闪光灯。根据需要,碳棒有时被粘贴在管口[60-62]。在进行高速摄影时,不使用这个可视化系统,而使用连续光源。摄影机是日本 Nac 公司生产的 MEMRECAM ci-4 型高速磁带摄像机。在使用 500 mm 长的液体容器时,沿着管的高度方向,设置了两台相机同时拍摄,观察到了管内水柱运动的全貌。图 6.32(c)中的 CH1～CH4 是压力传感器,用来测量空气和水中的压力信号[61,63];压力传感器是德国米勒 M60-3 型 PVDF 压力传感器,灵敏度为 −25 pC/MPa,上升时间为 60 ns。传感器安装在管壁上,与流动方向相垂直。图 6.33 示出了两段式(对应图 6.32(a))水动力激波管照片,装置水平放置。

图 6.33　水平两段式水动力激波管照片

(它可以像图 6.32 所示的那样垂直布置;在左边,是一个调节高压段压力的阀门;一台数字式压力表(最大量程 5 MPa)位于阀门和激波管之间)

6.3.3　实验结果

6.3.3.1　单张拍摄可视化结果

图 6.34～6.37 分别示出了来自图 6.32 的 3 种水动力激波管的水射流/喷雾发生过程。在图 6.34(a)中,水射流刚被高压氮气推着离开管的出口,见照

片底部的气泡。在图 6.34(b)中,射流直径在空气阻力的作用下增大了,因为空气质点在射流前表面上滞止,所以在滞止压力引起的压差使得水柱径向扩展。在图 6.34(c)和 6.34(d)中,从射流左侧剥落的液体像是由 Kelvin-Helmholtz 不稳定性引起的,但它应该是由于在管口的粘纸的扰动引起的。图 6.34(e)和 6.34(f)示出了氦气从管出口溢出前后的照片。高压气体的泄漏造成了液体的快速雾化和喷雾的径向扩展(图 6.34(f))。同时,管内的气/液两相流流型变成了雾状流。从图 6.34(a)~(d)可看出向上运动的气/液界面是不稳定的,即界面在图 6.34(a)中由几个气泡组成,而在图 6.34(d)中由两个气泡组成,在图 6.34(b)和 6.34(c)中的气泡不是轴对称的。

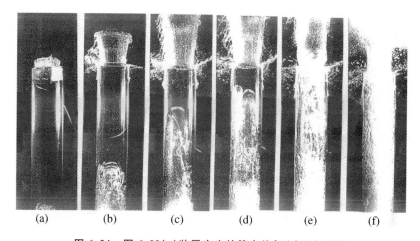

图 6.34　图 6.32(a)装置产生的管内外气/液两相流动

(在照片 a 的底部有一些小气泡,是在隔膜破断后形成的;气泡在上升过程中改变
着其形状,见照片 b 和 c)

当分离液体和气体的隔膜被激波破断时,产生的水射流与图 6.34 的没有太大差别。在图 6.35(a)~(c)中,射流头部在离开管口之后,在空气阻力作用下头部有一些径向扩展,然而这个扩展远小于高压气体泄漏之后造成的喷雾的径向扩展(图 6.35(d))。在泄漏发生的同时,管内的气体速度应该被瞬时加速,所以雾状流型两相流迅速出现在管中。在图 6.34(f)中出现的现象,在图 6.35(d)中也出现了。在图 6.35(e)中,当射流前端已离开较远距离时,射流颈缩出现了,这是因为在高压气体释放之后,后续液体速度较低的缘故。图 6.35(f)示出了残余水分流出管口时的情景,可见射流边界已经变得很不规则。在图 6.35(a)~(c)中看到的气/液界面也是不稳定的。

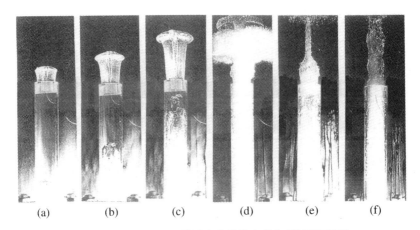

(a)   (b)   (c)   (d)   (e)   (f)

图 6.35   图 6.32(b)装置产生的管内外气/液两相流动

（从照片 c 和 d 中可看出，当气泡离开管口，它变成一股高压气流，引起了喷雾
在径向方向上大幅膨胀）

图 6.36 示出了图 6.32(c)装置产生的管内气/液两相流动发展的全过程。
每一瞬时的照片由上下两部分拼接而成，因为上下两部分的照片是从两台照相
机分别拍摄来的，然后按实际的管长将照片对接起来。上下照片之间的间隔实

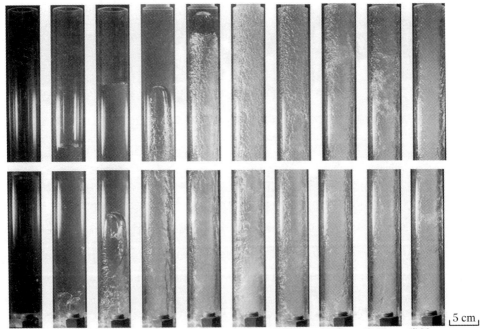

(a) 6 ms (b) 12 ms (c) 24 ms (d) 37 ms (e) 43 ms (f) 48 ms (g) 54 ms (h) 60 ms (i) 67 ms (j) 81 ms

图 6.36   图 6.32(c)装置产生的管内气/液两相流动

际不存在,是一根直管。照片的底部是低压室与液体容器的接合部,即铝隔膜所在的位置;照片的顶端是圆管的出口。

从图 6.36(a)可以看出,在延迟时间达到 6 ms 时,铝隔膜刚开始被破开,气泡刚开始出现在圆管的底部。但根据计算可以知道,激波在延迟时间为 0.2 ms 时已经到达铝隔膜所在的位置。这个时间之后,是因为激波冲击气/液界面时发生了 Richtmyer-Meshkov(RM)不稳定性。我们将在 6.4 节中专门讨论 RM 不稳定性。在破膜之后,气泡连续上升(图 6.36(b)~(e))。在这个阶段,管内的流动可以被认为是弹状流。由于 RM 不稳定性及铝膜片的影响,初期生成的气泡是由多个气泡组成的(图 6.36(b)和图 6.36(c)),随后这些多个气泡合并成一个具有光滑前沿曲线的气泡(图 6.36(d)和图 6.36(e))。图 6.36(f)示出了在 48 ms 时刻管内的流动状态。此时气泡刚流出圆管,管内气体流速突然增加,管内液体被迅速雾化形成雾状流。图 6.36(g)~(j)示出了雾状水滴重新聚合、并有返回到环状流的趋向,这是因为管内的气流速度经过加速之后已经开始减速。图 6.36 所示的实验结果表明,用 500 mm 长的液体容器圆管不仅观察到了多个气泡向单个气泡的合并过程,而且观察到了在加速过程中液柱自由面在管内保持平面的现象(图 6.36(b)和图 6.36(c))。

图 6.37 示出了在流出圆管容器之后水柱是如何变成喷雾的。每张照片的底部对应圆管的出口位置。用激光测速方法(图 1.6),测得水柱在圆管出口处的速度为 15 m/s 左右,而水柱与圆管出口持平时的流出初速仅为 5 m/s 左右[61]。因此,经过加速后产生的水柱具有较远的喷射距离,例如,图 6.37(g)所

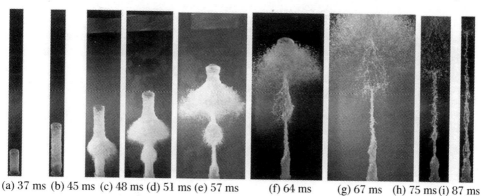

(a) 37 ms (b) 45 ms (c) 48 ms (d) 51 ms (e) 57 ms　(f) 64 ms　(g) 67 ms　(h) 75 ms (i) 87 ms

└─┘ 12 cm

图 6.37　图 6.32(c)装置产生的管外气/液两相流动

示的、当液体被基本完全雾化后形成的"雾伞"已经到达离出口 46 cm 的位置，而没有经过加速的水柱所生成的"雾伞"只到达离出口 33 cm 的位置（文献[61]）。水柱在离开圆管后先保持圆柱形（图 6.37(a)和图 6.37(b)）。由于高压气体紧随水柱之后向外释放并雾化液体，造成水柱上出现第一个径向的胀鼓（图 6.37(c)）；随后由于液体的不连续性[71]，造成水柱上出现第二个径向的胀鼓（图 6.37(d)）。图 6.37(h)和图 6.37(i)是喷雾后残留液体的照片。根据图 6.37 观察到的雾化形态可知，第一个径向的胀鼓在液体的雾化中起到了主要的作用。高压气体紧随水柱之后向外释放，实际上类似于同轴气体辅助雾化器的功能，能产生较细水滴的喷雾[72]。

6.3.3.2 高速摄影结果

图 6.38 示出了第二种运行方式的每秒 200 幅速度的高速摄影照片，即水柱上端与圆管出口持平。在图 6.38(a)中，水柱开始流出圆管。在图 6.38(c)中，液柱头部开始变形向横向扩展。在图 6.38(d)中，水柱被后续喷出的高压气体迅速雾化，并形成了大直径的液体圆盘。从图 6.38(e)～(f)开始，就是离开出口 289 mm 处，这个圆盘发展成"雾伞"。在图 6.39(g)中，"雾伞"头部的离开距离是圆管内径(34 mm)的 21 倍，"雾伞"直径是圆管内径的 15 倍。液柱的从图 6.38(a)～(c)之间的流出平均速度约为 10 m/s。

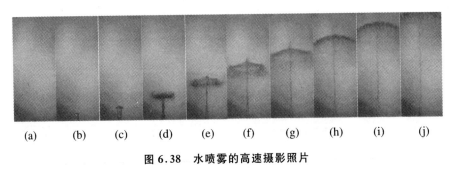

(a)　(b)　(c)　(d)　(e)　(f)　(g)　(h)　(i)　(j)

图 6.38　水喷雾的高速摄影照片

(第二种运行方式，0.25 MPa 驱动压力，每两幅照片间的时间间隔为 5 ms)

在 6.3.3.1 小节中已经谈过，如果在液柱流出圆管之前被加速一段距离（比如 250 mm），液柱的流出速度将会增加，而且液体的雾化形态也将随之发生变化。图 6.39 给出了第三种运行方式的高速摄影照片。图 6.39(a)中的底部示出了圆管的出口(外径 44 mm)，此时液柱还未流出。在图 6.39(b)中液柱刚流出管口。从图 6.39(b)到图 6.39(c)，液柱的流出速度为 31.4 m/s，液柱的外形基本保持了直径为 34 mm 的圆柱体。从图 6.39(d)和图 6.39(e)看,液柱的直径有所增大,但是直到流出照片图 6.39(h)所示的距离(918 mm),液体也没有被完全雾化而形成"雾伞"。

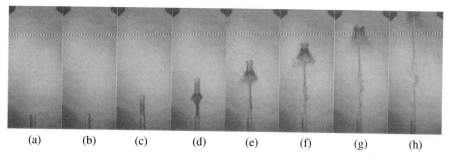

(a)　　(b)　　(c)　　(d)　　(e)　　(f)　　(g)　　(h)

图 6.39　水喷雾的高速摄影照片

(第三种运行方式,0.25 MPa 驱动压力,每两幅照片间的时间间隔为 5 ms)

高速摄影的研究发现,用储气瓶方式产生的喷雾流与激波管方式产生的喷雾流相似,这证实了前面给出的结论。图 6.40 示出了第一种运行方式,当隔膜破开压力从 0.25 MPa 增加到 1.3 MPa 时的高速摄影照片。在图 6.40 (b)中水柱刚刚喷出。在图 6.40(c)中,水柱被后续喷出的高压气体雾化,喷雾流的直径迅速增大。在图 6.40(b)和图 6.40(c)之间,水柱的流出速度约为 40 m/s。图 6.40 (d)的照片示出,在离开出口的距离为出口内径的 10 倍处,直径为出口内径 13 倍的"雾伞"已形成。而且从图 6.40(e)和图 6.40(f)可以看出,喷雾的水量明显增加,这是因为驱动压力的增加使得较多的液体喷出管内。

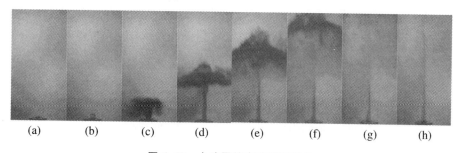

(a)　　(b)　　(c)　　(d)　　(e)　　(f)　　(g)　　(h)

图 6.40　水喷雾的高速摄影照片

(第一种运行方式,1.3 MPa 驱动压力,每两幅照片间的时间间隔为 3 ms;此时水柱从带有法兰的不锈钢管出口喷出,法兰外径(照片 a)为 140 mm)

6.3.3.3 压力测量结果

图 6.41 示出了压力测量结果(从图 6.32(c)所示装置)。因为 CH3 和 CH4 测量的是空气中的激波,所以从图 6.41 中的 a 点和 c 点可知,测得的入射激波速度是 443 m/s;从 d 点和 b 点可测得被气/液界面反射回来的反射激波速度是 353 m/s。CH1 和 CH2 测量的是水中压力波的信号。测得的压力波形表明,先导小扰动 e 和 g 的后面分别跟随着大的压力脉冲 f 和 h;先导小扰动的波速为 1 436 m/s,大压力脉冲峰值的移动速度为 1 343 m/s。因为激波管的破膜压力只有 0.25 MPa,所以这些波速均接近于水的声速 1 500 m/s。通过计算可以证实,入射激波冲击气/液界面导致了水柱中的小扰动 e 和 g,即信号 c 点和 e 点之间的时间间隔是 247 μs,它正好等同于空气激波及水中激波从 CH3 传播到 CH2 所用的时间:

$$\frac{S_{距离}}{W_{空气激波}} + \frac{S_{距离}}{C_{水中激波}} = \frac{0.083}{443} + \frac{0.083}{1\,436} = 245\,(\mu s) \tag{6.44}$$

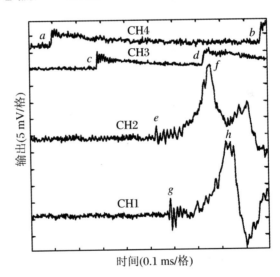

图 6.41　在空气和水中的压力波形(图 6.32(c)所示装置)

大压力脉冲的信号是经过缓慢增加分别到达峰值 f 和 h 的,这是由于铝隔膜的破开过程被延迟的缘故,而 f 点和 h 点的较高的压力值与气/液界面上的 RM 不稳定性有关。压力传感器从 CH3 及 CH4 输出的电压最大值是 4 mV;但是压力传感器从 CH1 和 CH2 输出的电压最大值是 24 mV。本实验测得的入射和反射激波的马赫数分别为 1.29 和 1.03,其中反射激波马赫数远小于从固体壁面反射的激波马赫数,这是因为为了保持气/液界面上的动量及连续方程守恒,在激波的冲击下界面要突然向上运动[21]。根据激波管理论,在入射激波后的压力为 0.08 MPa,那么 PVDF 压力传感器给出每毫伏 0.02 MPa 的输出,所以液体容器室里的峰值压力被预测为 0.50 MPa,该压力大于激波管在实验中的 0.25 MPa 的破膜压力。

6.4　激波冲击下的气/液界面上的不稳定性

6.4.1　引言

在上一节里,我们谈到了激波冲击气/液界面时发生的 Richtmyer-Meshkov (RM)不稳定性。这个现象在激波通过密度不同的两个流体之间的界面时都会发生,经过 Richtmyer[73] 的理论研究和 Meshkov[74] 的实验验证,最终以他们的名字命名。RM 不稳定性现象,常见于超新星爆炸和海底火山喷发等自然现象中,也在惯性约束核聚变(inertial confined fusion)、超燃发动机中激波对燃料的雾化、激波驱动的水喷雾以及第 1 章里讨论的水下超声速气体射流等重要技术领域中有着重要应用。RM 不稳定性现象,与流体界面受到重力或恒定加速度作用时发生的 Rayleigh-Taylor(RT)不稳定性[75,76] 有着内在关联,但也有不同。根据 Mikaelian[77] 和 Ramshaw[78] 的归纳,发生 RT 和 RM 不稳定性混合区的尺寸随时间的增长分别由下式表示:

$$h_i = \alpha_i A g t^2 \tag{6.45}$$

$$h_i = 2\alpha_i A \Delta V t \tag{6.46}$$

式中 α_i 为常数,当 i 等于 s 和 b 时,分别表示尖钉和气泡。A 为 Atwood 数,它的定义是 $A = (\rho_2 - \rho_1)/(\rho_2 + \rho_1)$,$\rho_2$ 和 ρ_1 是界面两侧的流体密度;g 是加速度。ΔV 是激波通过界面后,界面获得的速度增量。

到目前为止,用于验证 RM 不稳定性理论模型和数值计算的实验数据,几乎都来自气/气界面上的实验结果[79-82],而气/液界面上(Atwood 数 A→1)的实验结果很少。1987 年,Benjamin 和 Fritz[83] 用爆炸产生的激波,实现了伍德合金(wood metal)/水界面上的 RM 不稳定性实验。1989 年，Volchenko 等人[84]用胶体替代液体，用气体爆轰波进行了气/液界面上 RM 不稳定性的实验。本节概述并适当讨论作者指导过的研究生学位论文的系列工作[85-88]，作者认为这些工作到现在还谈不上完美，但是对于探索气/液界面上 RM 不稳定性的实验方法是有参考价值的。2011 年，Mikaelian[89]强调了作者的实验方法的独特性。

6.4.2 实验装置和方法

图 6.42 给出了气/液界面上 RM 不稳定性实验装置[90]。该装置的设计，参考了 Lewis[91]、Read[92]、Jacobs 和 Catton[93]研究 RT 不稳定性的实验技术。图 6.42(a)是实验装置的照片，图 6.42(b)是实验装置示意图。装置主体为一垂直放置的矩形激波管，内方边长 35 mm。主要由 3 部分组成：第一，位于顶部长 200 mm 或 500 mm、充满氦气或氮气的高压气体室；第二，位于中部长 750 mm、处于大气状态的低压室；第三，位于底部长 200 mm、向外界开放的液体排放室。在排放室下面应设置一容器并放入海绵等物体，防止液体飞溅。激

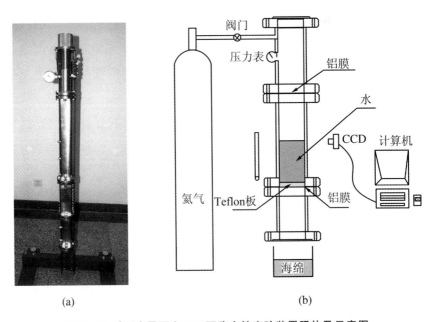

(a)   (b)

图 6.42　气/液界面上 RM 不稳定性实验装置照片及示意图

波管的低压室又可分为两个部分:上部是长 500 mm 的不锈钢制成的不透明段,下部是长 250 mm 的一对侧面使用透明有机玻璃另一对侧面使用不锈钢制成的观察段。在观察段透明的有机玻璃壁面两侧分别放置光源和高速摄影仪。摄影仪使用德国制 Basler-A310b 型 CCD 摄像头及其软件系统,也使用了日本 PHOTRON 公司的 FASTCAM-super10KC 摄影仪。所拍摄图片会即时存入与其相连接的计算机以供处理。由于拍摄要求准确记录运动界面位置,实验中将曝光时间设为 20 μs,这样当界面以 1 m/s 速度运动时,误差仅为 0.02 mm,不会影响到数据测量的准确性。但当曝光时间很短时,在自然光线下,摄影仪 CCD 采集不到足够感光点,照片会很模糊。此时就需要添加辅助光源,本实验采用长 300 mm、可调节的白炽灯管,实验时调节灯管亮度,直至取得满意的结果。在高压室和低压室接口处用厚度为 30 μm(或 45 μm)的铝膜隔开,低压室和排放室使用厚度为 15 μm 铝膜隔开,并且要在上面放上一块厚 1 cm 的聚四氟乙烯方板,目的是为了使得液柱下端面在运动过程中能够始终保持水平。使用空气和水构造气/液界面,25 ℃ 时其密度分别为:$\rho_1 = 1.2 \times 10^{-3}$ g/cm³ 和 $\rho_2 = 1.0$ g/cm³。

具体实验方法如下:① 安装固定两处铝膜,在观察段注入适量的液体水,打开光源,启动计算机;② 旋开高压气瓶和高压室之间的阀门,向高压室放气,高压室内压强由压力表读得,在达到预计破膜压强之前启动高速摄影仪,而后继续放气直至破膜,并记下破膜瞬间的压强值;③ 试验结束后,关闭阀门,保存数据。由于本文主要研究稳定性后期的发展规律,因而对于稳定性前期的发展不做过多考虑。

图 6.43(a)给出了用半导体激光器测量气/液界面运动速度的方法[94]。实验中,激波自上而下运行,当激波与液面作用后,界面被加速向下运动,当界面经过激光器发出的光线时,会先后遮断两束平行光,从而产生光电压信号,进而导致突然下降的光电压脉冲信号。从示波器上读取两个脉冲信号的时间差 Δt,根据 $V = l/\Delta t$,求得激波驱动的界面速度 V,这里 l 为平行激光束的间距,$l = 20$ mm。测量中,统一设置界面到第一根激光束的距离为 5 mm。根据选用的半导体激光器的规格限制,两束平行光的间距统一设置成 20 mm。图 6.43(b)给出了一个测量实例。

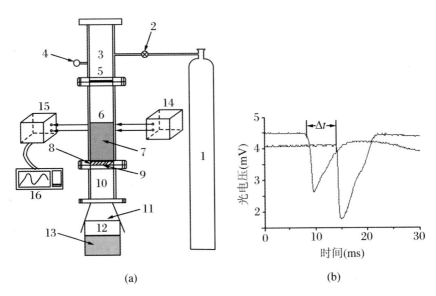

图 6.43 气液界面速度测量装置示意图及测量实例

1. 高压气瓶；2. 阀门；3. 高压室；4. 压力表；5. 铝膜；6. 低压室（观察室）；7. 水；
8. 聚四氟乙烯方板；9. 锡纸；10. 排水室；11. 遮布；12. 水桶；13. 海绵；
14. 半导体激光器；15. 光电二极管及放大电路；16. 数字存储示波器

6.4.3 液面初始扰动和液柱内的压缩波

王晓亮[85,95]在内径为 34 mm、外径为 44 mm 的有机玻璃圆管里，测量了在激波冲击下 250 mm 长的水柱内的压力，见图 6.44。图中的压力传感器 CH1 和 CH2 分别位于水面上方和下方 83 mm。CH1 压力信号中的第一个台阶是由入射激波引起的，第二个台阶是由从气/液界面界面上反射回来的激波引起的。从 CH1 出现压力响应到 CH2 出现压力响应的时间间隔，正好等于式 (6.44)计算出的时间。CH2 测出了水柱的受压时间为 0.5 ms，并且在这个时间里出现了 3 个压力峰值。之后，水中的压力被卸载，水柱开始向下运动。经过简单的计算，可以证明这 3 个压力峰值是由压缩波在水柱内反射的结果。CH2 距上部自由面和下部聚四氟乙烯圆盘的距离分别为 $L_1 = 83$ mm 和 $L_2 = 167$ mm；根据 6.3.3.3 小节，取水中压缩波的波速 $C = 1\,436$ m/s。当激波透射压缩波到达 CH2(此时出现第 1 个峰值)所在位置之后，压缩波继续下行至水柱底部，被反射回来向上运动至自由面，再被反射回来到达水柱底部之后重返 CH2 所在位置。压缩波往返水柱上下段所需时间分别为 $\Delta t_1 = 2L_1/C =$ $0.115\ \mathrm{ms}, \Delta t_2 = 2L_2/C = 0.232\ \mathrm{ms}$。压缩波在水柱中经历的时间应该是 $\Delta t = \Delta t_1 + 2\Delta t_2 = 0.579\ \mathrm{ms}$，这个值基本接近实测值。

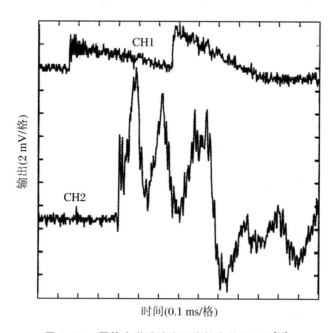

图 6.44　圆管中激波冲击下水柱内的压力波[95]

激波冲击气/液界面之后，反射激波向上运动，遇到氢气/空气接触面（contact surface）后，成为膨胀波重返气液界面。这个过程所需时间为[96]

$$\Delta \tau' = \kappa\ \frac{x_1}{W_\mathrm{S}}\ \frac{W_\mathrm{S} - u_2}{W_\mathrm{R} + u_2} \tag{6.47}$$

式中 $\kappa = 2 \sim 3$，W_S 和 W_R 是入射激波和反射激波的速度，由 6.3.3.3 小节可知。它们分别等于 $443\ \mathrm{m/s}$ 和 $353\ \mathrm{m/s}$。x_1 是从激波发生的位置（高、低压段之间的铝膜）到液面的距离，这里 $x_1 = 500\ \mathrm{mm}$。u_2 是入射激波后的气流速度，根据激波管理论[96]可算出 $u_2 = 145.24\ \mathrm{m/s}$。最后算出 $\Delta \tau' = 1.349 \sim 2.024\ \mathrm{ms}$。

对液面的实验观察表明，在激波冲击液面 2 ms 之后，液面上才出现扰动[95]。如果气液介质之间还有一层铝膜（见 6.3.3.1 小节中的图 6.36），那么液面上的扰动会延迟 6 ms 后才出现。因此，在平面的气/液界面上的初始扰动，既不是由于入射激波的冲击造成的，也不是由于压缩波在液柱内的多次反射造成的，而是由于气体中的膨胀波到达界面后引起的。

6.4.4　矩形气/液界面上的尖钉、气泡和混合区宽度的演化

卓启威[86,97-99]在激波管中首次实现了矩形气/液界面上的 RM 不稳定现象,并定量地测量了尖钉、气泡和混合区宽度随时间的变化关系。尖钉和气泡

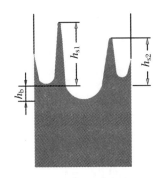

图 6.45　尖钉和气泡高度的定义

高度的定义示于图 6.45 中,根据自由面曲面变化的拐点,以及根据界面的位移叠加前后两幅照片,可以确定尖钉和气泡[86,87]。如果出现多个尖钉和气泡,就分别测量每个尖钉和气泡,然后取平均值:

$$h_s = \frac{1}{m}\sum_{q=1}^{m} h_{sq}, \quad h_b = \frac{1}{n}\sum_{q=1}^{n} h_{bq} \quad (6.48)$$

图 6.46～6.48 给出了当激波马赫数分别为 1.36、1.50 和 1.58 时的空气/水界面上 RM 不稳定性的 CCD 照片。因为观察窗的

长度是给定的(250 mm),所以随着马赫数的增加,可捕获的照片数量在减少(如果摄影速率一定)。有趣的现象是,矩形气/液界面上的 RM 不稳定性是以多模态的形式出现的,即出现了不同高度的尖钉和气泡。而且根据图 6.46(g)和图 6.46(h)、图 6.47(e)和图 6.47(f)、图 6.48(d)和图 6.48(e),可知在后期阶段出现了三维的不稳定性。在用几乎相同尺寸的圆形激波管的实验中[64,95],没有发现这些现象。这应该归因于矩形截面的 4 个边角(包括在那里的气-液-固三相接触角),引起了多模态的初始扰动。数学上,不稳定性发生的概率被分

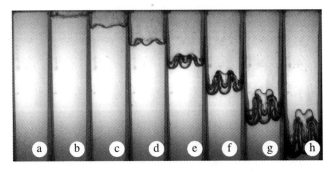

图 6.46　激波马赫数为 1.36 时的气/水界面上的 RM 不稳定性照片

(氦气驱动,每张照片 10 ms)

布在矩形界面上,而圆形界面上则集中在圆心。这是为什么圆形气/液界面上
的不稳定性总是从圆心处开始发生。

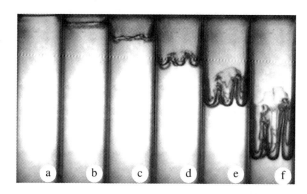

图 6.47　激波马赫数为 1.50 时的气/水界面上的 RM 不稳定性照片

(氦气驱动,每张照片 10 ms)

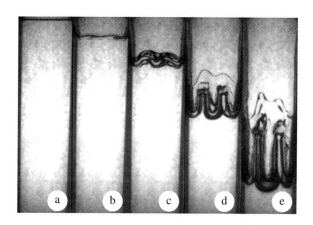

图 6.48　激波马赫数为 1.58 时的气/水界面上的 RM 不稳定性照片

(氦气驱动。每张照片 10 ms)

图 6.49 给出了测得的尖钉和气泡的平均高度与时间的关系。显然,随着激
波马赫数 M_s 的增加,尖钉和气泡高度的增长速率在增加,例如,在 40 ms 的时刻,
当 $M_s = 1.58$, h_s 约为 25 mm;而当 M_s 分别为 1.50 和 1.36 时, h_s 为 11 mm 和
6 mm。Alon 等人[101]和 Zhou[102]用幂函数形式表示尖钉和气泡的高度:

$$h_s = \alpha'_s t^{\theta_s}, \quad h_b = \alpha'_b t^{\theta_b} \tag{6.49}$$

并提出当 Atwood 数 $A \rightarrow 1$ 时,增长率 $\theta_s = 1$、$\theta_b = 0.4$。图 6.49 的实验结果给出
$\theta_s = 1$ 和 $\theta_b = 0.54$,基本与 Alon 等人的预测值一致,只是测得的气泡的增长率略高
一些。对应于马赫数,3 组实验中界面速度分别为 1.6 m/s、2.4 m/s 和 3.1 m/s。

当激波马赫数增加到 1.7,气/液界面很快由 RM 不稳定性转入湍流混合[100],见图 6.50。剧烈的气液混合,会拉断尖钉并使其破碎[97]。图 6.51(a)和

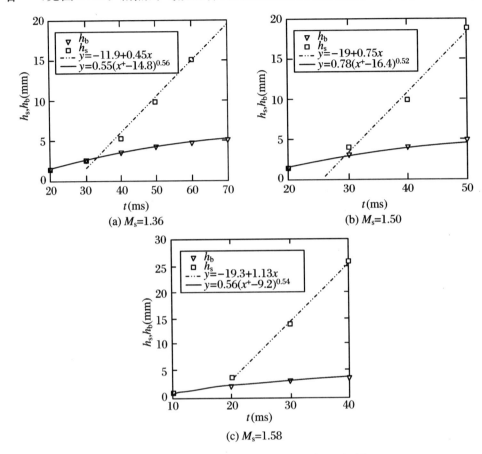

图 6.49　不同激波马赫数下的尖钉和气泡的增长

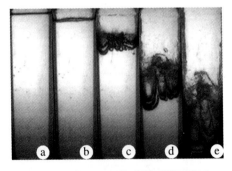

图 6.50　从 RM 不稳定性到湍流混合

(Exp5,氦气驱动,$M_s = 1.70$;每张照片 10 ms)

6.51(b)分别给出了界面位置和混合区宽度随时间的发展,两者都呈线性规律;因此可以认为混合区宽度的发展,满足式(6.46)。在两个 $M_s = 1.70$ 的实验中,界面位置的移动速度分别为 3.5 m/s 和 3.6 m/s,而混合区的运动速度分别为 1.9 m/s 和 2.1 m/s。在图 6.50(c)中,气/液界面上大约有 6 个气泡,但是在图 6.50(d)中,气泡尺寸增大而数量减少。这就是所谓的气泡竞争或气泡吞并现象[103]。卓启威[86,97,98]已经研究了不同形态的气泡吞并。

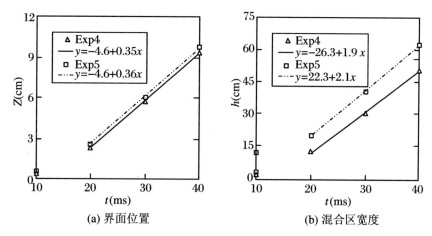

图 6.51 界面位置和混合区宽度随时间的演化($M_s = 1.70$)

6.4.5　矩形气/液界面上的多模态和单模态不稳定性

在卓启威工作的基础上,张嘎[87,104]将激波管高压段的长度从 200 mm 增加到了 500 mm,并用 FASTCAM 摄影机在 500 fps 和 1 000 fps 摄影速率下,拍摄了空气/水界面上的 RM 不稳定现象。

图 6.52 示出了空气/水界面上 RM 不稳定性的高速摄影照片,冲击激波马赫数为 1.20,水柱高度为 180 mm,相邻两幅照片之间的时间间隔为 2 ms。界面从图 6.52(a)开始运动。在图 6.52(a)~(e)中,界面向下加速。在图 6.52(f)中,已可以看到界面明显变形。在图 6.52(g)中,RM 不稳定性已发展到整个界面上,出现了不同高度的尖钉和气泡,即多模态不稳定性。在图 6.52(k)~(n)中,可见尖钉被雾化的痕迹,这说明 Kelvin-Helmholtz(KH)不稳定性起了作用,而且尖钉和气泡出现断裂。

图 6.53 示出了马赫数为 1.50 时的高速摄影照片。在这个工况里,明

显是单模态不稳定性在发展，这说明在矩形气/液界面上也可以出现单模态不稳定性。尖钉在图 6.53(d)～(f)中形成，然后一直发展到结束。图 6.54 示出了马赫数为 1.70 时的高速摄影照片。当一个强激波冲击界面时，出现了两个交织在一起的不同过程。第一个是 RM 不稳定性，如图 6.54(a)～(f)所示的单个尖钉的发展，以及如图 6.54(g)～(i)中所示的 3 个气泡的发展。这种不稳定性可被定义为拟单模态不稳定性。再检查图 6.50，发现氢气驱动的马赫数为 1.70 时的不稳定性，并不是完全的多模态，而更接近于拟单模态。

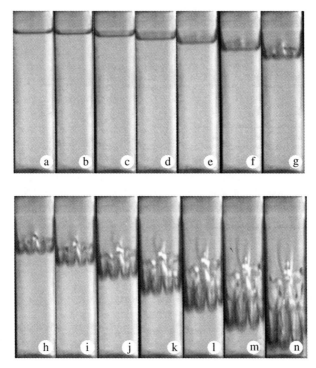

图 6.52　空气/水界面上 RM 不稳定性的高速摄影照片

(氢气驱动, $M_s = 1.20$；每张照片 2 ms)

图 6.55(a)和图 6.55(b)分别给出了从图 6.52～6.54 测得的界面位移 Z 和混合区宽度 h 随时间的变化关系，可以看出两者都呈线性变化。图 6.55(c) 比较了用激光测速法测量的界面的移动速度和高速摄影的结果，两个方法测得的界面速度随马赫数的变化趋势是一致的。

在式(6.45)中，gt^2 项等于 2 倍的界面位移 Z；而式(6.46)中，界面增速 ΔV 乘以时间 t，也正好等于界面位移 Z。式(6.45)和式(6.46)应该能被

改写为

$$h_i = 2\alpha_i AZ \tag{6.50}$$

因为气/液界面上的 Atwood 数 $A \to 1$，h_b、h_s 和 Z 由测量得到，所以从上式可计算出系数 α_b 和 α_s。根据图 6.52 所示的实验结果，我们有 $\alpha_b = 0.052$，$\alpha_s = 0.13$，$\alpha_s/\alpha_b - 2.5$。文献[64]给出了气/液界面上 RT 不稳定性的测量结果：$\alpha_b = 0.0475$，$\alpha_s = 0.126$，$\alpha_s/\alpha_b = 2.65$。这些结果与 Alon 等人[101]预测的 $\alpha_b = 0.05$ 和 $\alpha_s/\alpha_b = 3$ 十分吻合。Mikaelian[89]认为在计算 RM 不稳定性混合层增长率时，可使用从 RT 不稳定性实验得出的系数 α_i，原因正在于此。

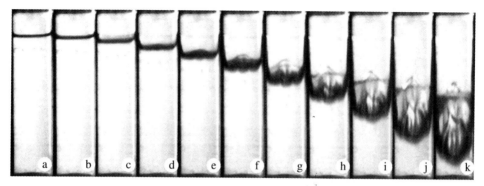

图 6.53 空气/水界面上 RM 不稳定性的高速摄影照片

（氮气驱动，$M_s = 1.50$；每张照片 2 ms）

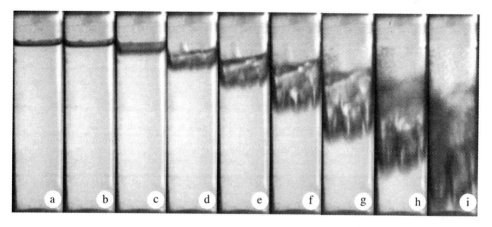

图 6.54 空气/水界面上 RM 不稳定性的高速摄影照片

（氮气驱动，$M_s = 1.70$；每张照片 2 ms）

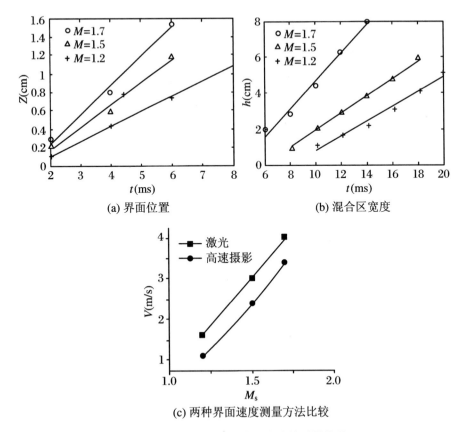

(a) 界面位置   (b) 混合区宽度

(c) 两种界面速度测量方法比较

图 6.55 界面位移和混合区宽度的测量结果

6.4.6 多层流体界面上的 RM 不稳定性

杜凯[88,105,106]在水柱上铺了一层硅油层,构造了气-液-液双层流体界面,实现了 Atwood 数从 1 到 0 的变化,拓展了实验范围。他研究了空气-硅油-水界面在氦气和氮气驱动的激波的冲击下,激波马赫数从 1.20 到 2.25 的 RM 不稳定性的发展过程,并详细测量了不稳定性相关的各参数。

图 6.56 给出了氮气驱动的、激波马赫数为 1.20 的空气-硅油-水三相界面上的 RM 不稳定性的高速摄影照片。从照片中可以清楚观察到流体界面从小扰动阶段,到界面变形,再到产生尖钉,气泡,各个阶段界面所产生的变化。在图 6.56(1)~(9)中,界面受激波作用开始向下加速,并逐渐压缩变窄。从图 6.56(10)开始,空气-硅油界面出现扭曲变形,但硅油-水界面依然维持着原先

比较平整的状态。到图 6.56(19)，硅油-水界面也开始扭曲变形，并先于空气-
硅油界面出现了气泡结构，如图 6.56(26)所示；空气-硅油界面上的气泡首先出
现在了图 6.56(30)。不同波长气泡之间没有出现相互吞并的情况，原因是：
① 同一界面上的气泡数量较少，只有两个，因此气泡之间有着一定的距离。
② 两气泡的增长速度也较接近，不会出现大者愈大，小者愈小的情况。尖钉结
构只出现在空气-硅油界面，如图 6.56(34)所示，为单模态情况；其他激波马赫
数情况下的实验结果，都证实了单模态或拟单模态的尖钉结构。

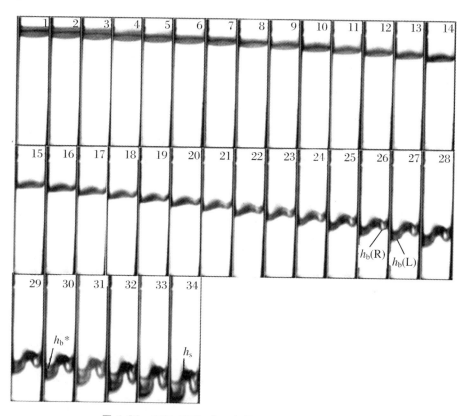

图 6.56　空气-硅油-水二相界面上的 RM 不稳定性

（氮气驱动，激波马赫数 $M_s = 1.20$；相邻两幅照片之间的时间为 1 ms；水柱高度为 145 mm，

硅油层厚度为 9～10 mm）

图 6.56(26)和图 6.56(27)中的 $h_b(L)$ 和 $h_b(R)$ 分别表示硅油-水界面上
左侧和右侧的气泡深度，图 6.56(30)中的 h_b^* 表示空气-硅油界面上的气泡深
度；而图 6.56(34)中的 h_s 表示空气-硅油界面上的尖钉高度。因为硅油和水的
不可压缩流体的性质，在不稳定性发展起来之后，变形的硅油层形状接近正弦

波,并保持相当长的时间(图 6.56(18)~(26))。这意味着尖钉高度和气泡高度基本相同,而且空气/硅油界面上的尖钉高度 h_s 与硅油/水界面上的尖钉高度 h_s^* 基本相同。我们通过一例计算来说明硅油层对 RM 不稳定的影响。取图 6.56(25) 为例,此时 $t = 25$ ms,空气/硅油界面上的尖钉高度 h_s 约为 5.7 mm,已测得界面的移动速度 $\Delta V = 3.5$ m/s,代入式(6.46),可算出 $\alpha_s = h_s/(2A\Delta Vt) = 0.0326$;因为 $h_s \approx h_b$,所以 $\alpha_b \approx 0.0326$,或 $\alpha_s/\alpha_b \approx 1$。在硅油/水界面上,无需计算就可知 $\alpha_s^* \approx 0.0326$ 以及 $\alpha_s^*/\alpha_b^* \approx 1$。硅油/水界面的 Atwood 数 $A \to 0$,因此无法使用式(6.46)或式(6.50)计算系数 α_i,因为出现了数学上的奇异性[105],而我们从物理上得出了 α_i。从图 6.56(27) 到图 6.56(34),尖钉已凸出,KH 不稳定性开始起作用,使得油层从中间向两边流动,此时上述结论就不再成立。

与空气/水界面相比较(见 6.4.5 小节),可知空气/硅油界面的 α_s 比空气/水界面的 α_s 要小很多。这是因为硅油是较高黏度的流体,高黏度流体会抑制界面不稳定性的发展,并使 RM 不稳定性后期的湍流混合现象无法或者推迟产生。我们在下一小节里继续讨论这个问题。

6.4.7 圆形气/液界面上的 RM 不稳定性

在前面已经谈过,在 34 mm 内径的圆管中,气/液界面上总是出现单模态 RM 不稳定性[64,85,95]。液柱获得的加速度,可由 Jacobs 和 Catton[93] 已介绍的公式算出 $g = PA/M - g_0$,其中 P 是压差,A 是管的截面积,M 是液体质量,g_0 是重力加速度。可以算出(忽略 g_0)进行 RT 实验时,如果 $P = 0.25$ MPa,则 $g = 1\,000$ m/s²。根据 6.3.3.3 小节的实验数据可知,当高压室的隔膜破开压力为 0.25 MPa 时,产生的入射激波马赫数为 1.29,从气/液界面上反射回来的激波马赫数为 1.03;由此可算出反射激波后的压力,也就是液柱上下的压差 $P = 0.086$ MPa,所以 $g = 344$ m/s²。

图 6.57 和图 6.58 分别给出了空气/丙酮、空气/甘油界面 RM 不稳定性的高速摄影照片。丙酮的密度、表面张力、黏度为 $\rho_2 = 0.73$ g/cm³,$\sigma_2 = 23.9$ mN/m,$\mu_2 = 0.84$ mPa·s;甘油的密度、表面张力、黏度为 $\rho_2 = 1.18$ g/cm³,$\sigma_2 = 63.4$ mN/m,$\mu_2 = 22.5$ mPa·s。与水的物性的明显不同之处在于,丙酮的表面张力只有水的三分之一,甘油的黏度是水的黏度的 20 倍以上。与 RT 不稳

定性实验比较后发现,当发生 RM 不稳定性时,轻流体先混入重流体中。从图
6.57 可以看出,在 2 ms 时刻(图 6.57(b)),气泡已经出现,而尖钉要等到 8 ms
时刻(图 6.57(e))才出现。根据从图 6.57(a)到图 6.57(f)界面的移动距离和
时间,得出丙酮液柱实际获得的加速度是 $g' \approx 509$ m/s^2,大于原来计算的加速
度 $g = 344$ m/s^2。同样,得出甘油液柱实际获得的加速度是 $g' \approx 360$ m/s^2;而从
文献[95]的实验结果可以算出,在相同条件下水柱实际获得的加速度是 $g' \approx$
579 m/s^2。因此得知,甘油的黏度增加了甘油与管壁之间的摩擦力,使得加速
度减少。不仅如此,黏度的增加还使得空气/甘油混合区宽度大幅度减少,气泡
的前缘基本上始终保持球形;而尖钉的发展受到周围的流体以及壁面的拖拉,
拉出了薄膜状的液体(图 6.58)。另一方面,图 6.57 中所示的丙酮尖钉的头部
形成了一个较大直径的圆盘直径(图 6.57(i)),而且头部有被雾化的迹象(图
6.57(n)~(p))。这些现象与丙酮的低表面张力有关。

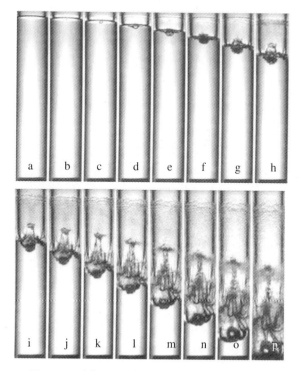

图 6.57　空气/丙酮界面上的 RM 不稳定性现象

(液柱自上而下运动,每两幅照片间的时间间隔为 2 ms;氦气驱动,$p_4 = 0.25$ MPa)

图 6.59 和图 6.60 分别给出了测得空气/丙酮、空气/甘油混合区间宽度与

时间的关系。在空气/丙酮的情况下,气泡的深度 h_b 随着时间增加基本程线性增长(图 6.59 中曲线 1),这与 Alon 等人预测的 $\theta_b = 0.4$ 的结果不吻合。他们还预测出当 Atwood 数等于 1 时,尖钉的高度 h_s 呈线性增长。但是图 6.59 的曲线 2 却显示,当 $t > 20$ ms 时,h_s 才呈线性增长;当 $t < 20$ ms 时,$h_s \propto t^{2.323}$。在甘油的情况下,图 6.60 的曲线 1 显示,当 $t < 18$ ms 时,$h_b \propto t^{1.227}$;当 $t > 18$ ms 时,$h_b \propto t$。图 6.60 的曲线 2 显示,当 $t < 20$ ms 时,$h_b \propto t^{2.269}$;当 $t > 20$ ms 时,$h_b \propto t$。

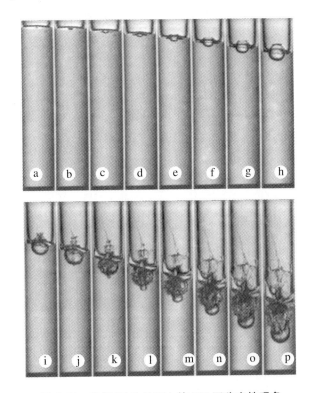

图 6.58 空气/甘油界面上的 RM 不稳定性现象

(液柱自上而下运动,每两幅照片间的时间间隔为 2 ms;氮气驱动,$p_4 = 0.25$ MPa)

1994 年,王继海[107] 曾经指出,已有的 RT 和 RM 不稳定性的增长率 θ_i 和增长系数 α_i 的实验数据比较分散,还没有定论。在 RT 不稳定的初期,扰动是呈指数规律增长的,到了稍后的非线性阶段,才可用式(6.45)。在 RM 不稳定性的初期,扰动如式(6.46)所示的冲击模型表示的、呈线性规律增长,这个阶段的流动是各向异性的;而式(6.49)的幂函数关系,来自各向同性的湍流模型。RM 不稳定性的本质,是属于冲击机理还是湍流机理,到现在为止在理论上尚未明确。上面介绍的气/液界面上的 RM 不稳定性,在实验范围内,即使进入了湍流混合阶段,但还远没有达到各向同性。湍流理论的发展已相对成熟,因为它基于海量的实验数据[108-110]。从这个意义上讲,RM 不稳定性的研究还有许多工作要做。

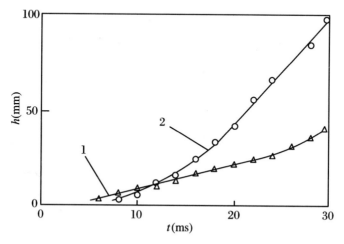

图 6.59　空气/丙酮混合区间宽度与时间的关系

1. 气泡深度 h_b;2. 尖钉高度 h_s

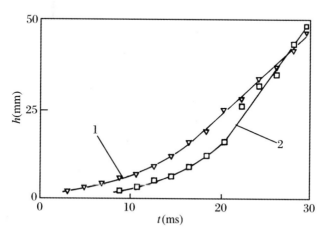

图 6.60　空气/甘油混合区间宽度与时间的关系

(1. 气泡深度 h_b;2. 尖钉高度 h_s)

6.5 激波与液滴、液柱和液幕(水帘)的相互作用

6.5.1 引言

激波与液体(包括液滴、液柱和液幕)的相互作用,既是一个多相流体力学问题,也是一个空气动力学问题。该问题常见于激波抛洒、超燃发动机中燃料的雾化、超声速液体射流等重要的技术领域。早在 20 世纪 50 年代,Lane[111]与 Engel[112]就研究了激波与液滴的相互作用现象,他们设计了多种巧妙的实验装置并进行了实验研究,然后对液滴的破碎变形机理进行了解释;Wierzba 和 Takayama[113]也进行了实验研究,提出了液滴在激波作用后进行剥落破碎的 4 个阶段;Hsiang 和 Faeth[114,115]在大量的实验研究和对比前人成果的基础上,以 Weber(We)数和 Ohnesorge(Oh)数为衡量标准,认为液滴会依次出现无变形、无振荡变形、振荡变形、袋式破碎、混合破碎、剪切破碎及突发破碎模式。1999 年,Igra 和 Takayama[116]为了进一步解释激波诱导液滴的变形过程,他们在尺寸为 4 mm×150 mm 的激波管中进行了激波与直径为 1.48 mm、高度为 4 mm 的液柱相互作用的实验研究,利用全息干涉仪拍摄了液柱变形以及细小的液滴从液柱上脱落的过程。随后,Igra 和 Takayama[117]用基于欧拉方程及 CIP 方法对该问题进行了数值计算,气相中的计算结果与实验很好地吻合,但液相密度的变化与实验结果有所差异。潘建平与杨基明等[118]对激波诱导气流与液幕、液柱的相互作用进行了实验研究,观察了液柱在激波经过后的抛洒与破碎现象,认为与液幕实验相比,液柱的破碎过程具有更好的对称性。2008 年,Chen 和 Liang[119]对激波与液柱的相互作用进行了数值计算,其中比较了单液柱的计算结果与文献[116]的实验结果;他们还计算了水平及竖直排放的双液柱模型,结果表明激波在与双排液柱的相互作用中,会出现多次的折射与衍射情况,致使流场中出现较为复杂的压力分布。

到目前为止,已经有了不少激波和液滴相互作用的实验数据,而液柱和液幕的实验数据较少,这与后者的实验难度有关[117]。正如在 6.4 节里讨论的,气/液

界面上的 RM 不稳定性,是在激波冲击下液体最终破碎雾化的起因,因此有必要系统地重新考察激波与液滴、液柱和液幕(水帘)相互作用的过程[118,119]。

6.5.2　实验装置与方法

实验在如图 6.61 所示的水平激波管中进行,整个实验装置长约为 12 m。高压气瓶 1、圆形高压段 2、圆形低压段 3 及方形低压段 4 组成激波发生装置,实验段 6 通过法兰与方形低压段 4 及真空箱 7 连接,用于测量激波马赫数的两个压力传感器 5 安装在方形低压段 4 上。图 6.62 为实验段示意图[120],长为 500 mm 的实验段内截面尺寸为 120 mm×120 mm,在实验段的前后侧板装有透明的有机玻璃板,上下板上开有对称的两个方孔,试件板 3 上开有上部为螺纹孔下部为通孔的结构,用于安装液滴接头 1,加长的不锈钢针头 2 装入接头内组成液滴试件,试件板 3 和排水下板 4 均使用螺钉固定。高速摄影仪放置在实验段的侧面,实验中选择拍摄频率为 4 000 帧/秒即相邻两张实验照片的时间间隔为 0.25 ms。实验步骤如下:① 在高压段与圆形低压段之间安装一定厚度的铝膜;② 连接液滴接头与水管;③ 调节水管阀门开度,形成稳定、尺寸一致的液滴;④ 打开高速摄影系统并调节光源强度;⑤ 打开激波测量系统;⑥ 向高压段内充入气体使铝膜破裂产生运动激波;⑦ 记录激波与液滴相互作用的过程并保存数据;⑧ 打开试件板清理实验段内的液体。更换图 6.62 中的试件板 3,就可得到单排和双排的液滴、液柱和液幕。

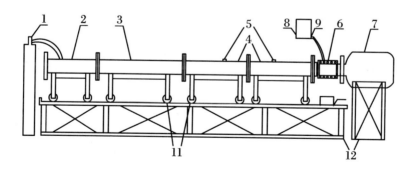

图 6.61　在激波管中研究激波与液滴、液柱和液柱相互作用的实验装置示意图

1. 高压气瓶,2. 高压段,3. 圆形低压段,4. 方形低压段,5. 压力传感器,6. 实验段,
7. 真空箱,8. 水箱,9. 进水阀门,10. 集水容器,11. 小车,12. 支架

表 6.2 示出了液滴实验参数,其中 *We* 数和 *Oh* 数具体计算公式如下:

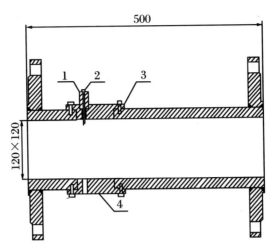

图 6.62 产生液滴、液柱和液幕的实验段截面图

1. 液滴接头,2. 不锈钢针头,3. 试件板,4. 排水下板

$$We = \frac{\rho_a V_a^2 d_0}{\sigma_w} \tag{6.51}$$

表 6.2 液滴实验参数表

实验编号	液滴直径 d_0(mm)	激波马赫数 M_s	波后气流速度 u_2(m/s)	We	Oh
1	1.64	1.10	56.23	94.48	0.002 9
2	2.16	1.10	56.23	124.44	0.002 6
3	2.46	1.10	56.23	141.72	0.002 4
4	1.68	1.25	130.18	518.75	0.002 9
5	2.51	1.25	130.18	775.03	0.002 4
6	2.83	1.25	130.18	873.84	0.002 2

$$Oh = \frac{\mu_w}{\sqrt{\rho_w d_0 \sigma_w}} \tag{6.52}$$

式中,空气密度 $\rho_a = 1.29$ kg/m^3,V_a 为波后气流速度;水的密度 $\rho_w = 997$ kg/m^3,其表面张力 $\sigma_w = 70.8 \times 10^{-3}$ N/m,动力黏度 $\mu_w = 1 \times 10^{-3}$ Pa·s,d_0 为液滴的初始直径。实验室温为 27 ℃,声速 $a = 347$ m/s。按照文献[114]的关于液滴破碎机制的划分,实验 1、实验 2、实验 3 属于剪切破碎模式,实验 4、实验 5、实验 6 属于突发破碎模式。表 6.3 示出了液柱实验参数。我们将只介绍单排液柱的实验结果,双排液柱的实验结果可见文献[121]。

表 6.3　液柱实验参数表

实验编号	实验类型	液柱直径 d_0(mm)	激波马赫数 M_s	波后气流速度 u_2(m/s)
1	单排液柱	2.76	1.1	56.23
2	单排液柱	4.14	1.1	56.23
3	单排液柱	2.76	1.25	130.18
4	单排液柱	4.14	1.25	130.18
5	双排液柱	3.38	1.1	56.23
6	双排液柱	4.01	1.1	56.23
7	双排液柱	3.38	1.25	130.18
8	双排液柱	4.01	1.25	130.18

在激波与液滴相互作用的实验中，液滴初始状态如图 6.63(a)所示，液滴的初始直径及其到左边线的距离分别记为 d_0、s_0。在激波自左向右作用之后，液滴加速向右运动，并逐渐变形破碎，通过测量液滴的位移 s、横向直径 d_1 及纵向直径 d_a，可以对液滴的运动和变形进行定量分析。

在激波与液柱相互作用的实验中，液柱的初始状态如图 6.64(a)所示，液柱的初始直径及其到左边线的距离同样记为 d_0、s_0。激波作用之后，液柱加速向右运动，由于液柱的弯曲变形，以及其表面出现了细小液滴的飞溅与雾化，因此液柱位移 s 及纵向直径 d_a 采用了多处测量取平均值的方法得到；另外实验中由于 RM 不稳定性的存在，气/液界面上出现了如图 6.64(c)所示的尖钉与

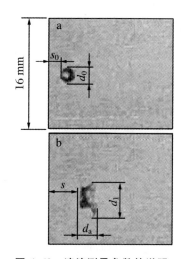

图 6.63　液滴测量参数的说明

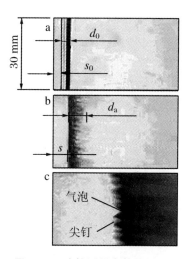

图 6.64　液柱测量参数的说明

气泡结构,这些结构逐渐形成、发展,最后相互融合吞并,在激波马赫数为 1.25 的实验中,这些结构的形成、发展会更加剧烈。肖毅[121]已经测量了各工况下的尖钉高度 h_s 和气泡高度 h_b,并对 RM 不稳定的发展进行了分析。

6.5.3 实验结果与分析

6.5.3.1 激波与液滴的相互作用

图 6.65 所示的是直径为 1.64 mm 的液滴在马赫数为 1.10 的激波作用下的运动变形照片。从图 6.65(1)至图 6.65(3),液滴首先在激波带来的压差的作用下,变形为一个薄圆盘,横向直径增大,轴向直径降低至最小值;从图 6.65(4)至图 6.65(8),薄圆盘逐渐扩展,更细小的液滴从上下两端不断脱落,原始的球形液滴演化成了云团状,并继续在横向和轴向扩张;在高速气流作用的后

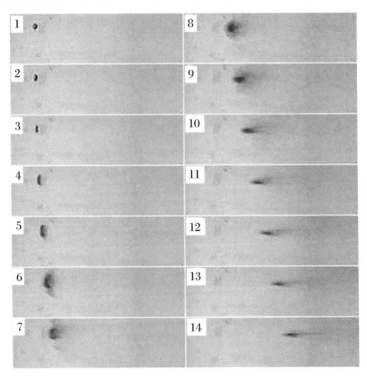

图 6.65 实验 1 的高速摄影照片

(激波马赫数 $M_s = 1.10$,液滴初始直径 $d_0 = 1.64$ mm,相邻两张照片时间间隔为 0.25 ms)

期阶段,由于云团上下两端及尾部的雾化和蒸发不断深入,云团横向的尺寸开始减小,逐渐发展成细条状结构,并与空气融为一体。

图 6.66 所示的是直径为 2.16 mm 的液滴在马赫数为 1.10 的激波作用下的运动变形照片。如图 6.66(1)至图 6.66(7)所示,尺寸更大的液滴会经历更长的压缩过程;如图 6.66(8)至图 6.66(11)所示,细小的液滴首先从圆盘的上下两端开始脱落分离,圆盘下游的尾迹出现了交替的左右摆动,原始的液滴变形成了云团状结构;从图 6.66(12)开始,在云团的上游出现了一个尖钉结构;从图 6.66(13)至图 6.66(16),云团以上述尖钉为中心脱落雾化,初始的尖钉结

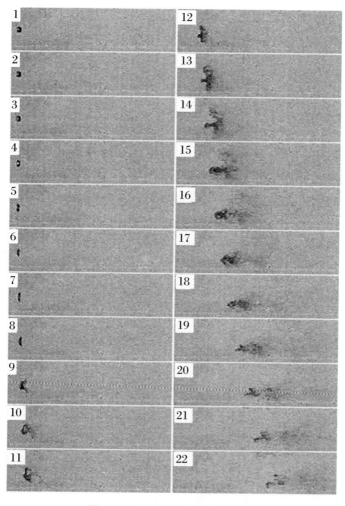

图 6.66　实验 2 的高速摄影照片

(激波马赫数 $M_s = 1.10$,液滴初始直径 $d_0 = 2.16$ mm,相邻两张照片时间间隔为 0.25 ms)

构变形成了圆顶状;在高速气流作用的后期,云团开始剧烈雾化,其横向尺寸开始减小,直至完全雾化。实验中液滴的变形破碎过程与文献[113,123]的实验结果比较相似,但图 6.66 中的尖钉状结构在文献[113,123]中并没有出现,这可能与液滴的初始形状并非绝对球形在重力作用下会有一定变形有关。

图 6.67 所示的是直径为 2.46 mm 的液滴在马赫数为 1.10 的激波作用下的运动变形照片。如图 6.67(1) 至图 6.67(8) 所示,尺寸稍大的液滴经历了与图 6.66 相近的压缩过程,但是实验中液滴的发展受重力影响更加明显,使得图 6.67(8) 中薄圆盘出现了一定角度的倾斜;从图 6.67(9) 至图 6.67(11) 中可以发现,云团上下两端的破碎雾化是不平衡的,下端首先出现了脱落雾化;从图 6.67(12) 至图 6.67(16),类似于图 6.66 中的尖钉结构并没有出现,云团在轴

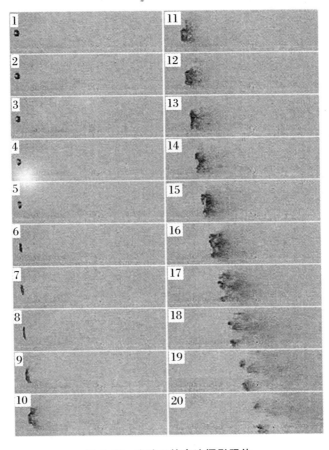

图 6.67　实验 3 的高速摄影照片

(激波马赫数 $M_s = 1.10$,液滴初始直径 $d_0 = 2.46$ mm,相邻两张照片时间间隔为 0.25 ms)

向的扩展逐渐主导地位,尾部的雾化更加剧烈;图 6.67(17)至图 6.67(20)出现了与图 6.65 和图 6.66 不同的发展模式,云团分裂成了大小各异的几个部分,然后各自继续发展,直至完全雾化,横向尺寸的下降没有被观察到。

当马赫数增加到 1.25,在激波的冲击下,液滴破碎和雾化的过程会更加剧烈,液滴在经历了很短暂的压缩后呈喷发状急剧破碎,之后很快完全雾化[122]。Ranger 和 Nicholls[124]、Kobiera 和 Szymczyk[125] 均进行了马赫数超过 2 的强激波实验,他们发现液滴的压缩变形和破碎雾化不再明显分开,压缩变形甚至不会出现。

图 6.68 所示的是 6 组实验中液滴运动的位移与时间关系曲线,x 为液滴(包括后期阶段云团)最左端离照片左边线的距离,所测得的数据减去第一张照片的初始距离即可获得图 6.68 的曲线中的数据点。在激波的作用下,液滴加速向右运动;如图 6.68(b)所示,相同的激波马赫数下,尺寸较小的液滴将获得更大的加速度;比较图 6.68(a)和图 6.68(b)可以发现,增加激波马赫数会增加液滴的加速度,这与文献[125]是一致的;比较图 6.68(a)中实验 2 和实验 3 的液滴位移曲线可以发现,实验 3 中尺寸稍大的液滴在初始阶段运动滞后于实验 2 中尺寸小的液滴,但从 2.5 ms 开始实验 3 中液滴的运动速度超过了实验 2,造成这种现象的原因是:实验 3 中液滴在激波作用后逐渐开始分散,并在后期阶段分离成了更小的几部分,而实验 2 中液滴在激波作用后以一个尖钉状结构为中心进行了脱落雾化,质量较实验 3 更加集中,因此速度相对而言会更小。

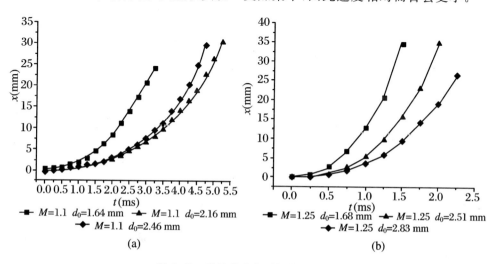

图 6.68　液滴位移与时间关系曲线

图 6.69 和图 6.70 所示分别为激波马赫数分别为 1.10 和 1.25 时,液滴(包括后期阶段的云团)横向直径随时间的变化关系,许多研究者均认为,随着液滴压缩变形,液滴的横向直径先增大至最大值,由于雾化的作用,该参数会逐渐减小至 0[112-114,123]。从图 6.69 和图 6.70 中,我们也得到了相似的规律,但文献[113,123]中所提出的线性变化过程与本文实验数据并不完全相同;在激波马赫数较大的实验中,液滴横向直径的增大会有一个突跃的过程,之后该参数变小的速度同样更大;在激波马赫数较小液滴直径为 2.46 mm 的实验中,由于液滴在发展的后期阶段分裂成了大小各异的几部分,所以横向直径典型的下降过程没有出现,当然分裂后的几部分同样会经历雾化的过程,它们也最终会完全雾化与周围环境相平衡。

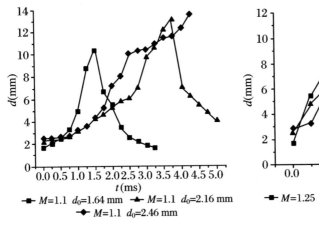

图 6.69　液滴横向直径变化图($M_s = 1.10$)　　图 6.70　液滴横向直径变化图($M_s = 1.25$)

6.5.3.2　激波与液柱的相互作用

图 6.71 所示的是直径为 2.76 mm 的单排液柱在马赫数为 1.10 的激波作用下的发展照片。如图 6.71(1)至图 6.71(4)所示,在激波经过之后,液柱向右运动并逐渐压缩变形;从图 6.71(5)开始,细小的液滴飞溅脱落,形成了细条形的尾迹;从图 6.71(7)开始,随着液柱的弯曲变形和不断雾化,液柱开始整体扩展,迎风一侧的气/液界面失稳,出现了 RM 不稳定中的尖钉和气泡结构,如图6.71(11)至图 6.71(18)所示,这些结构在发展过程中同样也是不稳定的,在不断相互吞并之后,逐渐解裂雾化。与上文中液滴实验相对比,液柱在激波作用之后同样经历了从压缩变形到脱落雾化的过程,整个过程与描述液滴情况的剪

切破碎模式类似。

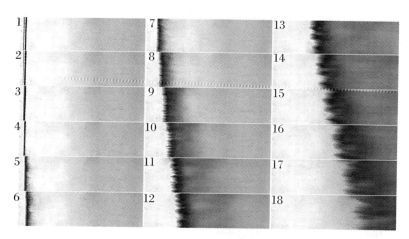

图 6.71　实验 1 单排液柱实验高速摄影照片

（激波马赫数 $M_s = 1.10$，液柱初始直径 $d_0 = 2.76$ mm，相邻两张照片时间间隔为 0.25 ms）

图 6.72 所示的是直径为 4.14 mm 的单排液柱在马赫数为 1.10 的激波作用下的发展照片。如图 6.72(1) 至图 6.72(5) 所示，在激波经过之后，液柱向右运动并逐渐压缩变形，原始直径更大的液柱经历了更长的压缩过程；从图 6.72(6) 开始，液柱的背风一侧出现了细条形的尾迹；从图 6.72(8) 至图 6.72(12) 开始，液柱的迎风一侧出现了弯曲变形，但整个曲面较为光滑，尖钉和气泡结构没

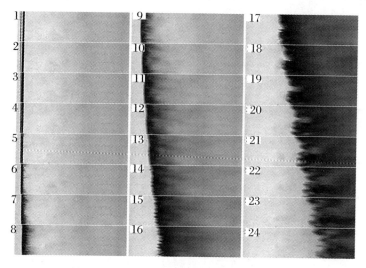

图 6.72　实验 2 单排液柱实验高速摄影照片

（激波马赫数 $M_s = 1.10$，液柱初始直径 $d_0 = 4.14$ mm，相邻两张照片时间间隔为 0.25 ms）

有立即形成,尺寸较大的液柱在激波作用之后表现出了更好的稳定性;从图 6.72(13) 至图 6.72(16) 开始,液柱迎风侧产生了尖钉和气泡结构,并且与图 6.71 相比,这些结构更加明显,发展中稳定性更好,相互吞并更加缓慢;从图 6.72(17) 至图 6.72(24),液柱的变形和雾化加剧,最后形成云团状结构。

图 6.73 所示的直径为 2.76 mm 的单排液柱在马赫数为 1.25 的激波作用下的发展照片。从图中可以明显观察到,激波马赫数的增加加剧了液柱的变化过程。如图 6.73(1) 至图 6.73(3) 所示,在较强的激波经过之后,液柱向右运动,在压缩变形的过程中,同时在背风一侧出现了脱落的尾迹,这些细小的液滴迅速向右侧运动;从图开始,细小的液滴飞溅脱落,形成了细条形的尾迹;如图 6.73(4) 至图 6.73(10) 所示,即使提高了激波马赫数,液柱也要经历弯曲变形和脱落雾化的过程,迎风侧的尖钉和气泡结构迅速形成但又很快瓦解。

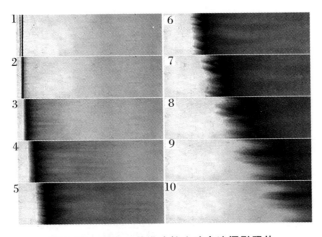

图 6.73　实验 3 单排液柱实验高速摄影照片

(激波马赫数 $M_s = 1.25$,液柱初始直径 $d_0 = 2.76$ mm,相邻两张照片时间间隔为 0.25 ms)

对液柱在激波作用下的运动位移以及液柱的变形进行了测量。如图 6.74 所示,液柱位移随时间呈现出了非线性增长关系,液柱在相互作用的过程中将获得一个稳定的加速度。在图中可以清楚地发现,当激波马赫数增加至 1.25 时,液柱的抛撒速度将显著增加,液柱获得了一个更大的加速度;而液柱的初始直径增加至 4.14 mm 时,液柱的加速度减小,运动会被延迟。液柱的纵向直径随时间的变化关系如图 6.75 所示。当激波马赫数为 1.25 时,由于液柱运动和变形非常剧烈,在该参数下所能获得的数据较少,因此没有对这些实验进行测量统计;由于雾化作用,液柱纵向直径在相互作用的后期阶段测量误差较大,因此只统计了前期阶段的数据。在图 6.75 中可以发现,随着液柱的不断压缩,其纵向直径将先逐渐减小至最小值,随着尾迹的不断脱落以及破碎变形加剧,液柱的纵向直径将不断增大,在经历了短暂的缓慢变化之后,与时间有呈线性增长的趋势。应当注意的是,这里的纵向直径相当于 RM 不稳定性中的混合区宽度(见 6.4 节)。

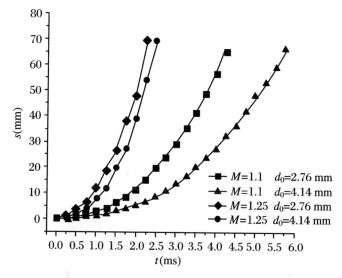

图 6.74 单排液柱位移与时间的关系曲线

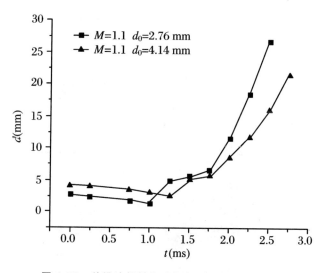

图 6.75 单排液柱轴向直径与时间的关系曲线

　　自美国洛斯阿拉莫斯国家实验室(Los Alamos National Laboratory)发明了用平面激波冲击 SF$_6$ 重气体圆柱的实验方法以来[126],该方法已被我国的科研人员采用[127]。他们都用片光源取与气体柱轴线相垂直的某个平面,研究该平面内的两种气体之间的混合。然而,通过我们的研究可知,在沿着流体(无论是液体还是气体)柱轴线方向上(也即上文中定义的横向方向上),也会发生RM 不稳定性。因此要注意三维流动的出现,及其对初期的失稳过程和后期的湍流混合的影响。对液柱失稳后的实验数据的分析表明,此时的尖钉高度和气泡深度随时间增长率比较接近[128]。

6.5.3.3　激波与液幕(水帘)的相互作用

　　在激波与液幕相互作用的实验中,液幕的形态并不稳定,由于受到表面张力和重力的作用,液幕在下落的过程中,表面产生随机的波动,并且出现了一定的收缩。图 6.76 所示的是初始厚度为 5.79 mm 的液幕在马赫数为1.10

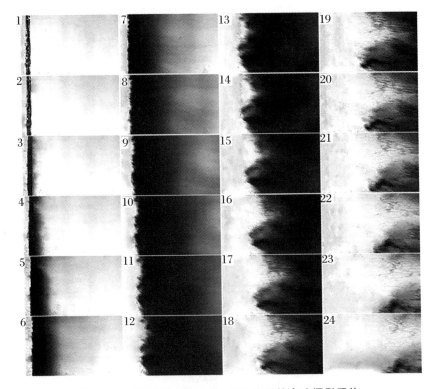

图 6.76　激波与液幕(水帘)相互作用的高速摄影照片

(激波马赫数为 1.10,液幕初始厚度为 5.79 mm,相邻两张照片时间间隔为 0.5 ms)

的激波作用下的运动变形照片。从图中可以发现,液幕的运动较为缓慢;由于表面上初始扰动的存在,相对于液滴、液柱实验,液幕的变形更加复杂,迎风面上各部分的运动变形的差异更加明显;在图 6.76(3)中,细小的液滴脱落形成尾迹,从而开始了液幕的雾化成云团过程,这一过程与液柱实验类似,但过程要更加缓慢;迎风面上尖钉、气泡结构逐渐生成,然后出现了相互吞并融合的现象。

参 考 文 献

[1] Troyanovski B M. Turbines for nuclear power stations[M]. Moskva:Energia,1973.(in Russian)

[2] 施红辉.湿蒸汽透平级动叶片水滴撞击破坏的理论与实验研究[D].西安:西安交通大学,1989.

[3] 施红辉,俞茂铮,蔡颐年.汽轮机低压级动叶片的水蚀机理及水蚀准则[J].热力发电,1990,(4):29-34.(或见:Shi H H,Yu M Z,Cai Y N.Criterion of erosion damage of the rotor blading in wet steam turbine[C]//Chen X J,Veziroglu T N,Tien C L.Multi-phase Flow and Heat Transfer,Vol.2.New York:Hemisphere Publ.Corp.,1991:1479-1486.)

[4] Fyall A A.Practical aspects of rain erosion of aircraft and missiles[J].Phil.Trans.Roy.Soc.London Ser.A,1966,260:161-167.

[5] Van der Zwaag S,Field J E.Rain erosion damage in brittle materials[J].Engineering Fracture Mechanics,1983,17(4):367-379.

[6] Kennedy C F,Field J E.Damage threshold velocities for liquid impact[J].J.Mater.Sci.,2000,35:5331-5339.

[7] 中国人民解放军总装备部军事训练教材编辑工作委员会.高超声速气动热和热防护[M].北京:国防工业出版社,2003.

[8] Saunders D. Jet cutting technology [M]. London:Elsevier Science Publishers LTD,1991.

[9] Momber A W.Energy transfer during the mixing of air and solid particles into a high-speed waterjet:an impact-force study[J].Experimental Thermal and Fluid Science,

2001,25:31-41.

[10] Summers D A. Water jetting technology[M]. New York:Chapman & Hall,1995.

[11] Wang J. A focused review on enhancing the abrasive waterjet cutting performance by using controlled nozzle oscillation[J]. Key Engineering Materials,2009,404:33-44.

[12] Hammitt F G. Cavitation and multiphase flow phenomena[M]. New York:McGraw-Hill,1980.

[13] 山崎卓尔. キャビテーション工学[M]. 东京:日刊工业新闻社,1978.

[14] Brennen C E. Hydrodynamics of pumps[M]. London:Concepts ETI,Inc. and Oxford University Press,1994.

[15] Maxwell A D,Xu Z. Inception of cavitation microbubble clouds in tissue-mimicking media during histotripsy[C]//Ohl C D,Klaseboer E,Ohl S W,et al. Proceedings of the 8th International Symp. on Cavitation（CAV 2012）,Paper No. 269. Singapore: National University of Singapore,2012:58-63.

[16] Cook S S. Erosion by water-hammer[J]. Proc. Roy. Soc. London Ser. A,1928,119: 481-488.

[17] DeHaller P. Unterschungen aber die durch kavitation hervogerufenen korrosionen [J]. Schwiez Bauzig,1933,101:243-253. (in German)

[18] Bowden F P,Brunton J H. The deformation of solids by liquid impact at supersonic speeds[J]. Proc. Roy. Soc. London Ser. A,1961,263:433-450.

[19] Heymann F J. On the shock wave velocity and impact pressure in high-speed liquid-solid impact[J]. Trans. ASME,J. Basic Eng. , 1968, 90(3):400-402.

[20] Huang Y C,Hammitt F G,Mitchell T M. Note on shock-wave velocity in high-speed liquid-solid impact[J]. J. Appl. Phys. ,1973,44:1868-1869.

[21] 施红辉,俞茂铮,蔡颐年. 高速液-固碰撞时固体弹性和液体可压缩性对撞击压力的影响[J]. 应用力学学报,1989,6(4):73-75. (或见:Shi H H,Yu M Z,Cai Y N. Investigation on the shock-wave velocity and impact pressure in high-speed impact on deformable media[C]//Veziroglu T N. Multiphase Transport and Particulate Phenomena, Vol. 1. New York:Hemisphere Publ. Corp. ,1990:563-570.)

[22] Bowden F P,Field J E. The brittle fracture of solids by liquid impact[J]. Proc. Roy. Soc. London Ser. A,1964,282:331-352.

[23] Heymann F J. High-speed impact between a liquid drop and a solid surface[J]. J. Appl. Phys. ,1969,40:5113-5112.

[24] Adler W F. The mechanics of liquid impact[M]. New York:Academic Press,1979: 127-184.

[25] Brunton J H, Rochester M C. Erosion of solid surfaces by the impact of liquid drop [M]. New York: Academic Press, 1979: 185-248.

[26] Lesser M B, Field J E. The impact of compressible liquids[J]. Ann. Rev. Fluid Mech. , 1983, 15: 97-122.

[27] 毛清儒, 施红辉, 俞茂铮, 等. 液滴撞击固体表面时的流体动力特性实验研究[J]. 力学与实践, 1995, 17(3): 52-54.

[28] Rochester M C, Brunton J H. Pressure distribution during drop impact[C]//Field J E. Proceedings of the 5th International Conference on Erosion by Liquid and Solid Impact, Paper 6. Cambridge, UK: Cavendish Laboratory, 1979.

[29] 施红辉, Field J E. 高速液体撞击下固体材料内的应力波传播[J]. 中国科学: 物理学 力学 天文学, 2004, 34(5): 577-590.

[30] Shi H H, Dear J P. Oblique high-speed liquid-solid impact[J]. JSME Int. J. Ser. I, 1992, 35(3): 285-295.

[31] Shi H H, Takayama K, Nagayasu N. The measurement of impact pressure and solid surface response in liquid-solid impact up to hypersonic range[J]. Wear, 1995, 186-187: 352-359.

[32] Shi H H, Takayama K. Generation of high-speed liquid jet by the impact of a projectile[J]. JSME Int. J. Ser. B, 1995, 38(2): 181-190.

[33] Johnson W, Vickers G W. Transient stress distribution caused by water jet impact[J]. J. Mech. Eng. Sci. , 1973, 15: 302-310.

[34] Перельман Р Г, Черноног К А. О ПРИЧИНАХ ЗАМЕДДЕНИЯ ТЕМПА ЗРОЗИОННОГО ИЗНОСА НА ПОСЛЕДНЕЙ СТАДИН КАПЛЕУДАРНОГО ВЗАИМОДЕЙСТВИЯ[J]. Изь. Вузоь-Энергетика, 1972, (5): 73-77.

[35] Harlow F H, Shannon J P. The splash of liquid drop collision on surface[J]. J Appl. Phys. , 1967, 38(10): 3855-3866.

[36] 李大鸣, 李晓瑜, 林毅. 液滴冲击自由液面的 SPH 数值模拟[J]. 中国科学: 技术科学, 2011, 41(8): 1055-1062.

[37] 施红辉, 俞茂铮, 蔡颐年. 湿表面上亚音速液滴的轴对称不稳定撞击机理[C]//中国水利学会、中国空气动力学研究会、中国力学学会、中国航空学会. 第三届全国流体弹性力学学术会议论文集, 98-103. 屯溪: 中国水利学会及安徽省水利科学研究所, 1990.

[38] Rschevkin S N. A course of lectures on the theory of sound[M]. London: Pergamon Press, 1963.

[39] Brunton J H. Written discussion[C]//Thiruvengadam A, Heymann F. Characterization and determination of erosion resistance, ASTM STP 474. Atlantic City, NJ,

USA:American Society for Testing Materials,1970:160-161.

[40] 施红辉,俞茂铮,蔡颐年.一个新的关于液滴与固体表面高速碰撞的力学模型[C]//多相流与传热论文集.北京:原子能出版社,1989:98-105.

[41] Shi H H,Field J E,Pickles C S J. High speed liquid impact onto wetted solid surfaces [J]. Trans. ASME,J. Fluid Eng. ,1994,116:345-348

[42] Fyall A A. Single impact studies with liquids and solids[C]//Fyall A A,King R B. Proceedings of the 2nd International Conference on Rain Erosion and Assoc. Farnborough,England:Royal Aircraft Establishment,1967:563-586.

[43] Gorham D A,Field J E. Anomalous behaviour of high velocity oblique liquid impact [J]. Wear,1977,41(2):213-222.

[44] Mattewson M J,Gorham D A. An investigation of the liquid impact properties of a GFRP radome material[J].J. Mater. Sci. ,1981,16(6):1616-1626.

[45] Lesser M B,Field J E. Geometric wave theory of liquid impact[C]//Field J E,Corney N S. Proceedings of the 6th International Conference on Erosion by Liquid and Solid Impact,Paper 17. Cambridge:Cambridge University,1983.

[46] Finnström M.Jet formation in liquid impact[D]. Sweden:Luleå University of Technology, 1984.

[47] Field J E,Lesser M B,Dear J P. Studies of two-dimensional liquid-wedge impact and their relevance to liquid-drop impact problems[J]. Proc. Roy. Soc. London Ser. A,1985,401:225-249.

[48] Liu J,Vu H,Yoon S S,et al. Splashing phenomena during liquid droplet impact[J]. Atomization and Spray,2010,20(4):297-310.

[49] Shi H H,Field J E,Pickles C S J. High-speed liquid impact onto solid targets with different surface geometry[C]//Proceedings of the 21st International Symposium on Shock Waves, Paper 5190. Great Keppel Island, Australia:Panther Publishing & Printing,1997:1229-1233.

[50] Merzkirch W. Flow visualization[C]. New York:Academic Press,1974.

[51] Briggs A. An introduction to scanning acoustic microscopy[M]. Oxford:Oxford University Press,1985.

[52] Krehl P O K. History of shock waves,explosions and impact[M]. Berlin:Springer,2009:386.

[53] Shi H H,Field J E,Bourne N K. Air entrapment during a high-speed liquid jet entry in a deep water surface[J]. Fluid Dynamics Research,1993,11:79-83.

[54] Field J E,Camus J-J,Tinguely M,et al. Cavitation in impacted drops and jets and the

effect on erosion damage thresholds[J]. Wear,2012,290-291:154-160.

[55] Birkhoff G,MacDougall D P,Pugh E M,Taylor G I. Explosives with lined cavities [J]. J. Appl. Phys. ,1948,19:563-582.

[56] 施红辉. 激波管喷雾装置:中国,ZL02111723.3[P],2004.

[57] Polizer J L,King W F III. Hydrodynamics of explosively generated high-velocity fluid jets[J]. J. Appl. Phys. ,1971,42:2095-2099.

[58] Avdienko A A. Experimental estimation of different parameters effects on the fragmentation of viscoelastic liquid column ejected from circular channel by compressed gas[J]. Inzhenerno-Fizicheskii Zhurnal,1994,66(1):24-29.

[59] Bellhouse B J,Quinlan N J,Ainsworth R W. Needle-less delivery of drugs,in dry power form,using shock waves and supersonic gas flow[C]//Proceedings of the 21st International Symposium on Shock Waves,Paper 9555. Great Keppel Island,Australia:Panther Publishing & Printing,1997. 51-56.

[60] Wang X L,Shi H H,Itoh M,et al. Flow visualization of high-speed pulsed liquid jet [C]//Proceedings of the 24th International Congress on High-Speed Photography and Photonics,SPIE Vol. 4183,2000:899-906.

[61] Shi H H,Wang X L,Itoh M,et al. Acceleration of water column and generation of large flow rate water spray by shock tube[J]. JSME Int. J. Ser. B, 2001, 44 (4): 543-551.

[62] Shi H H,Wang X L. Hydrodynamic shock tube for quick transportation of spray with large flow rate[J]. Experiments in Fluids,2002,32(2):280-282.

[63] 施红辉,王晓亮. 用激波管驱动水喷雾[J]. 流体力学实验与测量,2002,16(4):13-17.

[64] 施红辉,岸本薫实. 瞬态加速液柱时的流体力学问题的研究[J]. 爆炸与冲击,2003,23 (5):391-397.

[65] Glass I I,Heuckroth L E. Hydrodynamic shock tube[J]. Physics of Fluids,1963,6: 543-547.

[66] Kawada H,Hotta M,Makiguchi M. An experimental study with a hydrodynamic shock tube[J]. Trans. Japan Soc. Aero. Space Sci. ,1973,16:195-206.

[67] Van der Grinten J G M,van Dongen M E H,van der Kogel H. A shock tube technique for studing pore-pressure propagation in dry and water-saturated porous medium[J]. J. Appl. Phys. ,1985,58:2937-2942.

[68] Kedrinskii V K. Hydrodynamic shock tubes and their application[C]//Takayama K. Shock Waves,Vol. II. Tokyo:Springer,1992:1039-1044.

[69] Steur R,Lerdahl S. An introduction to the IFEX3000 Fire-Copter project of the

efficiency of impulse fire extinguishing technology installed in a helicopter[C]// Proceedings of Heli-Japan98, AHS International Meeting on Advanced Rotorcraft technology and Disaster Relief. Gifu, Japan: American Helicopter Society, 1998.

[70] Sakura Co., Ltd. IFEX3000 impulse fire extinguisher[R]. Tokyo: Sakura Co., Commercial Catalog, 1998.

[71] Dunne B, Cassen B. Velocity discontinuity instability of a liquid jet[J]. J. Appl. Phys., 1956, 27: 577-582.

[72] Lefebvre A H. Atomization and spray[M]. New York: Hemisphere Publishing Corporation, 1989.

[73] Richtmyer R D. Taylor instability in shock acceleration of compressible fluids[J]. Commun. Pure Appl. Maths., 1960, 13: 297-319.

[74] Meshkov E E. Instability of the interface of two gases accelerated by a shock wave [J]. Fluid Dynamics, 1969, 4: 101-104.

[75] Lord Rayleigh. Investigation of the character of the equilibrium of an incompressible heavy fluid of variable density[J]. Proceedings of the London Mathematical Society, 1883, 14: 170-177.

[76] Taylor G I. The instability of liquid surfaces when accelerated in a direction perpendicular to their planes[J]. Proc. Roy. Soc. London Ser. A, 1950, 201(1065): 192-196.

[77] Mikaelian K O. Turbulent mixing generated by Rayleigh-Taylor and Richtmyer-Meshkov instabilities[J]. Physica D, 1989, 36: 343-357.

[78] Ramshaw J D. Simple model for linear and nonlinear mixing at unstable fluid interfaces with variable acceleration[J]. Phys. Rev. E, 1998, 58: 5834-5840.

[79] Brouillette M. The Richtmyer-Meshkov instability[J]. Ann. Rev. Fluid Mech., 2002, 34: 445-468.

[80] Ben-Dor G, Igra O, Elperin T. Handbook of shock waves[M]. New York: Academic Press, 2001: 489-543.

[81] 黄甲, 贾洪印, 罗喜胜, 等. 激波与氦气泡相互作用的实验与数值研究[J]. 实验流体力学, 2010, 24(2): 10-14.

[82] 翟志刚. 运动激波作用下气体界面不稳定性演化的实验研究[D]. 合肥: 中国科学技术大学, 2012.

[83] Benjiamin R F, Fritz J N. Shock loading a rippled interface between liquids of different densities[J]. Physics of Fluids, 1987, 30: 331-336.

[84] Volchenko O I, Zhidov I G, Meshkov M M, et al. Growth of localized perturbations at the unstable boundary of an accelerated liquid layer[J]. Sov. Tech. Phys. Lett., 1989,

15:19-21.

［85］Wang X L. Acceleration of liquid column and generation of Rayleigh-Taylor instability in a shock tube［D］. Nagoya：Nagoya Institute of Technology，Japan，2012.

［86］卓启威. 气液界面 Richtmyer-Meshkov 不稳定性实验研究［D］. 北京：中国科学院力学研究所，2006.

［87］张嘎. 流体界面上 Richtmyer-Meshkov 不稳定性中的线性与非线性流体动力学过程的实验研究［D］. 杭州：浙江理工大学，2009.

［88］杜凯. 激波诱导的多层流体界面上的 Richtmyer-Meshkov 不稳定现象的实验研究［D］. 杭州：浙江理工大学，2011.

［89］Mikaelian K O. Extended model for Richtmyer-Meshkov mix［J］. Physica D，2011，240:935-942.

［90］施红辉. 流体界面 RT 和 RM 不稳定性发生装置：中国，ZL200410090861. X［P］，2008.

［91］Lewis D J. The instability of liquid surfaces when accelerated in a direction perpendicular to their planes. II［J］. Proc. Roy. Soc. London Ser. A，1950，202:81-96.

［92］Read K I. Experimental investigation of turbulent mixing by Rayleigh-Taylor instability［J］. Physica D，1984，12:45-58.

［93］Jacobs J W，Catton I. Three-dimensional Rayleigh-Taylor instability：part 2，experiment［J］. J. Fluid Mech. ，1988，187:353-371.

［94］施红辉，董若凌，王超，等. 气液界面速度测量装置：中国，ZL200910102129. 2［P］，2011.

［95］Wang X L，Itoh M，Shi H H，et al. Experimental study of Rayleigh-Taylor instability in a shock tube［J］. Jpn. J. Appl. Phys. ，2001，40(11):6668-6674.

［96］神原五郎. 高速流動［M］. 东京：コロナ社，1976.

［97］施红辉，卓启威. Richtmyer-Meshkov 不稳定性流体混合区发展的实验研究［J］. 力学学报，2007，39(3):417-421.

［98］卓启威，施红辉. 气/液界面上的 Richtmyer-Meshkov 不稳定性现象的实验研究［J］. 实验流体力学，2007，21(1):25-30.

［99］Shi H H，Zhuo Q W. Shock wave induced instability at a rectangular gas/liquid interface［C］//Hannemann K，Seiler F. Shock Waves，Vol. 2，Proceedings of the 26th International Symposium on Shock Waves. Berlin：Springer-Verlag，2009:1211-1216.

［100］Shi H H，Zhuo Q W. Three-dimensional Richtmyer-Meshkov instability and turbulent mixing of a gas/liquid interface［C］//Proceedings of the 22nd International Congress of Theoretical and Applied Mechanics，Paper 11136. Adelaide，Australia：

IUTAM ,2008.

[101] Alon U,Hecht J,Ofer D,et al. Power law and similarity of Rayleigh-Taylor and Richtmyer-Meshkov mixing fronts at all density ratios[J]. Phys. Rev. Lett. 1995,74 (4):534-537.

[102] Zhou Y. A scaling analysis of turbulent flows driven by Rayleigh-Taylor and Richtmyer-Meshkov instabilities[J]. Physics of Fluids,2001,13(2):538-543.

[103] Sadot O,Erez L,Alon U,et al. Study of nonlinear evolution of single-model and two-bubble interaction under Richtmyer-Meshkov instability[J]. Phys. Rev. Lett. , 1998,80(8):1654-1657.

[104] Shi H H,Zhang G,Du K,et al. Experimental study on the mechanism of the Richtmyer-Meshkov instability at a gas-liquid interface[J]. J. Hydrodynamics,2009,21 (3):423-428.

[105] 施红辉,杜凯,王超,等,不同密度梯度的多层流体界面上的 Richtmyer-Meshkov 不稳定性研究[J].实验流体力学,2011,25(5):45-50.

[106] 施红辉,肖毅,杜凯,等.用垂直激波管研究多层流体界面上 Richtmyer-Meshkov 不稳定性[C]//第十五届全国激波与激波管学术会议论文集,杭州：中国力学学会激波与激波管专业委员会暨浙江理工大学机械与自动控制学院,2012:353-358.(或见:施红辉,肖毅,杜凯,等.用垂直激波管研究多层流体界面上 Richtmyer-Meshkov 不稳定性[J].中国科学技术大学学报,2013,43(9):730-736.)

[107] 王继海.二维非定常流和激波[M].北京:科学出版社,1994.

[108] 巽友正.乱流现象の科学[M].东京:东京大学出版会,1986.

[109] 大宫司久明,三宅裕,吉泽徹.乱流の数值流体力学[M].东京:东京大学出版会,1998.

[110] Liu X F,Katz J. Cavitation phenomena occurring due to interaction of shear layer vortices with the trailing corner of a two-dimensional open cavity[J]. Physics of Fluids,2008,20:041702.

[111] Lane W. Shatter of drops in streams of air[J]. Industrial and Engineering Chemistry, 1951,43:1312-1317.

[112] Engel O. Fragmentation of waterdrops in the zone behind an air shock[J]. Journal of Research of the National Bureau of Standards,1958,60(3):245-280.

[113] Wierzba A,Takayama K. Experimental investigation of aerodynamic breakup of liquid drops[J]. AIAA J,1988,26(11):1329-1335.

[114] Hsiang L P,Faeth G. Near-limit drop deformation and secondary breakup[J]. Int. J. Multiphase Flow,1992,18(5):635-652.

[115] Hsiang L P,Faeth G. Drop deformation and breakup due to shock wave and steady

disturbances[J]. Int. J. Multiphase Flow,1995,21(4):545-560.

[116] Igra D,Takayama K. Investigation of aerodynamic breakup of a cylindrical water droplet[R]. Tohoku University,Japan, Report of the Institute of Fluid Science, 1999,11:123-134.

[117] Igra D,Takayama K. Numerical simulation of shock wave interaction with a water column[J]. Shock Waves,2001,11:319-228.

[118] 潘建平,杨基明,宗南,等. 激波诱导气流与液幕、液柱相互作用的实验研究[J]. 实验力学,1999,14(1):1-7.

[119] Chen H,Liang S M. Flow visualization of shock/water column interactions[J]. Shock Waves,2008,17:309-321.

[120] 施红辉,肖毅,吴宇. 一种用于激波与不同形态液体相互作用的装置:中国, ZL201220233805.7[P],2012.

[121] 肖毅. 激波与液滴、液柱及液幕相互作用的空气动力学现象的实验研究[D]. 杭州:浙江理工大学,2013.

[122] 肖毅,施红辉,吴宇,等. 激波与液滴作用的空气动力学现象的实验研究[J]. 浙江理工大学学报,2013,30(2):203-207.

[123] 耿继辉,叶经方,王健,等. 激波诱导液滴变形和破碎现象实验研究[J]. 工程热物理学报,2003,24(5):797-800.

[124] Ranger A,Nicholls J. Aerodynamics shattering of liquid drops[J]. AIAA J,1969,7 (2):285-290.

[125] Kobiera A,Szymczyk J. Study of the shock-induced acceleration of hexane droplets [J]. Shock Waves,2009,18:475-485.

[126] Tomkins C,Prestridge K,Rightley P,et al. A quantitative study of the interaction of two Richtmyer-Meshkov-unstable gas cylinders[J]. Physics of Fluids,2003,15(4): 986-1004.

[127] Bai J S,Zou L Y,Wang T,et al. Experimental and numerical study of the shock accelerated elliptic heavy gas cylinders[J]. Physical Review E,2010,82(5):056318.

[128] 施红辉,肖毅,吴宇,等. 激波诱导液柱失稳的实验研究[C]//中国工程热物理学会多相流学术会议论文集,CD-ROM,2013 年 10 月 14—17 日,上海. 北京:中国工程热物理学会,2013:136041.